인간과 과학기술의 만남

박대철 · 한규웅 · 이규환 · 곽노열 지음

저자

박대철 (fia4joy@gmail.com)
한남대학교 컴퓨터통신무인기술학과

한규웅 (hahnkw@hnu.kr)
한남대학교 생명시스템학과

이규환 (gyuhlee@gmail.com)
한남대학교 화학과

곽노열 (rykwak@daum.net)
한남대학교 건축공학과

인간과 과학기술의 만남

발행일 2016년 9월 7일 초판 1쇄
저 자 박대철 한규웅 이규환 곽노열
펴낸이 김준호
펴낸곳 한티미디어 | **주 소** 서울시 마포구 연남로 1길 67 1층
등 록 제15-571호 2006년 5월 15일
전 화 02)332-7993~4 | **팩 스** 02)332-7995
마케팅 박재인 최상욱 김원국 | **관 리** 김지영
편 집 이소영 박새롬 김현경
ISBN 978-89-6421-269-1 (93500)
홈페이지 www.hanteemedia.co.kr | **이메일** hantee@empal.com
정 가 23,000원

이 책에 대한 의견이나 잘못된 내용에 대한 수정정보는 한티미디어 홈페이지나 이메일로 알려주십시오.
독자님의 의견을 충분히 반영하도록 늘 노력하겠습니다.

머리말

1995년 미국 과학저술가 존 브록만이 저서를 통해 제시한 '제3의 문화'는 우주와 인간의 본질에 대해 인문학과 과학이 함께 논의하는 시대를 맞았다는 데서 '통섭'이란 말이 출발한다. 통섭(統攝 · Consilience은 '사물에 널리 통하는 원리로 학문의 큰 줄기를 잡는다'는 뜻이다. 통섭은 '지식의 통합'이라고 부르기도 하며 자연과학과 인문학을 연결하고자 하는 통합 학문 이론이기도 하다. "융합이 뭔가요?"라고 묻는 TV 광고도 볼 수 있는데 융합은 통섭의 한 과정이 된다. 통섭이라는 말은 몇 년 전부터 세간의 화두였을 뿐 아니라 교육계에서도 진지하게 받아들이는 키워드가 되었다. 우리는 아찔한 사회 변화 속도와 함께 지식간 상호 통합과 융합의 시대를 동시에 체험하고 있다.

통섭이나 융합라는 말이 최근 새롭게 등장한 말처럼 들릴지 모르지만 우리 주변의 식물, 동물의 삶과 유전인자을 보면 이미 수만년 전부터 그 환경에 최적화된 통섭적 생물들이 생존해왔고 앞으로도 유지해나갈 것이다. 이 뿐만 아니라 우리가 즐겨 사용하는 수많은 화학 제품에도 원소 간의 화학적 결합에 의한 융합적 제품은 계속 발견되고 발명되고 있다. 특히 우리가 살고 있는 주택만하더라도 디자인에서부터 시공에 이르기까지 수많은 재료의 결합에 의해 문화 · 역사적으로 적응해왔다. 최근의 IT 기술을 보면 과거보다 더 스마트해지면서 인문학적인 요소와 공학적인 요소를 결합한 제품들을 접하면서 자연스럽게 통섭적 사회와의 균형을 유지하려는 경향이 있다.

인문, 사회계열을 공부하는 대학생들에게 자연과학기술적 관점에서 바라보는 통섭과 균형이라는 교과목은 21세기의 시대적 요청이기도 하다. 일반인들에게도 통섭적 사고 측면에서 자연과학기술 분야의 다양성을 통해 인문학적 사고의 영역을 보다 윤택하게 하고 사고의 유연성을 이끌어내 창조적 능력을 갖도록 도와줄 것이라고 본다.

이 책은 크게 4개의 자연과학기술 영역(생명과학, 화학, 정보기술, 건축)에서 통섭적 관점을 제시하고 있다.

이 책의 구성

♋ 생명과학분야

1장은 식물의 삶 이해하기
2장은 동물의 행동과 진화
3장은 유전자와 생명공학

♋ 화학분야

4장은 화학과 에너지
5장은 화학과 환경
6장은 화학과 생활

♋ 정보기술분야

7장은 정보기술의 변화와 그 영향력을 살펴본다.
8장은 오픈소스 소프트웨어와 새로운 블루오션으로 등장한 오픈소스 하드웨어 기술을 살펴본다.
9장은 미래의 산업 기술을 혁신시키게 될 과학기술의 혼과 같은 사물인터넷 기술을 살펴본다.

♋ 건축 환경분야

10장은 시간의 변화에 따른 건물성능 변화
11장은 건물조정: 리모델링과 컨버젼
12장은 지속가능건물과 제로에너지건물

♋ 아티클

분야 별로 시사성 있는 관련 기사를 살펴본다.

아날로그적 사고와 정서에 오랜 기간 동안 젖어있던 세대들은 홍수처럼 밀려오는 미디어의 강압적(?) 도전에 어찌해야할지 머뭇거리게 된다. 마샬 맥루한은 "미디어는 인간의 확장"이라고 했다. 신문은 눈의 확장이고, 라디오는 귀의 확장이고, TV는 눈과 귀의 확장이고, 전화는 귀와 말소리(입)의 확장이고 자동차는 발의 확장이다. 오늘날의 인테넷과 스마트폰의 등장은 하이터치 시대에 손끝으로 말을 대신하려는 눈과 귀와 입과 손과 발의 융합을 이끌어 내려고 시도하고 있다. 칼 구스타프 융은 "나는 진정한 "내"가 되기 위해 '너'를 필요로 한다"고 피력하였다. 어쩌면 우리는 진정한 "나(인문학)"의 전부를 알려고 "너(자연과학기술)"라는 거울을 통해 찾아내려고 노력중인지도 모른다.

새는 좌우의 날개로 난다. 이념의 날개뿐 아니라 인문학과 자연과학기술이라는 지식의 두 날개를 필요로 한다. 멈춤이 아닌 표면적, 내면적 변화가 통섭이다.

끝으로 이 책을 만드는 데 여러 가지로 지원해준 교양융복합대학 관계자와 출판을 맡아주신 한티미디어 관계자 여러분에게 진심으로 감사드린다.

박대철 – 정보기술분야, 한규웅 – 생명과학분야
이규환 – 화학분야, 곽노열 – 건축환경분야
저자 일동

목차

PART 1 생명과학

CHAPTER 1 식물의 삶 이해하기 12

1.1 우리에게 식물이란? 13
1.2 식물의 생존법 18
1.3 생명의 터전을 가꾸는 식물의 존재 42
돌아보기 43
학습문제 44

CHAPTER 2 동물의 행동과 진화 46

2.1 선천적 행동과 학습 47
2.2 암수의 생식 투자와 성적 갈등 59
2.3 소통과 신호체계 73
돌아보기 77
학습문제 77

CHAPTER 3 유전자와 생명공학 80

3.1 DNA의 이해 81
3.2 유전자 암호의 손상 98
3.3 생명공학 104

돌아보기 115
학습문제 115

PART 2 화학

CHAPTER 4 화학과 에너지 118
4.1 태양에너지 120
4.2 화석연료 122
4.3 대체에너지 134
돌아보기 145
학습문제 145

CHAPTER 5 화학과 환경 148
5.1 대기 150
5.2 자연수: 오염과 정화 170
돌아보기 178
학습문제 178

CHAPTER 6 화학과 생활 180
6.1 유해화학물질 181
6.2 화장품 192
6.3 생활용품 200
6.4 식품과 영양 203
돌아보기 210
학습문제 211

PART 3 정보기술

CHAPTER 7 **정보화 기술의 변화와 영향력** 214

7.1 IT 인문학을 만나다 215
7.2 정보화 변천사 219
7.3 초연결 IoT 시대의 도래 233
7.4 오픈소스로 넓어진 세상 242
7.5 초고속 인터넷 통신망 247
7.6 클라우드 컴퓨팅 248
7.7 빅 데이터 분석 기술 250
돌아보기 252
학습문제 252
Articles 1 : 클라우드 폭풍 253

CHAPTER 8 **오픈소스 기술의 블루오션** 256

8.1 오픈소스의 탄생 257
8.2 오픈 소프트웨어와 비즈니스 260
8.3 오픈소스 소프트웨어 활용 사례 263
8.4 오픈소스 하드웨어와 비즈니스 266
8.5 오픈소스의 블루오션 272
돌아보기 280
학습문제 280
Articles 1 : 구글과 안드로이드의 만남 281

CHAPTER 9 과학기술의 혼 – 사물 인터넷 286

9.1 스마트 사물 인터넷 융합기술 287
9.2 사물 인터넷을 통한 우리 세상의 변화 292
9.3 초연결 사물 인터넷 지능 통신 302
9.4 새로운 사물 인터넷 비즈니스 모델 305
9.5 과학기술의 혼 – 사물인터넷 312
돌아보기 314
학습문제 314
Articles 1 : 진화하는 사물의 지능 세계 315

PART 4 건축과 환경

CHAPTER 10 시간의 변화에 따른 건물에너지성능 변화 320

10.1 기존 건물의 지속가능성 전략 321
10.2 기존 건물의 개보수 시 고려사항 335
10.3 준공 후 건물의 성능평가를 체계적으로 수행하기 위한 활동 345
10.4 결론 350
돌아보기 351
학습문제 351

CHAPTER 11 건물조정 : 리모델링과 컨버전 354

11.1 건물조정 사례 355
11.2 건물조정의 정의와 중요성 357
11.3 건물 변화 364
11.4 건물조정의 이유 369

11.5 성능관리 371
11.6 노후화 및 진부화와 필요없음 376
11.7 노후화 가설 377
11.8 노후화에 미치는 주요 영향 380
11.9 건물 노후화 원인 381
11.10 건물이 빈집이 되는 이유 385
11.11 건물조정에서의 의사결정 386
11.12 조정설계 지침 390
11.13 조정 단계 390
11.14 결론 394
돌아보기 396
학습문제 397

CHAPTER 12 **지속가능건물과 제로에너지건물** 400

12.1 지속가능한 개발 및 녹색성장 401
12.2 정부 주요 정책 403
12.3 제로에너지건물의 배경 및 정의 410
12.4 제로에너지건물의 특징 및 장단점 414
12.5 효과적인 제로에너지건물 수행기술 및 설계방안 418
12.6 제로에너지건물 효율향상 방안 421
12.7 제로에너지건물 구축사례 425
12.8 결론 442
돌아보기 444
학습문제 445

INDEX 447

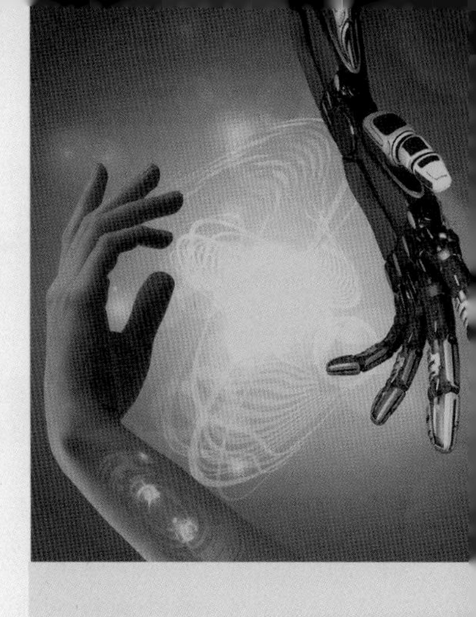

PART 1

생명과학

1장 식물의 삶 이해하기

2장 동물의 행동과 진화

3장 유전자와 생명공학

1장 식물의 삶 이해하기

학습내용 요약	강의 목적
• 식물세포와 동물세포의 차이를 통해 우리와 전혀 다른 방식으로 제자리에서 살아가는 식물의 삶을 이해한다. • 스스로 이동하지 못하는 식물이 먹이 얻기, 포식자 방어, 꽃가루받이와 씨앗 산포 등의 문제점을 해결하는 방법을 살펴본다. • 우리에게 먹을거리와 치료물질, 나아가 삶의 터전을 제공하는 식물의 의미를 깨닫는다.	• 우리가 평소에 식물의 삶에 주의를 기울이지 않는 이유를 살펴본다. • 식물의 삶은 우리의 삶과 다른 이유는 무엇인지 살펴본다. • 식물이 번성하는 방식을 살펴본다. • 식물과 동물 사이에 이루어지는 거래의 생태적, 사회적 가치를 이해한다. • 우리에게 먹을거리와 의료용 물질, 나아가 삶의 터전을 마련해주는 식물의 의미를 깨닫는다.
	Key word
	식물세포의 특성, 식물의 먹이 얻기, 식물의 자기방어, 식물의 후손 잇기

차례

1.1 우리에게 식물이란?
    1.1.1 동물과 식물에 대한 우리의 관심은 어떻게 다른가?
    1.1.2 동물과 식물에게서 받는 느낌은 어떻게 다른가?
    1.1.3 동물과 식물에 대해 다르게 느끼는 이유는 무엇일까?
1.2 식물의 생존법
    1.2.1 먹이 얻기
    1.2.2 방어하기
    1.2.3 후손 잇기
1.3 생명의 터전을 가꾸는 식물의 존재
■ 돌아보기
■ 학습문제

1.1 우리에게 식물이란?

누구나 호젓한 산길에서 산책을 즐긴 경험을 가지고 있을 것이다. 조용한 숲길을 걷다보면 일상의 번잡함에서 벗어나 마음의 치유를 느낄 수도 있다. 그러다가 어디선가 작은 새의 울음소리가 들리거나 다람쥐가 나타나면 금세 상념에서 깨어나 나타난 대상에게 관심을 집중하게 된다. 문득 주위를 둘러보면 그제야 비로소 숲길에는 작은 동물뿐만이 아니라 이미 수많은 종류의 식물들도 침묵 속에서 함께 하고 있음을 깨닫게 된다. 이들 식물체는 이미 우리와 함께 하고 있었지만, 그 사실을 거의 깨닫지 못하고 있던 것이다. 동물은 작은 기척만으로도 우리 주의를 쉽게 이끄는데, 우리는 왜 식물체의 존재에 대해 이처럼 둔감한 것일까?

1.1.1 동물과 식물에 대한 우리의 관심은 어떻게 다른가?

자연 속에서 어울려 사는 생명체를 한 폭에 담아낸 형식의 그림을 쉽게 찾아볼 수 있다. 예를 들어 다음의 그림을 잠시 살펴보자(그림 1-1). 대부분의 경우, 화폭의 거의 전부를 차지하고 있으며 강렬한 색채로 표현되어 있는 식물체의 존재에 대해서는 큰 관심을 보이지 않는다. 식물체는 그저 배경 정도로만 인식할 뿐이며, 인식한다 하더라도 그 종류가 무엇인지는 거의 알지 못하고 알려고도 하지 않는다. 그렇지만 크기도 매우 작고 상대적으로 희미하게 표현되어 있어 쉽게 눈에 띄지 않음에도 불구하고 곤충의 존재를 쉽게 인지하고, 나아가 그 종류마저도 대개 식별해낼 수 있다.

그림 1-1 우리는 그림을 보면서 화폭의 거의 전부를 차지하며 강렬한 색채로 표현된 식물에게는 대개 관심을 보이지 않는다. 그러나 작은 크기로 희미하게 표현되어 있는 동물에게는 높은 집중력을 보인다.[1)]

1.1.2 동물과 식물에게서 받는 느낌은 어떻게 다른가?

대부분의 가정에서 다양한 종류의 관상용 식물을 기르고 있으며, 최근에는 공기정화용으로 다즙식물을 기르는 경우도 많이 늘었다. 또한 개나 고양이는 물론이고, 다양한 파충류, 심지어 고슴도치 등의 반려동물과 함께 생활하는 경우도 있다.

우리가 동물과 식물에게서 받는 느낌은 어떻게 다를까(그림 1-2)? 집에서 기르는 동물에게서는 친근함을 느끼며 마치 한 가족 같은 교감을 나눈다. 그렇지만 야생에서 만나는 동물에게서 느끼는 감정은 다르다. 개만 하더라도 집에서 기르는 경우와는 달리 위협을 느낀다. 호랑이 등의 맹수에게서는 비록 동물원 우리에 갇혀 있다 하더라도 큰 위협을 느끼며, 호젓한 산길을 걷다 마

1) source : commons.wikimedia.org

그림 1-2 (왼쪽) 호랑이. (오른쪽) 야생화.[2)]

주치는 작은 동물에게도 경계심을 보인다.

식물에 대해서는 이러한 차이가 별로 나타나지 않는다. 집에서 화분에 심은 식물을 볼 때나 조용한 숲길에 피어있는 야생화 꽃무리를 볼 때나 우리가 느끼는 감정은 크게 다르지 않다. 이름을 모르는 식물이라 비록 낯설지라도 전혀 위협을 느끼지 않는다. 오히려 마음의 평안함을 느끼는 경우가 더 많다.

2) source : commons.wikimedia.org

1.1.3 동물과 식물을 다르게 느끼는 이유는 무엇일까?

17세기 네덜란드에서 루벤스, 브뤼헐, 램브란트 등에 의해 성행한 정물화는 스스로의 의지로 움직이지 못하는 생명이 없는 물건을 그린 회화의 한 양식이며, 움직임이 없는 자연의 모습을 화폭에 담은 것이다. 정물화는 18세기에 장 바티스트 샤르댕Jean Baptiste Chardin에 의해 고유한 특성을 지닌 예술로 인정받기 시작하였으며, 19세기 중반 무렵에 일반적인 회화 양식으로 발전하였다.

그림 1-3은 인상파 화가인 세잔이 탁자 위에 놓인 몇 가지 과일과 호리병 등을 대상으로 그린 정물화이다. 살펴본 바와 같이 정물화는 '스스로의 의지로 움직이지 못하는 생명이 없는 물건'을 대상으로 삼는다. 호리병은 틀림없이

그림 1-3 세잔의 정물화. 이 과일들은 '생명이 없는 물건'일까?[3)]

'생명이 없는' 물건이다. 그렇지만 과일의 경우는 어떨까? 과육 부위는 그렇다 해도 씨앗을 '생명이 없는' 물건이라 할 수 있을까? 씨앗은 비록 아무런 움직임도 보여주지는 않지만, 조건만 맞는다면 움을 틔워 다시 하나의 식물체로 생장할 것이다. 따라서 씨앗은 생명을 품고 있는 살아 있는 생명체임에 틀림이 없다. 그런데 어찌하여 우리는 이들을 '생명이 없는 물건'으로 간주하는 것일까?

▶ 동물

동물에게 주의가 집중되는 현상은 오랜 진화의 산물이다. 동물은 스스로 먹이를 만들어내지 못하는 한계를 지니고 있기 때문에 사냥이나 채취를 통해 먹이를 얻어야 한다. 사냥을 할 때는 사냥감 역시 자신의 목숨이 걸려 있기 때문에 최선을 다해 회피하거나 저항하려 할 것이며, 사냥꾼 역시 최선을 다해 사냥감의 움직임을 파악하여야 사냥에 성공할 수 있다. 또한 사냥꾼이라 해도 또 다른 동물의 사냥감 신세가 될 수 있다. 따라서 동물은 자신의 사냥감을 찾아내고 포획하기 위해, 또한 자신을 사냥하려는 포식자를 회피하기 위해 끊임없이 주변을 살피고 움직여야 한다.

동물은 움직임에 민감하게 반응할수록 오래 생존할 수 있고 따라서 더 많은 자손을 얻을 수 있다. 움직임에 둔감한 행동 습성을 지닌 개체는 생존력이 떨어지고 자손을 많이 얻을 수 없다. 이처럼 움직임에 민감한 행동 습성은 유전을 통해 후대로 이어지고, 오랜 세월 동안 진화과정을 통해 오늘날 동물의 특성을 이루게 된 것이다.

3) source : www.bing.com/images

▶ 식물

식물은 이동하지 않으며 제자리에서 자신의 삶을 수행한다. 이동하지 않는 특성으로 인해 이들은 동물에게 저항하거나 위협을 주지 못하며, 나아가 좋은 먹잇감이 되는 존재에 지나지 않는다. 따라서 식물은 우리의 주의를 거의 이끌어내지 못한다. 사람 역시 동물이므로 식물보다는 위협이 되는 동물에 더욱 집중하는 습성을 가지고 있는 것이다.

1.2 식물의 생존법

먼저 동물과 식물이 살아가는 방식을 비교해보자(표 1-1).

표 1-1 동물과 식물이 살아가는 방식의 비교

	동물	식물
이동 능력	높다	매우 낮다
판단의 필요성	높다	낮다
대사속도	빠르다	느리다
변이될 확률	높다	낮다
수명	짧다	길다

동물은 먹이를 구하거나 포식자를 회피하기 위해 매순간 어떻게 행동할 것인지를 판단하여야 하고 거의 쉴 새 없이 움직여야 한다. 따라서 에너지를 많이 소비한다. 이러한 에너지를 공급하려면 대사속도가 빨라야 하며, 이 과정에서 변이가 일어날 가능성이 높다.

대부분의 동물은 수명이 짧다. 모두 그런 것은 아니지만, 곤충의 경우를 생각해보자. 곤충은 대개 애벌레–번데기–성충 단계를 거치는 생활사를 가진다. 애벌레 단계는 연약하며 운동능력 또한 낮아서 생존 가능성이 매우 낮은 취약한 시기이다. 이 시기에 하는 일은 오직 먹는 것이 전부이다. 번데기 시기에는 애벌레 시기에 섭취한 에너지를 바탕으로 체형을 완전히 변화시켜 성충으로 변신하는 일만 할 뿐이다. 이처럼 취약한 애벌레 시기와 번데기 시기를 거쳐 성충이 된 후에는 어떨까?

매미의 한 종류는 애벌레로 무려 7년을 지내고 나야 비로소 성충이 되는데, 성충은 고작 1개월 남짓 살 수 있다. 하루살이 성충의 경우는 2~3일 가량만 살 수 있으며, 이들은 성충이 되는 순간 소화기관이 아예 퇴화해 버린다. 이처럼 짧은 성충시기에 이들이 할 수 있는 일은 무엇일까? 이 시기에는 짝짓기를 통해 자손을 남기는 일이 삶의 목적이 된다. 특히 수컷의 경우에는 짝짓기를 하는 순간 수명이 다하는 경우가 흔하다.

식물은 동물과 아주 다른 생활사를 보인다. 이들은 광합성을 통해 양분을 스스로 만들어낼 수 있기 때문에 조건만 맞으면 제자리에서 평생 살아갈 수 있다. 따라서 식물에게는 이동 능력이 거의 필요하지 않으며, 사냥 상황에서 필수적인 판단력 역시 중요하지 않다. 이처럼 에너지를 많이 소모하지 않기 때문에 대사속도 또한 느리며, 변이가 일어날 확률 역시 낮다. 즉, 식물은 특별한 스트레스 조건에 놓이는 경우가 아니라면 동물에 비해 훨씬 긴 수명을 누릴 수 있다(그림 1–4).

그러나 식물은 움직이지 않는 특성으로 인해 살아남고 자손을 남기는 일에 어려움을 겪을 수밖에 없다. 스스로 이동하지 못하는 식물이 번성하기 위해 극복해야 하는 어려움은 크게 ① 필요한 먹이를 얻고, ② 포식자를 방어하고, ③ 후손을 잇는 일 등 세 가지로 나누어 볼 수 있다.

식물은 이러한 어려움을 어떻게 극복해낼 수 있을까? 지금부터 식물이 이들 제약조건을 극복하는 방법에 대해 살펴보도록 한다.

그림 1-4 브리슬콘소나무(Pinuslongaeva)는 5,000년이나 살 수 있다.[4)]

1.2.1 먹이 얻기

식물이 동물과 다른 방식으로 살 수 있는 것은 먹이를 스스로 만들어내기 때문이다. 이것은 동물세포에는 없고 식물세포에만 있는 엽록체chloroplast라는 세포소기관의 존재에서 비롯된다. 식물은 엽록체에서 광합성을 수행하여 얻은 유기분자를 이용해 살아가는 데 필요한 모든 분자를 스스로 충분히 만들어낼 수 있다.

이로 인해 식물은 제자리에서 살 수 있게 되었으며 이동능력이 발달하지 않게 되었는데, 이러한 제자리 삶에서 나타나는 문제점을 극복하기 위해서 식물

4) source: mother nature network (www.mnn.com/earth-matters/wilderness-resources)

세포는 동물세포에서는 볼 수 없는 몇 가지 특징을 지니고 있다. 세포벽cell wall은 몸체를 지탱하고, 액포vacuole는 장래를 대비하여 물질을 저장해두는 다용도 창고 역할을 하여 식물의 제자리 삶이 가능하도록 한다.

▶ 엽록체

식물은 광합성이라고 부르는 대사작용을 통해 스스로 유기분자를 만들어낸다. 광합성은 대기에서 얻은 CO_2와 토양에서 얻은 물을 재료로 삼아 햇빛에너지를 이용하여 유기분자인 당을 만들어내는 과정이다(그림 1-5).

그림 1-5 식물은 광합성을 통해 필요한 양분을 스스로 만들어낼 수 있다.

이때 만들어지는 유기분자CH_2O는 글리세르알데히드-3-인산이라는 3-탄소당이다. 이 3-탄소당을 변형시켜 포도당, 과당, 설탕, 녹말, 섬유소 등의 탄수화물을 비롯하여 지방, 단백질, 핵산 등 살아가는 데 필요한 모든 물질을 만들어낼 수 있다.

광합성은 태양이 간직하고 있는 에너지를 생명체가 이용할 수 있는 형태로 전환시키는 단 하나의 생화학 과정이며, 이때 산소O_2 분자도 함께 만들어진다. 광합성으로 만들어낸 먹이 분자를 산화시켜 에너지를 끌어낼 때 산소 분자를 이용하면 그 효율을 더욱 높일 수 있다.

이러한 광합성은 엽록체라는 세포소기관에서 수행하는데, 이 세포소기관은 식물세포에만 존재한다. 식물은 엽록체를 가지고 있기 때문에 스스로 먹이 문

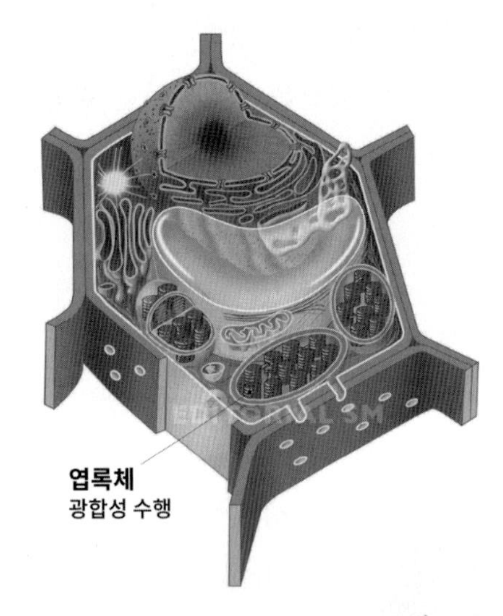

그림 1-6 광합성을 수행하는 엽록체.[5]

제를 해결할 수 있으며, 동물은 엽록체가 없기 때문에 다른 생명체(특히 식물)에 의존하여 살 수밖에 없다(그림 1-6).

▶ 세포벽

식물의 생장에 필요한 요소는 앞서 살펴보았듯이 햇빛과 CO_2, 그리고 물이다. 이 세 가지 요소만 충분하게 갖춰진다면 식물은 스스로 살아갈 수 있다.

이 중에 CO_2는 대기에 거의 일정한 양으로 분포한다. 공기가 잘 통하는 곳이라면 그 어느 곳이든 식물이 살아가는 데는 큰 제한요소가 되지 못한다. 햇빛은 태양에서 오기 때문에 하늘 방향에서만 얻을 수 있다. 햇빛은 낮 동안에는 큰 제한 없이 얻을 수 있지만, 주변의 식물과 경쟁하는 과정에서 가려지거나 그늘진 곳에 있게 된다면 제한요소가 될 수 있다. 물은 토양에서 지하수 형태로 얻을 수 있다. 그러나 뭍에서 사는 육상식물의 경우 물은 언제나 얻을 수 있는 자원이 아니다. 특히 가뭄이 오래 지속되는 조건이라면 물은 식물이 삶을 영위하는 데 가장 큰 제한요소가 될 수 있다.

따라서 식물의 생장에는 햇빛과 물이 중요한 제한요소로 작용한다. 이러한 제한 조건을 극복하기 위해 식물은 위-아래 방향으로 생장한다. 즉, 줄기는 태양이 있는 하늘을 향해 위쪽으로, 뿌리는 물을 찾아 땅속 방향으로 자라는 것이다.

이러한 위-아래 축 생장으로 인해 극복해야 할 문제점이 나타난다. 대부분

5) source : www.bing.com/images

그림 1-7 나무는 위-아래 축으로 생장한다. 햇빛은 위에서, 물은 아래에 있는 토양에서 얻는다. 이산화탄소는 어느 곳에서든 얻을 수 있다.

의 나무의 키는 30 m 안팎이며, 삼나무 등은 100 m 이상 자란다(그림 1-7). 이렇게 높이 자라려면 세포를 그만큼 높게 쌓아올려야 한다. 그런데 생명체의 기본 단위인 세포는 물이 가득 찬 얇은 세포막으로 구성되어 있다. 세포막은 기름막이 두 겹으로 쌓인 지질 이중층에 단백질이 묻혀 있으며, 단단하지 않고 유동성이 있는 약한 구조이다. 따라서 아래쪽 세포는 중력의 힘에 의해 짓눌려 기능을 제대로 수행할 수 없게 된다.

식물체는 세포벽으로 세포를 두텁고 단단하게 감싸 지지함으로써 이 문제를 해결한다. 세포벽은 섬유소를 바탕으로 지방 성분을 배합한 단단한 구조를 이루어 중력에 의해 세포가 찌그러지지 않도록 지탱해준다(그림 1-8).

동물은 이동할 수 있는 능력이 있으므로 식물과는 다르다. 동물은 앞-뒤 축으로 성장한다. 이러한 성장 방향은 이동에 유리하며, 중력으로 인한 압력 문제에서도 벗어날 수 있다. 따라서 동물은 세포벽이 발달하지 않으며, 이로 인해 먹잇감을 찾거나 포식자를 피하는 활동에 유리하다.

6) source : www.bing.com/images

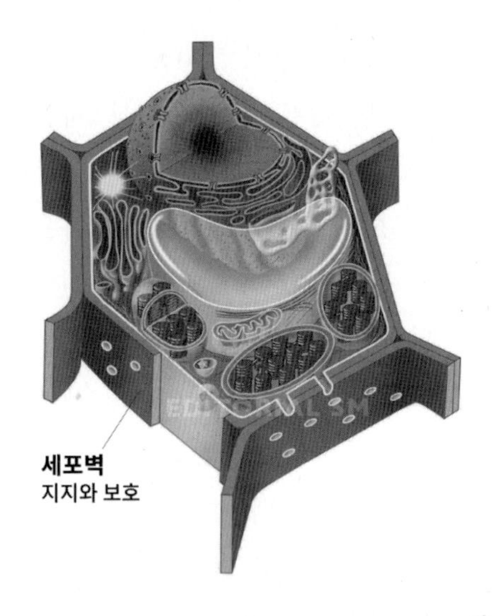

그림 1-8 식물세포를 지탱하고 보호하는 세포벽.[6)]

▶ 액포

광합성에 필요한 세 가지 요소 가운데 식물의 생장을 가장 제한하는 요소는 물이다. 동물은 물이 필요하면 이동하여 물을 얻을 수 있으나, 식물은 그렇게 하지 못한다. 문제를 해결하기 위해 식물은 세포 내에 큰 물주머니를 만들어 가지는 것으로 대응하였다. 액포라고 부르는 이 주머니는 매우 커서 다 자란 식물 세포의 경우에는 거의 90%를 차지하기도 한다. 액포에 물을 저장하여 가뭄에 대비할 수 있다.

액포에 저장하는 물질은 물만이 아니다. 남아 도는 영양 물질도 저장할 수 있으며, 필요 없는 물질 역시 액포에 저장해둔다. 언젠가 필요할 경우가 되었을 때 스스로 찾아 나설 수 없다는 점에서 식물에게는 무엇이든 버리지 않고 챙겨두는 것이 생존에 유리하게 작용하였을 것이다. 이러한 특성은 중금속으로 오염된 토양에서 중금속을 제거할 때 유용하게 이용할 수 있다. 토양 속의 중금속을 제거하는 일은 비용과 효율성 측면에서 쉽지 않지만 오염된 지역에 생장속도가 빠른 잡초 종류를 심으면, 이들이 생장하는 동안 물과 함께 녹아 있는 중금속을 흡수한다. 이 중금속들은 액포에 저장되어 배출되고 식물체 내에 축적된다. 따라서 토양에 있던 중금속이 식물체로 이동하므로 토양의 오염물질을 효율적으로 제거할 수 있다.

한편, 동물은 당장 필요하지 않은 물질을 세포 안에 담고 있으면 무겁기 때

7) source : www.bing.com/images

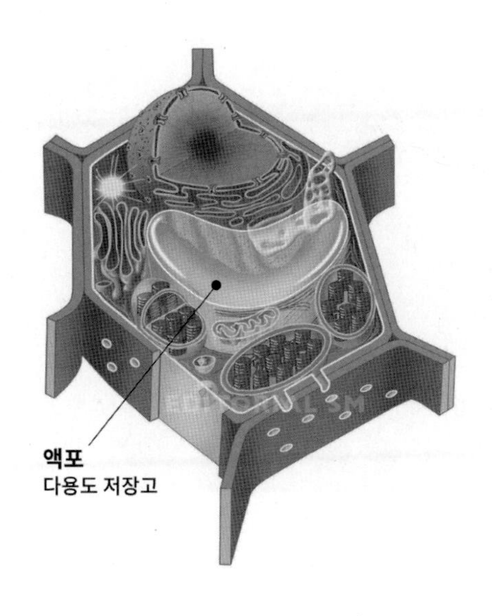

그림 1-9 다용도 저장고인 액포.[7]

문에 활동에 지장을 받는다. 나아가 필요하다면 언제든지 찾아갈 수 있으므로 액포를 지니지 않은 것이 생존에 유리할 것이다.

1.2.2 방어하기

식물은 살아가는 데 필요한 물질을 광합성을 통해 스스로 만들어 사용하며, 잉여 생산물을 신체 내에 간직하고 있다. 따라서 광합성을 하지 못하는 동물이나 균류, 미생물에게는 풍부한 자원을 갖춘 좋은 먹잇감이 된다. 실제로 곤충, 애벌레를 비롯한 다양한 미생물은 식물의 풍부한 영양을 빼앗을 기회를 호시탐탐 노리고 있다. 움직이지 못하는 속성을 지닌 식물은 이러한 공격으로 인해 생존에 위협을 받으므로, 적절한 대응방법을 마련해야만 한다.

■ 물리적 방어

앞서 식물은 위-아래 축으로 생장하며, 이때 발생하는 중력의 힘을 극복하기 위해 단단한 세포벽이 발달되었다는 사실을 살펴본 바 있다. 세포벽은 겹겹이 쌓아올린 세포층의 무게를 견디도록 하며, 외부 포식자가 쉽게 침입하지 못하도록 방어하는 역할도 수행한다. 섬유소로 이루어진 그물에 리그닌 등의 소수성 물질이 축적되어 애벌레가 갉을 수 없을 정도로 견고한 방어벽 역할을 수행한다.

많은 식물, 특히 나무들은 세포벽에 리그닌 등의 화합물을 추가하여 단단한 껍질을 만들어 보호한다. 나아가 줄기나 잎을 변형시켜 날카로운 가시를 만들어내 동물의 접근을 방어하기도 한다(그림 1-10).

그림 1-10 호자나무의 날카로운 가시.[8]

■ 화학적 방어

▶ 독성 물질

외부 표면을 단단하게 만들어 보호하는 방식은 곤충이나 작은 동물에게는 효과가 있지만, 일정한 한계를 보인다. 예를 들어 소나 말처럼 두꺼운 혀를 지닌 동물이거나 코끼리처럼 덩치가 큰 동물에게는 거의 방어효과를 보일 수 없다. 따라서 대부분의 식물에서는 더욱 효과적인 방어방식이 진화되었다. 즉, 다양한 독성물질을 만들어 지님으로써 초식동물의 소화를 방해하거나 식욕을 억제하며, 신경계를 마비시키고, 나아가 상해를 입히기도 한다.

이러한 독성물질은 대개 2차 대사산물이라고 부르는 화합물이다. 2차 대사산물은 식물의 삶 자체에는 거의 관여하지 않고 주로 방어 역할을 하는 물질이며, 테르펜, 페놀성 화합물, 알칼로이드(질소-함유 화합물) 등이 있다.

흔히 숲에서 소나무 근처에 다른 풀이 자라지 못하는 현상을 볼 수 있는데 이는 소나무의 뿌리에서 분비되는 페놀성 화합물로 인해 곤충 등의 동물은 물

8) source : www.bing.com/images

론 주변의 식물도 생육에 영향을 받기 때문이다. 알칼로이드의 예로는 코카인, 모르핀, 니코틴, 카페인을 들 수 있다. 코카인과 모르핀은 강력한 마약 성분이며, 이 물질을 섭취한 동물은 신경이 과도하게 흥분되어 정상적인 활동을 하지 못하게 된다. 이 마약 성분들은 중독성이 매우 강하므로 특히 조심하여야 한다. 니코틴은 환각작용이 미약하여 마약 성분으로 분류하지는 않지만, 마약 못지않은 중독성이 있다. 또한 일상 음료로 사랑받고 있는 커피와 홍차에 포함되어 있는 카페인은 교감신경계를 흥분시켜 숙면을 취할 수 없게 하므로, 다음날 일상 활동에 나쁜 영향을 줄 수 있다. 특히 각성음료에는 카페인이 다량 함유되어 있으므로 주의를 기울여야 할 것이다(그림 1-11).

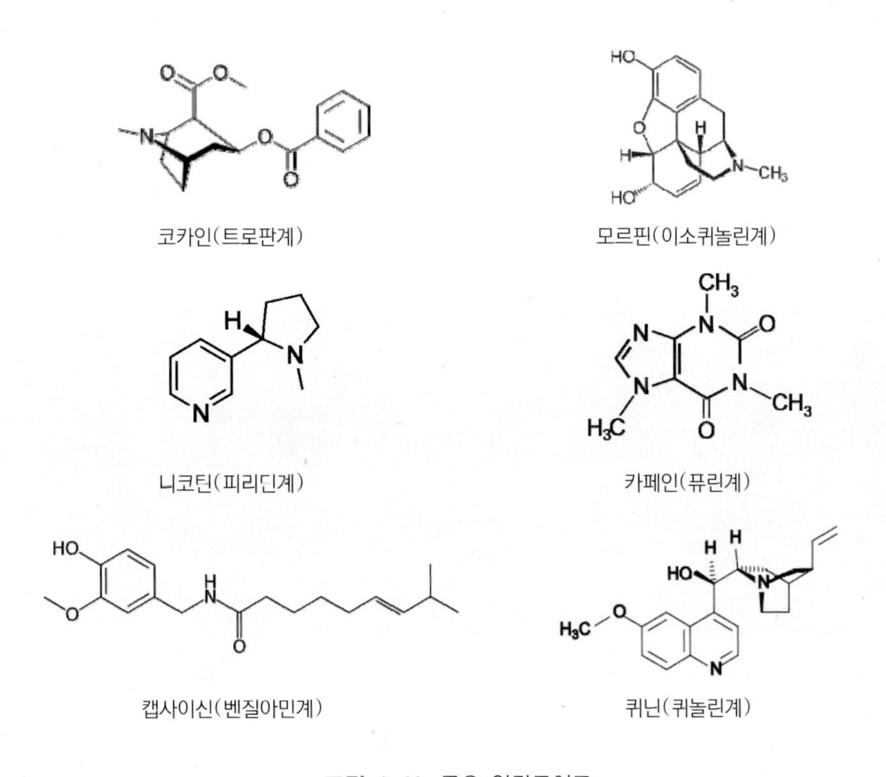

그림 1-11 주요 알칼로이드.

▶ 천적유인 물질

식물은 화합물을 이용한 놀라운 방어능력을 갖추고 있으며, 그 예를 십자화과 식물의 일종인 흑겨자*Brassica nigra*에서 볼 수 있다. 흑겨자는 양배추와 친척인 식물이며, 양배추나방이 즐겨 찾는 대상이다. 이들 곤충은 흑겨자의 잎에 알을 낳으며, 부화된 애벌레가 이 식물의 잎을 갉아먹으며 성장한다.

흑겨자는 양배추나방이 알을 슬어놓은 잎에서 방어작용을 통해 세포조직을 괴사시켜 나방 알이 부화되지 못하도록 한다. 그런데 양배추나방이 무더기로 알을 낳은 잎은 괴사되지 않는다. 이 경우 흑겨자는 양배추나방의 천적인 기생일벌을 유인하는 특정 화합물을 생산한다. 이 물질에 이끌려온 기생일벌은 양배추나방의 알 속에 자신의 알을 낳으며, 부화한 벌의 양배추나방의 알을 먹어치운다(그림 1-12). 흑겨자로서는 장차 자신의 잎을 갉아먹을 애벌레가 태어나지 못하도록 대리자의 힘을 빌어 미리 방어해낸 것이다.

어떻게 이런 일이 가능할까? 식물은 이동능력이 없기 때문에 근육조직이 발달하지 않았으며, 이것을 통제하는 신경조직 역시 발달하지 않았다. 따라서 뇌조직은 더욱이 발달할 수 없었다. 그러함에도 이 식물은 나방과 그 나방의 천적인 벌의 관계를

그림 1-12 (왼쪽) 흑겨자의 잎에 양배추나방이 낳은 알. (오른쪽) 흑겨자가 분비한 화합물에 이끌려온 기생일벌이 나방의 알에 자신의 알을 낳고 있다.[9]

9) source : www.bing.com/images

파악하고, 나아가 벌을 유인하는 물질을 만들어내어 자신을 지킬 수 있게 된 것이다. 오랜 시간의 흐름 속에서 자연은 이처럼 놀라운 힘을 보여준다. 이런 관점에서 살펴보고 분석하고 판단하고, 나아가 만들어내는 힘을 지니고 있기에 식물이 위대한 존재라는 사실을 새삼 깨달을 수 있다. 과학과 공학은 식물의 삶에도 깃들어 있다.

▶ 경고신호 물질

야생에서 대부분의 식물은 무리를 지어 자생하고 있다. 아무런 방해를 받지 않는다면 식물은 하루 종일 평화롭게 광합성을 수행하여 필요한 유기물질을 만들고 있을 것이다. 그러나 초식동물의 섭식활동이 시작되면 식물은 비상상황에 놓이게 되어, 한가롭게 식사(광합성)를 할 겨를이 없으며 방어활동을 수행하여야 한다. 즉, 대사활동을 광합성에서 방어활동으로 전환하여야 한다.

이 상황은 작은 공장에서 일어나는 일에 비유할 수 있다. 공장의 공간이 좁다면 모든 작업을 한꺼번에 수행하지 못하며, 작업 순번에 맞추어 공장 설비를 상황에 맞추어 바꾸어야 한다. 식물체는 평화시기에는 광합성 관련 설비를 갖추고 유기물질을 생산한다. 그러나 비상상황이 닥친다면 그 상황에 맞는 이른바 2차 대사

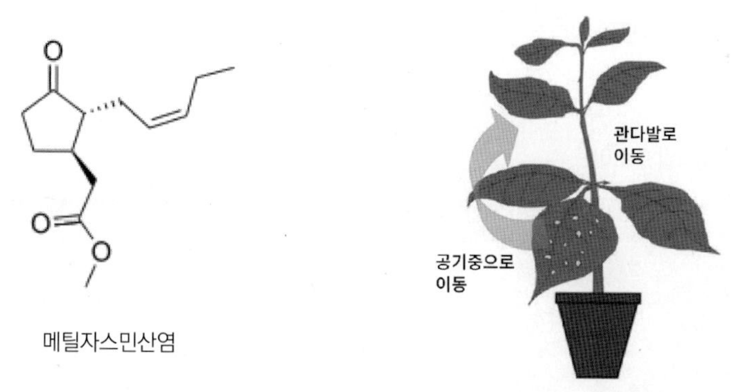

그림 1-13 손상된 잎에서 생성된 메틸자스민산염은 빠르게 퍼져나가 전신성 방어를 유도하며, 이웃 식물체에게도 경고한다.[10)]

10) source : www.bing.com/images

산물을 생산해내야 한다. 이를 위해 식물은 광합성 공정을 멈추고 2차 대사산물을 생산할 생산설비를 가동해야 한다. 이러한 일은 짧은 시간 내에 일제히 이루어질 때 그 효율이 최대로 높아질 수 있다. 초식동물의 섭식이 시작되면 비상상황을 알리는 신호물질이 만들어져 공정을 일제히 전환하도록 한다.

가장 대표적인 신호물질은 메틸자스민산염이다. 이 물질은 관다발로 이동하기도 하지만 휘발성의 방향족 물질이므로 공기 중으로도 빠르게 확산될 수 있고, 따라서 공격을 받고 있는 자신은 물론 주위의 동료에게도 신호를 전달할 수 있다(그림 1-13).

▶ 생물탐사

식물이 자신을 방어하기 위해 만들어낸 다양한 2차 대사산물은 사람의 건강에도 도움을 준다. 실제로 의약품은 거의 모두 식물에서 유래한 것이다. 대표적인 예로 버드나무에서 추출한 살리신산염은 아스피린의 주원료이다. 2015년 노벨 생리의학상은 쑥에서 추출한 아르테미시닌이라는 성분이 말라리아 치료제로서 효능을 보인다는 사실을 입증한 업적을 이룬 과학자에게 수여되었다. 이처럼 유용한 의료용 식물을 탐사하는 것을 생물탐사bioprospecting라고 한다. 현재 의료 목적으로 사용되고 있는 다양한 알칼로이드의 예를 표 1-2에 정리하였다.

표 1-2 의료용 알칼로이드

알칼로이드	예	작용
피롤리딘	니코틴	흥분제, 진정제
트로판	아트로핀 코카인	해독제 중추신경 자극, 국소마취
피페리딘	코니인	운동뉴런 마비
퀴놀리지딘	루피닌	심박동 회복
이소퀴놀린	코데인 모르핀	진통제, 기침 치료 진통제
인돌	실로시빈 스트리키닌	환각제 취약

1.2.3 후손 잇기

후손을 생산하려면 암수 배우자가 서로 만나야 하고, 더 나은 환경을 찾아 후손을 멀리 보낼 수 있어야 한다. 그러나 식물은 제자리에서 살아가기 때문에 후손 잇기에도 어려움을 겪게 된다. 이러한 어려움을 극복하기 위해 식물은 바람 등의 자연의 힘을 이용한다. 그러나 이러한 방식은 확률이 매우 낮아 자원을 어마어마하게 소비하여야 한다. 가장 진화한 형태인 꽃피는 식물(현화식물)은 동물과 적극 협력하는 방식을 채택하여 이러한 문제를 해결하였다.

■ 꽃가루받이

꽃의 암술은 씨방으로 이어지는 통로이다. 씨방에는 암 배우자인 밑씨가 있어서 수 배우자와 수정이 이루어지면 장차 새로운 식물체로 자라게 된다. 대부분의 꽃은 암술과 수술을 함께 가지고 있다. 그러나 자신의 수 배우자와 수정이 이루어지는 자가수분의 경우에는 유성생식의 의미가 사라진다. 식물은 정교한 방식으로 이 문제를 해결한다.

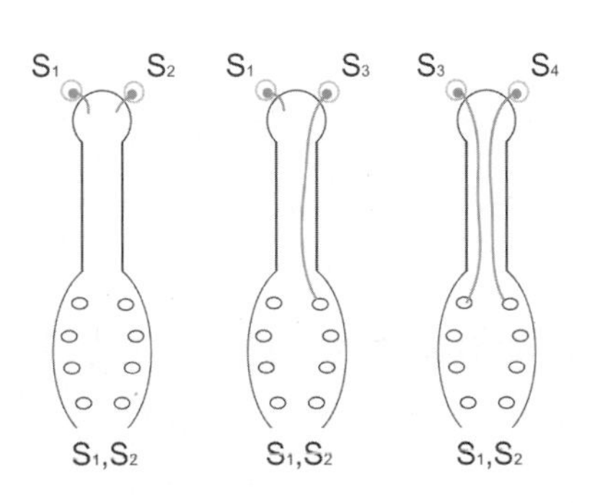

그림 1-14 자가불화합성. 암술과 유전자형이 다른 꽃가루만 수정할 수 있다. 따라서 자가수분을 피할 수 있다. 밑씨의 유전자형이 S_1, S_2이므로 꽃가루의 유전자형이 S_3나 S_4인 경우에는 수분이 가능하다.[11)]

자가불화합성self-incompatibility은 같은 개체의 수술과 암술 사이에서는 수정이 이루어지지 않는 현상이다(그림 1-14). 암술이 수술에 있는 특정 유전자형을 인식하여 자신의 것과

11) source : www.bing.com/images

그림 1-15 꽃가루를 잔뜩 뒤집어 쓴 채 열심히 꿀을 빨고 있는 벌.[12)]

같을 경우 수정을 하지 않는다. 다른 개체의 수 배우자의 경우에는 유전자형이 다르므로 수정이 이루어질 수 있다.

한편, 자신의 수 배우자와 암 배우자가 만날 기회를 피하는 방식도 볼 수 있다. 이 경우에는 한 꽃에서 암술과 수술이 성숙하는 시기가 다르다. 예를 들어 암술이 먼저 성숙되어 다른 개체의 수 배우자와 수정된 후라야 비로소 수술이 성숙되어 다른 개체의 암 배우자와 수정된다.

그렇지만 식물에서 볼 수 있는 수정의 묘미는 꽃가루받이 도우미를 이용하는 방식이다. 꽃의 꽃가루에 풍부한 영양분을 제공하거나 적극적으로 꿀을 만들기도 한다. 이 영양분을 먹기 위해 찾아오는 벌이나 새의 도움을 적극 활용하여 다른 개체의 꽃가루를 옮겨와 타가수분을 이루어내는 것이다. 이러한 방식은 영양분을 제공하기 위해 귀중한 자원을 소비하기는 하지만, 도우미의 충성심을 이끌어내어 효율성을 높임으로써 자원을 크게 절약할 수 있다.

꽃가루를 뒤집어 쓴 벌의 모습은 흔히 볼 수 있다(그림 1-15). 이 벌은 먹이를 먹는 과정에서 온몸에 꽃가루를 뒤집어쓴 채로 다른 꽃을 찾아 이동한다. 다른 꽃에서 다시 꽃가루를 탐식하는 동안 앞서 묻혀온 꽃가루가 새로운 꽃의 암술로 전달된다. 벌의 의도와는 상관없이 꽃은 다른 개체의 꽃가루로 수분하는 성과를 이루어낸 것이다.

12) source : www.bing.com/images

▶ 착한 경영

꽃은 다른 개체의 꽃가루를 받기 위해 귀중한 자원을 소비하여 자신의 꽃가루에 풍부한 영양분을 담아 벌에게 제공한다. 벌은 꽃이 제공한 영양이 풍부한 꽃가루를 먹이로 삼아 건강하게 살아갈 수 있으며, 실제로는 자신이 한 일에 비해 충분하고도 남을 보상을 받는다. 식물은 스스로 해결하기 어려운 후손 잇기의 목적을 달성하기 위해 귀중한 자원을 아낌없이 투자한 것이다. 식물은 자신의 목적 달성을 도와주는 일꾼에게 노동의 댓가를 넘칠 만큼 충분히 보상한다. 또한 일꾼은 자신이 좋아하는 먹이를 아낌없이 제공하는 식물을 결코 떠나려 하지 않으며 부지런히 일하는 충성심을 보인다. 이로 인해 식물과 곤충이 서로 오래도록 공생할 수 있게 된다. 이것은 착한 경영의 사례로 볼 수 있다(그림 1-16).

그림 1-16 해바라기로서는 자신을 찾아준 곤충이 꽃가루받이만 도와준다면 어떤 종류든 마다할 이유가 없다. 여러 종의 곤충에게 고르게 양분을 나누어준다.[13)]

▶ 이기적인 경영

자연에서는 착한 경영만 존재하는 것은 아니다. 일부 자신의 이익만을 위해 행동하는 약삭빠른 사기꾼이 반드시 있게 마련이다. 난초의 한 종류는 꽃잎의 모양이 특이하게 변형되어 있는데, 마치 어떤 종류의 말벌 암컷과 묘하게 닮은 형상을 하고 있다. 특이한 무늬와 형상, 게다가 특별한 향까지 풍긴다. 이 꽃의 향기는 수컷을 유인하는 성페로몬과 그 성분이 비슷하여, 이에 이끌린 말벌이 다가오도록 한다.

이 종류의 말벌 수컷은 암컷을 낚아채 하늘로 날아오르며 교미를 시도하는

13) source : www.bing.com/images

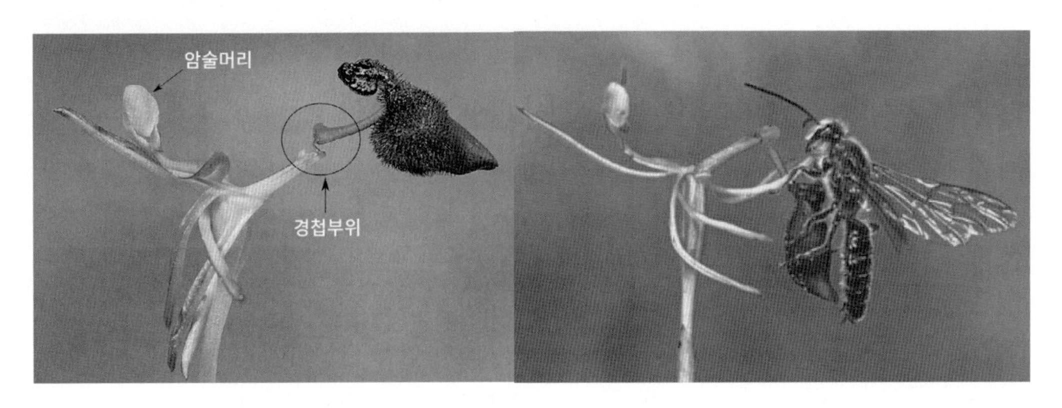

그림 1-17 (왼쪽) 암컷 벌을 닮은 모습과 향기를 지닌 난초의 꽃. (오른쪽) 암컷으로 착각한 수컷이 교미를 시도하고 있다. 수컷이 날아오르면 경첩부위가 접혀 수컷의 등이 암술머리에 닿게 된다.[14)]

습성을 가지고 있다. 이 꽃의 거의 완벽한 위장에 속은 수컷이 암컷처럼 보이는 꽃을 낚아채 하늘로 날아오르려 시도하지만 뜻을 이룰 수 없다. 꽃잎에는 경첩이 있어 위로 날아오르려는 수컷의 행동에 의해 수컷의 등이 암술머리에 닿게 된다. 이때 수컷의 등에 이미 방문한 다른 꽃의 꽃가루가 달려 있다면, 이 꽃은 자신의 목적을 달성하게 된다(그림 1-17).

그러나 이 경우, 말벌은 얻는 것이 없다. 교미에 눈이 어두운 수컷의 습성을 교묘하게 이용한 식물의 사기 행동에 속아 애만 쓰다 그냥 빈손으로 떠난다. 식물로서는 말벌에게 귀중한 에너지를 제공하지 않고도 꽃가루받이를 했으므로 이익이지만, 말벌로서는 얻은 것 없이 에너지만 낭비한 꼴이 되었다.

얼핏 생각하기에 사기 행동은 당장 이익이 된다. 그러나 자연에서 속임수 행동은 결국은 응징을 당하게 된다. 오늘날 꽃피는 식물 대부분은 착한 경영을 하는 종류이며, 사기 행동을 하는 식물은 극히 드물다. 시간이 충분히 지난다면 이러한 속임수에 당하지 않는 행동을 하는 말벌이 점점 많아지게 될 것이고, 이 식물은

14) source : species.wikimedia.org

점차 꽃가루받이에 어려움을 겪을 것이다. 또한 말벌의 경우 생식은 하지 못한 채 헛심만 쓰게 되므로 개체수가 크게 감소하여 멸종 위기를 맞을 가능성도 있다. 꽃가루받이를 도와줄 동물이 찾아오지 않는다면 그 식물은 후손 잇기에 성공할 수 없을 것이다. 단기적으로는 이익이 될 수 있지만, 충분한 시간이 지나면 결국 어떤 방식으로든 그 대가를 치르는 것이 자연의 이치이다.

■ 꽃가루받이 도우미 유인 방식

식물은 꽃가루받이를 위해 곤충을 비롯하여 다양한 동물과 함께 공존하는 관계를 유지하며 진화해 왔다. 식물이 착한 경영을 하더라도 귀중한 자원을 아무에게나 내주어서는 생존에 어려움을 겪게 된다. 따라서 자원 이용을 제한하는 특별한 구조를 갖추는 방향으로 진화하였다. 동물은 식물이 제공하는 꽃가루나 꿀 등의 풍부한 영양분을 얻기 위해 꽃의 구조와 형태에 알맞은 구조와 형태를 갖추는 방향으로 발전해 왔다. 식물과 동물은 서로에 맞추어 함께 진화해 오고 있다.

이러한 과정에서 꽃은 자신의 꽃가루받이를 돕는 동물만 선별하는 방식을 발전시켰다. 동물의 활동시간에 따라 잘 인식할 수 있는 꽃잎의 색채나 무늬를 지니고 있는 경우도 있으며, 귀중한 자원을 특정 동물만 이용할 수 있도록 꽃의 구조를 특이하게 발달시키기도 한다. 심지어는 특정 동물이 좋아하는 냄새를 풍기기도 한다. 식물의 이러한 변화에 따라 동물도 특정 식물에 알맞은 특성을 발전시켜 왔다.

▶ 색채와 무늬

동물마다 인식할 수 있는 스펙트럼이 다르다. 새와 나비, 벌 등 낮에 주로 활동하는 동물은 밝은 계열의 빛을 잘 인식하며, 이들과 관계를 맺은 꽃은 대개 밝은 색과 무늬를 가진다(그림 1-18). 나방과 박쥐처럼 주로 밤에 활동하는 동물과 관계를 맺은 꽃은 거의 흰색 꽃잎을 가진다.

그림 1-18 새는 특히 빨간색을 잘 인식한다. 새를 꽃가루받이 도우미로 이용하는 꽃은 대개 빨간 꽃을 피운다.[15]

다양한 꽃의 색은 안토시아닌 계열의 색소에 의해 만들어진다. 안토시아닌은 안토시아니딘에 당이 결합한 것이다. 안토시아니딘의 B 고리에 결합한 기능기의 종류에 따라 색이 달라진다(표 1-3).

표 1-3 안토시아니딘 유도체로 인해 색상이 다양해진다.

Anthocyanidin　　Anthocyanin

안토시아니딘	대체된 기능기	색
펠라고니딘	4'-OH	주홍
시아니딘	3'-OH, 4'-OH	붉은 자주
델피니딘	3'-OH, 4'-OH, 5'-OH	푸른 자주
페오니딘	3'-OCH_3, 4'-OH	장밋빛 빨강
페튜니딘	3'-OCH_3, 4'-OH, 5'-OCH_3	자주

15) source : million-wallpapers.ru

그림 1-19 곤충이 인식하는 꽃의 형태는 사람이 보는 것과 다르다. (왼쪽) 사람의 시선, (오른쪽) 곤충의 시선. 사람이 볼 수 없는 다른 무늬가 나타난다.[16)]

그렇지만 곤충은 우리와 전혀 다른 형태로 꽃잎을 인식한다. 사람은 가시광선 영역을 보지만 곤충은 자외선 영역 일부도 인식한다. 따라서 곤충이 인식할 수 있는 스펙트럼 영역에서 꽃을 바라보면 우리 눈에는 숨겨져 있는 무늬가 드러난다(그림 1-19). 이러한 무늬는 꽃가루받이를 돕는 곤충이 정확한 위치를 인식하는 데 도움이 되는 것으로 보인다.

■ 꽃의 구조

식물의 꽃 구조와 꽃가루받이 도우미의 형태나 습성은 연관성을 지니고 함께 진화하며(그림 1-20), 이것을 공진화coevolution라고 한다.

나방처럼 긴 혀를 지닌 동물과 관계를 맺은 식물은 대롱 모양의 관 내부에 꿀을 간직한다. 따라서 대롱처럼 긴 혀를 가진 동물만 꿀을 먹을 수 있다. 또한 벌처럼 부지런한 동물을 상대하는 꽃은 복잡하고 폐쇄된 구조를 이루고 있다. 벌은 복잡한 꽃 속을 부지런히 돌아다니며 꿀을 먹는다. 벌이 복잡한 내부를 헤집는 과정에서 꽃가루가 이동할 수 있는 기회가 많아진다.

16) source : commons.wikimedia.org

그림 1-20 꽃의 구조에 따라 꽃가루받이 도우미의 종류가 다르다.[17]

▶ 냄새

나방, 나비, 벌 등의 후각이 뛰어난 동물을 상대하는 꽃은 달콤한 향을 풍긴다. 그러나 썩은 고기를 좋아하는 동물을 유인하는 식물은 고약한 냄새를 풍

그림 1-21 (왼쪽) 파리를 유인하는 꽃은 썩은 고기 비슷한 고약한 냄새를 풍긴다. (오른쪽) 냄새를 멀리 보내기 위해 거대한 꽃을 피운 Titan Arum.[18]

17) source : www.bing.com/images
18) source : www.bing.com/images

긴다(그림 1-21). Titan arum이라는 식물은 평소에는 키가 30 cm 정도지만, 7년 만에 한 번 피우는 꽃은 거의 3 m나 된다. 이 식물은 꽃가루받이를 도와줄 파리 종류를 유인하기 위해 썩은 고기 같은 고약한 냄새를 풍긴다. 이때 높이 솟아오른 꽃이 굴뚝 역할을 하여 냄새를 멀리 보낸다.

후각이 둔한 새가 꽃가루받이 도우미인 경우에는 거의 냄새를 풍기지 않는다.

▶ 꿀

새나 나비처럼 에너지를 많이 사용하는 동물과 관계를 맺은 식물은 꿀을 풍부하게 제공한다(그림 1-22). 꿀은 포도당과 과당이 섞인 영양이 풍부한 물질이다. 꽃의 꽃가루받이를 도와준 작은 곤충은 꿀만으로도 충분히 살아갈 수 있다. 따라서 꿀을 제공하는 것은 식물과 동물 사이에서 맺은 최상의 거래라고 할 수 있다.

그렇지만 알을 낳을 장소를 찾는 파리나 꽃잎과 꽃밥 등을 먹는 무당벌레를 상대하는 꽃의 경우에는 꿀을 만들지 않는다. 꿀 생산은 엄청난 자원을 소모하는 일이기 때문에 필요하지 않은 일을 할 이유가 없는 것이다.

그림 1-22 에너지를 많이 사용하는 꽃가루받이 도우미를 유인하기 위해 꿀을 제공한다.[19]

2.3.3 씨앗 퍼뜨리기

곤충을 비롯한 꽃가루받이 도우미의 도움을 받아 수정에 성공한 식물은 씨앗을 멀리 퍼뜨려야 한다. 자신의 주변에

19) source : www.bing.com/images

떨어진 씨앗은 더 넓은 세상에서 더 나은 서식지를 개척할 기회를 얻지 못하며, 나아가 장차 경쟁상대가 될 수도 있다. 스스로 이동할 수단이 없는 식물은 이 문제를 슬기롭게 극복해내야 한다.

바람에 날리거나 강물을 타고 이동하는 등 자연의 힘을 빌리는 경우도 있으며, 갈고리를 만들어 지나가는 동물의 털 등에 붙어 이동하는 방식을 택한 식물도 있다. 가장 발전된 형태는 먹을 것을 제공하여 유인하는 경우이다.

▶ 비행 또는 표류

초기에 나타난 식물은 자연 조건을 이용하여 씨앗을 퍼뜨린다. 민들레는 씨앗마다 날개를 달아 바람을 타고 멀리 날아갈 수 있도록 한다. 봉선화 종류의 식물은 씨앗이 숙성되면 삼투압에 의해 씨앗주머니가 터지며, 이 힘을 이용하여 씨앗을 멀리 튕겨 보낼 수 있다(그림 1-23). 물가에 서식하는 식물의 씨앗은 강물을 따라 바다로 흘러나간 후 먼 대륙까지도 이동하여 정착할 수 있다.

그림 1-23 (왼쪽) 날개가 달린 씨앗은 바람을 타고 멀리 날아갈 수 있다. (오른쪽) 씨앗이 숙성되면 씨앗주머니가 터져서 씨앗이 튕겨져 나간다.[20]

20) source : www.bing.com/images

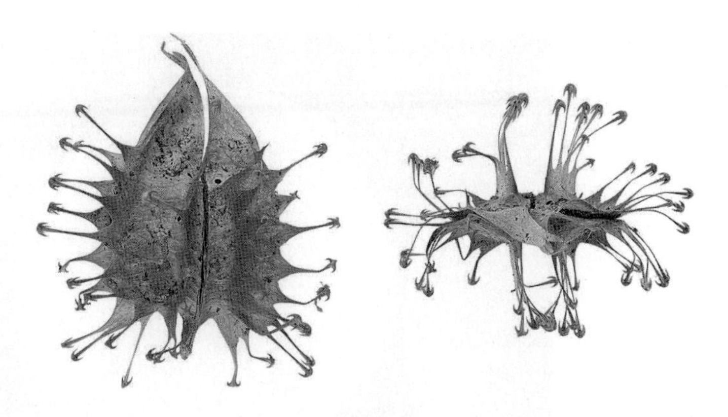

그림 1-24 갈고리가 달린 씨앗은 지나가는 털북숭이 동물에 달라붙어 공짜로 멀리 이동할 수 있다.[21]

▶ 무임승차

도꼬마리를 비롯한 여러 종류의 식물의 씨앗은 지나가는 동물의 털 등에 붙어 멀리 이동한다. 이들의 씨앗 표면에는 작은 갈고리가 달려 있어서 길섶을 지나던 동물의 털이나 피부에 달라붙을 수 있다(그림 1-24). 씨앗은 원래의 서식지에서 멀리 떨어진 곳까지 공짜로 여행을 즐긴 후 새로운 지역에서 정착할 수 있다.

▶ 먹이 제공

가장 인상적인 씨앗 퍼뜨리기 방식은 씨앗을 멀리 옮겨줄 동물에게 보상을 베푸는 것이다. 과일 식물은 과육에 풍부한 양분을 저장하여 동물을 유인한다. 동물은 과육에서 에너지를 얻으며, 씨앗은 동물의 장 속에서 머물며 멀리 이동할 수 있다(그림 1-25). 이미 꽃가루받이에서 나타난 이러한 서로 돕는 방식은 동물과 함께 공생관계를 이루어 모두 오랫동안 안정되게 살아갈 수 있다는 점에서 가장 발전된 형태라 할 수 있다.

21) source : www.bing.com/images

그림 1-25 과육은 풍부한 에너지를 간직하고 있다. 동물은 과육에서 양분을 얻고, 그 댓가로 씨앗을 멀리 옮겨준다.[22)]

1.3 생명의 터전을 가꾸는 식물의 존재

앞서 살펴본 바와 같이 식물은 광합성을 통해 스스로 양분을 생산하고 이용한다. 자연에 흔히 존재하는 이산화탄소와 물, 그리고 햇빛에너지를 이용할 수 있는 식물의 이러한 능력은 식물 자신은 물론 지구의 거의 모든 생명체가 살아갈 수 있는 원천이 된다. 스스로 풍부한 영양을 지닌 식물은 동물을 비롯한 대부분의 생명체의 먹이로 활용되며, 이러한 피식-포식 관계를 통해 지구의 생물다양성이 형성되었다.

식물은 먹이만 제공하는 것은 아니다. 식물이 자신을 지켜내기 위해 택한 방법은 독성을 지닌 화학물질을 이용하는 것이다. 이러한 물질은 식물의 방어 목적으로 사용되는 것이지만, 야생에서 많은 동물이 특정 식물을 먹음으로써 질병을 치유하기도 한다. 특히 인류는 건강을 지키는 의약품으로서 식물의 방

22) source : www.bing.com/images

어용 화합물을 활용하고 있다.

식물이 번성한 곳에서는 동물도 따라서 번성한다. 사막 등 식물이 살지 못하는 지역에서는 동물도 또한 살아갈 수 없다. 이러한 사실은 지구 생태계에서 식물이 어떠한 역할을 수행하고 있는가를 잘 드러내준다. 제자리에서 조용히 살기 때문에 우리의 주의를 이끌어내지 못하고, 움직이지 않기 때문에 우리에게 위협이 되지 않지만, 우리는 식물에게 크게 의존하며 살고 있는 것이다.

물질문명이 극대화된 시대에서는 생활의 편리함을 앞세운 개발논리가 자연스럽게 통용된다. 그렇지만 숲을 훼손하는 것이 곧 우리 자신의 삶을 위태롭게 하는 행위라는 것을 이해한다면, 식물과 공존하는 방법을 찾아내는 현명한 통찰력을 갖추게 될 것이다.

돌아보기

- 과학적 관심을 가져야 식물의 삶을 이해할 수 있다.
- 식물이 제자리에서 삶을 영위하는 과정에서 나타나는 문제점을 인식하고 그 문제를 해결하는 방식을 이해한다.
- 식물이 방어용 물질을 만들어 자신을 보호하며, 이들 물질에서 의약품을 개발할 수 있음을 이해한다.
- 마약류 등 일부 중독성이 강한 물질의 오남용으로 인한 폐해에 대해 바르게 인식한다.
- 꽃가루받이와 씨앗 산포를 위해 식물이 동물과 어떠한 관계를 이루고 유지하는지에 대해 이해한다.
- 식물은 우리의 삶이 가능하게 하는 지구 환경을 이루는 근본이므로 공존해야만 하는 소중한 존재임을 인식한다.

학습문제

1. 우리는 일상에서 식물의 존재감을 거의 느끼지 못하지만, 동물에 대해서는 예민하게 반응한다. 우리가 동물과 식물에 대해 다르게 인식하는 이유를 설명하라.
2. 제자리 삶을 수행하기 위해 식물에게 가장 필요한 세포내 구조를 세 가지 들고, 이들 각각의 역할에 대해 설명하라.
3. 식물은 이동과 운동능력을 거의 갖추고 있지 않지만, 자연 환경에서 번성하고 있다. 식물이 스스로 보호하고 방어하는 방법에 대해 설명하라.
4. 식물은 영양번식이라는 무성생식으로 번식하기도 하지만, 동물과 마찬가지로 다양성을 갖춘 자손을 얻기 위해 유성생식도 수행한다. 꽃가루받이와 씨앗 퍼뜨리기라는 두 가지 문제를 해결하기 위한 식물의 전략은 무엇인지 설명하라.
5. 우리의 삶에 있어서 식물이 지닌 가치에 대해 설명하라.

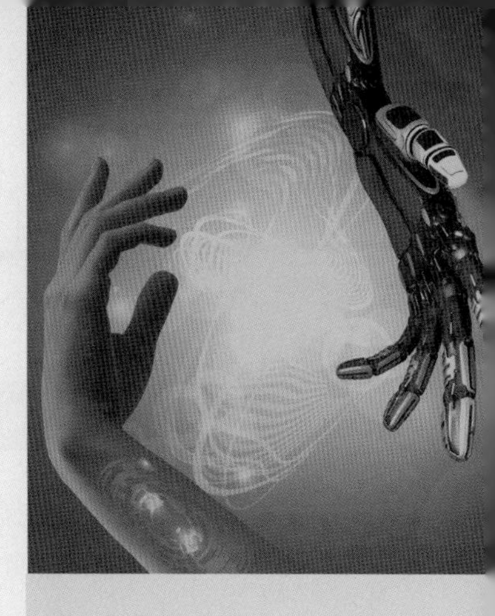

PART 1
생명과학

1장 식물의 삶 이해하기
2장 동물의 행동과 진화
3장 유전자와 생명공학

2장 동물의 행동과 진화

학습내용 요약	강의 목적
• 선천적 행동은 본능이라고도 부르며, 선조가 과거에 성공한 행동양식을 그대로 따른다. • 자원이 제한된 상황에서 이기적 행동을 하면 개체의 생존확률이 높아진다. 그러나 협동과 이타적 행동을 하면 개체군 집단의 생존확률이 높아진다. • 선조가 겪은 환경과 달라진 환경에 적응하려면 경험 학습을 통해 행동을 수정할 수 있어야 한다. • 암수가 자손 생산에 투자하는 정도는 동등하지 않다. 따라서 암수 사이에서 짝짓기에 대한 갈등이 나타난다. • 정직한 신호체계로 소통하면 집단의 생존과 생식 성공 확률을 높일 수 있다.	• 선천적 행동이란 무엇인지 알아본다. • 이기적 행동을 하는 이유, 협동과 이타적 행동이 진화하는 이유를 알아본다. • 학습이 필요한 이유를 알아본다. • 암수의 생식투자 차이와 그로 인해 나타나는 성적 갈등에 대해 알아본다. • 암수가 각각 선호하는 짝짓기 체계에 대해 알아본다. • 소통과 신호체계가 중요한 이유에 대해 알아본다. **Key word** 선천적 행동, 이기적 행동, 협동과 이타적 행동, 학습, 암수의 생식 투자, 암수의 성적 갈등, 소통과 신호체계, 생존과 생식 성공 확률

차례

2.1 선천적 행동과 학습
- 2.1.1 선천적 행동 – 배우지 않아도 하는 행동
- 2.1.2 학습 – 배워야 하는 행동

2.2 암수의 생식 투자와 성적 갈등
- 2.2.1 성적 행동 – 누가 더 까다로운가?
- 2.2.2 짝짓기 행동
- 2.2.3 부계불명을 극복하기 위한 수컷의 행동
- 2.2.4 다양한 짝짓기 행동 – 1부1처제와 다접
- 2.2.5 성적단형과 성적이형 – 짝짓기 행동을 알려주는 지표

2.3 소통과 신호체계

■ 돌아보기

■ 학습문제

2.1 선천적 행동과 학습

2.1.1 선천적 행동: 배우지 않아도 하는 행동

어린아이들은 흔히 소꿉장난하면서 부모의 행동을 흉내 내어 역할나누기 놀이를 한다. 어린이들은 흙으로 밥을 짓고 풀을 뜯어 나물을 무쳐 밥상을 차리는 등 실제 상황과 흡사한 상황을 연출한다. 그러나 그저 흉내만 낼 뿐 자신이 만들어낸 가상 식사를 실제로 먹으려 하지는 않는다.

사람이 가장 더럽게 여기고 싫어하는 것은 바로 인분이다. 단순히 배설물이기 때문일까? 그렇지만 사람과 유연관계가 먼 생명체의 변에 대해서는 그렇게 더러워 하지도 않을뿐더러 소라나 고둥의 경우에는 오히려 맛있어 하는 경우도 심심찮게 볼 수 있다. 왜 그럴까? 인분은 사람에게 필요한 성분은 이미 모두 흡수되고 남은 쓸모없는 찌꺼기이기 때문에 다시 섭취한다 해도 아무런 가치도 없으며, 오히려 많은 미생물로 인해 병에 걸릴 위험만 높아지기 때문이다. 그러나 유연관계가 먼 종류의 생명체는 사람과 활용하는 자원이 다를 뿐만 아니라 소화과정을 통해 만들어내는 성분도 다르기 때문에 이들에게는 쓸모없는 자원이라 해도 사람에게는 도움이 될 수도 있다.

그런가 하면, 어린아이들이 선호하는 식품을 살펴보면 일정한 유형을 찾아볼 수 있다. 거의 예외 없이 단맛만 좋아하여 부모를 종종 당황하게 만든다. 그렇지만 단맛만 좋아하는 것은 아니다. 나이가 들어가면서 더욱 분명해지는 입맛은 결국 기름진 맛에 대한 참을 수 없는 탐닉이다. 물론 단맛의 근원은 당이고, 당은 우리 몸에서 가장 널리 이용되는 에너지원이다. 또한 영양학 측면에서 본다면 기름 성분은 당보다 훨씬 많은 에너지를 간직하고 있기 때문에 같은 양이라면 생존에 더욱 도움이 된다.

아직 세상을 제대로 이해하지 못하는 어린아이들이 마치 이러한 사실을 알고 있는 듯 행동하는 이유는 무엇일까? 우리는 이러한 행동을 선천적 행동(또는 본능)이라고 부른다.

■ 선천적 행동

생명과학의 시각으로는 생명체의 목적을 크게 생존과 생식으로 요약할 수 있다. 짧은 시간 동안 삶을 이어가면서 누구든 살아남기 위해 꾸준하게 노력한다. 가장 중요한 것은 역시 먹이를 먹어 활동에 필요한 에너지를 얻는 것이다. 자원이 풍족한 경우에는 어려움이 없지만, 지구 생태계가 제공하는 자원의 양은 한계가 있다. 따라서 개체는 저마다 남보다 더 많은 자원을 얻기 위해 끊임없이 노력해야 한다. 이 과정에서 자신이 남의 먹이가 되는 것도 피해야만 생존할 수 있는 것은 물론이다.

이렇게 살아남는다 하여도 결국 수명은 일정하게 정해져 있다. 유성생식을 하는 생명체는 자신의 삶이 마감되는 순간을 맞이하는 운명이기 때문에 이러한 한계를 극복하려면 자손을 통해 생명을 이어나가야 한다. 따라서 성체가 된 후에는 자손을 만들기 위해 짝짓기를 하는 것이 가장 큰 목적이 된다. 생명체는 자손을 얻기 위해 모든 힘을 다 기울이며, 이러한 행동은 때로는 무모해 보이기까지 한다.

부모의 가장 큰 걱정은 무엇보다 자식의 안녕일 것이다. 아이가 태어난 후 스스로 자신의 삶을 돌볼 수 있게 될 때까지 오랜 기간 동안 부모는 지극하기 이를 데 없이 돌본다. 그러나 대부분의 경우 부모가 자손을 돌보는 행동을 하지 못하며, 자손은 스스로 모든 어려움을 헤쳐 나가 생존하여야 한다.

이런 상황에서 부모가 할 수 있는 일은 무엇일까? 자신이 살아오면서 한 행동 양상, 특히 충분히 살아남아 자손을 번식할 수 있게 한 성공적인 행동을 물려주어 자손도 같은 행동을 하도록 하여 생존 확률을 높이고자 하는 것이 전부일 것이다. 유전heredity은 부모의 습성을 자손이 물려받는 현상을 뜻한다. 유전을 통해 자손은 부모와 외형은 물론 행동 양식까지도 유사한 특성을 지니게 된다.

본능이라고 부르기도 하는 선천적 행동은 부모가 생식적으로 성공하게 된 특정 행동이 자손에게 물려진 것이며, 현재 환경의 영향을 전혀 받지 않는다. 이러한 행동으로는 유아등bugs killer을 향해 돌진하는 야행성 곤충의 무모해 보이는 행동을 예로 들 수 있다(그림 2-1).

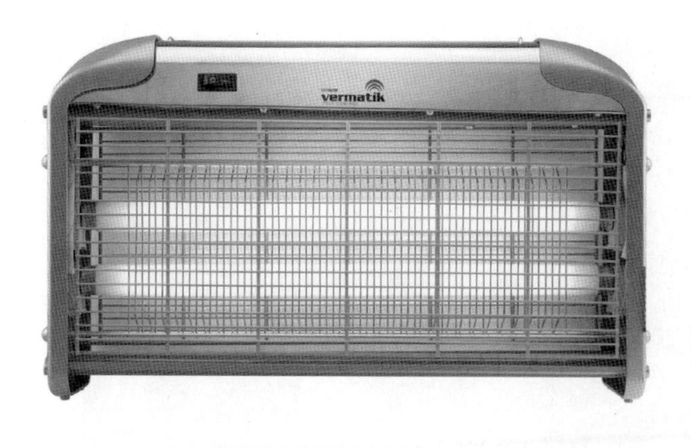

그림 2-1 유아등. 과거에는 이 파장의 빛을 따라가는 행동이 생존에 도움이 되었을 것이다.

유아등을 향해 돌진하는 야행성 곤충의 행동은 사람으로서는 전혀 이해할 수 없는 것이다. 동료가 상해를 입는 것을 보면서 똑같이 행동할 어리석은 사람은 이 세상에 없을 것이기 때문이다. 그렇다면 이 곤충은 왜 이런 행동을 하는 것일까? 유아등의 빛은 이 곤충이 특히 좋아하여 쉽게 유인되는 파장으로 이루어져 있다. 즉, 과거에 이 곤충은 이 파장의 빛을 따라온 경우 더 잘 살아남았고 더 많은 자손을 낳을 수 있었다. 이들의 선조 곤충이 살던 시기의 야생 환경에서는 유아등처럼 자신을 죽이기 위해 만들어진 기구가 없었다. 오늘날 상황이 바뀌어 오히려 자신의 생존을 위협하게 되었지만, 이들은 그 바뀐 환경에 대응할 수 있는 능력을 갖추지 못한 것이다.

특히 신호자극에 반응하여 특정 순서로 이루어지는 일관성을 보이는 행동양식을 고정행동 양식fixed action pattern이라고 부른다. 야생조류의 알 회수 행동에서 역시 재미있는 모습을 볼 수 있다. 황제기러기 등의 야생조류는 대개 강변에 둥지를 짓고 알을 품는다(그림 2-2). 품고 있던 알이 실수로 둥지 밖으로 굴러나가는 일이 생길 수 있으며, 어미는 당연히 이 알을 회수해 온다.

그런데 어미가 자신의 알을 정확하게 인식하여 되찾아오는 것이 아니라는 사실이 몇 가지 실험을 통해 밝혀졌다. 즉, 어미는 둥지 근처에 있는 물체 가운데 알처럼 보이는 것은 모조리 회수해 온다. 자신의 알과 다른 종류의 알을

그림 2-2 황제기러기는 강가에 둥지를 짓고 알을 품어 부화시킨다.[1)]

함께 놓아두면 어떤 행동을 할까? 어미는 자신의 것이 아니더라도 더 큰 알을 먼저 회수하는 행동을 한다. 나아가 축구공이나 농구공 등도 가리지 않고 둥근 것은 큰 것부터 회수하며, 심지어 음료수 깡통조차도 둥근 면을 보고는 알이라고 판단하여 회수한다. 이러한 행동은 우리가 보기에는 이해할 수 없는 것이다. 다른 종의 알이나 깡통 등을 품느라 자신의 자손이 태어날 기회가 줄어들게 되며, 따라서 종을 유지하는 데도 어려움이 따를 것이다. 그렇지만 야생에서 이 기러기가 살던 환경에서는 둥지 근처에 있는 둥근 물체는 자신의 알일 수밖에 없었고, 또한 알이 클수록 부화한 후 생존 가능성이 더욱 높았을 것이다. 따라서 어미가 이렇게 행동하는 것은 당연한 일이다.

자연 상황에서 특정한 행동이 생식적인 성공확률을 높인다면 이러한 행동은 자연선택에 의해 선호될 것이다. 자연선택은 생명체가 생식을 극대화하기 위해 의식을 가지고 행동해야 할 것을 요구하지는 않는다. 그러나 세월이 지남에 따라 주변 환경은 변화되고 있으며, 선천적 행동으로는 달라진 환경조건을 이해하고 대응하기에는 뚜렷한 한계가 나타난다.

---

1) source : www.bing.com/images

■ 이타적 행동과 협동심의 진화

이타적 행동은 수혜자에게 이익을 주지만, 자신은 일정한 비용을 지불해야 하는 행동이다. 자원이 한정되어 있는 야생에서 개체 단위의 삶을 성공으로 이끌기 위해서는 다른 개체보다 더 많은 자원을 확보해야 하며, 그 과정에서 소모되는 에너지를 최소화하여야 할 것이다. 다시 말해, 이기심을 극대화해야 생존할 기회가 높아지며 나아가 더 많은 자손을 생산할 수 있다. 그런 의미에서 생명체는 이기심을 바탕으로 서로 경쟁하며 살아간다고 볼 수 있다. 그렇다면 서로 돕는 협동이나 자신이 일정한 손해를 감수하며 다른 개체에게 이익을 제공하는 이타적 행동은 어떻게 이해하여야 할까?

그림 2-3 어리염낭거미속의 새끼 거미는 부화한 후 어미의 체액을 빨아 먹는다. 이로 인해 새끼들의 생존확률이 높아진다.[2)]

어리염낭거미속*Cheiracanthium*의 거미(그림 2-3)는 새끼가 알에서 부화할 때까지 먹지도 않고 보살핀다. 새끼 거미들이 부화한 후 탈피한 후에는 자신의 체액을 새끼들이 빨아먹도록 하여 죽고 만다. 잔인해 보이기까지 하는 이런 극단적 보살핌 행동은 그러나 이 종류의 거미에게는 당연한 일로 받아들여진다. 갓 태어난 새끼들에게 자신의 몸을 내어주는 어미의 놀라운 희생이라고 보아야 할까? 아마도 이들은 거친 환경에서 이러한 행동을 통해 어린 새끼의 생존율을 높일 수 있었고, 나아가 멸종을 피해 종을 존속시킬 수 있었을 것이다. 즉, 어미는 자신의 몸을 바쳐 먹이로 제공함으로써 어린 새끼들이 살아남아 성체로 성장할 수 있는 기회를 높인 것이다. 자신은 비록 희생하지만

2) source : www.bing.com/images

자신의 혈통을 지켜 전체 개체군의 생존 가능성을 높여준다는 점에서 이러한 행동이 진화될 수 있었을 것이다.

이러한 사례로는 가까운 친척에 대해 친절을 베푸는 행동인 혈연선택kin selection과 혈연이 아닌 개체에게 친절을 베푸는 행동인 상호이타성reciprocal altruism이 있다. 이러한 행동은 당장은 귀중한 자원을 남에게 내어주기 때문에 손해인 듯 보이지만, 집단의 적응도를 높임으로써 결국 자산의 적응도를 높이는 방향으로 이어지게 되어 진화적 관점에서는 이익이 된다.

▶ 혈연선택

벨딩땅다람쥐는 포식자가 접근하면 휘파람 소리 같은 경고음을 낸다. 이 경고음을 들은 동료 다람쥐는 재빨리 몸을 숨겨 포식자를 피하지만, 경고음을 낸 개체는 그만큼 포식당할 위험이 높아진다(그림 2-4). 즉, 자신의 희생을 각오하고 나머지 집단에게 도움을 주는 행동인 것이다.

경고음을 내는 개체는 대개 나이든 암컷이며, 이 개체의 이러한 행동은 자신의 친척을 보호하여 집단의 적응도를 높일 수 있으므로 자연선택에서 선호된다. 이타적 행동은 행위자에게 드는 비용보다 집단이 받는 이익이 더 클 경우 나타난다. 이러한 행동을 통해 자신들 유전자의 최대 이익을 얻을 수 있는 것이다.

따라서 자연선택에서 개체의 성공을 의미하는 적응도fitness 개념은 개체의 직접적인 생식력을 의미하는 직접적응도에 혈연에 대한 이타적 행동을 통해 집단의 생식력에 기여한 정도인 간접적응도를 더한 포괄적응도inclusive fitness로 재정의할 필요가 있다. 즉, 혈연선택은 각 개체가 유전적인 혈연에게 도움을 주는 행동이라고 할 수 있으며, 이를 통해 비록 개체의 직접적응도는 감소하지만 혈연에 대한 간접적응도는 증가함으로써 각 개체의 포괄적응도가 증가된다.

그렇지만 이러한 행동 역시 단순한 행동 규칙을 따른다. 경고음을 내는 나이든 암컷을 자신의 친척이 전혀 없는 낯선 집단에 옮겨 놓았을 때에도 마찬가지 행동을 한다. 기러기의 알 회수 행동과 마찬가지로 선천적 행동은 환경이 달라져도 쉽게 수정되지 않는다.

그림 2-4 (왼쪽) 포식자가 나타나자 경고음을 내는 벨딩땅다람쥐. (오른쪽) 경고음을 들은 어린 다람쥐는 재빨리 땅굴에 숨어 안전하지만, 경고음을 낸 개체는 위험한 상황을 맞을 수 있다.[3)]

▶ 상호이타성

흡혈박쥐(그림 2-5)는 야간에 사냥을 나가 들쥐 등 야행성 동물의 피를 빨아먹는다. 이들은 흔히 사냥에서 돌아온 후 자신이 먹은 피를 토해내 새끼에게 나누어주는데, 이러한 행동은 자연스러운 것이다. 그러나 특이하게도 특히 암컷이 다른 암컷에게 토를 해 피를 나누어주는 행동도 한다. 이들이 애써 얻은 귀중한 자원을 다른 개체에게 나누어주는 행동을 하는 이유는 무엇일까? 이들의 행동을 면밀하게 관찰한 결과, 이 종류의 박쥐는 100 개체 이상을 식별하는 능력을 가지고 있다는 사실이 밝혀졌다. 이들은 서로 친하지 않은 개체에게는 피를 나누어주지 않으며, 먹이를 나누어준 경우에는 보답을 한다.

친하지 않은 사이에서는 이런 행동을 하지 않는 것으로 보아, 피를 나눔으로써 서로 신뢰할 수 있는 관계를 형성하는 것으로 보인다. 살아가는 동안 흔히 다치거나 병에 걸릴 수 있으며, 이로 인해 사냥을 하지 못한다면 야생에서는 곧 도태를 의미한다. 지금은 건강하더라도 언젠가는 이러한 상황에 놓일 가능성이 높다. 따라서 이러한 행동을 통해 현재의 가치 일부를 포기하는 대

3) source : www.bing.com/images

그림 2-5 흡혈박쥐.[4]

신 나중에 다른 가치를 얻을 가능성이 높아질 수 있다. 이것은 일종의 보험에 가입한 것으로 비유할 수 있으며, 이를 통해 장기적으로 생존율이 향상되므로 자연선택에 의해 선호된다.

어떤 집단에서 상호이타성이 이루어지려면 몇 가지 조건이 충족되어야 한다.

- 개체 사이에서 상호작용이 반복하여 나타나야 한다. 반복될수록 신뢰가 쌓여 더욱 깊어진다.
- 수혜자가 받는 이익이 공여자의 손해보다 커야 한다. 불리한 조건에 놓인 개체가 수혜를 받는 관계가 자연스러울 것이다. 동일한 자원의 양이라 해도 조건이 양호한 공여자에게는 견뎌낼 만 하지만, 조건이 나쁜 수혜자에게는 생존까지도 좌우할 수 있을 가능성이 있다.
- 사기꾼을 가려내고 벌줄 수 있어야 한다. 신뢰는 주고받을 때 형성된다. 혜택을 받기만 하고 베풀지 않는다면, 신뢰가 무너져 따돌림을 받게 된다.

4) source : www.bing.com/images

▶ 애정의 발전

상호이타성의 바탕에는 서로를 믿을 수 있는 신뢰가 있어야 한다는 점이 중요한 요소이다.

영장류에서는 서로 털을 골라주는 정겨운 모습을 흔히 볼 수 있다(그림 2-6). 이러한 행동은 어떻게 하여 발전하였을까? 야생에서 사는 동물은 에너지를 최대한 아껴야 자신의 생존을 유지할 수 있다. 따라서 자신에게 필요한 일 이외에는 대체로 게으른 행동을 보인다. 이들은 상대의 털을 골라주고 이를 잡아주는 대신에 먹이를 찾거나 하다못해 낮잠을 자는 등 자신에게 유용한 일을 할 수 있을 것이다.

그렇지만 이러한 행동이야말로 상호이타성 발달의 중요한 의미를 뚜렷하게 드러내 보이는 것이다. 서로의 털을 골라주는 행동을 통해 구성원 사이에서는 예전에 볼 수 없었던 돈독한 신뢰가 쌓이게 되었다. 특히 따스한 체온을 나누고 힘찬 심장의 박동을 느끼는 스킨십을 반복하는 가운데 애정이 발전하게 되었다. 신뢰가 단순한 계약 관계라 한다면 애정은 계약 그 이상의 것으로, 이제 이기적인 개인 중심 세계관을 뛰어넘은 진정한 이타적인 세계관이 동물세계에 나타나게 되었음을 의미한다.

그림 2-6 영장류의 털고르기 행동. 이러한 행동을 통해 서로의 친밀감을 형성하여 신뢰를 쌓을 수 있다. 특히 체온을 나누는 스킨십을 통해 애정이 나타났다.[5]

5) source : www.bing.com/images

2.1.2 학습: 배워야 하는 행동

대부분의 동물은 부모의 수명이 짧아 자손을 충분하게 돌볼 수 없다. 따라서 부모가 자손에게 해줄 수 있는 최선의 방법은 자신이 자손을 낳을 수 있도록 한 행동, 그 가운데 극히 기본적인 행동만을 물려주는 것뿐이다. 이러한 행동은 선천적 행동, 또는 본능이라고 부른다. 이러한 선천적 행동은 부모 세대가 겪은 환경조건에 최적화된 것이며, 장차 자손세대는 부모와 다른 환경조건에 놓일 가능성이 높다. 즉, 자손은 부모가 물려준 몇 가지 행동을 단순하게 반복하여 따를 뿐이며, 스스로 판단하여 수정하는 능력을 갖추지 못한다면 무모한 행동으로 변질되어 파국을 맞을 수 있는 위험이 상존한다.

누구나 어린 시절에 위험한 상황을 겪은 기억을 가지고 있을 것이다. 이러한 기억은 단 한 순간뿐이었지만, 특히 생존에 위협을 겪은 장면이라면 아무리 오랜 시간이 지났다 해도 대개 생생하게 기억한다. 왜 그럴까?

어린 원숭이를 대상으로 수행한 연구를 통해 그 이유를 알 수 있다. 뱀을 본 적이 없는 어린 원숭이는 자신이 좋아하는 먹이 앞에 모형 뱀을 놓아두어도 거리낌 없이 먹이를 먹으려 한다. 그렇지만 이 원숭이가 실제로 뱀을 보고 놀란 경험을 하였거나, 다른 원숭이가 뱀에게 위협을 당하는 장면을 본 후라면 행동이 달라진다. 이제 이 원숭이는 자신이 좋아하는 먹이가 있더라도 선뜻 다가서지 못한다. 뱀에 대한 두려움을 학습한 것이다. 이러한 학습을 통해 행동이 달라진다면, 이 어린 원숭이의 생존 가능성은 그만큼 높아질 것이다.

■ 행동의 변화를 이끌어내는 학습

주어진 상황에 맞추어 적절하게 행동할 수 있다면 생존 확률이 높아질 수 있다. 선천적 행동만으로도 최소한의 생존을 이어나갈 수는 있지만, 과거와 달라진 현재의 환경을 인식하고 대처할 수 있다면 생존과 생식에서 더욱 큰 성공을 거둘 수 있다. 본능으로 물려받은 행동은 부모가 살았던 시기의 서식환경 조건에 최적화된 것일 뿐이다. 서식환경은 거의 일정하게 유지되는 것처럼 보이지만, 여러 가지 이유로 변화된다. 지구의 지질 환경을 조사해보면 오랜 시간을 두고 엄청난 변화가 일어났음을 알 수 있다. 또한 과거 빙하기를 여러 차례 겪은 바 있으며, 지금도 지구 온난화 현상으로 인해 기후가 점차 바뀌고 있다.

나아가 본능에 따른 행동이라 해도 모든 것을 물려받을 수는 없다. 따라서 현재의 조건에서 생존 가능성을 높이려면 과거의 환경조건이 현재와 얼마나 다른지를 먼저 분석하고 판단하여 행동을 변화시킬 수 있어야 한다.

오늘날에는 해마다 뱀에 물려죽는 사람보다 총에 의해 죽는 사람의 수효가 훨씬 더 많다. 그러나 사람은 총보다는 뱀을 두려워하는 행동을 한다. 왜 그런 것일까? 뱀에 대한 두려움은 여러 세대를 거쳐 오면서 학습효과를 얻었지만, 총에 대해서는 학습한 지 얼마 되지 않았으므로 아직 행동을 변화시키는 수준에는 이르지 못한 것이다. 제대로 된 학습을 통해 행동이 변화되어야 현재의 상황에 적절하게 대응할 수 있는 힘을 길러 생존 가능성을 높일 수 있다(그림 2-7).

그림 2-7 학습을 통해 행동을 변화시키면 생존 가능성이 높아진다.[6]

6) source : www.bing.com/images

사람이 다른 동물에 비해 우월한 특성은 분석하고 판단할 수 있는 능력을 지니고 있다는 점이다. 사람은 두 발로 걷는 진화과정을 통해 두 손을 자유롭게 쓸 수 있게 되었으며, 대뇌피질영역이 놀라울 만큼 확장되었다. 대뇌피질영역이 확장됨으로써 우리는 주변 환경을 인식하고 분석하며, 나아가 종합하여 판단할 수 있는 능력이 획기적으로 발전하였다(그림 2-8). 즉, 부모는 자신이 과거에 하였던 행동과 같은 방식대로만 자식이 행동하도록 하는 것이 아니라 상황의 변화를 판단하여 그에 맞춰 적절하게 대응할 수 있는 힘을 갖추도록 가르칠 수 있게 된 것이다.

그러나 대뇌피질영역이 확장된 사람과는 달리, 대부분의 동물은 종합적인 분석과 판단 능력이 거의 발달하지 않은 상태이다. 따라서 이들은 자손이 장차 맞이할 상황에 대해서는 대처할 수 있는 방법을 가지고 있지 않다. 과거와 달라진 현실의 상황을 인식하고 분석하여 판단하는 일은 스스로 터득하여야 한다. 스스로 학습능력이 없는 동물은 수많은 시행착오를 거쳐 매우 오랜 기간이 지나야 겨우 대처할 수 있게 될 것이며, 많은 경우는 대처방법을 미처 찾아내기도 전에 멸종할 것이다.

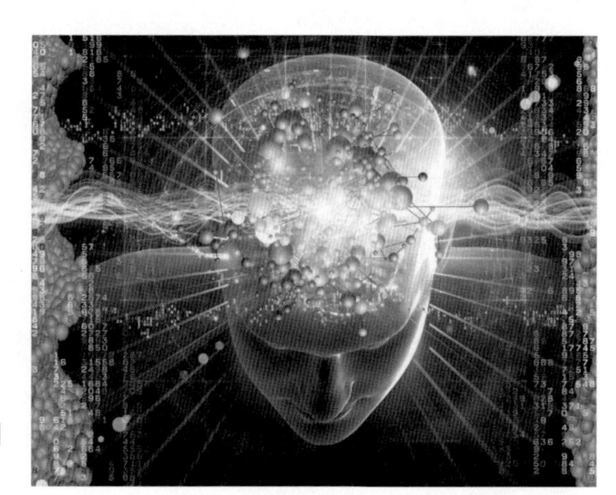

그림 2-8 사람은 지능이 발달하여 뛰어난 학습능력을 갖추고 있다.[7]

7) source : www.bing.com/images

우리는 왜 공부를 하는가? 우리는 왜 공부를 하여야 하는가? 아마도 늘 부딪히면서도 답하기 쉽지만은 않은 질문일 것이다. 그러나 답은 명확하다. 살아가는 동안 어리석음을 범하지 않기 위함이다. 자신의 생존율을 높이고 자신의 유전자를 지닌 자손을 얻을 확률을 높이기 위함이다. 나아가 자신의 가치를 높여 성공적인 삶을 영위하기 위함이라고 할 수 있다.

자원이 풍족한 환경에서는 단순한 선천적 행동만으로도 충분히 삶을 영위할 수 있다. 그렇지만 우리가 살고 있는 현재의 지구는 자원이 풍족한 상황이 아니며, 오히려 늘 자원부족에 시달리는 거친 환경이라 할 수 있다. 이러한 거칠고 험한 상황에서는 현명함을 갖추어야 잘 적응할 수 있을 것이며, 그러기 위해서는 학습을 통해 자신의 조선에 적절하게 대응할 수 있도록 행동을 수정해 나가야 한다.

2.2 암수의 생식 투자와 성적 갈등

유성생식은 왜 필요한 것일까? 무성생식의 경우 모든 개체의 유전자 구성이 동일하므로, 부모와 자식의 개념 자체가 성립하지 않는다. 즉, 이들은 모두 똑같은 형질을 지니고 있다. 무성생식의 경우 유성생식에 비해 손쉽게 자손을 얻을 수 있지만, 환경의 갑작스런 변화에 적절하게 대처하기 어렵다. 예를 들어 특정 바이러스에 의한 질병이 창궐하는 경우, 모든 개체가 동일한 감수성을 보이므로 자칫하면 전멸하는 상황을 맞이할 수도 있다. 여기에서 유성생식의 장점이 뚜렷이 드러난다. 유성생식의 경우에는 부모의 유전자가 섞이므로 자손의 유전자 구성은 그 누구와도 같지 않다. 즉, 서로 닮았으나 똑같지는 않은 다양성을 얻게 된다. 바이러스성 질병에 의해서 대부분의 개체가 죽음을 맞더라도 그 바이러스에 저항성을 지닌 개체가 일부 있다면, 살아남은 일부에 의해 멸종하지 않고 삶을 이어나갈 수 있게 된다. 유성생식으로 인해 미래의 환경이 어떻게 바뀔 것인지 예측할 수 없는 한계를 극복할 수 있다.

유성생식을 하는 종은 암컷과 수컷으로 구분되며, 이들이 함께 해야 자손을 얻을 수 있다. 자식을 생산하는 일에 부모는 각각 동등하게 기여하는 것으로 보인다. 그렇지만 암컷과 수컷이 생식에 투자하는 비용은 큰 차이를 보인다.

암컷은 큰 배우자를 만들어내며, 수컷은 작은 배우자를 만들어낸다. 배우자는 생식세포reproductive cell를 의미하는 용어이며, 난자와 정자를 의미한다. 난자와 정자는 그 크기가 다르다. 정자는 오직 유전자 한 벌만 지니고 있을 따름이지만, 난자는 유전자 한 벌은 물론이고 세포가 살아가는 데 필요한 모든 세포 성분을 포함하고 있다. 따라서 같은 배우자라 해도 생식세포 1개를 생산하기 위해 투자하는 비용은 크게 다르다(그림 2-9).

사람의 경우 약 3억 대 1의 경쟁에서 승리한 정자 1개가 난자 1개와 수정하여 태아가 발생한다. 즉, 1명의 자손을 얻기 위해 정자는 수억 개나 소비하지

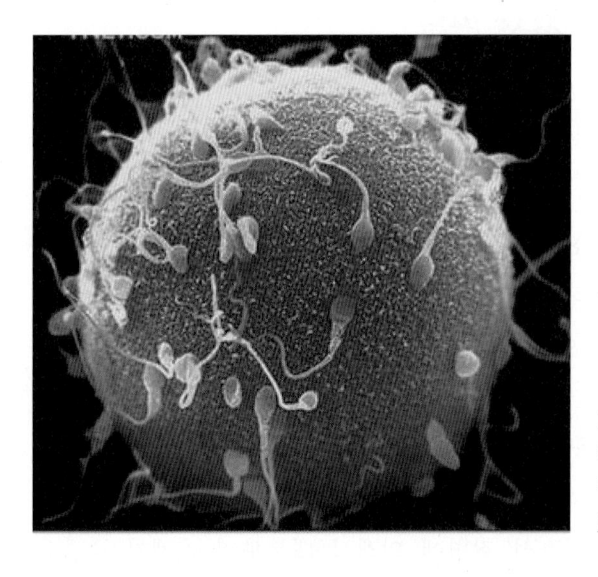

그림 2-9 수정 순간의 난자와 정자. 정자는 유전자 한 벌만 전달할 뿐이지만, 난자는 생명현상을 수행하는 데 필요한 세포의 모든 성분을 전달한다.[8)]

8) source : www.bing.com/images

만 난자는 오직 1개만 소비한다. 따라서 난자 1개의 가치는 정자 수억 개의 가치와 동등하다고 볼 수 있다. 그렇지만 암컷의 체내에서 발생이 이루어지는 포유류의 경우에는 난자의 가치가 더욱 높아진다. 수정이 이루어진 후, 암컷은을 1년에 1명만 얻을 수 있다. 그렇지만 남자는 수백 명이 넘는 자식을 얻을 수 있는 잠재력을 지니고 있다. 난자 1개의 가치는 정자 1개의 가치에 비해 비교할 수 없을 만큼 매우 높다.

암컷은 배우자 세포를 생산하는 비용도 많이 들이지만, 대부분의 경우 양육도 책임진다. 그러나 수컷은 배우자 세포 생산 비용도 적게 들일 뿐더러 대개 양육 책임도 지지 않는다. 따라서 수컷이 암컷보다 훨씬 많은 자손을 만들어낼 수 있는 잠재력을 가지게 되며, 이로 인해 암수의 행동이 서로 매우 다른 양상을 보이게 된다.

2.2.1 성적 행동–누가 더 까다로운가?

초파리 암컷 한 마리가 얻을 수 있는 자손의 수는 상대하는 수컷의 수가 한 마리인 경우나 두세 마리인 경우나 상관없이 거의 일정하다. 그러나 수컷의 경우는 짝짓기 대상인 암컷의 수가 늘어날수록 자손의 수가 거의 정비례 관계로 늘어난다. 수컷은 짝짓기 대상 암컷의 수가 많을수록 생식적 성공확률이 높아지지만, 암컷은 짝짓기 대상 수컷의 수가 늘어난다 해도 생식적 성공확률은 높아지지 않고 거의 일정하다.

이러한 사실로 인해 암수 사이의 행동은 크게 달라진다. 수컷은 가능하면 많은 수의 상대를 찾아야 유리하지만, 암컷은 그렇지 않다. 암컷은 많은 수의 수컷을 상대하기보다는 가장 훌륭한 한 개체를 선택하면 더욱 유리한 결과를 얻을 수 있다. 이러한 이유로 수컷은 천성이 바람둥이라고 알려져 있다. 그렇지만 암컷은 어떠한가? 암컷 역시 바람을 피운다. 단지 수컷처럼 마구잡이가 아닐 뿐이다. 암컷 역시 자신의 배우자보다 훌륭한 조건을 갖춘 수컷이 나타난다면 즉시 상대를 바꿀 것이다.

그렇지만 수컷에게는 부계불명paternity uncertainty이라는 치명적인 약점이 존재한다. 부계불명은 부친이 누구인지 분명하게 알 수 없다는 뜻이다. 암컷은 자신의 자손인지 여부를 확신할 수 있지만, 수컷의 경우는 자기 자손인지 여부를 분명하게 인식할 수 없다. 암컷의 몸속에서 수정이 이루어지는 체내수정의 경우, 암컷은 자신의 배에서 태어난 새끼를 정확하게 인식할 수 있으며 어린 새끼에게 젖을 먹이는 일도 암컷의 몫이다. 그러나 수컷은 자손이 자신의 유전자를 지닌 자신의 새끼인지 확신할 수 없다. 이로 인해 암수가 보이는 생식 관련 행동양상은 서로 매우 다른 양상으로 발전하였다.

▶ 성에 대한 암수의 행동

짝짓기 대상을 고르는 암컷과 수컷의 행동은 다르다. 대개 생식활동에 에너지를 더 투자하는 성(암컷)이 짝짓기와 관련하여 더 차별적이고 까다롭다. 반면에 생식활동에 에너지를 덜 투자하는 성(수컷)은 에너지를 더 투자하는 성(암컷)을 두고 자기들끼리 경쟁하는 양상을 보인다.

앞서 살펴본 바와 같이 수컷은 상대하는 암컷의 수가 많을수록 생식 성공 확률이 높아지는 반면, 암컷은 상대하는 수컷의 수에 따라 얻을 수 있는 자손의 수가 달라지지 않는다. 따라서 암컷은 훌륭한 생존 특성을 지닌 수컷을 고르는 태도를 보일수록 성공 확률이 높아진다.

1.2.2 짝짓기 행동

수컷은 많은 암컷과 상대할수록 자신의 생식 성공 확률을 높일 수 있다. 그렇지만 암컷은 상대를 고를 때 까다로운 태도를 지닐수록 유리하므로 수컷에게 쉽게 교미 기회를 주지 않는다. 암수 모두에게서 생식 성공을 이루기 위한 다양한 짝짓기 행동이 발전하였다.

▶ 구애의식

성체가 된 수컷의 관심사는 오로지 짝짓기라 하여도 지나치지 않다. 수컷은 많은 암컷과 짝짓기를 할수록 생식 성공률을 높일 수 있기 때문에 끊임없이 암컷 주변을 맴돌며 기회를 엿본다. 그렇지만 암컷은 수컷의 특성을 까다롭게 관찰하고 우월한 특성을 지닌 개체만을 배우자로 선택하는 경향이 있다.

따라서 수컷은 자신의 존재를 암컷에게 알리려는 특성을 지니게 된다. 수컷은 화려하게 치장하거나 춤을 추는 행동을 통해 자신의 신체 특성의 우수성을 암컷에게 알리려고 노력한다. 화려할수록, 춤사위가 멋질수록 암컷이 선호하므로 수컷은 이러한 특성을 더욱 발전시켜야 하며, 이러한 특성이 진화하여 구애의식이 발달하게 되었다. 이러한 행동은 조류에서 누드러지게 나타난다.

금계 암컷은 수수하지만, 수컷은 화려하게 치장한 외모를 자랑한다. 수컷은 특히 목과 얼굴 주변에 있는 화려한 문양의 황금빛 깃털을 활짝 펼치고는 날카

그림 2-10 금계의 구애의식. 수컷이 화려한 모습을 자랑하며 암컷 주위를 맴돌고 있다.[9]

9) source : www.bing.com/images

로운 소리를 내면서 암컷 주위를 맴돌며 관심을 얻으려 노력한다(그림 2-10). 그렇지만 이런 특성은 생존이라는 측면에서는 매우 불리하게 작용한다. 야생에서 암컷은 주변 배경에 가려 거의 존재를 알아차리기 쉽지 않지만, 수컷은 눈에 쉽게 띈다. 더욱이 암컷의 행동은 조용한 데 비해 수컷은 부산하고 소란한 행동을 보인다. 이러한 행동으로 인해 수컷은 포식자의 눈에 잘 띄고, 따라서 생존에 위협을 느낄 수밖에 없다. 수컷의 이러한 행동은 오로지 암컷의 마음을 얻어 자손을 남기고자 하는 본능에서 비롯된 것이다. 즉, 수컷은 번식을 위해서라면 자신의 목숨까지도 거는 처절한 행동을 하도록 진화되었다.

▶ 혼인선물

수컷은 스스로는 자손을 얻을 수 없으므로 필연적으로 암컷과 교미를 하여야 한다. 그러나 암컷은 우월한 특성을 지닌 수컷 개체만을 원하므로 모든 수컷이 교미 기회를 얻기란 쉽지 않다. 따라서 수컷은 암컷과 교미할 기회를 얻기 위해 갖은 노력을 기울여야 한다. 화려한 외모를 갖추지도 못하고 수컷끼리 경쟁에서 이겨낼 만한 힘도 갖추지 못한 경우라면 어떨까? 이럴 때는 암컷의 환심을 사는 것이 가장 좋은 선택이 된다.

그림 2-11 정자를 화려하게 장식하는 정자새. 수컷은 정자를 꾸미기 위해 온갖 물건을 늘어놓는다. 수컷의 노력이 마음에 든 암컷이 정자 안에 들어와 있다.[10]

10) source : www.bing.com/images

그림 2-12 춤파리과의 수컷(위)은 암컷(가운데)이 혼인선물인 먹이(아래)에 정신이 팔린 사이에 교미를 시도한다.[11]

호주 등에서 서식하는 명금류의 일종인 정자새bower bird는 특이한 행동을 한다(2-11). 수컷은 자신의 둥지 외에 따로 정자를 짓고 온갖 물건으로 화려하게 장식하려 상당한 노력을 기울인다. 정자가 마음에 들면 암컷이 정자 안으로 들어가고, 짝짓기가 이루어진다.

수컷이 암컷의 마음을 얻을 수 있는 좋은 방법은 먹을거리를 제공하는 것이나. 먹을거리를 흡족하게 제공할 수 있다면 뛰어난 사냥능력을 지니고 있을 것이며, 나아가 생존능력이 우수하다고 볼 수 있다. 따라서 암컷은 먹이를 풍족하게 제공하는 수컷을 배우자로 맞이하는 경향을 지닌다.

춤파리과Empididae의 한 종류는 수컷이 먹이를 잡아 암컷에게 혼인선물로 주어 환심을 산다. 암컷이 먹이에 정신이 팔린 사이에 수컷은 교미를 시도한다(그림 2-12). 혼인선물로 제공한 먹이가 클수록 암컷이 먹는 시간이 길어져 생식 성공률이 높아진다.

▶ 화려한 외모

흔히 암컷에 비해 수컷의 외모가 화려한 경우가 많다. 까투리에 비해 장끼는 외모가 화려하여 포식자의 눈에 쉽게 발견된다(그림 2-13). 장끼가 생존에 위협을 겪으면서도 화려하게 치장하고 있는 이유는 오직 암컷의 눈길을 끌기 위한 것이다. 야생에서 까투리의 칙칙한 외모는 쉽게 발견되지 않지만, 장끼의 외모

11) source : www.bing.com/images

그림 2-13 까투리(왼쪽)에 비해 화려한 외모를 자랑하는 장끼(오른쪽).[12]

는 포식자의 눈에 잘 띈다. 더욱이 포식자가 나타나면 바로 풀숲에 숨는 암컷과 달리 훌쩍 날아오르는 무모해 보이는 행동도 한다. 이로 인해 포식자의 눈에 잘 띄어 결국 잡혀 먹힐 가능성이 높아진다. 그러나 이러한 외모를 갖추고 무모해 보이는 행동을 해야만 암컷의 마음을 얻을 수 있기 때문에 자신의 자손을 얻기 위해서 생존의 위협을 감수하는 형질이 진화한 것이다.

호주에서만 서식하는 공작거미(peacock spider; *Maratus volans*)도 화려한 외모를 자랑한다. 어린 공작거미는 암수 모두 몸 빛깔이 갈색으로 칙칙하지만, 수컷은 다 자란 후 화려한 색상과 무늬를 가진다. 수컷은 꼬리 부위를 들어 올려 화려한 무늬를 한껏 뽐내며 암컷의 마음을 얻으려 노력한다(그림 2-14).

12) source : www.bing.com/images

그림 2-14 공작거미 수컷이 화려한 외모를 자랑하며 암컷에게 구애하고 있다.[13)]

▶ 높은 사회적 지위

동물사회에서는 수컷끼리 치열하게 다투는 모습을 흔히 볼 수 있다. 사자의 멋진 갈기는 무슨 용도에 쓰이는 것일까? 얼굴 주변을 덮은 갈기를 부풀리면 머리 부위가 실제보다 훨씬 커 보여 상대에게 위압감을 줄 수 있다. 실제로 야생동물은 자신보다 체구가 큰 상대는 회피하는 경향을 보이며, 머리 크기가 클수록 체구가 커보이는 효과가 있다.

사슴 종류 역시 수컷은 장대한 뿔을 자랑한다(그림 2-15). 이에 비해 암컷은 뿔이 아주 작거나 아예 나지 않는 경우도 있다. 장대한 뿔은 보기에는 멋있지만, 야생에서는 오히려 이들의 수명을 단축하는 장애가 될 뿐이다. 수컷은 커다란 뿔을 만드느라 자원을 소비하며, 또한 머리를 누르는 무게를 견디느라 에너지를 소비한다. 나아가 포식자에게 쫓겨 좁은 숲길을 달리는 경우, 이 뿔이 나무 덤불에 걸려 오히려 방해가 될 것이다. 그렇다면 이들은 왜 이처럼 장대한 뿔을 만드는 것일까? 바로 뿔이 클수록 수컷끼리 싸울 때 유리하기 때문이다.

---

13) source : www.bing.com/images
14) source : www.bing.com/images

그림 2-15 수컷 사슴의 장대한 뿔은 다른 수컷들과 경쟁하는 용도로 쓰인다.[14)]

수컷끼리 다투는 이유는 무엇일까? 암컷은 우수한 형질을 지닌 개체를 까다롭게 고르는 것이 유리하다. 앞서 살펴본 바와 같이 암컷은 여러 개체의 수컷과 상대하여도 자손의 수가 일정하게 유지된다. 따라서 최후의 승리자인 수컷 개체를 모든 암컷이 선호하는 것은 자연스러운 일이다. 무리를 지어 사는 경우, 모든 암컷이 동일한 기준을 가지고 있다면 수컷 사이에서 경쟁이 촉발된다. 어떤 집단이든 점유하는 자원이 제한되어 있다. 따라서 모든 구성원이 제한되어 있는 자원을 두고 경쟁해야 한다. 제한된 영역 안에서 벌어지는 경쟁에서 승리한 최후의 한 개체가 자원을 거의 독식할 것이다. 따라서 수컷끼리 높은 지위를 얻으려 치열한 싸움을 하며, 이 때 뿔이 클수록 도움이 될 것이다.

사자든 사슴이든 수컷이 장대한 체구를 자랑하는 것은 사냥을 하거나 무리를 지켜내기 위한 것이 아니다. 오로지 수컷 사이의 경쟁에서 이겨내 암컷들의 마음을 독차지하기 위함일 따름이다. 수컷에게는 경쟁에서 승리하는 것이 자손을 얻는 가장 확실하고 유일한 방법이 되며, 따라서 갈기나 뿔처럼 투쟁에 유리한 형질이 진화한 것이다.

2.2.3 부계불명을 극복하기 위한 수컷의 행동

수컷의 취약점은 부계불명으로 인해 자신의 자손인지의 여부를 확신할 수 없다는 것이다. 따라서 수컷은 자신과 짝짓기를 한 암컷에게 다른 수컷이 접근하는 것을 지켜내야 할 필요가 있다. 특히 자손의 생존 기회를 높이기 위해 수컷도 양육을 제공하는 경우에 이런 필요성이 더욱 커진다.

많은 종에서 자신의 유전자를 지닌 자손을 얻기 위한 정자 제거 전략이 발전하였다. 잠자리 종류의 수컷 생식기에는 주걱처럼 생긴 부위가 있다. 수컷은 암컷의 질 속에 다른 수컷의 정액이 있으면 주걱을 이용하여 모두 긁어낸 후 자신의 정액을 주입한다. 이러한 정자 제거 행동은 꼴뚜기, 상어에서도 관찰되며, 조류의 바위종다리에서 볼 수 있다.

집파리 수컷은 이러한 정자 제거 행동으로 인해 교미에 성공하여도 생식 성공을 보장받을 수 없게 된다. 따라서 수컷의 극단적인 행동이 나타난다.

교미할 때 10여 분이면 정자를 충분히 전달할 수 있지만, 1시간 가까이나 떨어지려 하지 않는다. 나방 종류는 거의 하루 동안이나 떨어지지 않는다. 개구리의 어떤 종류는 여러 달 동안이나 암컷과 붙어있는 극단적인 행동을 한다. 이런 행동은 자신과 교미한 암컷에게 다른 수컷이 접근하는 것을 막기 위해 발달한 것이다. 그러나 수컷은 그동안 아무 것도 할 수 없고, 심지어 영양도 섭취하지 못해 결국 죽음을 맞이하게 될 것이다.

파충류, 곤충, 여러 포유류에서는 질전copulatory plug이라는 극단적인 행동이 나타난다. 수컷이 교미가 끝난 후 암컷의 생식관 입구를 마개로 막아 정자 통로를 차단함으로써 다른 수컷과 교미하지 못하도록 한다. 마개는 응고된 정액과 점액으로 형성한다. 독거미의 한 종류는 더 나아가 암컷의 몸속에 생식기를 부러뜨려 놓아 추가 교미를 막는다. 암컷은 더 이상 교미할 수 없지만, 대신 이 수컷을 먹어치워 건강한 자손을 생산하는 양분으로 삼는다.

이러한 사례에서 부계불명의 취약함을 안고 있는 수컷의 절박함을 읽을 수 있다. 수컷은 자손이 자신의 유전자를 지니고 있는지 여부를 확신할 수 없기 때문에 목숨을 내던져서라도 자신의 자손을 확실하게 얻는 방식을 선택한 것이다.

2.2.4 다양한 짝짓기 행동 – 1부1처제와 다접

이처럼 짝짓기 행동에 있어서 암컷과 수컷의 이해관계가 다르기 때문에 자신의 자손을 얻기 위해 보이는 행동에도 차이가 나타난다. 특히 짝짓기 대상을 선택하는 방식에서 몇 가지 흥미로운 관계가 만들어진다.

인간 사회는 대개 1부1처제를 받아들이고 있다. 즉, 여자와 남자 모두 공평한 기회를 얻을 수 있다. 그렇지만 자연의 동물세계에서는 '1대 1'의 관계가 아니라 '1대 다'의 관계를 이루는 사례를 흔히 볼 수 있다.

▶ 다접

한 개체가 여러 마리와 짝짓기를 하지만, 나머지 대다수는 기회가 없는 경우를 다접polygamy라고 한다. 1부다처제polygyny에서는 수컷 한 마리가 거의 모든 암컷과 짝짓기를 하며, 나머지 수컷은 짝짓기 기회를 얻지 못한다. 1처다부제polyandry는 이와 반대의 상황이다.

사자나 물개 등의 포유류에서는 수컷보다 암컷의 생식 투자가 더 많다. 따라서 암컷의 배우자 선택 기준이 매우 까다로우며, 이로 인해 1부다처제가 보편적이다. 이 경우, 높은 서열의 수컷은 모든 암컷과 짝짓기 기회를 얻지만, 나머지 수컷은 모두 기회를 얻지 못한다. 이러한 체제에서는 수컷끼리 경쟁이 치열해진다. 이러한 현상은 인간 사회에서도 일부 볼 수 있다(그림 2-16). 사람 역시 1부다처제를 선호하는 경향을 지니고 있지만, 문화의 힘으로 인해 1부1처제를 받아들인 것으로 보인다.

한편, 여왕을 중심으로 사회생활을 하는 꿀벌과 개미는 1처다부제라고 할 수 있다.

---

15) source : www.bing.com/images

그림 2-16 1부다처제.[15]

그림 2-17 1부1처제.[16]

▶ 1부1처제

1부1처제monogamy에서는 대부분의 개체가 각각 한 개체와 짝짓기를 한다. 암수가 생식에 투자하는 정도가 비슷한 조류 등에서 보편적으로 나타난다. 이 경우 수컷도 양육에 적극 참여하며, 암수 사이의 외형적 구별이 쉽지 않다.

사람의 경우는 조금 특별하다. 일생동안 여성은 거의 일정한 수의 자손을 얻지만, 남성은 얻는 자손의 수에 큰 편차를 보인다. 여성은 대부분 짝짓기 기회를 얻지만, 남성은 일부만 여성에 대한 경쟁에서 우위를 보이기 때문에 남성의 생식적 성공은 변이가 크다. 따라서 여성은 1부1처제를 선호하며, 남성은 1부다처제를 선호하는 경향을 보인다. 인류는 사회를 이루어 살며 문화를 가꾸었다. 남녀 사이에서 빚어지는 다양한 가치의 충돌을 조정하여 조화를 이루고, 특히 자손의 양육에 대한 투자가 발달함에 따라 전체적으로는 1부1처제를 유지한다(그림 2-17).

16) source : www.bing.com/images

2.2.5 성적단형과 성적이형 – 짝짓기 행동을 알려주는 지표

암수의 외형을 보면 그 종의 짝짓기 행동을 예상할 수 있다. 특히 체구의 크기는 행동을 예측하는 중요한 단서이다. 체구를 보면 같은 성(대개 수컷끼리) 사이의 경쟁 정도를 추정할 수 있다. 사슴처럼 수컷끼리 싸워 승자가 독식하는 경쟁체제를 보이는 경우에는 덩치가 클수록 승리할 가능성이 높아지므로 체구가 점점 더 커지는 방향으로 진화한다. 덩치가 작으면 패배 가능성이 높고, 자손을 얻을 기회를 얻지 못하게 될 것이다.

1부1처제를 유지하는 경우에는 암수 사이의 외형적 차이가 크게 드러나지 않는다. 이것을 성적단형sexual monomorphism이라고 한다(그림 2-18). 이 경우 경쟁 정도가 상대적으로 낮으며, 거의 동등한 수준으로 새끼를 양육한다. 조류는 대개 이 유형을 따른다.

그림 2-18 성적단형. 야생오리(왼쪽)와 펭귄(오른쪽). 이들은 외형만으로는 암수를 분간하기 어렵다.[17)]

17) source : www.bing.com/images

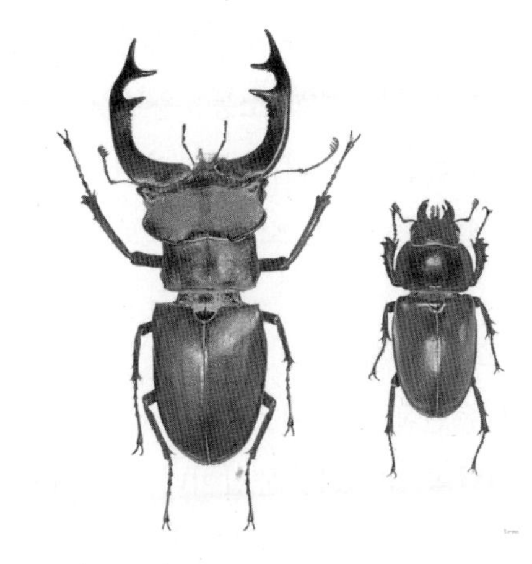

그림 2-19 성적이형. 코끼리바다표범(왼쪽)과 사슴벌레(오른쪽). 수컷과 암컷의 몸 크기가 뚜렷하게 다르다.[18]

그렇지만 1부다처제인 경우 경쟁이 치열할수록 몸의 크기가 크거나 외모가 화려한 방향으로 진화된다. 경쟁하지 않는 성(암컷)은 체구가 작고 외모도 수수하다. 따라서 암수 사이의 외모가 확연하게 달라진다. 이것을 성적이형sexual dimorphism이라고 한다(그림 2-19). 주로 암컷이 자손을 돌본다. 야생에서 사냥을 하거나 집단을 지키는 일 등도 모두 암컷의 몫이다. 수컷은 덩치가 크지만 이들은 오로지 짝짓기 기회를 독식하기 위해 자신들끼리의 경쟁에만 몰두할 따름이다. 포유류는 대개 이 유형을 따른다.

2.3 소통과 신호체계

소통은 한 개체의 행동이나 신호에 의해 다른 개체의 행동이 변화되는 현상을 뜻한다. 많은 동물이 자신의 영토를 지키거나 짝짓기 준비가 완료되었음을

18) source : www.bing.com/images

알리기 위해 다양한 소통체계를 발전시켰다. 소통 방법은 크게 화학물질을 만들어 분비하는 화학 소통, 울부짖거나 노랫소리로 의사를 표현하는 소리 소통, 자신의 몸을 부풀리거나 다양한 빛깔을 보이는 등 시각 요소를 활용하여 정보를 전달하는 시각 소통 등으로 나누어 볼 수 있다.

▶ 화학 소통

성 유인물질인 페로몬은 극히 적은 양으로도 짝짓기 상대에게 확실한 신호를 전달할 수 있는 물질이다. 종마다 서로 다른 화합물을 이용하기 때문에 자신의 짝짓기 상대를 정확하게 찾아낼 수 있다. 누에나방의 경우 교미 준비를 마친 암컷이 봄비콜이라는 화합물을 분비하면, 이를 감지한 수컷이 찾아와 교미를 시도한다(그림 2-20). 페로몬을 이용한 소통방식은 곤충을 물론, 포유류 등에서도 찾아볼 수 있다. 사람의 경우 페로몬은 상당히 퇴화된 것으로 보인다. 사람은 진화과정에서 대뇌의 발달에 따라 시각이나 청각 기능이 매우 발달하였고, 특히 언어의 발달로 인해 자신의 의사를 분명하게 전달할 수 있으므로 페로몬에 대한 의존도가 낮아졌기 때문일 것이다.

▶ 시각 소통

동물의 세계에서는 덩치가 싸움의 승패를 판단하는 중요한 기준이다. 복어는 위협을 느끼면 물을 머금어 순식간에 몸을 크게 부풀려 상대를 위협한다(그림 2-21). 위협을 느낀 개의 등덜미 털이 곤두서는 것도 자신의 체구를 크게 보이게 함으로써 상대를 제압하는 효과를 지닌다. 맹꽁이가 위협을 느꼈을 때 몸을 부풀리는 것도 마찬가지이다. 이 밖에도 눈에 확 뜨이는 색채를 통해 상대를 위협하는 등 다양한 시각적 요소를 활용하여 위협과 수용 등의 정보를 전달할 수 있다.

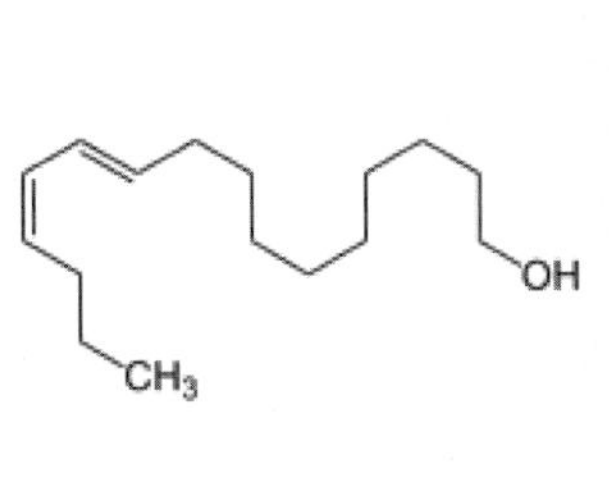

그림 2-20 (위) 누에나방(Bombyx mori)의 페로몬인 bombykol. (아래) 암컷(왼쪽)이 분비한 페로몬을 감지한 수컷(오른쪽)이 날갯짓을 하며 교미하려 한다.

그림 2-21
몸을 한껏 부풀린 복어.[19]

19) source : www.bing.com/images

그림 2-22 늑대의 소통수단인 하울링.[20]

▶ 소리 소통

고개를 젖혀 하늘을 보며 울부짖는 모습은 늑대의 잘 알려진 특성이다(그림 2−22).

숲속을 가득 메운 맑은 새들의 노랫소리 역시 소리를 이용하여 신호를 전달하는 좋은 수단이다. 영장류는 여러 종류의 소리 패턴을 활용할 수 있어서 간단한 의사소통이 가능하다. 특히 사람의 언어는 소통 연계의 정점이라 할 수 있는 복잡하고 정교한 소통체계이다. 이로 인해 사람은 섬세하고 정확하게 자신의 의사를 전달할 수 있어서 함께 어울리며 문화를 발달시킬 수 있었다. 그 결과 사람은 학습능력이 발달하였으며, 따라서 단순한 선천적 행동에서 벗어나 달라진 환경조건에 빠르고 정확하게 대응할 수 있는 능력을 지니게 되었다.

20) source : www.bing.com/images

돌아보기

- 선천적 행동이 나타나는 이유와 이러한 행동의 한계를 이해한다.
- 학습이 지니는 중요한 의미를 이해한다.
- 이기적 행동, 이타적 행동과 상호협동심의 차이를 이해한다.
- 암수 사이에 성적 갈등이 나타나는 이유를 이해한다.
- 짝짓기 행동에 있어서 암수의 차이를 이해한다.
- 소통에 있어서 믿음의 중요성에 대해 이해한다.
- 자신의 가치를 높이기 위해 어떠한 행동을 해야 할 것인가에 대해 인식한다.

학습문제

1. 선천적 행동의 본질과 그 한계는 무엇인지 설명하고, 이를 보완하기 위해 학습이 필요한 이유를 설명하라.
2. 동물이 이기적인 행동을 하는 것이 생존에 유리한 이유를 설명하고, 그럼에도 상호협동심과 이타심이 생존가치를 높일 수 있는 이유는 무엇인지 설명하라.
3. 암수 사이에 성적 갈등이 나타나는 이유를 사손에게 투자하는 정도의 차이를 비교하여 설명하라.
4. 짝짓기 행동에서 암컷이 수컷보다 까다롭게 상대를 고르는 이유를 설명하라.
5. 소통 수단의 발전이 생존 가치를 높일 수 있는 이유를 설명하라.

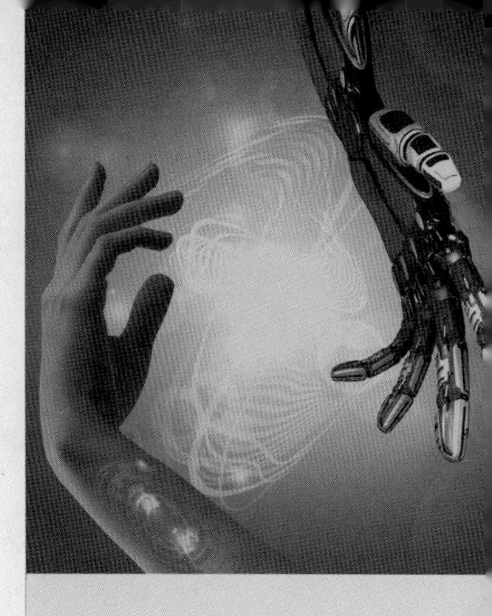

PART 1
생명과학

1장 식물의 삶 이해하기

2장 동물의 행동과 진화

3장 유전자와 생명공학

3장 유전자와 생명공학

학습내용 요약	강의 목적
• 유전자를 구성하는 DNA는 무엇이며, 어떻게 일을 하는지 알아본다. • 유전자 발현 과정은 어떻게 이루어지는지 살펴본다. • 유전자가 손상되면 생명현상 수행에 많은 어려움이 초래된다. 손상되는 원인과 그 효과는 무엇인지 알아본다. • 유전자에 대한 이해를 바탕으로 생명공학이 발전하였다. 생명공학이 식량 증산과 인류의 건강에 어떻게 기여할 수 있는지 살펴본다.	• 유전자의 특성을 이해하고 유전자가 발현되는 과정을 살펴본다. • 개인의 특성에 기여하는 nature와 nurture의 영향에 대해 살펴본다. • 유전자 암호가 손상되는 이유와 그 결과에 대해 알아본다. • 생명공학 기술과 그 성과에 대해 살펴본다. **Key word** 유전자, 유전자 발현, 유전자 암호, 돌연변이, 생명공학기술

차례

3.1 DNA의 이해
- 3.1.1 DNA의 구조
- 3.1.2 유전자란 무엇인가?
- 3.1.3 유전자 발현

3.2 유전자 암호의 손상
- 3.2.1 유전자 손상의 원인
- 3.2.2 유전자 손상의 결과

3.3 생명공학
- 3.3.1 식량 증산에 기여하는 생명공학기술
- 3.3.2 인류 건강에 기여하는 생명공학기술

■ 돌아보기

■ 학습문제

3.1 DNA의 이해

미국 드라마인 CSI 시리즈는 범죄현장에 남겨진 증거를 과학적으로 분석하여 범죄 장면을 재구성하고 이를 바탕으로 진범을 찾는 과정을 그리고 있다. 이 드라마에서 다루는 과학적 분석에서 가장 기본적인 것은 바로 현장에서 수거한 유전자를 분석하여 용의자의 신원을 확인하는 것이다.

DNA 지문 분석이라고 하는 이 기술은 지금은 보편적인 것으로 받아들여지지만, 범죄 수사에 적용된 것은 그리 오래되지 않았다. 30~40년 전만 하더라도 피해자나 목격자의 진술에 의해 판결이 이루어지는 사례가 많이 있었다. 2000년대에 들어 DNA에 대한 이해가 풍부해지면서 이를 이용하여 개인의 신원을 정확하게 식별할 수 있게 되었다. 이를 통해 억울함을 호소하던 수감자를 다시 조사한 결과 많은 이들의 무죄를 입증할 수 있게 되었다. 사람의 유전체인 DNA는 동일하게 보이지만, 사람마다 조금씩 다른 변이를 지니고 있다. 그 가운데 짧은직렬반복(STR, Short Tandem Repeat)이라는 부위가 개인 신원을 식별하는 용도로 활용된다(그림 3-1). 이 부위는 염색체마다 변이를 지니고 있으며, 모계 유전자와 부계 유전자 사이에서도 차이를 보일 수 있다. 그림 3-1에서 A의 경우, 한 유전자에서는 12회 반복되어 있으며 다른 유전자에서는 3회 반복되어 있다. 따라서 A의 고유한 반복횟수는 12/3(또는 3/12)이다. B는 5/10(또는 10/5)의 양상을 보이므로 두 사람을 구별할 수 있다.

DNA를 이용하여 어떻게 특정 개인의 신원을 확인할 수 있는 것일까? DNA는 모든 생명체의 거의 모든 세포에 있으며, 유성생식을 하는 경우는 개체마다 고유하다. 살아가는 동안 신체에서 떨어져 나온 세포에는 DNA가 있기 때문에 개인을 식별하는 용도로 이용할 수 있다. 그림 3-1의 예와 같이 STR 부위를 이용한 DNA 분석 기술을 통해 용의자가 현장에 있었는지 여부를 판별할 수 있기 때문에 범죄자로 잘못 판결된 사람의 결백을 입증할 수 있다.

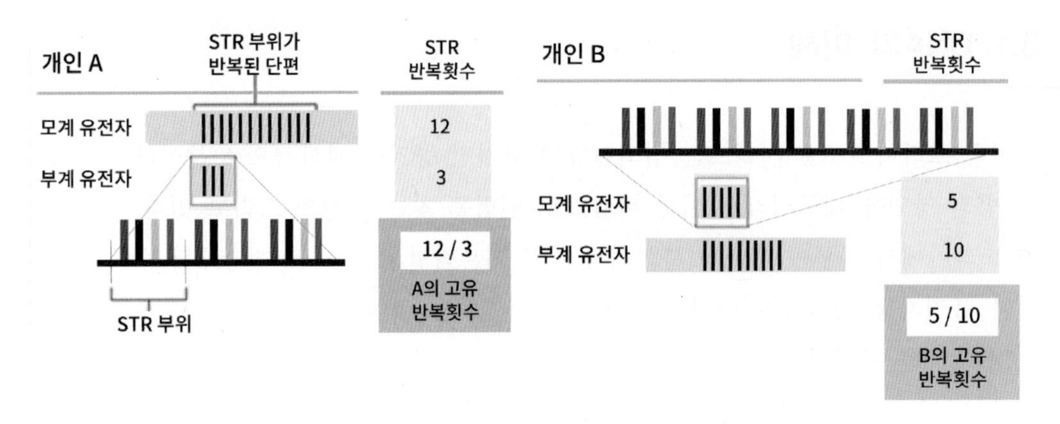

그림 3-1 짧은직렬반복(STR) 부위를 이용한 개인 식별. 이 STR 부위에 대한 판정 결과에 따르면 A는 12/3(or 3/12), B는 5/10(or 10/5)이라는 고유한 반복횟수를 가진다.

그렇지만 DNA는 개인을 식별하는 용도보다 더욱 중요한 기능을 가지고 있다. DNA 분자에 간직된 정보는 유전자라는 개별 단위로 조직화된다. 유전자는 세포의 작용을 조절하여 생명활동을 수행하며, 정보를 후대에 전해줄 수도 있다. 따라서 DNA는 세포와 생명체가 진화해온 역사의 기록도 간직하고 있는 것이다.

3.1.1 DNA의 구조

1950년대 초까지만 해도 세포에서 주요 역할을 수행하는 분자는 단백질일 것이라고 추정했다. 단백질 외에도 핵에 존재하는 핵산nucleic acid의 존재도 알고 있는데, 아직 그 정체는 확인되지 않았지만 핵산으로는 DNA와 RNA의 두 종류가 있으며, DNA는 부모에게서 자손에게로 전달되고, 신체를 형성하고 성장과 발달을 조절하는 명령이 간직되어 있다.

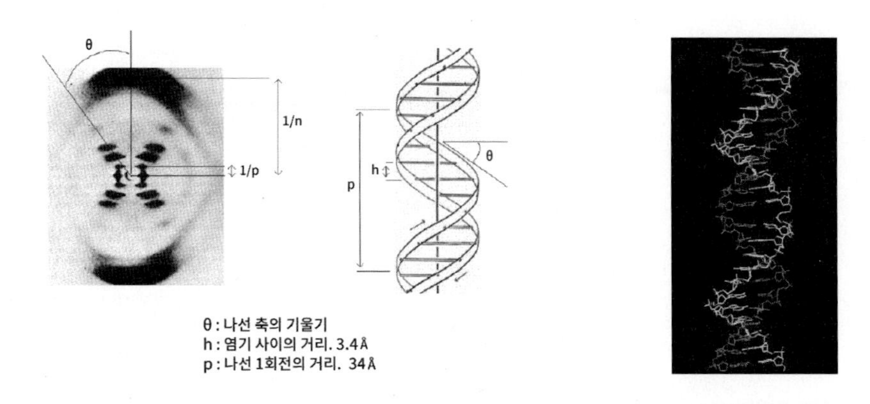

그림 3-2 (왼쪽) X-선 회절 자료의 해석. (오른쪽) DNA의 구조.[1]

이러한 DNA의 특성을 이해하기 위해 많은 과학자들이 DNA 분자의 구조를 밝히고자 노력하였다. Linus Pauling, Maurice Wilkins, Rosalind Franklin 등이 선도적 역할을 수행하였으며, 특히 Franklin은 DNA의 X선 회절 사진 분야에서 많은 자료를 축적하였다. 이러한 자료를 바탕으로 James Watson과 Francis Crick이 1953년에 DNA 분자의 구조를 밝혀내었다(그림 3-2).

DNA는 뉴클레오티드nucleotide라는 단위분자로 구성되며, 마치 사다리가 나선형으로 꼬여 있는 것과 같은 이중나선 구조를 이룬다. 뉴클레오티드는 5-탄소당, 인산기, 질소를 함유한 염기로 이루어진다. 염기는 아데닌(A, adenine), 티민(T, thymine), 구아닌(G, guanine), 시토신(C, cytosine)의 네 종류이다(그림 3-3). 마주보는 가닥에 있는 염기가 수소결합을 통해 염기쌍을 이루어 두 가닥이 일정한 간격으로 이어져 있게 된다. 수소결합은 아데닌과 티민, 구아닌과 시토신 사이에서만 형성된다. 이것을 상보적 결합이라고 한다.

뉴클레오티드를 이루는 당이 deoxyribose인 핵산을 DNA(**D**eoxyribo**N**ucleic **A**cid)라고 부른다. 이에 비해 ribose를 포함하는 핵산 분자는 RNA(**R**ibo**N**ucleic

1) 출처 : www.bing.com/images

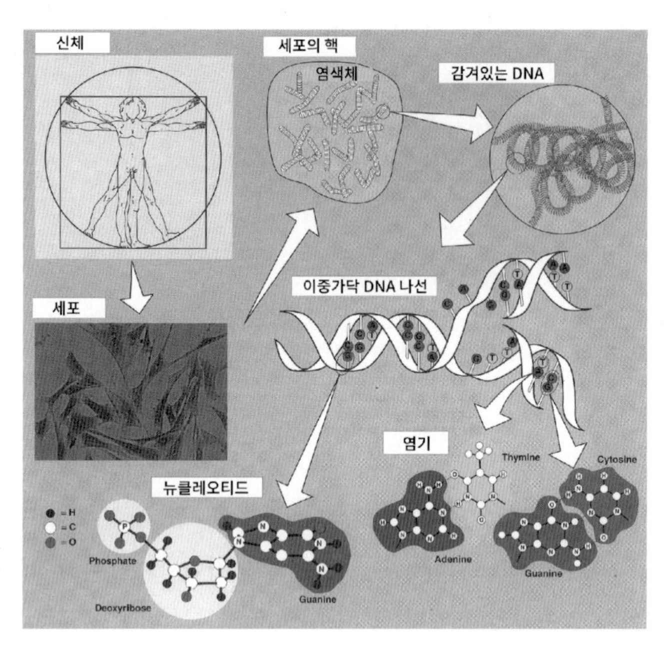

그림 3-3 네 종류의 뉴클레오티드가 염기쌍을 이룬 DNA의 이중나선 구조[2)]

Acid)라고 부른다. RNA는 단일가닥이며, 5-탄소당으로 ribose를 이용하고 티민 대신 우라실uracil을 사용한다는 점에서 DNA와 다르다(그림 3-4).

3.1.2 유전자란 무엇인가?

DNA의 가장 큰 특성은 모든 생명체의 세포와 조직 등 구조를 이루는 명령을 담고 있다는 것이다. 따라서 DNA는 지구상 모든 생명체의 보편적 암호로 간주한다(그림 3-5). 한 개체가 가지고 있는 DNA 총량을 유전체genome라고 한다. DNA는 앞서 살펴본 바와 같이 나선형 사다리와 유사한 구조를 가지며,

2) 출처 : www.bing.com/images

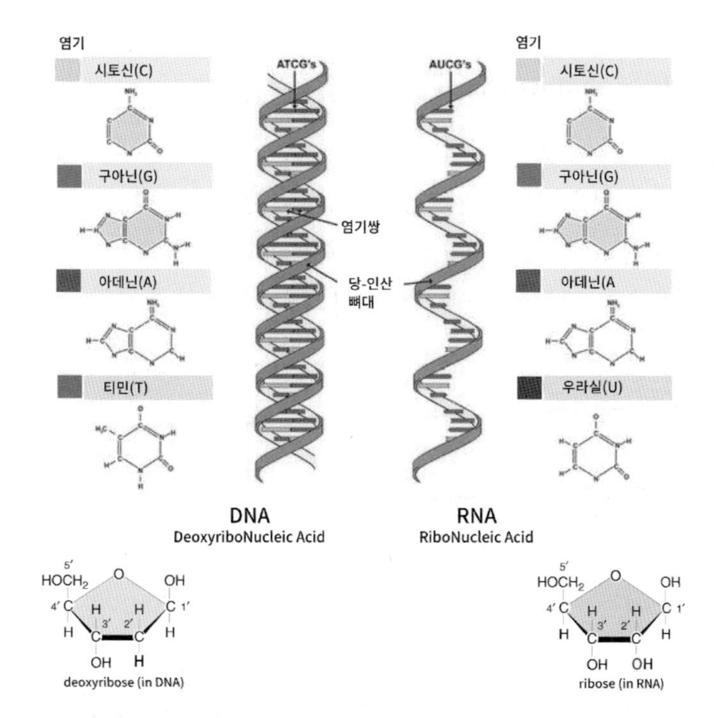

그림 3-4 DNA와 RNA의 비교.[3]

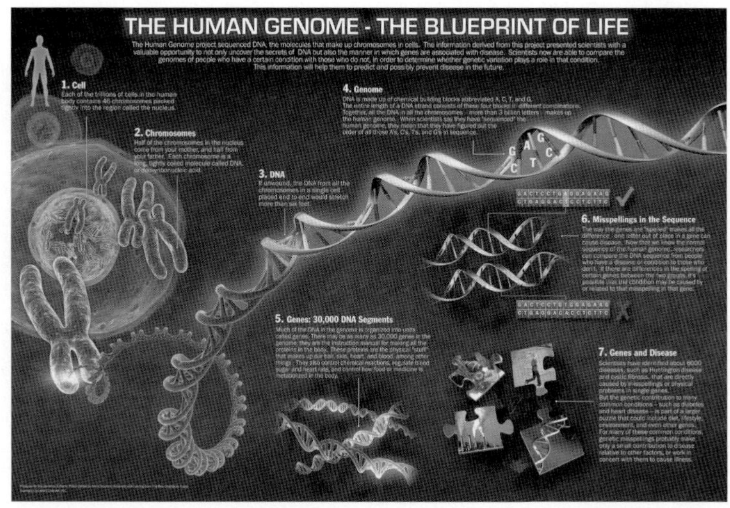

그림 3-5 유전체, 염색체, 유전자.[4]

---

3) 출처 : www.bing.com/images
4) 출처 : www.bing.com/images

마치 가늘고 긴 실과 같다. 사람의 세포에 있는 DNA는 약 30억 개의 염기쌍으로 이루어져 있고, 그 길이가 거의 2 m에 이른다.

사람세포는 그 크기가 다양하지만 가장 큰 것도 그 부피가 15,000 ㎛^{3} 정도이다. 이 좁은 공간에 2 m(2,000,000 ㎛)나 되는 긴 실을 엉키지 않도록 잘 보관하고, 또 필요할 때마다 필요한 만큼 풀어내어 정보를 읽어낼 수 있어야 한다. 따라서 여러 묶음으로 나누어 타래처럼 관리하는 것이 효율적일 것이다. 이렇게 나누어 놓은 타래를 염색체chromosome라고 한다. 종마다 염색체의 수가 다르며, 사람의 경우는 23개로 나뉘어져 있다. 염색체는 부모에게서 각각 한 벌씩 받기 때문에 사람세포에는 23쌍(2 × 23개)의 염색체가 존재한다.

유전자gene는 DNA 염기서열 중에서 특정한 기능을 나타내는 단백질이나 RNA 분자를 생산하는 데 필요한 정보를 지니고 있는 기능단위이다. 유전자의 특성을 조사하고 활용하는 방법을 찾아내는 일은 생명공학의 주요 주제이다.

3.1.3 유전자 발현

이제 DNA를 유전자라는 용어로 대체하여 쓸 수 있게 되었다. 유전자는 주로 단백질을 합성하는 데 필요한 정보를 담고 있으며, 이 정보에 바탕을 두고 만들어진 단백질이 세포의 생명활동에 사용된다. 이렇게 유전자의 정보를 바탕으로 단백질을 합성하는 일을 유전자 발현gene expression이라고 한다. 즉, 유전자가 발현되어야 생명활동을 할 수 있는 것이다. 하여 유전자의 정보를 바탕으로 단백질을 만들어내는 일은 어떻게 이루어지는 것일까?

■ 유전자 발현과정 – 요리책 보고 과자 만들기

유전자의 정보를 이용하여 단백질을 만들어내는 과정은 크게 두 가지 과정으로 나누어 볼 수 있다. 이 과정을 쉽게 이해하기 위해 유전자를 요리책에

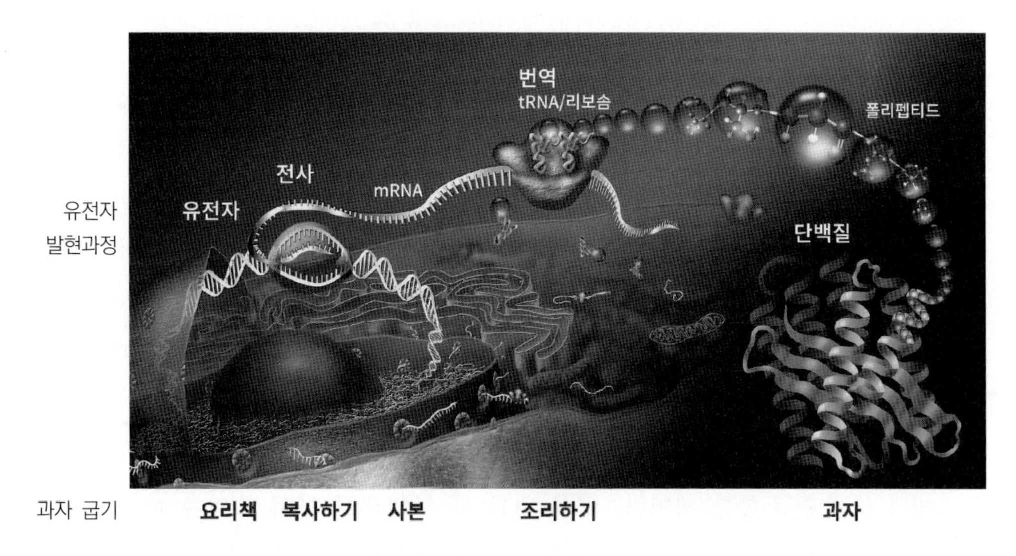

그림 3-6 유전자 발현과정은 과자 만들기에 비유할 수 있다.[5)]

비유해보자. 요리책에는 다양한 음식을 만드는 자세한 조리법이 수록되어 있다. 유전자는 생명활동에 필요한 다양한 단백질을 만드는 자세한 명령을 담고 있다. 요리책이 특정한 순서로 글자를 배열하여 특정 의미를 나타내듯이, 유전자도 염기를 특정 순서로 배열함으로써 특정 단백질을 만드는 의미를 나타낸다. 즉, 유전자 발현과정은 요리책을 참조하여 특정 요리를 조리하는 과정과 매우 비슷하다(그림 3-6).

집에서 혼자 지내게 되어 스스로 음식을 만들어 먹어야 하는 상황을 가정해보자. 집에는 요리 도구와 재료가 모두 갖추어져 있지만 나는 요리를 전혀 해본 적이 없다. 그런데 다행히 어머니가 쓰시는 요리책이 있다. 이 요리책은 어머니가 어머니의 어머니에게서 물려받은 것이고, 할머니는 할머니의 어머니에게서 물려받으신 것이다. 그런데도 이 책은 거의 새것처럼 깨끗하게 잘 보존

5) 출처 : www.bing.com/images

되어 있어 그 내용을 잘 알아볼 수 있다.

이제 이 책에서 내가 만들 요리의 종류를 찾아본다. 오늘의 요리는 초콜릿 칩 쿠키로 정했다. 과자류가 모여 있는 부분에서 해당하는 항목을 찾을 수 있다. 요리책은 유전체이다. 모든 요리법이 망라되어 있다. 그 가운데 과자류에 해당하는 부분은 염색체chromosome라고 할 수 있다. 요리 종류가 원체 방대하므로 편리하게 사용할 수 있도록 비슷한 유형별로 큰 묶음으로 나누어 놓은 것이다. 이제 초콜릿칩 쿠키 항목은 하나의 유전자에 비유할 수 있다.

초콜릿칩 쿠키 항목을 찾은 후에는 어떻게 하여야 할까? 이 책은 이번만 쓰고 말 것이 아니라 앞으로도 언제든 또 사용할 날이 있을 것이며, 나아가 후손에게 물려줄 소중한 책이다. 책을 펴든 채 부엌으로 가서 요리를 한다면 요리 과정에서 튀는 기름이 묻거나 뜻하지 않게 훼손될 가능성이 높다. 따라서 해당하는 부분만 복사하고 책은 원래 있던 곳에 안전하게 보관해두는 것이 좋다. 세포에서도 원본 유전자를 그대로 이용하는 것이 아니라 복사본을 만들어 사용한다.

이 복사본은 유전자 내용을 그대로 전달하기 때문에 mRNA(전령 RNA; messenger RNA)라고 부른다. 핵 내에 있는 원본 DNA에서 해당하는 유전자 부분을 복사한 후, 원본 DNA는 원래대로 보존하고 복사본인 mRNA를 세포질로 가지고 와서 단백질 합성에 이용한다. 이처럼 원본 DNA에서 특정 유전자 부위를 mRNA로 복사하는 과정을 전사transcription라고 한다.

■ 유전자 나라와 단백질 나라

유전자는 정보를 담고 있을 뿐이며, 실제로 세포에서 생명현상을 수행하는 일꾼은 단백질이다. 유전자의 정보를 읽고 그에 따라 아미노산을 정확한 순서대로 이어 붙여야 올바른 단백질을 만들어 생명현상을 제대로 수행할 수 있다.

유전자는 뉴클레오티드로 이루어져 있다. 뉴클레오티드는 당-인산 뼈대에 염기가 달려 있는 구조이며, 염기의 종류는 네 가지이다. 서로 다른 네 종류의 염기가 배열된 순서에 따라 담겨있는 정보가 달라진다. 이에 비해 단백질을 구성하는 아미노산의 종류는 20가지이다. 따라서 네 종류의 뉴클레오티드가 배열된 순서의 의미를 읽고 아미노산 배열 순서를 정해 단백질을 만들어낼 수 있어야 한다. 유전자 나라와 단백질 나라에서 사용하는 언어체계가 다르다. 네 종류의 철자로 이루어진 유전자 나라의 문장을 20종류의 철자로 이루어진 단백질 나라 언어체계로 정확하게 번역할 수 있어야 의미가 소통될 수 있다. 우리가 외국어를 공부할 때 사전을 참조하듯이 세포에서도 유전자 나라의 언어와 단백질 나라 언어 사이에서 의미를 소통시켜줄 수 있는 사전이 필요하다.

세포에서는 tRNA(수송 RNA; transfer RNA)라고 부르는 분자가 사전 역할을 수행한다(그림 3-7). tRNA의 한쪽 끝에는 mRNA의 특정 염기 서열을 인식하여 결합하는 부위가 있으며, 반대쪽에는 아미노산 가운데 한 종류와 결합하는 부위가 있다. 특정 mRNA 염기 서열과 결합하는 tRNA에는 특정 아미노산이 결합할 수 있다. 이렇게 tRNA가 인식하여 결합하는 mRNA의 특정 염기 서열 조합을 암호라는 뜻에서 코돈codon이라고 부른다. 이런 방식을 통해 mRNA의 코돈마다 특정 아미노산이 대응하게 되므로 자연스럽게 유전자 나라의 언어가 단백질 나라의 언어로 번역될 수 있다. 이런 이유로 인해 단백질 합성과정을 번역translation이라고도 한다.

유전자 나라의 언어체계는 염기 3개로 하나의 의미를 나타낸다. 뉴클레오티드 염

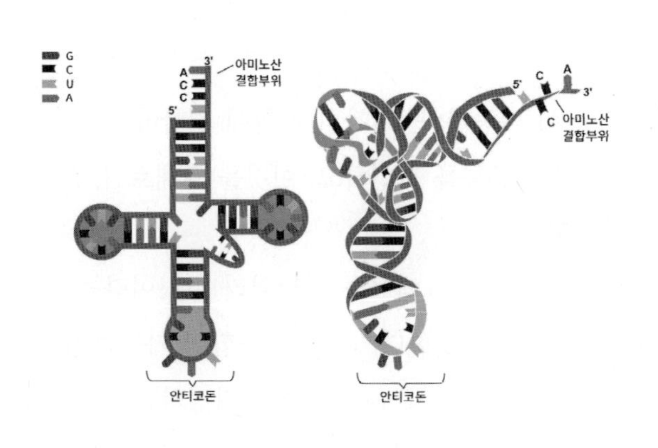

그림 3-7 tRNA. 안티코돈 부위에 mRNA가 결합하며, 반대쪽에는 아미노산이 결합할 수 있다.[6]

6) 출처 : www.bing.com/images

표 3-1 유전암호표

염기									
1st	2nd								3rd
	U		C		A		G		
U	UUU	Phe	UCU	Ser	UAU	Tyr	UGU	Cys	U
	UUC		UCC		UAC		UGC		C
	UUA	Leu	UCA		UAA	stop	UGA	stop	A
	UUG		UCG		UAG	stop	UGG	Trp	G
C	CUU	Leu	CCU	Pro	CAU	His	CGU	Arg	U
	CUC		CCC		CAC		CGC		C
	CUA		CCA		CAA	Gln	CGA		A
	CUG		CCG		CAG		CGG		G
A	AUU	Ile	ACU	Thr	AAU	Asn	AGU	Ser	U
	AUC		ACC		AAC		AGC		C
	AUA		ACA		AAA	Lys	AGA	Arg	A
	AUG	Met / start	ACG		AAG		AGG		G
G	GUU	Val	GCU	Ala	GAU	Asp	GGU	Gly	U
	GUC		GCC		GAC		GGC		C
	GUA		GCA		GAA	Glu	GGA		A
	GUG		GCG		GAG		GGG		G

기는 4종류이므로 모두 64가지의 조합이 가능하다. 각각의 조합에 결합하는 tRNA의 종류를 조사하여 대응하는 아미노산의 종류를 확인하고, 이것을 토대로 유전암호표genetic code를 만들 수 있다(표 3-1).

예를 들어 유전자 나라의 UUU는 단백질 나라에서는 페닐알라닌Phe이라는 아미노산의 의미로 사용된다. CUU는 류신Leu을 뜻한다. 64가지 조합이 가능하지만 아미노산은 20종류이므로 몇 가지 코돈이 하나의 아미노산을 지정하는 경우도 나타난다. 예를 들어 UUA, UUG, CUU, CUC, CUA, CUG라는 여섯 가지 코돈이 모두 류신Leu이라는 한 가지 아미노산으로 번역된다. 그러나 트립토판Trp을 지정하는 코돈은 오직 UGG뿐이며, 메티오닌Met을 지정하는 코돈도 AUG뿐이다.

코돈이 특별한 의미를 지니는 경우도 있다. AUG는 메티오닌Met이라는 아미노산을 지정하기도 하지만, 단백질 합성을 개시하는 신호라는 중요한 의미도 지니고 있다. 진핵세포의 모든 단백질은 AUG 코돈부터 합성이 시작되며, 따라서 AUG를 개시코돈이라고 부른다.

시작을 의미하는 코돈이 있다면 끝을 알리는 코돈도 있을 것이다. UAA, UAG, UGA이라는 세 가지 코돈에 결합하는 tRNA에는 아미노산이 결합하지 않는다. 따라서 이들 코돈은 아무런 아미노산도 지정하지 못한다. 따라서 이들 코돈을 종결코돈이라고 한다. AUG 코돈부터 시작하여 종결코돈 직전까지 이어진 아미노산 이어붙이기에 의해 만들어진 아미노산 중합체가 가공과정을 거쳐 단백질로 완성된다.

표 3-2는 이러한 유전자 발현과정을 쿠키 만드는 과정과 비교하여 요약한 것이다.

표 3-2 유전자 발현과정 요약

유전자 발현	초콜릿칩 쿠키 만들기
• 발현시키고자 하는 유전자가 있는 염색체에서 해당 유전자를 찾는다.	• 과자류 조리법을 모아둔 장에서 초콜릿칩쿠키 조리법을 찾는다.
• 유전자 부위를 복사하여 mRNA를 만든다.	• 해당 페이지를 복사한다.
• DNA는 원래대로 만들어 제자리에 잘 보관한다.	• 요리책은 책꽂이에 보관한다.
• 세포질에 있는 리보솜에서 단백질을 합성하기 위한 준비를 한다.	• 부엌에서 조리도구를 이용하여 과자를 만들 준비를 한다.
• 리보솜에 mRNA가 결합한 후, 염기 배열에 따라 특정 tRNA가 결합한다.	• 지시된 내용에 따라 지정된 순서대로 재료를 섞고 조리한다.
• tRNA에 달려있는 아미노산을 이어 붙여 단백질을 완성한다.	• 과자를 굽는다.
• 일을 마친 mRNA는 다른 용도에 활용한다.	• 부엌을 정리하고 남은 재료는 잘 보관하여 다른 요리에 사용한다.

▶ 대립유전자란 무엇인가?

무성생식을 하는 생명체에서는 부모와 자식 관계가 성립하지 않으며, 모든 개체가 동일한 특성을 보인다. 그렇지만 유성생식을 하는 생명체의 경우, 자식은 부모를 닮지만 완전하게 동일한 것은 아니다. 개체마다 특성이 조금씩 다른 다양성을 갖추면 환경 변화에 저마다 다르게 대처할 수 있기 때문에 갑자기 닥치는 재앙에서도 종이 생존할 수 있는 확률이 높아진다. 이러한 다양성은 어떻게 하여 나타나는 것일까?

이것을 쉽게 이해하기 위해서 집을 짓는 과정을 생각해보자. 집을 지으려면 먼저 설계도면을 만들어야 한다. 설계도면의 청사진은 집을 짓는 데 필요한 부분마다 어떻게 해야 할 것인지 정확한 지침을 담고 있다. 설계도면은 유전체genome에 해당한다. 유전체는 우리 몸을 어떠한 형태로 만들 것이며, 어떠한 기능을 할 수 있도록 할 것인지를 발달과정에 따라 지시하는 모든 지침서라고 할 수 있다.

집을 지을 때는 청사진에 따라 순서대로 작업이 이루어진다. 가장 먼저 터를 다지고 주춧돌을 놓는 방법에 해당하는 청사진을 참고하여 그 내용에 따라 작업한다. 그 후에는 기둥을 세우는 방법을 기술한 청사진을 찾아 그 내용에 따라 작업한다. 각각의 청사진은 집(신체)을 이루는 각 부위에 대해 특정한 형태와 구조를 갖추도록 지시한 내용이므로, 유전자gene에 해당한다. 이처럼 순서에 따라 모든 청사진대로 정확하게 일을 수행한다면 설계자가 처음 의도했던 모습의 집이 완성될 것이다. 생명체 역시 유전체 안에 포함되어 있는 모든 유전자가 순서대로 정확하게 발현되기 때문에 특정 형태를 유지하고 생명현상을 수행할 수 있는 것이다.

그런데 생명체는 일반적인 집짓기와 다소 다른 특성을 지닌다. 설계도에 따른 청사진이 두 벌 있는 것이다. 두 벌의 청사진은 동일한 설계에 따른 시공방식에 대한 의견을 담고 있지만, 서로 내용이 다를 수도 있다. 이러한 일이 일어날 수 있는 것은 청사진을 부모에게서 각각 한 벌씩 받기 때문이다(그림 3-

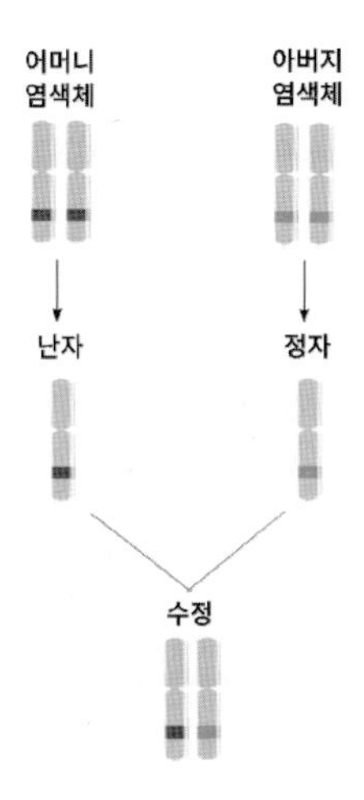

그림 3-8 대립유전자.

- 사람은 한 쌍의 대립유전자를 가지고 있다.
- 배우자세포(난자, 정자)는 염색체를 한 벌만 가지며, 따라서 대립유전자는 1개이다.
- 수정이 이루어지면 부모에게서 염색체를 한 벌씩 받아, 한 쌍의 대립유전자를 갖는다.

8). 한 가지 특성에 대해 부모에게서 받은 유전자의 지시내용은 같을 수도 있고 다를 수도 있다. 이들을 대립유전자allele라고 부른다. 사람마다 가지고 있는 대립유전자의 조합이 다르므로 서로 다른 고유한 특성을 지니게 된다.

그림 3-9 야생 금잔화. 개체마다 꽃잎의 색이 다르다.7)

예를 들어 식물의 꽃에 대해 생각해보자. 어떤 식물의 꽃은 잎의 수효, 암술과 수술의 형태와 배치 등이 모두 같지만, 꽃잎의 빛깔이 서로 다른 경우가 있다(그림 3-9). 이 경우 부모가 따로 준 청사진의 내용이 잎의 수효, 암술과 수술

7) 출처 : www.bing.com/images

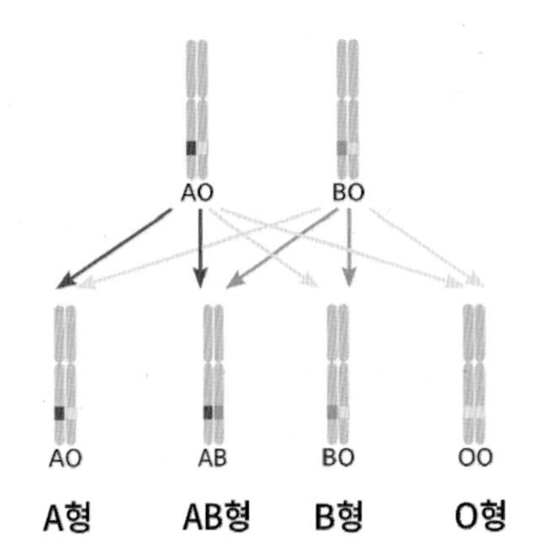

그림 3-10 사람 혈액형은 세 가지 대립유전자의 조합에 의해 결정된다.

의 형태와 배치 등에서는 일치하였지만 빛깔에 대해서는 의견이 갈린 것이다. 이로 인해 이들은 동일한 종이지만 꽃잎의 빛깔이 다른 특성을 보이게 된다. 꽃잎의 빛깔이 다른 것은 사소한 차이로 보일 수도 있지만, 특히 야생에서 꽃가루받이를 도와주는 도우미를 불러올 때는 중요한 요소가 될 수도 있다.

사람의 혈액형에 관여하는 대립유전자는 *A*, *B*, *O*의 세 종류이며, 이들의 조합에 의해 네 가지 혈액형이 나타난다 (그림 3-10).

혈액형을 결정할 시기가 되면 혈액형에 관련된 청사진 두 벌을 대조하여야 한다. 예를 들어 두 벌의 청사진 모두 A형을 지정하는 경우(유전자형 *AA*)를 생각해보자. 유전자형은 두 벌의 대립유전자를 표현한 것이다. 유전자형 *AA*는 청사진 두 벌 모두 A라는 특성을 지정하고 있다는 의미이다. 이 경우에는 두 청사진 모두 동일하므로 당연히 A형으로 결정하면 된다. 그렇지만 청사진 가운데 하나는 A형, 다른 하나는 O형을 지정하는 경우(유전자형 *AO*)에는 A형과 O형이 모두 가능하므로 갈등이 나타난다. 잘 알려진 유전법칙을 따라, A와 B는 O에 대해 우성이므로 이 사람은 A형이 된다.

		모 *O* *O*	자손의 혈액형
부	*A*	*AO* *AO*	A형 2/4
	O	*OO* *OO*	O형 2/4

그림 3-11 A형 아버지(*AO*)와 O형 어머니(*OO*) 사이에서 태어나는 자손의 혈액형

이 사람이 성장하여 유전자형이

*OO*인 사람과 결혼하여 자식을 얻는다면 어떻게 될까? 이 사람은 A형이지만, 자손의 혈액형은 A형일 가능성과 O형일 가능성이 각각 50%이다(그림 3-11).

이처럼 대립유전자의 조합에 따라 부모와는 다른 특성을 보이는 자손을 얻을 수 있으므로 다양성이 나타날 수 있다.

■ 유전자 발현 조절 - Nature vs Nurture

유전자는 DNA에 저장되어 있는 단백질 생산에 관련된 정보일 따름이다. 정보를 가지고 있는 것만으로는 아무런 일도 할 수 없다. 실제로 생명현상을 수행하기 위해서는 유전자 발현과정을 통해 실제로 단백질을 합성해야만 한다. 나아가 특정한 시기마다 적정 수준으로 단백질을 만들도록 조절하는 것이 매우 중요한 요소이다. 필요한 시기에 필요한 단백질을 만들어내지 못하는 것 못지않게 필요하지 않은 시기에 필요하지 않은 단백질을 만들지 않는 것도 자원을 효율적으로 사용해야 하기에 중요한 것이다. 또한 필요한 시기에 필요한 단백질을 만들어낸다 하여도 필요한 양만큼만 만들어내는 것이 중요하다. 모자라도 문제가 발생하지만 넘쳐도 문제가 발생하는 것이 생명현상인 것이다.

이러한 유전자 발현 조절은 환경의 영향을 크게 받는다. 유전자에 저장되어 있는 정보는 부모에게서 물려받은 것이며 내 정체성의 바탕이 된다. 그렇지만 신체의 발달과정에서 어느 시기에 어떻게 발현시켜 신체를 어떻게 구성할 수 있는가 하는 것은 유전자로서도 제어할 수 있는 방법이 없다. 유전자는 특정 시기에 특정 유전자를 발현시키도록 지시는 하지만 실제로 그 일이 일어나지 않는다 해도 어쩔 도리가 없다.

대개 우울한 정서를 안고 사는 사람의 경우 몇 가지 공통적인 특성을 보인다(그림 3-12). 척추가 반듯하게 서 있지 못하여 구부정하며, 팔과 다리의 근육에 힘이 들어가 있지 않아 축 처져 있는 활기를 전혀 느낄 수 없는 모습을 보인다.

이런 자세가 유전자 발현에 어떤 영향을 줄 수 있을까? 외롭게 격리되어 생

그림 3-12 우울한 사람의 전형적인 자세. (드라마 'Walking Dead'의 한 장면)

활하는 사람에게서는 특히 면역계와 관련된 유전자의 발현 양상이 매우 달라진다. 이로 인해 여러 가지 질병에 시달릴 가능성이 높아진다.

한 연구 결과에 따르면, 대학생 집단의 강의 집중력 지속시간은 평균 12분이었다. 대부분 강의 시작 후 10여 분이 지나면 하품이 나고 졸음이 오기 시작한다. 하품은 왜 나는 것일까? 가장 큰 요인은 뇌에 있는 기체분압 감지기에서 높은 이산화탄소 분압을 느끼기 때문에 나타나는 반사작용이다. 왜 수강을 시작한 지 10여 분만에 대학생의 체내에 이산화탄소가 쌓이는 것일까?

우리 몸의 혈관은 1/3 가량이 비어 있는 상태이다. 왜 그럴까? 이것은 고무풍선을 생각해보면 쉽게 이해할 수 있다. 바람을 채운 고무풍선의 한쪽에 압력을 가하면 고무풍선의 모든 부위에 그 압력이 그대로 전달된다. 모든 혈관에 혈액이 가득 차 있다면 작은 압력에도 전신의 혈관이 민감하게 반응하게 된다. 그런데 우리 몸은 부위별로 탄성이 다르며, 혈관의 약한 부위에 압력이 전달되면 그 부위의 혈관이 터질 수도 있을 것이다. 특히 뇌혈관에서 이런 일이 벌어진다면 매우 위험한 상황을 맞이하게 된다. 혈관 일부분이 비어 있다면 전달되는 압력이 자연스럽게 소실되어 위험한 상황을 피할 수 있다.

혈관의 일정 부분이 비어있다는 것은 우리 몸이 에너지를 집중하여 사용한다는 것을 의미한다. 사냥하거나 운동할 때는 혈액을 주로 팔다리의 혈관에 보내어 골격근의 활동에 필요한 에너지를 최대한 공급한다. 식사를 한 후에는 내장의 혈관에 혈액이 집중되어 소화에 참여하는 내장근이 활발히 움직이도록 돕는다. 따라서 식사를 하고나면 식곤증을 느끼게 되는 것이며, 식사를 한 직후에는 되도록이면 운동을 하지 않는 것이 좋다.

혈액은 전신을 순환하면서 신체에 산소를 공급하고 대사과정 결과 만들어진 이산화탄소를 받아 돌아온 후 허파로 가서 기체를 교환한다. 허파에서 이산화탄소를 버리고 산소를 얻어온 혈액은 심장의 박동에 의해 전신으로 뿜어져 나간다. 그런데 심장의 박동으로 인해 생긴 압력은 모세혈관을 지나면서 거의 사라지고, 정맥에 이르러서는 심지어 음압을 나타내기도 한다. 심장은 우리 몸에서 비교적 높은 위치에 있다. 머리로 간 혈액은 중력으로 인해 스스로 심장으로 돌아올 수 있지만, 심장보다 낮은 위치에 있는 기관, 특히 다리 부분에 있는 혈액은 스스로 돌아올 수 없다. 심장보다 낮은 위치에 있는 혈액이 심장으로 되돌아가려면 근육의 도움이 필요하다. 정맥을 둘러싼 근육이 조여지면 내부의 혈액이 밀려 올라가며, 판막이 있어서 역류를 막아준다. 다리 부위는 근육이 가장 발달한 부위로 대량의 혈액을 간직하고 있는 곳이다. 다리 부위에 혈액이 고여 있는 상태라면, 중력의 힘에 의해 혈액이 심장으로 내려간 머리 부위에 다시 공급할 피가 모자라게 된다. 이로 인해 일시적으로 뇌에 산소 공급이 부족해지고 그로 인해 이산화탄소 분압이 높은 상태가 이루어진다.

따분하여 하품이 나고 졸음이 엄습할 때 대개 기지개를 켜면 정신이 맑아지는 경험을 하였을 것이다. 골격근을 조여서 혈관을 압박하면 근육에 머물러 있던 혈액이 심장으로 되돌아오고, 심호흡을 통해 기체를 대량으로 교환하여 뇌로 가는 산소 공급량이 늘어나기 때문이다.

우리 몸은 이러한 변화에 대해 스스로 조절하는 능력을 갖추고 있다. 그러나 이것은 잠재된 능력에 지나지 않으며, 실제로 몸이 적절하게 움직여야 조절이 가능해진다. 흥미를 잃고 따분함을 느낄 때는 대부분 비슷한 자세를 보인다. 이 경우 대개 등이 굽어 가슴이 압박을 받으므로 폐 용적이 적어져 기체 교환 능력이 감소한다. 또한 사지 근육에 힘이 풀리기 때문에 정맥 내의 혈액이 이동하는 동력을 잃게 된다. 이로 인해 뇌로 가는 혈액의 양이 감소하며, 또한 혈액 내 산소 분압도 낮은 상태가 된다. 따라서 특히 뇌에서 이산화탄소 분압이 높고 산소 분압이 낮은 상태를 인식하게 되며, 이 상태를 벗어나고자 하품을 하게 된다. 하품은 대량의 숨을 들이마시는 행위이며, 체내에 고여 있는 이산화탄소를 내보내고 산소를 흡입하고자 하는 적극적인 몸의 표현인 셈이다. 이러한 상황이 지속되면 산소 부족으로 인해 집중력이 현저하게 저하되고 마침내 졸음이 엄습하게 되는 것이다.

이렇게 체내의 환경이 변하면 세포의 모든 대사과정이 영향을 받는다. 산소가 부족하면 ATP 에너지를 생산하는 데 어려움을 겪게 되므로 신체의 활력이 낮아지게 된다. 에너지가 부족하면 유전자의 정보를 이용하여 단백질을 만들어내는 일도 제대로 수행하기 어려우며, 특히 외래에서 침입하는 병원체에 대응하여 우리 몸을 지켜주는 역할을 하는 면역세포의 활력이 낮아진다. 면역계가 적절하게 대응하지 못하면 질병에 걸릴 위험이 높아지게 된다.

3.2 유전자 암호의 손상

유전자 암호가 손상된 상태를 돌연변이mutation가 일어났다고 한다. 돌연변이에 의해 유전자의 염기 서열이 변화되면 이로부터 생성하는 단백질의 구조와 기능이 달라진다. 그 효과는 매우 광범위하게 나타난다.

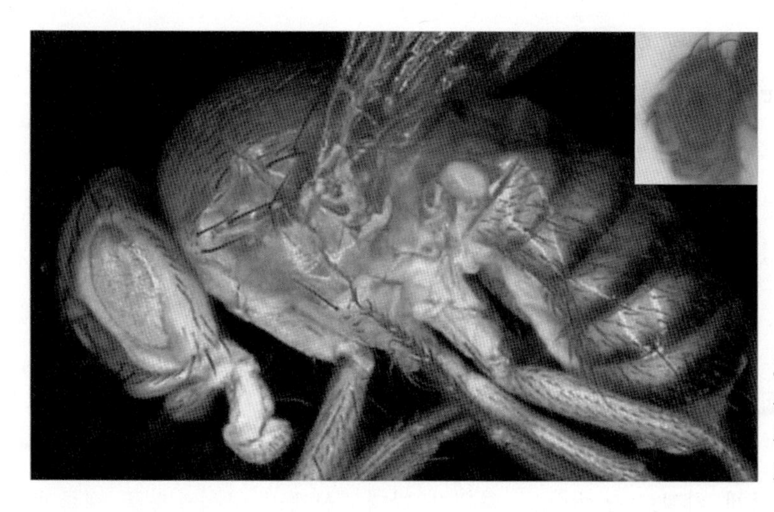

그림 3-13 눈이 형성되지 않은 돌연변이 초파리. (작은 상자) 눈이 정상적으로 발달한 초파리.8)

예를 들어 초파리의 눈을 구성하는 단백질의 유전자에 돌연변이가 일어난다면 정상적으로 눈을 형성하지 못하게 된다(그림 3-13). 돌연변이 초파리는 먹이나 포식자를 식별하는 일에 어려움을 겪을 것이며, 생존에 심각한 위협을 겪을 것이다.

최근에 유방암 발병률이 빠르게 높아지고 있다. BRCA1 유전자와 BRCA2 유전자는 유방암 발생을 억제한다고 알려져 있다. 그런데 이들 유전자의 DNA 염기서열에서 200개가 넘는 변이가 보고되었다. 이로 인해 암으로 진행하는 과정을 막아주는 단백질(유전자 산물)이 제 기능을 수행하지 못하게 됨으로써 유방암 발병률이 높아진 것이다. 물론 이 유전자에 돌연변이가 일어났다고 모두 암으로 진행되는 것은 아니지만 발병 위험도가 높아지는 것만은 사실이다.

이처럼 돌연변이는 정상적인 생리학적 기능을 손상시켜 생명체에 거의 파멸에 가까운 타격을 주기 때문에 평판이 매우 나쁘다. 그렇지만 자연 상태에서 일어나는 돌연변이는 그 비율이 매우 낮고, 집단 내에서 열등한 개체를 솎아

8) 출처 : www.bing.com/images

준다는 측면에서는 바람직한 요소도 갖추고 있다. 또한 진화에 매우 중요하게 기여하기도 한다. 물론 확률은 매우 낮지만, 우연히 일어난 돌연변이 결과로 만들어진 단백질로 인해 당시 상황에 맞춰 생존능력이나 생식능력이 향상될 수도 있다. 이 경우 새로운 형태의 단백질을 지정하는 유전자로 재탄생하여 진화과정에서 선호된다.

3.2.1 유전자 손상의 원인

돌연변이는 대개 저절로 일어나는 경우가 많다. 신체의 구성요소를 새롭게 만들어내어 보충하는 세포분열을 할 때마다 DNA를 복제해야 한다. 이 과정에서 일어나는 실수는 매우 드물지만 세포분열을 수행하는 횟수가 어마어마하게 많기 때문에 오랜 시간이 지나면 돌연변이가 축적될 수밖에 없다.

그러나 인간 활동에 의해서도 돌연변이가 초래될 수 있다. 햇볕에 포함되어 있는 자외선이 피부에 화상을 입히고 나아가 피부세포를 파괴할 수 있다. 이 과정에서 세포내 DNA가 손상되면 돌연변이가 초래될 수 있다. 환경오염으로 인해 자외선을 막아주는 오존층이 빠르게 감소되고 있으므로 지나친 일광욕은 위험하다. 해변 등 햇볕이 강한 지역에서는 자외선 차단제를 활용하거나 겉옷을 걸치고 있는 것도 이러한 위험을 줄일 수 있는 좋은 방법이다(그림 3-14).

담배 연기에 포함되어 있는 수백 종의 화학물질 대다수가 돌연변이를 초래할 수 있다고 알려져 있다. 담배 연기는 가벼운 일산화탄소 중독증부터 심각한 폐암 등 다양한 건강문제를 일으킨다. 나아가 중독성이 강하기 때문에 일단 흡연을 시작하면 중단하기가 쉽지 않다. 흡연으로 인해 건강이 심각하게 위협받을 수 있다는 사실을 적극적으로 알리는 노력을 하는 나라가 늘고 있다.

또한 건강검진에서 흔히 이용하는 X선이나 CT 촬영(그림 3-15)에서도 고에너지 입자에 노출되므로 돌연변이가 초래될 수 있다. 이들 입자는 강력한 에너지를 지니고 있어서 신체를 투과할 수 있으며, 이때 세포 내부의 유전자가

그림 3-14 해변 등 햇볕이 강한 지역에서는 자외선으로 피부세포가 손상되어 돌연변이가 일어날 수 있다.[9]

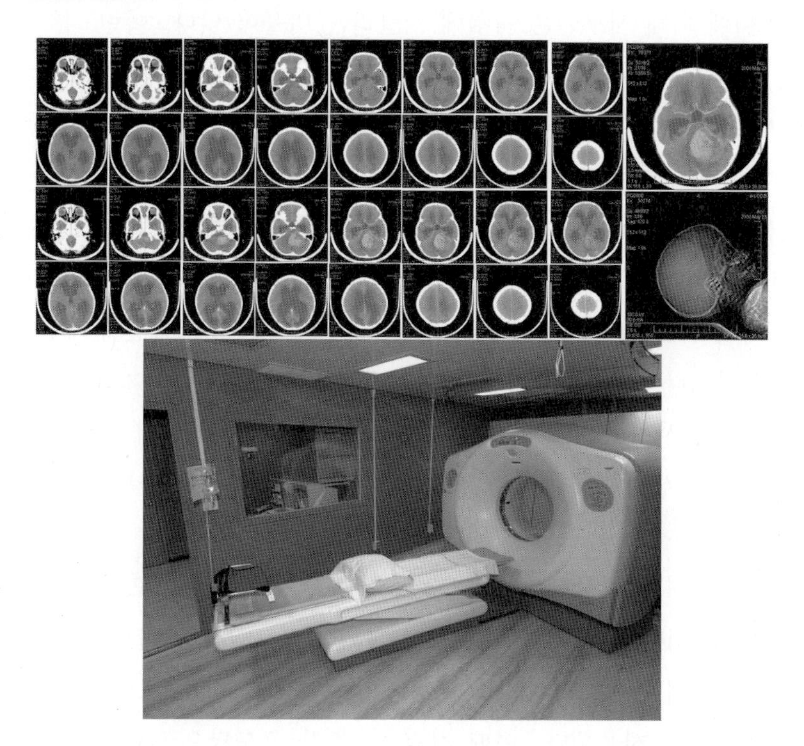

그림 3-15 (위) 어린아이의 소뇌에서 발생하는 악성 뇌종양인 수모세포종 환자의 머리를 CT로 촬영한 영상. (아래) CT 장비.[10]

9) 출처 : www.bing.com/images
10) 출처 : www.bing.com/images

손상될 수 있다. 물론 안전한 범위로 사용한다고는 하지만, 위험한 것은 사실이다. 여러 검사를 거친 후 정밀하게 판단해야 할 경우 등 반드시 필요한 경우에만 이용하는 것이 좋다.

3.2.2 유전자 손상의 결과

아시아인은 대개 알코올을 과다하게 섭취한 후에는 숙취라는 불쾌한 경험을 겪는다. 이에 비해 서구인은 숙취에 시달리는 비율이 낮다. 이런 차이는 무엇 때문에 나타나는 것일까?

알코올은 인체에 치명적인 독성 분자이다. 따라서 체내로 들어온 알코올은 간에서 해독과정을 거쳐 안전한 물질로 전환시켜야 한다. 간에는 효소 단백질이 있어 알코올을 분해하는 일을 하며, 이 단백질을 지정하는 유전자는 상황에 따라 발현이 이루어진다. 이 유전자에 돌연변이가 일어나거나 발현이 제대로 이루어지지 않는다면 알코올을 분해하는 일을 하는 단백질이 제대로 만들어지지 못하거나 기능을 수행하지 못하게 된다. 이로 인해 제대로 분해되지 않은 알코올 대사산물이 체내에 쌓여 숙취로 나타나는 것이다. 서구인은 대개 이 유전자가 정상적으로 작용한다. 아마도 아시아인의 먼 공통 선조는 이 유전자에 결손을 지니고 있었을 것이다.

우유에 풍부하게 함유되어 있는 젖당은 포도당과 갈락토오스가 한 분자씩 결합한 이당류이다. 젖당은 체내에서 소화되어 포도당과 갈락토오스로 분해된다. 포도당은 에너지원으로 직접 사용되며, 갈락토오스는 포도당으로 전환된 후 에너지원으로 사용된다. 이때 갈락토오스가 포도당으로 전환되는 과정에 갈락토오스 전달효소(galactose transferase, GalT)가 관여한다.

GalT 효소의 유전자가 손상된 사람은 이 효소 단백질을 제대로 만들어내지 못하기 때문에 갈락토오스를 포도당으로 전환시키지 못한다. 그 결과 정상적으로는 포도당으로 전환되어 에너지원으로 사용되어야 할 갈락토오스가 체내

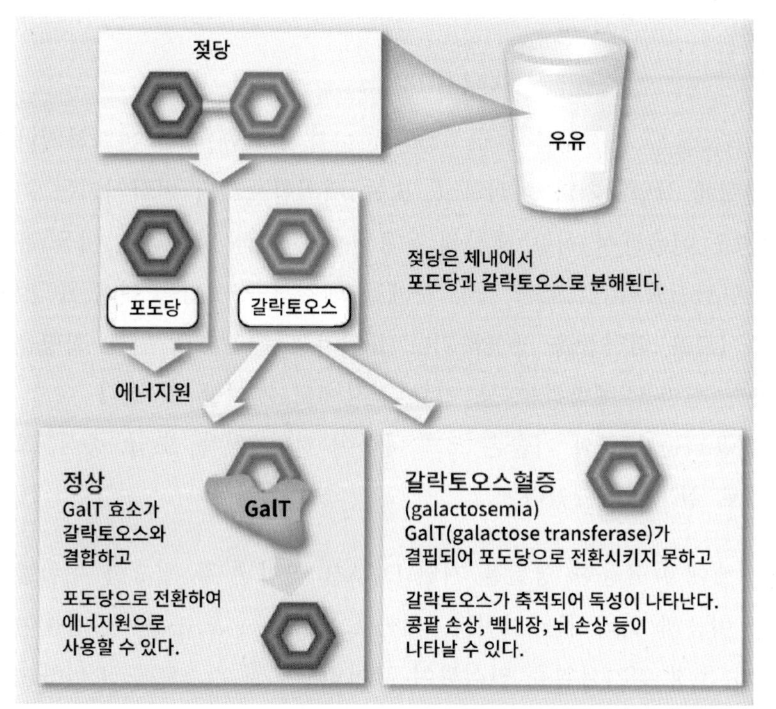

그림 3-18 유전자에 돌연변이가 일어나면 효소가 기능을 잃고, 처리되어야 할 분자가 세포에 축적되어 증상이 나타난다.[11)]

에 축적된다. 갈락토오스 농도가 일정 수준보다 높으면 독성이 나타난다. 이러한 증세를 갈락토오스혈증galactosemia이라고 하며, 이로 인해 콩팥 손상, 백내장, 뇌 손상 등이 초래될 수 있다(그림 3-16).

돌연변이가 일어나면 유전자 산물인 단백질을 제대로 만들어내지 못한다. 단백질은 주로 효소로서 작용하여 다양한 물질을 전환시켜 삶을 유지한다. 유전자에 돌연변이가 일어나면 ① 돌연변이 유전자가 지정하는 효소 단백질이 기능을 잃고, ② 기능을 잃은 단백질이 반응을 정상적으로 수행하지 못하며, ③ 효소와 반응하여 제거되어야 할 분자가 세포에 축적된다. 이로 인해 ④ 축적된 화학물질이 질병을 초래할 수 있다.

11) 출처 : www.bing.com/images

3.3 생명공학

생명공학Biotechnology은 유전자를 클로닝한 후, 이를 필요에 따라 변형하거나 그대로 다른 개체에 삽입하거나 이식하고, 또는 제거함으로써 변화시키는 기술이다. 이 기술을 이용하여 식량 생산에 유용한 유전자를 발굴하고 이들 유전자로 작물을 형질전환시킴으로써 식량 문제를 해결하는 방법을 찾을 수 있다. 또한 질병 치료용 의약품을 생산하거나 유전자의 손상으로 인한 질병을 치료하고, 나아가 질병을 예방하는 등 인류 건강에도 기여할 수 있다.

생명공학에 사용되는 도구와 기술은 크게 나누어 절단, 증폭, 도입, 증식, 그리고 식별 단계로 살펴볼 수 있다.

- 절단은 공여체에서 유용한 형질을 지닌 DNA를 찾아낸 후 필요한 부위를 제한효소를 이용해 잘라내는 것이다. 제한효소restriction enzyme는 미생물이 외래 DNA의 특정 염기서열을 인식하여 끊어냄으로써 스스로를 방어하는 효소이다. 미생물 종마다 인식하는 염기서열이 다른 제한효소를 가지고 있다. 현재 다양한 종에서 많은 종류의 제한효소가 정제되어 있다. 이들 제한효소의 특성을 살펴 원하는 염기서열을 정확하게 잘라내는 가위처럼 사용한다.
- 증폭은 PCR(중합효소연쇄반응, polymerase chain reaction) 방법을 통해 공여 DNA를 충분한 양으로 늘리는 과정이다. PCR 기술(그림 3-17)은 DNA 중합효소를 이용하여 특정 DNA 단편을 반복하여 복제하는 것이다. 복제를 거듭할 때마다 DNA 양이 2배씩 늘어난다. 따라서 아주 미량의 DNA 단편만 있더라도 충분한 양으로 증폭하여 여러 가지 실험에 사용할 수 있다. 절단 단계에서 제한효소를 이용하여 잘라낸 DNA 단편을 PCR 기술을 활용하여 충분하게 증폭하여 다음 단계에 사용한다.
- 충분한 양으로 증폭된 공여 DNA 단편을 적절한 벡터 유전자에 삽입한다. 벡터 유전자는 외래 유전자가 세포 안으로 들어갈 수 있도록 돕는 역할을

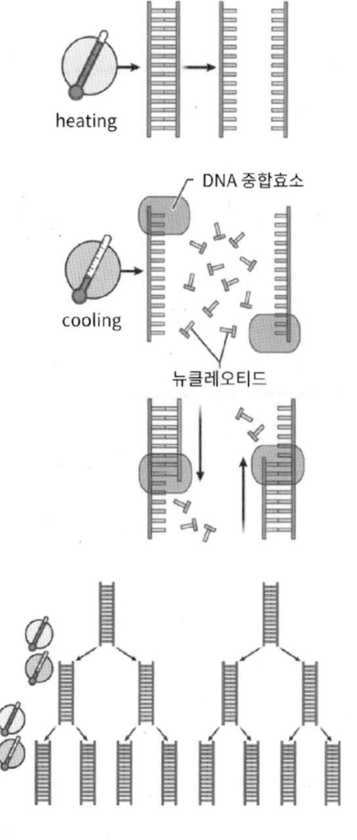

1. 이중가닥 DNA를 가열하여 단일가닥으로 분리한다.
2. 식힌 후, DNA 중합효소와 뉴클레오티드를 첨가한다.
3. DNA 중합효소에 의해 두 단일가닥 모두에 뉴클레오티드가 추가된다.
4. 원래 DNA 단편과 동일한 복사본이 2개 만들어진다.
5. (1~4) 과정을 반복할 때마다 DNA 양이 2배씩 늘어난다.

그림 3-19 중합효소연쇄반응(PCR).[12]

하며, 대개 세균의 플라스미드나 바이러스의 유전체를 활용한다. 플라스미드는 세균에 있는 가외의 DNA 단편이며, 세균의 유전체와는 별도로 활동한다. 벡터 유전자는 숙주세포의 유전체에 끼어들어갈 수 있도록 변형시킨 플라스미드나 바이러스에 공여 DNA 단편을 삽입한 것이다. 벡터 유전자가 숙주로 사용할 세균의 유전체에 끼어들어갈 때에 벡터 유전자 내에 삽입되어 있는 공여 DNA 단편도 함께 도입된다.

12) 출처 : www.bing.com/images

- 외래 DNA가 도입된 세균이 증식할 때마다 플라스미드에 도입한 유전자도 함께 복제된다. 세균은 증식 속도가 매우 빠르다. 대장균*E. coli*은 배양조건만 맞으면 20분마다 2배씩 증식한다. 따라서 대장균을 숙주 세균으로 이용한다면 공여 DNA 단편의 산물인 단백질 생산량도 20분마다 2배씩 늘어난다.
- 증식된 공여 DNA 단편을 지닌 세균 중에서 유용 형질에 대한 DNA 단편을 지닌 콜로니를 식별해낸다. 탐침probe이라는 특별한 유전자 단편을 만들어 원하는 유전자를 지닌 세균세포를 찾아낸다. 공여 DNA 단편을 지닌 세균세포를 배양하면 이 DNA 단편을 거의 무한대로 얻을 수 있다. 이렇게 얻은 DNA는 여러 가지 용도에 맞추어 활용할 수 있다.

생명공학은 유용한 유전자를 찾아내고 이를 활용하여 인류의 복지를 증진하는 기술이다. 이러한 다섯 가지 기술을 모두 사용하여야 하는 경우도 있지만, 대개 몇 가지 기술만으로도 목적을 충분하게 이룰 수 있다. 하지만 그에 앞서 유전자의 기능을 정확하게 이해하는 것이 더욱 중요하다. 유전자의 작동 원리를 이해하여야만 어떤 방식으로 활용할 것인지를 판단할 수 있기 때문이다.

3.3.1 식량 증산에 기여하는 생명공학기술

이러한 생명공학기술을 이용하여 이루어낸 성과로 식품을 통한 영양 증진과 친환경 농업이 있다. 폭발적으로 증가하는 인구를 충분히 먹여 살리기에는 지구의 자원이 한정되어 있기 때문에 식량을 증산하는 노력이 중요하다.

■ 영양성분을 강화한 작물 개발

동남아시아 지역은 쌀농사가 발달하였으나 경제수준이 낮아 영양 섭취가 불균형을 이루는 지역이다. 특히 비타민류 부족으로 인해 건강에 심각한 위협을

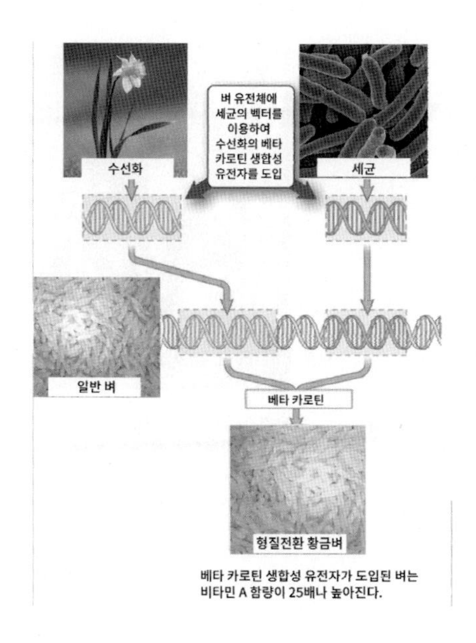

그림 3-18 황금쌀. 수선화에서 분리한 β-카로틴 생합성 경로의 유전자를 도입한 벼는 비타민 A 함량이 25배나 높아진다.

받는 이들이 많다. 이 문제를 해결하기 위해 벼 유전체에 *β*-카로틴 생합성 경로의 유전자를 도입하는 황금쌀 개발계획이 수립되었다. *β*-카로틴은 체내에서 비타민 A로 전환되는 물질이다. 수선화에서 분리해낸 *β*-카로틴 생합성 경로의 유전자를 세균의 플라스미드를 벡터로 이용하여 벼의 유전체에 도입하였다. 이 형질전환 벼에서 얻은 쌀로 밥을 지으면 비타민 A도 함께 공급받게 되어 영양 불균형을 일정 수준으로 극복할 수 있다.

황금쌀 개발은 2015년에 완료되었다. 형질전환 벼의 쌀은 황금색이며, 이로써 벼에 도입된 외래 유전자에 의해 *β*-카로틴이 성공적으로 생산되었음을 알 수 있다. 형질전환 벼는 일반 벼에 비해 비타민 A 함량이 무려 25배나 많다(그림 3-18).

■ 곤충 저항성 작물 개발

토마토 등의 작물은 과실이 익어갈 무렵 곤충 애벌레가 갉아먹기 때문에 상품성에 손상을 입는다. 이러한 피해를 줄이기 위해 대개 농약을 쳐서 애벌레

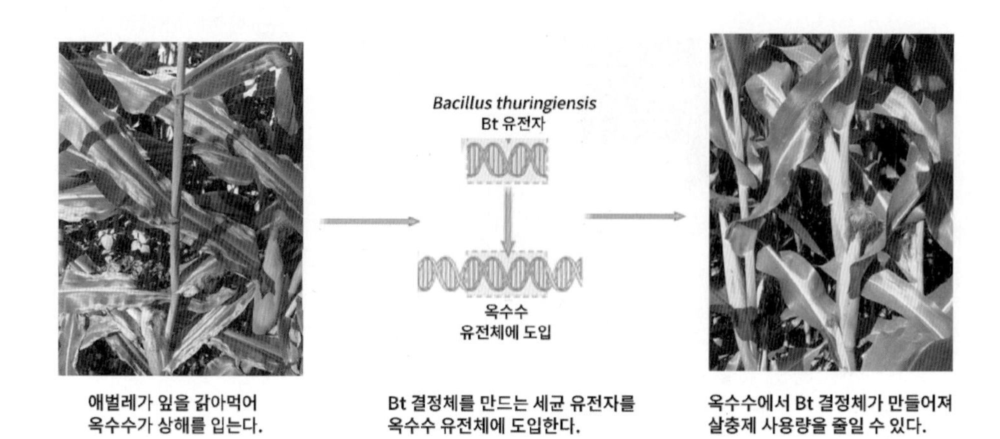

그림 3-19 *B. thuringiensis*가 만드는 독소 결정체의 유전자를 도입한 옥수수.

를 죽이는 방법을 사용하고 있다. 그러나 농약을 사용하면 적정량만 사용하는 것이 아니라 대량으로 살포하기 때문에 상당량의 농약이 지하로 스며들어 지하수를 오염시키는 문제가 발생한다. 토양에 서식하는 *Bacillus thuringiensis* 라는 세균은 Bt 톡신이라고 부르는 독성물질을 만들어내는 유전자를 가지고 있다. 이 단백질은 결정을 이루어 애벌레를 죽일 수 있다. 따라서 이 유전자가 도입된 식물체는 스스로 애벌레를 방어할 수 있기 때문에 농약을 사용하지 않아도 수확량의 손실을 줄일 수 있다(그림 3-19).

이렇듯 생명공학 기술을 활용하면 부족한 영양성분을 강화할 수도 있으며, 살충제 사용을 크게 줄여 토양 오염도 막을 수 있다. 나아가 제초제에 내성을 보이는 작물을 개발하여 농업에 편리함을 더할 수도 있고, 성장호르몬을 이용하여 더욱 빠르게 성장하고 더욱 커진 신체를 지닌 식용 동물도 만들어낼 수 있다.

현재 많은 작물이 유전적으로 변형되어 소비되고 있다. 대표적으로 옥수수, 면화, 콩 등이 있는데, 이들 작물은 전체 생산량의 거의 90%가 유전자 조작에 의해 생산된 것이다. 대부분은 사료용으로 시판되고 있지만, 우리 식탁에 얼마나 오르고 있는지는 알 수 없다. 실제로 즐겨먹는 스낵류도 유전자 변형 작물 GMO을 재료로 쓰는 경우가 많다(그림 3-20).

그림 3-20 스낵 식품에도 유전자 변형 식물에서 얻은 재료가 포함될 수 있다.[13)]

■ 형질전환기술의 위험성

이처럼 생명공학기술을 이용한 형질전환동물이나 식물을 이용하면 식량 생산에 드는 환경적, 경제적 비용을 크게 줄일 수 있는 장점이 있다. 그렇지만 이 기술을 사용할 때 나타날 수 있는 위험성은 아직 충분하게 검증되지 않았다. 살아있는 생명체는 바뀐 환경에 적응하는 능력을 지니고 있기 때문에 이들을 인위적으로 변형시키면 의도하지 않은 결과가 나타날 가능성이 높다. 인위적으로 변형된 유전자가 자연에 노출될 경우 생태계에 어떤 영향을 줄 것인지 예측하기 어려우며, 그로 인한 생태계 교란이 어떠한 재앙을 초래할 것인지도 알 수 없다.

재조합 DNA 기술을 이용한 유전자 변형 식품의 개발은 새로운 기술로 받아

13) 출처 : www.bing.com/images

들인다 하여도 그 안전성과 경제성에 대해서는 몇 가지 합당한 우려가 존재한다. 유전자를 인위적으로 변형할 경우 제기되는 대표적인 우려는 ① 유전자 변형 작물은 아직은 적절하게 검증되거나 통제된 것이 아니며, ② 유전자 변형 식품은 확인되지 않은 위험요소를 지녀 건강을 위협할 수 있고, ③ 경작하는 작물의 유전자 다양성이 사라질 가능성이 높다는 것이다.

3.3.2 인류 건강에 기여하는 생명공학 기술

생명공학 기술은 질병 치료와 의약품 생산 등 인류의 건강에도 기여하고 있다. 당뇨병 치료제인 인슐린 생산이 하나의 예이다. 당뇨병은 췌장에서 인슐린이라는 호르몬을 만들어내지 못하기 때문에 혈당 조절이 제대로 이루어지지 않아 발생하는 질병이다. 당뇨병 환자는 부족한 인슐린을 주사를 맞아 공급받아야 한다. 의료용 인슐린은 돼지 췌장에서 추출하여 생산하는데, 그 비용이 상당히 비싼 편이다. 그렇지만 인슐린 유전자를 세균에 도입한 후 세균을 증식하면 짧은 시간 내에 대량으로 인슐린을 생산할 수 있게 된다. 이러한 방식은 사람 성장호르몬hGH과 적혈구생성소erythropoietin에도 적용되고 있다. 이처럼 생명공학 기술을 이용하면 의약품을 전통방식으로 생산하는 것보다 더 효율적으로 생산할 수 있다.

■ 유전자 치료

유전자가 손상되면 정상적인 단백질을 제대로 만들지 못해 여러 가지 질병이 나타날 수 있다. 이러한 경우에 손상된 유전자를 적절하게 대체함으로써 치료 효과를 얻을 수 있다.

면역을 담당하는 림프구에 암조직이 침습된 백혈병 환자의 치료에도 유전자 기술을 적용할 수 있다(그림 3-21). 환자에게서 얻은 암-특이적 T 세포의 유전자를 변형시킨 후, 활성화시켜 다시 환자에게 투여하면 치료효과를 얻는다.

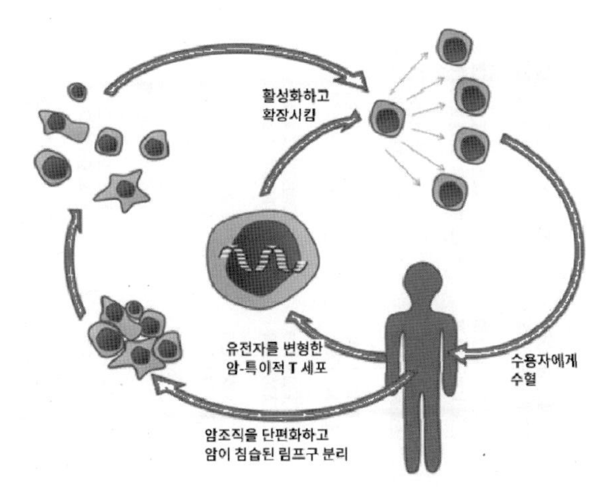

그림 3-21 백혈병 환자에 대한 유전자 치료.[14)]

■ 유전자 검사

유전자 검사를 적절하게 시행하면 유전질환이 나타날 가능성을 미리 확인하여 대비할 수 있다. 삶의 시기에 따라 검사하는 항목도 달라진다.

- 1970년대 이후로 부모가 유전질환을 지닌 아이를 낳을 가능성을 확인하는 유전자 검사를 통해 이후 Tay-Sachs병의 발병률이 75% 이상 감소하였다. Tay-Sachs병은 대개 유아기에 발달 정체, 자극민감도 항진, 근육긴장 저하 등의 증상이 나타나는 진행성 중추신경 증상이다. 3번 염색체에 있는 hexosaminidase A라는 효소의 유전자가 손상되면 sphingolipid 대사에 장애가 나타나 GM2-ganglioside가 뇌조직 세포에 과도하게 축적되기 때문에 증상이 나타난다. 따라서 이 유전자의 이상 여부를 미리 확인하여 대비할 수 있다.
- 태어날 아이에게서 유전질환이 나타날 가능성을 확인하는 태아 유전자 검사는 2015년 현재 유전자 이상에서 비롯되는 퇴행성 근육병증인 근이영양

14) 출처 : www.bing.com/images

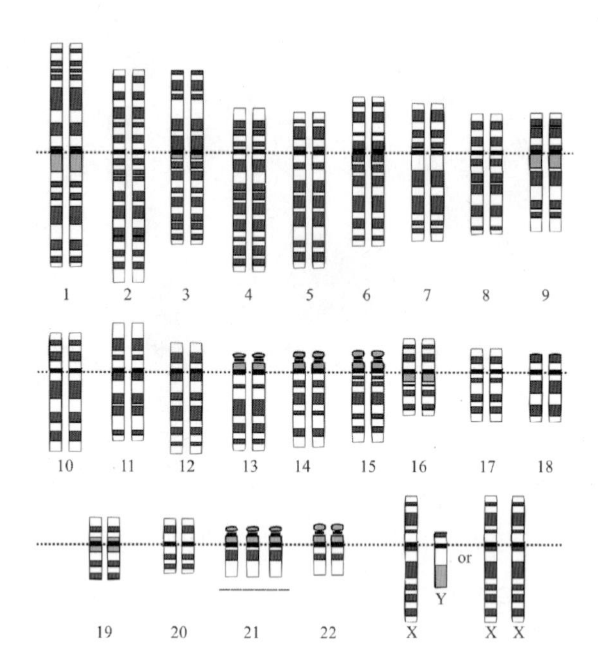

그림 3-22 다운증후군 환자의 핵형. 21번 염색체(밑줄로 표시)가 하나 더 있어서 21번 삼염색체성(trisomy 21)이라고 한다.[15)]

증muscular dystrophy을 비롯한 154종의 유전자질환에 대해 시행하고 있다. 이를 통해 다운증후군 등의 유전질환 가능성을 미리 확인할 수 있다. 일반적으로 세포에 있는 염색체는 23쌍이다. 그러나 간혹 염색체를 1개 더 가지는 경우가 있으며, 이것을 삼염색체성trisomy라고 한다. 다운증후군은 21번 염색체가 하나 더 있는 21번 삼염색체성trisomy 21이다(그림 3-22). 정신 지체, 신체 기형, 성장 장애 등의 증상을 보인다. 파타우증후군은 13번 염색체가 추가된 경우 trisomy 13이며, 중추신경계 이상, 손발의 이상, 발달 부진, 정신 이상 등의 증상을 보인다. 대개 6개월 이내에 사망에 이르게 된다. 에드워드증후군은 18번 염색체가 추가된 경우 trisomy 18이다. 파타우증후군과 비슷하여 중추신경계 이상, 심한 정신 지체, 손발의 이상 등의 증상을 보이며, 역시 치명적이다.

- 나이가 들어 만년에 이르면 신체 활성이 퇴행하며, 특히 유전자의 손상에 따른 여러 질환이 나타나게 된다. 특히 유방암, 전립선암 등이 나타날 가

능성에 대해 검사를 통해 미리 대응할 수 있다.

이처럼 유전자 검사를 통해 미리 대비하면 건강한 삶을 영위하도록 할 수 있다는 점에서 바람직하지만, 몇 가지 문제점도 있다. 유전질환이 나타날 가능성이 높다는 것이 반드시 질환이 나타날 것이라는 것을 의미하지는 않는다. 앞서 살펴본 바와 같이 그 사람이 살아가는 환경 요인도 중요한 영향을 주기 때문이다. 아직 질환이 발현되지도 않은 상태에서 단지 가능성이 잠재되어 있다는 사실만으로 건강보험 등에서 차별받을 수 있다. 동일한 정보지만 이에 어떻게 대응하느냐에 따라 건강한 삶에 도움이 될 수도 있지만, 한편으로는 피해를 입을 수도 있다. 이러한 윤리적 딜레마를 현명하게 풀어야 할 것이다.

■ 유전자 치료 분야에서 극복해야 할 과제

유전자에 대한 이해를 바탕으로 한 생명공학기술이 발전함에 따라 과거의 난치병이었던 여러 유전질환에 대응할 수 있는 길이 열렸다. 그러나 아직도 해결해야 할 여러 어려운 과제가 남아 있다.

- 기능성 유전자를 특정 세포에 정확하게 삽입하여야 하는 어려움이 있다. 생명체는 수많은 세포로 이루어진 매우 복잡한 구조를 이루고 있다. 하나의 조직조차도 여러 종류의 세포가 모여 있으며, 각자 수행하는 역할이 다르다. 역할에 따라 세포마다 서로 다른 유전자가 발현된다. 따라서 기능성 유전자를 도입할 때 전체 조직의 기능을 살리려면, 원하는 기능에 맞추어 표적으로 삼은 특정 세포만 정확하게 가려내는 기술이 필요하다.
  또한 같은 이유로 운반체(벡터, 예를 들면 바이러스 등)가 원하지 않은 세포에 삽입되어 발생하는 문제도 해결해야 한다.

---

15) 출처 : www.bing.com/images

- 기능성 유전자가 생리적 효과를 낼 수 있도록 적절한 비율로 삽입해야 하며, 삽입한 유전자의 발현을 적절하게 조절해야 하는 어려움이 있다. 세포마다 발현되는 유전자의 수는 다양하며, 같은 유전자라 하더라도 특정 상황에 따라 발현되는 정도도 달라진다. 세포는 상황에 맞추어 유전자의 발현 정도를 정교하게 조절하는 시스템을 갖추고 있다. 외래에서 도입한 유전자가 세포의 조절 시스템에서 벗어나면 전체적으로 균형이 무너질 수 있다. 이 문제를 해결하기 위해서는 유전자 발현과 관련하여 프로모터 유전자나 전사조절인자 등에 관한 연구가 더욱 깊이 이루어져야 한다.

이러한 어려움을 극복하는 것은 쉽지 않아 보인다. 그 이유는 그 대상이 생명체이기 때문이다. 생명체는 유전자 도입에 의해 환경이 달라지면, 스스로 그 달라진 환경에 맞추어 변화하거나 변화요소를 제거하는 특성을 지니고 있다. 따라서 도입한 외래 유전자가 형질전환 개체의 삶에 큰 영향을 주지 않으면서도 안정하게 유지될 수 있도록 하는 방법을 찾아내야 한다.

돌아보기

- DNA는 모든 생명체에 보편적인 생명현상의 청사진이다.
- 유성생식을 하는 생명체는 저마다 고유한 DNA 조합을 가진다.
- 유전자는 정보일 뿐이며, 단백질이 생명현상을 수행한다. 이 과정을 유전자 발현이라고 한다. 유전자가 발현되는 과정은 과자 만들기에 비유할 수 있다.
- 돌연변이에 의해 유전자의 정보가 변형된다. 유전자의 정보가 손상되면 생명현상을 제대로 수행하기 어렵다. 드물지만 돌연변이로 인해 진화가 일어날 수 있다.
- 생명공학기술은 유전자에 대한 지식을 바탕으로 인류의 복지에 기여한다.
- 작물 수확량을 늘려 식량문제를 해결하고, 친환경 농업이 가능하도록 한다.
- 유전자의 손상으로 인한 유전질환에 대처할 수 있다.

학습문제

1. DNA를 모든 생명체의 보편적인 청사진이라고 하는 이유는 무엇인지 설명하라.
2. 유전자 발현과정이 이루어지는 과정을 요리과정과 비교하여 설명하라.
3. 한 개인의 특성은 DNA에 바탕을 두고 있지만, 그 개인의 행동에 따라 다양하게 달라질 수 있는 이유에 대해 설명하라.
4. 일상생활에서 돌연변이를 유발하는 원인으로는 무엇이 있는지 설명하라.
5. 인류의 복지에 기여할 수 있는 생명공학기술에 대한 연구가 활발하게 이루어지고 있다. 그러나 윤리 문제와 관련하여 우려와 반론도 만만치 않은 상황이다. 이에 대한 당신의 의견은 무엇인가?

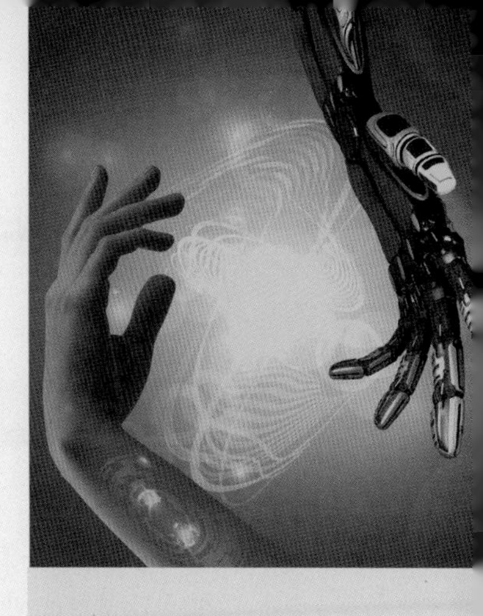

PART 2
화학

4장 화학과 에너지

5장 화학과 환경

6장 화학과 생활

4장 화학과 에너지

학습내용 요약	강의 목적
• 지구의 에너지는 태양에서 오며 형태는 변화하나 그 총량은 일정하고 에너지는 보존된다. • 화석연료는 생성에 오랜 시간이 걸리는 재생불가능한 자원이다. • 원유의 정제를 통해 LPG, 휘발유, 경유 등의 석유제품을 얻는다. • 석탄은 오랫동안 에너지원으로 사용되었으며 현재도 화력발전소 등에서 사용되고 있다. • 재생에너지는 고갈 위기에 있는 화석연료를 대체할 수 있는 태양광에너지 등이다.	• 에너지가 보존되는 것을 조사한다. • 화석연료를 절약해야 하는 이유를 알아본다. • 각종 석유 제품들의 비슷한 점과 다른 점을 이해한다. • 석탄의 근래 활용도를 알아본다. • 원자력에너지의 기본 원리를 알아본다. • 재생에너지의 종류와 장단점을 알아본다. **Key word** 에너지 보존 법칙, 핵융합, 화석연료, 내연기관, 대체에너지, 석탄, 석유가스, 원자력, 핵융합, 핵분열, 재생에너지, 청정에너지, 태양전지

차례

4.1 태양에너지
4.2 화석연료
4.2.1 석유
4.2.2 석탄
4.2.3 천연가스
4.3 대체에너지
4.3.1 원자력에너지
4.3.2 재생에너지

에너지는 일을 할 수 있는 능력이다. 에너지에는 높은 위치에 있는 물체가 가지는 그 높이에 해당하는 위치에너지, 움직이고 있는 물체가 그 속도에 의해 결정되는 운동에너지, 석유와 같은 물질이 잠재적으로 가지고 있다가 화학변화에 따라 방출하는 화학에너지, 원자핵의 변환에 따라 발생하는 핵 또는 원자력 에너지, 전기에너지 등이 있으며 이러한 에너지는 물질, 빛, 열, 전기, 원자력 등의 형태를 포함한다.

에너지는 모든 변환과정에서 새로 생성되거나 소멸되는 것이 아니다. 이를 에너지 보존법칙이라고 하는데 석유가 연소하여 화학에너지가 열에너지로 변환될 때 에너지가 없어지거나 생성되는 것이 아니라 소모된 석유의 화학에너지가 얻어진 열에너지와 같아야 한다는 것이다. 이 법칙은 우주의 총 에너지는 항상 일정하다는 것과 같은 내용이다. 에너지는 일정하게 한 종류에서 다른 종류로 전환되지만 총 에너지는 항상 같다. 에너지는 창조되지 않는다. 다만 에너지 상호간에 변환될 수 있는 것이다.

예로 수력발전소를 들어보자. 댐에 가득 채워진 물은 높은 위치에서 위치에너지를 가지는데, 이를 아래로 떨어뜨려 아래에 있는 발전기의 회전자를 회전시켜 운동에너지로 변환된다. 그 다음에 회전자는 발전기를 통해 운동에너지를 전기에너지로 변환시키며, 전기에너지는 각 가정에서 전열기를 통해 열에너지, 전등을 통해 빛에너지, 또는 컴퓨터 가동을 위한 에너지 등으로 변환이 된다. 결국 그 에너지는 소멸되는 것 같지만 실제는 전열기, 전등, 컴퓨터 주위의 온도 상승으로 자연으로 되돌아간다.

하지만 에너지의 변환은 가역적이 아니다. 거꾸로 되돌릴 수 있는 것이 아니다. 석유를 연소시키면 물과 이산화탄소가 형성되면서 열에너지가 발생하지만 거꾸로 물과 이산화탄소를 용기에 넣고 가열한다고 해서 다시 석유가 되지는 않는다. 즉 에너지의 변환과정은 거꾸로 진행할 수 있는 가역적이 아니며 많은 에너지 변환은 비가역적이다. (물론 식물들은 광합성을 통해 물과 이산화탄소로부터 석유와 비슷한 화학에너지를 갖는 탄수화물을 합성하지만 이때 열에너지 대신에 햇빛의 빛에너지를 이용한다.)

현대 문화와 과학이 고도로 발전한 오늘날에 우리는 이전보다 더 많은 에너지를 소비한다. 따라서 에너지의 필요성은 더욱 대두되고 있다. 오늘날과 같이 산업화, 기계화된 사회에서는 일상생활에서 매일 더 많은 양의 에너지를 필요로 한다. 생각해 보자. 우리는 안락한 생활을 위해 겨울에는 난방, 여름에는 냉방, 직장과 학교를 다니기 위해 걷기보다는 승용차, 버스, 전철, 기차 등을 이용하며 높은 건물에서는 엘리베이터와 에스컬레이터가 필수인 사회에 살고 있다. (물론 생명 연장을 위해 필요한 식량도 주요 에너지 자원으로서 많이 소비하고 있다.)

사회가 변화함에 따라 한 사람이 하루에 필요로 하는 에너지 양을 시대별로 추정해 보면 기원전 원시시대 ~2,000 kcal, 농경시대 ~10,000 kcal, 산업혁명시대 ~100,000 kcal, 근대 ~200,000 kcal, 현대는 ~300,000 kcal 정도라고 한다. 즉, 현재 고도 산업사회에 살고 있는 사람이 증가할수록 더 많은 에너지를 소비하게 되며 선진국일수록 더 많은 에너지 자원을 이용하고 있는 것이다. 따라서, 현재 사용 가능한 에너지 자원에 대해 전 세계적으로 심각한 경쟁이 일어나고 있는데 문제는 현재 사용 가능한 에너지 자원도 점점 더 고갈되어 가고 있다는 것이다.

현재 전 세계적으로 높은 의존도를 갖는 에너지 자원의 사용 가능 기간은 석유 약 40년, 천연가스 약 60년, 석탄 약 200년으로 추정되고 있다.

4.1 태양에너지

지구의 가장 큰 에너지원은 지구가 아닌 태양계의 중심에 있다.

태양은 약 46억 년 전에 은하의 가스와 우주먼지들이 모여 성운을 형성하고, 은하 사이의 충돌과 초신성 폭발이 일어나면서 은하 가스와 우주먼지가 뭉쳐져 스스로 붉은 빛을 내고, 내부에서 열과 압력에 의해 핵융합반응이 진행되면서 탄생하였다. 안정한 별로 존재할 수 있는 태양의 수명은 약 100억

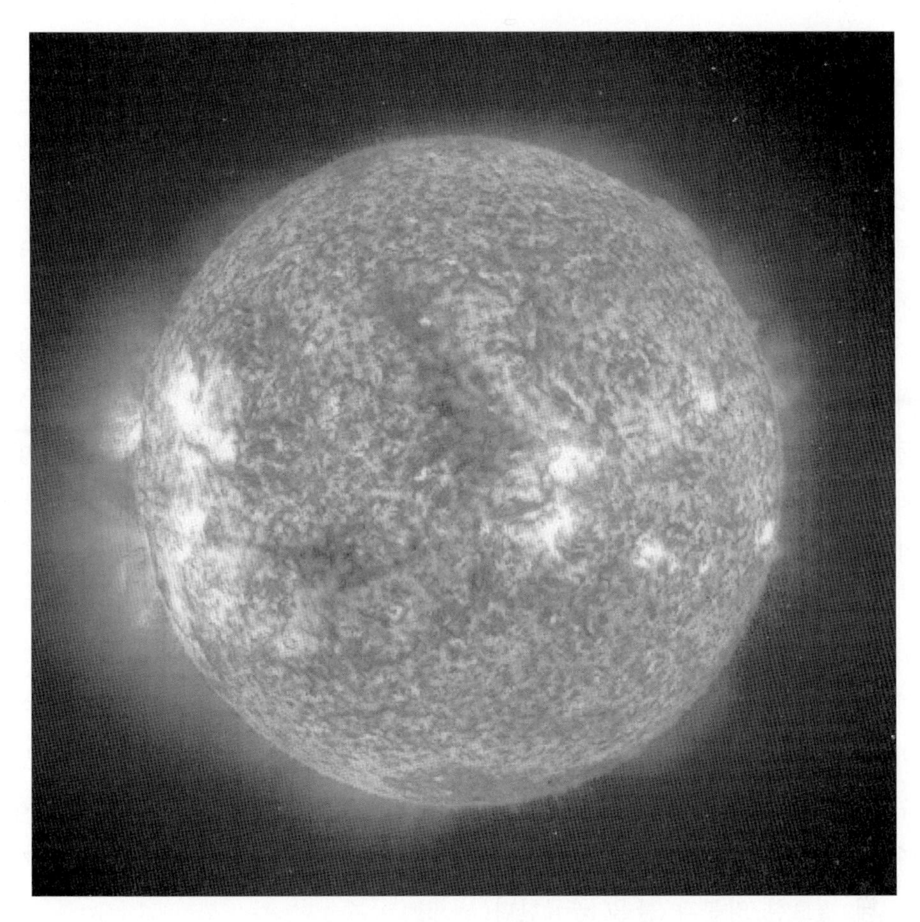

그림 4.1 태양

년으로 앞으로 약 50억 년의 수명이 남아있다고 한다.

지구와 가장 가까운 별인 태양은 거대한 원자로와 같은 역할을 한다. 지구에서 우리는 휘발유와 같은 화석연료를 연소시켜 자동차를 움직이고 난방을 한다. 태양은 우주에서 가장 풍부한 수소를 연료로 사용한다. 태양은 수소핵을 충돌시켜 헬륨핵을 생성하는 핵반응을 진행하여 에너지를 생성한다. 핵반응으로 생긴 과량의 에너지는 너무 커서 태양 밖의 우주로 방출되고 지구를 포함한 다른 행성들에게 열에너지를 공급한다.

태양은 엄청나게 거대하고 뜨거우며 밀도가 높은데 표면 온도만 약 6,000℃이며, 태양 내부는 온도가 더 높아 태양 중심핵의 온도는 1,500만℃ 정도이며 내부 압력은 약 100억 기압으로 추정된다. 이렇게 매우 높은 온도는 수소를 헬륨으로 융합할 수 있고, 1초 동안 6억 톤의 수소를 5억9,600만 톤의 헬륨으로 융합할 수 있으며 400만 톤은 에너지가 되어 방출된다. 이 에너지의 23억 분의 1이 지구에 도달하고 30억 분의 1이 지표면에 도달한다고 추정한다.

태양에너지가 없었다면 지구상에 생명체는 존재할 수 없었을 것이다. 햇빛과 열은 지구에서 일어나는 광합성과 같은 중요한 과정들의 원천이 된다. 식물들은 태양의 광자나 빛의 입자를 화학에너지로 변환한다. 식물의 잎은 햇빛과 물, 이산화탄소를 흡수해 식물의 에너지원인 포도당을 만든다. 이 과정 중에 부산물로 산소를 배출한다.

또한 태양은 지구의 물의 순환을 일으킨다. 태양의 열이 바다를 덥히고, 데워진 물이 기체 수증기로 바다 표면에서 증발한다. 이 수증기는 하늘로 올라가 구름을 형성하고, 구름의 수증기는 온도가 내려감에 따라 물로 응결하여 비, 눈, 우박 등으로 지구로 다시 떨어진다. 비는 땅에 흡수되어 지하수가 될 수 있고 강을 통해 지구 표면을 흘러 다니며, 큰 호수나 바다로 흘러 들어가 다시 전체 순환이 시작된다. 이러한 거대한 순환은 지구의 동식물에게 살아가는 데 필요한 양분과 물을 공급한다.

4.2 화석연료

한때 지구에서 번성했던 동식물들이 환경변화와 지각변동 등으로 지하에 매립된 후, 높은 지열과 압력에 의해 탄화되어 저장된 물질로 석탄, 석유, 천연가스 등이 해당된다. 지구 표면의 동식물들은 태양으로부터 에너지를 받아 탄소동화작용 등과 먹이사슬로 연결되어 형성된 것들로 궁극적으로 화석연료는 태양에너지가 변환되어 저장된 것이다.

천연가스, 석탄, 석유 등의 화석연료는 고생대에 지구를 뒤덮었던 식물과 동물, 미생물의 잔해이다. 2억 5천만 년 전에 동식물이 죽으면서 그 잔해가 호수, 늪, 바다 등에 가라 앉아 토탄이라는 부드러운 물질로 분해되었고, 시간이 흐르면서 토탄 위에 여러 겹의 지층이 쌓이고, 쌓인 지층의 무게로 인해 수분이 빠져 나가면서 탄소 또는 탄소와 수소 성분만 남은 화석연료가 된 것이다.

이러한 화석연료는 자연적으로 생성되는 데 시간이 너무 오래 걸리기 때문에 재생 불가능한 자원이다. 이것이 에너지 절약이 중요한 이유이다. 인류가 전 세계에 매장된 화석 연료를 모두 사용하면 영원히 사라지는 것이다.

4.2.1 석유

석유는 석탄보다 늦게 활용되었으나 그 중요성에서는 석탄보다 훨씬 큰 의미를 가지고 있다. 석유는 고대시대부터 그 존재가 알려졌으나 19세기 중반 미국과 중동에서 상업적으로 처음 발견되었다. 처음에는 열과 빛에너지 자원으로 주로 사용되다가 전기에너지 발견 이후 자동차 연료 등의 활용을 거쳐 화력발전소를 통해 전기에너지로 변환, 그리고 또한 화학물질로의 변환을 통해 비료, 합성섬유, 의약품 등 넓게 활용되고 있는 물질이다.

땅속 깊은 곳이나 심해에서 천연적으로 생산되는 정제하지 않은 자연 상태의 것을 원유(原油)라고 한다. 석유는 메소포타미아 · 터키 등에서 기원전부터 사용되었다는 기록이 남아 있고, 구약성서에도 석유에 대한 기록이 있다. 석유는 액체 탄화수소로 원유를 정제한 것이다.

석유는 19세기 후반부터 인류 문명사에서 중요성을 갖게 되었는데, 제1차 세계대전을 계기로 그 경제적 · 군사적인 중요성이 높아지고 국제정세를 좌우하는 요인이 되었다.

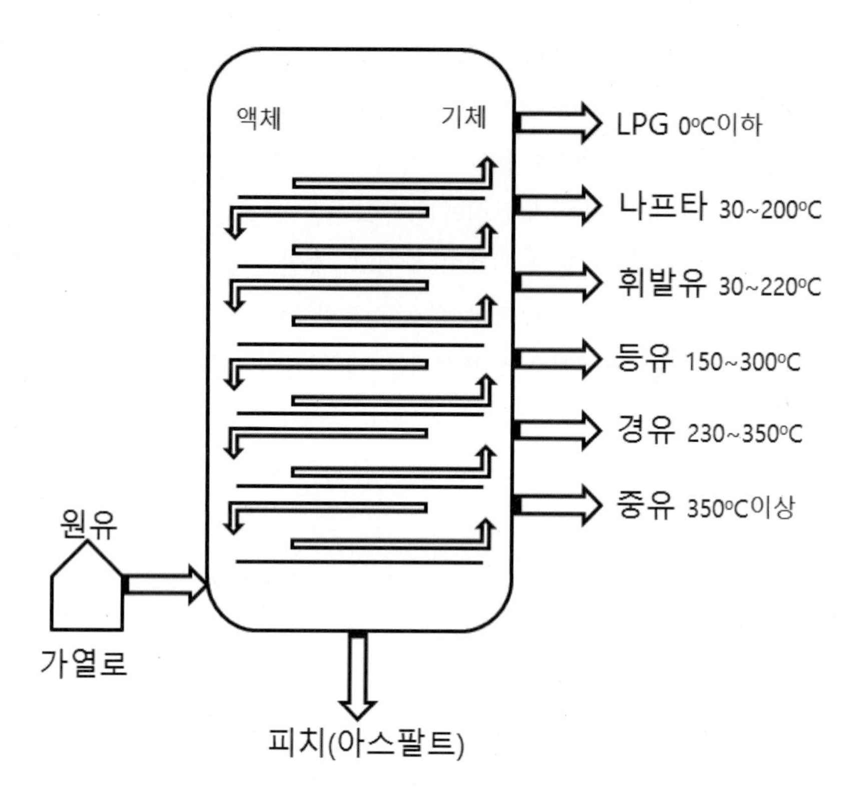

그림 4.2 원유의 조성과 분별증류

석유 수요는 처음에는 주로 등화용이었으나, 경제 발전과 기술의 진보에 따라 용도가 다양해지고 중요성도 커져 갔다. 백열전등의 출현이 등화용으로서의 석유를 밀어냈지만, 그 무렵부터 각종 내연기관, 특히 석유를 연료로 하는 내연기관이 잇달아 발명되어 석유소비의 증가를 가져왔다.

19세기 말 이후 석유를 원료로 하는 자동차 내연기관은 자동차공업 발전의 기초가 되었으며, 교통과 운송에 소비되는 석유의 양도 많아지게 되었다. 석유가 선박용 연료로 사용된 것은 제1차 세계대전 때였는데, 특히 디젤기관은 해상교통에 혁명적인 변화를 가져왔다. 그리고 제1 · 2차 세계대전을 거치며 소형 · 고속 디젤기관이 두드러지게 진보하여 자동차 · 기관차 · 트랙터 등 육상기관의 디젤화가 진행되었다. 항공기에 석유가 사용된 것은 1903년 미국 라이트 형제가 시험비행에 성공하면서 비롯되었으며, 제1 · 2차 세계대전은 항공기나 옥탄가(價)가 높은 휘발유 제조기술이 획기적으로 진보하는 원인이 되었다.

한편, 석유가 보일러용 연료로서 석탄보다 여러 면에서 우수하다는 것이 보고되어 난방과 발전분야에서 석탄에서 중유로의 전환이 활발히 진행되었다. 특히, 제2차 세계대전 후에는 에너지의 수요 증대, 석탄이나 수력전기의 공급 한계 등으로 석탄에 의존하던 서양에서도 석유를 공업용 연료로 대량 사용하게 되었다. 일부에서는 제2차 세계대전 전부터 가정 난방용 · 취사용으로 석유를 사용하였으나 대전 후부터는 세계적으로 널리 사용되었다. 이리하여 에너지원으로서의 석유 수요는 석유에 천연가스를 포함시키면 주요 에너지 수요구성 중에서 차지하는 비중이 50% 이상이다. 또한 각종 기계가 고속도화 · 정밀화됨에 따라 부품 사이의 마찰을 줄이고 성능을 개선하기 위해 점점 고급 윤활유가 필요하게 되었다.

우리나라의 중동 석유 의존도는 약 80%로서 매우 크다. 고갈되고 있는 자원을 감안하면 우리는 미래를 위해 적절한 에너지 대책을 마련해야만 한다. 단순한 전기, 석유의 절약 이외에도 태양, 풍력 등 청정 재생가능 대체 에너지 개발, 해외 유전 개발(현 의존도 4.1%), 동해 가스전 개발, 원자력 발전(현 발전량의 40%) 등의 방안을 준비해야 할 것이다.

▶ 원유의 증류

자연 상태에서 채취한 원유를 증류하면 가스, 휘발유, 등유, 경유, 중유, 피치 등의 순서로 나온다. 그중 가스는 액화석유가스(liquefied petroleum gas, LPG)로, 휘발유는 휘발유 엔진의 연료로, 등유는 가정용으로, 경유는 디젤 엔진의 연료로, 중유는 산업용으로, 피치는 주로 아스팔트의 원료로 사용된다. 이렇게 석유는 활용성과 응용성에서 버릴 것이 하나도 없는 셈이다. 그러나 인류가 석유의 다양한 용도를 알기까지는 많은 세월이 필요했다.

▶ 원유

흑갈색의 끈적끈적한 가연성 액체로 여러 가지 탄화수소 화합물을 주성분으로 하고 있으며, 이밖에 불순물로 황, 산소 및 질소 화합물 등을 함유하고 있다. 일반적으로 유정에서 나온 천연 상태 그대로의 석유를 원유라고 부르는데, 가스가 상부로 올라오면서 액체로 변화된 응축물 같은 것도 원유로 취급하는 경우도 있다.

세계적으로 유통되는 원유는 여러 유전의 원유를 혼합한 것이 대부분인데, 유전의 명칭과 반드시 일치하지는 않는다. 대표적인 원유인 아라비안라이트는 파라핀계의 중간기 원유로서 휘발유 · 경유 등 경질유분이 약간 많은 원유이다.

원유는 그대로 연료유로 사용되기도 하지만, 보통 대기 중 공해를 유발하는 황 성분을 포함하기 때문에 공해를 방지하기 위해서 황 성분을 제거하는 과정을 거쳐야 한다. 천연으로 산출하는 액체의 탄화수소로 흑갈색을 띤 석유계 연료를 말하며, 이 원유로부터 얻어진 가솔린, 등유, 경유 및 각종 증류 정제품을 총칭하여 석유라 한다.

원유의 조성은 산지에 따라 다소 다르지만, 대략 탄소(75~90%), 수소(8~25%), 산소(0~3.3%), 질소(0~2%), 황(0~5%)이고, 발열량은 40~50MJ/kg정도이며, 또한 분류에 의해 가솔린(비점 50~100℃), 등유(180~200℃), 경유(200~350℃), 중유(250~360℃)등으로 비점이 낮은 순으로 정제된다.

이와 같이 원유를 처리해서 각종 석유 제품을 제조하는 공정을 석유 정제라 하며, 이것은 원유의 성분을 분리하는 증류와 분리한 것을 사용 목적에 맞도록 물리적, 화학적인 처리를 하여 최종적인 제품을 만드는 정제로 되어 있다.

▶ 원유의 정제 제품

1) LPG

LPG는 액화 석유 가스liquified petroleum gas로 끓는점이 30℃ 이하인 석유의 성분 중에서 가장 휘발성이 높은 물질이다. 상온에서는 기체 상태이나 압력을 가하면 쉽게 액화시킬 수 있기 때문에 운송과 수송이 용이한 장점이 있으나 발화점이 낮기 때문에 인화 및 폭발이 위험성이 상대적으로 높다. 주요 용도로는 가정용 난방과 자동차 연료 등으로 활용되고 있다.

2) 휘발유

휘발유gasoline는 끓는점이 40~75℃인 석유 제품으로, 조성상 안정적인 연소를 할 수 있어 자동차 내연기관에 적합하도록 제조되었다. 휘발유에는 제조 방법에 의해 습성 천연가스로부터 분리되는 천연가솔린, 원유의 정유에 의해 제조되는 직류가솔린, 가압하에서 중질 석유 잔분을 분해하여 제조하는 분해가솔린, 직류가솔린의 개질에 의해 제조되는 개질가솔린, 저급 올레핀계 탄화수소를 중합시켜 제조하는 옥탄가가 높은 중합가솔린 등이 있다.

3) 나프타

나프타naphtha는 끓는점이 75~100℃인 석유 제품으로, 거친 휘발유 또는 중질 휘발유로 불리는 석유 성분의 하나로 휘발유와 등유의 중간 정도의 성분을 가지고 있다. 나프타는 내용물 중 옥탄(C_8H_{18}) 성분의 무게 함량을 나타내는 옥탄가가 낮기 때문에 내연기관용 연료보다는 휘발유 조합원료 및 석유 화학 제품용 원료로 많이 이용된다. 나프타의 성상을 구성하고 있는 탄화수소의 종류에 의해 파라핀계, 나프텐계 및 방향족계로 나눌 수 있다.

4) 등유

등유kerosene는 끓는점이 100~250℃으로 발화점이 비교적 높고 안정한 상태에 있어 오래전부터 가정에서 등화 및 난방용으로 사용되었던 석유 제품이며 저온·고압에서도 잘 얼지 않아 제트 기관을 사용하는 비행기의 연료인 항공유로도 사용된다. 주성분은 데칸($C_{10}H_{22}$)에서 헥사데칸($C_{16}H_{34}$)까지의 탄화수소이다. 등유는 등불용으로 상당히 중요한 석유 제품이었기 때문에 지금도 이것을 석유라고 부르고 있다. 등유는 난방 및 주방용, 석유발동

기용, 제트연료의 원료, 등불용, 기계세정용 및 석유제의 원료로 이용되고 있다. 가정용 연료로는 연소가스를 실내에 방출하기 때문에 잘 정제된, 연소하기 쉬운 파라핀계 탄화수소를 주체로 한 백등유를 사용하며, 일반적으로 농업용 기기에 등유를 사용하고 있다.

5) 경유

디젤이라고도 불리는 경유light oil는 끓는점이 200~250℃ 사이인 석유 제품으로, 에너지 함량이 높아 대형 트럭 등의 디젤엔진 연료 또는 발전용으로 많이 사용되고 있다. 하지만 휘발성이 낮아 완전 연소를 시키기가 어려워서 불완전 연소로 인한 분진 등이 발생할 수 있다. 또한 경유는 분해가솔린 제조용 등에도 이용되고 있다. 고속 디젤엔진용 연료에 대한 품질은 엄격하기 때문에 고품질의 경유는 발열량이 높으며 착화성이 좋고, 또한 부식성분을 포함하지 않는다.

6) 윤활유

윤활유lubricant oil는 끓는점이 250~350℃ 사이인 석유 제품으로, 점도가 높은 액체 형태이다. 연료로 사용되기보다는 차량 또는 동작기계의 마찰을 분산시켜 기계의 마모를 방지하고 고른 성능을 발휘하게 한다. 동시에 마찰열을 감소시켜 기계의 수명을 연장시키는 역할도 한다. 또한 금속 성분에 대한 물 또는 대기 중 산화물들의 산화 작용을 방지하는 목적으로도 많이 사용된다. 다양한 윤활 작용을 하는 여러 제품을 생산할 수 있도록 고도의 기술이 개발되었다.

7) 중유

중유heavy oil는 끓는점이 350℃ 이상인 석유 제품으로, 활용도가 낮아 가격이 저렴하며 열함량은 높지만 효율이 낮다. 선박 연료, 산업용 연료 등으로 많이 사용되지만 연소 후 발생하는 불완전 연소 잔류물로 인해 환경 규제의 대상이 되고 있고 활용도도 감소하고 있다. 따라서 근래에는 이를 연료로 사용하는 것보다 분해하여 경제성이 높은 휘발유, 경유 등을 생산하는 원료로 많이 사용된다.

중유에는 직류중유, 분해중유, 혼합중유 세 가지가 있다. 직류중유는 상압잔유 혹은 감압하에서 증류하여 경질분을 유출한 후의 감압잔류를 가리킨다. 분해중유는 가열 분해로 직류중유를 분해하여 휘발유를 뽑아낸 잔류 및 접촉 분해에 의해 휘발유를 제조한 잔류를 말한다. 접촉 분해에 의한 잔류는 올레핀 및 유리탄소를 많이 포함하고 있어 불안정하기 때문에 직류중유와 혼합하여 사용하는 경우가 많다. 이것을 혼합중유라 한다.

8) 석유 잔류물

원유에서 중유까지를 생산하고 남은 찌꺼기를 아스팔트 또는 피치petroleum pitch라고 한다. 원유 성분 중에서 휘발성 유분이 대부분 증발하였을 때의 잔류물로서 흑색 또는 흑갈색을 띤다. 이것은 높은 점도를 갖는 반고체의 성상이며 높은 온도에서 골재를 섞어 도로포장용으로 주로 사용한다. 이는 도로에서 자동차의 운행 성능을 개선하고 연료를 절약시키며 자동차의 수명을 연장시키는 중요한 역할을 한다. 아스팔트는 보통 물보다 조금 무겁고 산소, 질소 및 황화합물로 구성되며, 그밖에 주성분은 방향족 탄화수소이다. 근래에는 이를 고도화 설비를 사용하여 분해해서 휘발유와 같은 경제성이 높은 석유제품을 생산하는 원료로 많이 사용하고 있다.

▶ 원유의 정제 방법

석유 정제란 원유를 처리하여 각종 석유 제품과 반제품을 제조하는 것을 의미하며, 크게 증류공정(증류에 의해 원유를 구성하고 있는 탄화수소를 그 비등점의 차이에 따라 분류하는 공정), 전화 정제공정[각 유분을 세적, 정제(개질, 수소 처리 분해, 추출 등의 마무리 가공), 조합하는 공정]으로 나눈다.

증류라고 하는 것은 여러 가지의 끓는점을 가지는 탄화수소의 혼합물을 그

끓는점의 차이를 이용, 증발시켜 (가벼운 성분은 낮은 온도에서 증발하고 무거운 성분은 높은 온도에서 증발) 일정한 비점 범위를 가지는 성분으로 나누는 것을 의미한다. 원유의 증류는 '가열에 따른 증발'과 '냉각에 따른 응축(액화)'을 반복함으로써 이루어진다.

1) 상압증류(常壓蒸溜)

증류의 첫 단계는 원유의 상압증류로부터 시작된다. 상압증류 장치는 '원유증류장치'라고도 하며 증류탑 가열로에 넣어진 원유는 300~350℃로 가열된다. 이때 발생하는 각종 석유 증기는 증류탑을 상승하면서 온도가 낮아져 끓는점이 낮은 것이 먼저 탑의 윗부분부터 순서대로 각 트레이에 응축(액화)되어 휘발유, 등유, 경유 등으로 나오게 된다. 증류탑의 아랫부분에 남은 성분은 석유 잔류물로서 회수된다.

2) 감압증류(減壓蒸溜)

원유를 대기압하에서 350℃ 이상 가열하면 열분해가 되는 경우가 있어 품질이 좋은 제품이 될 수 없기 때문에 윤활유와 같이 높은 끓는점의 성분을 얻기 위해서는 보다 낮은 온도에서 증발할 수 있도록 감압해서 증류하는데 이를 감압증류라고 한다.

상압증류에서 먼저 휘발유, 등유 및 경유 성분을 분리한 잔류물을 감압하면서 가열하는 증류탑에서 증발시키며, 감압증류에서 얻어진 유분은 다시 용제 정제공정을 거쳐서 각종 윤활유의 제품의 기본이 되는 베이스오일이 되고, 또 일부는 분해장치에 의해 분해되어 가스나 분해 휘발유가 된다. 마지막으로 남는 잔류물은 아스팔트나 피치 등의 각 성분으로 분리된다.

우리나라는 울산과 여천 등지에 대규모 석유화학단지가 조성되어 있는데, 외국에서 들여온 원유를 정제하여 국내 소비는 물론이고 외국으로 다시 수출하는 고도의 기술을 보유하고 있다.

그림 4.3 석탄

4.2.2 석탄

석탄은 석유와 마찬가지로 고대의 식물자원이 지하에 묻혀 오랜 시간이 지나는 동안 지열과 압력에 의해 형성된 고체 화석연료이다. 근래에 석유와 천연가스의 매장량 감소와 가격 상승, 기술의 발전으로 석탄의 경제성이 크게 증가하고 있다. 그러나 석탄은 석유와는 다르게 특정 국가의 자원 독점이 적고, 비교적 전 세계적으로 고르게 존재하며 그 부존량이 풍부하여 향후 약 200년 정도는 사용할 수 있을 것으로 예상되는, 장기적으로 안정된 공급이 보장된 에너지 자원이다.

석탄은 혼합물이며 매우 복잡한 화학 구조를 가지고 있다. 석탄은 석유에 비해 발열량이 적고, 고체이기 때문에 불순물을 제거하기 어려워 공해성 물질이 발생하고 활용면에서도 취급이 어렵고 불편하다는 단점이 있다. 예전에는 주로 가정에서 난방과 취사용으로 석탄을 사용했지만, 산업혁명을 거치면서 공장의 에너지 자원으로 대량 소비되기 시작하였다. 근래에 석탄 수요 대부분은 화력발전소에서 전기를 생산하는 데 사용된다. 석탄은 황, 질소 산화물 등의 공해 유발 물질을 포함하고 있어 석탄의 연소에 따르는 대기오염을 방지하기 위해서는 연소과정에서 탈황, 탈질소산화물, 분진 제거 등의 공해 방지 시설이 필수적이다. 발전소와 같은 대규모 연소시설에서는 다량의 공해 유발 물질이 발생하기도 하지만 또한 공해 물질 제거 시설의 효율성을 높일 수 있다는 장점도 있다. 석탄재는 연소 후에도 폐기물 처리 과정에서 건축재료, 비료, 공업원료 등으로 재활용하는 기술이 개발되는 등 석탄의 연소에 따르는 부작용을 최소화하려는 노력을 많이 하고 있다.

▶ 석탄의 변환–석탄의 가스화

석탄은 많은 경우 직접 연소시켜 열에너지 자원으로 사용되지만 가스화의 과정을 거쳐 상대적으로 공해가 적은 청정에너지로 전환시켜 활용하기도 한다. 예를 들면 석탄을 높은 온도의 수증기와 반응시키면 합성가스라고 하는 일산화탄소와 수소의 혼합물이 얻어지는데 이것은 강력한 연료로 사용될 수 있다.

$$\underset{\text{석탄}}{C} + \underset{\text{수증기}}{H_2O(g)} \rightarrow \underset{\text{합성가스}}{CO(g) + H_2(g)}$$

이러한 과정을 거치면 중간에 불순물과 공해 유발 물질들이 제거되어 청정연료를 얻을 수 있는 고도의 기술이다.

또한 석탄을 분해하여 가스화하는 또 다른 공정에서는 천연가스LNG의 주성분인 메탄을 생성하는 과정도 석탄의 활용성을 높이는 기술 중 하나이다.

4.2.3 천연가스

천연가스는 연소 시 높은 열을 내며 비교적 순수한 상태로서 연소과정에서 잔류물이 거의 남지 않는다. 액화시키면 운송과 보관이 비교적 용이한 장점이 있는 연료이다.

천연가스의 약 80%는 천연가스 유전에서 생산되며 나머지 약 20%는 원유를 생산하는 일반 유전에서 동시에 생산된다. 대부분의 천연가스는 연료로 사용되는데 산업공장 및 발전소의 연료로 사용되며, 가스관을 설치하면 사용이 용이한 장점 때문에 가정용으로도 많이 사용되고 있다.

천연가스의 문제점은 생산인데 미국, 러시아 등 일부 국가에만 한정되어 있는 관계로 수송에 어려움이 있다. 예로 러시아는 유럽 등으로 가스를 효율적, 안정적으로 수출하기 위해 대형 수송관(파이프라인)을 건설하거나 추진 중이다.

▶ LNG

LNG는 액화천연가스liquefied natural gas로서 주성분은 탄소를 1개 포함하는 화합물인 메탄이며 에탄, 프로판을 소량 포함하고 있다. 따라서 천연가스는 액체에서 기체로 기화하는 온도가 매우 낮아 설치와 사용에 주의하여야 한다. 우리 주위에서는 가정용 도시가스가 여기에 해당한다. 천연가스의 주성분인 메탄은 휘발유의 주성분인 옥탄보다 단위 무게로 비교하면 더 많은 에너지를 방출하지만 기체인 천연가스는 액체인 휘발유보다 밀도가 낮기 때문에 단위 부피당 에너지는 더 낮다. 그러나 천연가스는 이미 기체 상태로 있거나 기화하는 것이 용이해서 쉽게 사용할 수 있는 장점이 있다.

▶ LPG

액화석유가스liquified petroleum gas는 그 주요 성분이 프로판 부탄 등 탄소 3~4개를 포함하는 화합물로서 기화온도가 높고, 즉 거꾸로 쉽게 액화시킬 수 있어 저장, 운반, 취급과 사용이 천연가스 LNG보다 용이하다. 천연가스와 마찬가지로 석유가스도 황과 같은 유독 성분이 적기 때문에 환경에 대한 문제가 적고 연소가 균일하게 일어나며 발열량이 높다. 석유가스는 천연가스와 다르게 자동차 연료로도 사용된다.

그 외에 액화시켜 용기에 충전한 프로판과 부탄도 각각 열에너지 연료로 사용되고 있다.

4.3 대체에너지

4.3.1 원자력에너지

원자핵은 양성자와 중성자로 구성되어 있다. 핵을 이루고 있는 양성자와 중성자를 핵자라고 부르기도 한다. 원자핵을 이루고 있는 핵자들을 완전히 분리해서 자유로운 입자로 만드는 데 필요한 에너지를 핵자의 수로 나눈 것을 평균 결합에너지라고 한다. 평균 결합에너지는 핵자수에 따라 달라진다.

작은 원자핵에서는 핵자수가 증가함에 따라 평균 결합에너지가 증가한다. 그러나 원자핵의 크기가 일정한 크기 이상이 되면 평균 결합에너지는 핵자수가 증가하면 오히려 감소한다. 평균 결합에너지가 크다는 것은 더 안정한 핵이라는 뜻이다. 결합에너지가 최대가 되는 핵자의 수는 56으로, 원자번호 26인 철(Fe)의 원자핵이 여기에 해당한다. 따라서 핵자의 수가 56보다 큰 원자핵은 핵자의 일부를 방출하면 더 안정한 상태의 핵으로 변환할 수 있고, 핵자의 수가 56보다 적은 원자핵들은 다른 원자핵과의 결합으로 더 안정한 원자핵이 될 수 있다.

이렇게 작은 원자핵이 결합하여 더 안정한 큰 원자핵으로 변해가는 것을 핵융합이라고 하고, 큰 원자핵이 분열하여 작은 안정한 원자핵으로 변환되는 것을 핵분열이라고 한다. 핵융합이나 핵분열을 통해 더 안정한 원자핵으로 바뀔 때는 여분의 에너지를 내놓게 된다.

원자핵은 매우 작아서 하나의 원자핵에서 방출하는 에너지는 매우 작다. 그러나 원자핵 분열은 매우 빠르게 그리고 대량으로 진행될 수 있다.

1개의 우라늄235 원자핵이 분열하면 중성자가 약 2개 정도 나온다. 이 중성자들은 주위에 있는 우라늄235의 원자핵에 흡수되어 다시 이 원자핵을 분열시키는데 이러한 연쇄반응은 매우 빠른 속도로 진행된다.

1 g의 우라늄 속에는 1조의 25억 배에 해당하는 우라늄 원자가 들어 있는데, 이만한 우라늄 원자가 연쇄반응에 의해 모두 분열하는 데는 1백만 분의 1

초밖에 걸리지 않는다. 따라서 큰 에너지가 나올 수 있는 것이다. 이 연쇄반응의 속도를 조절하여 핵반응 시에 나오는 에너지를 이용하는 것이 원자력에너지이다.

핵융합: 중소수(D) + 삼중수소(T) → 중성자(n) + 헬륨(He)
에너지 = 17.6 MeV (D-T 연료 1 g = 석유 8톤)

핵분열: 우라늄(U) 235 + 중성자(n) → 중성자(n) + 핵분열 생성물
에너지 = 약 200 MeV (U-235 연료 1 g = 석유 2톤)

▶ 원자력 발전-핵반응 에너지의 평화적 이용

핵분열 연쇄반응을 통해서 발생한 에너지로 물을 끓여 발생시킨 수증기로 터빈발전기를 돌려 전기를 생산하는 것을 말한다. 핵분열이 연쇄적으로 일어나면서 생기는 막대한 에너지인 원자력을 이용해 물을 끓여서 증기를 만들고, 그 힘으로 터빈을 돌려 전기를 생산하는 것을 원자력 발전이라 한다.

모든 물질을 구성하는 원자는 양성자와 중성자로 된 원자핵과 그 주위를 돌고 있는 전자로 구성된다.

우라늄(U), 플루토늄(Pu)과 같이 무거운 원자핵이 중성자를 흡수하면 원자핵이 쪼개지는데, 이를 핵분열이라고 한다. 무거운 원자핵이 분열하면 많은 에너지와 함께 2~3개의 중성자(전기를 띠지 않는 원자핵 구성 물질)가 나오고, 이 중성자가 다른 무거운 원자핵과 부딪치면 또 다시 핵분열이 일어난다. 이런 식으로 계속해서 핵분열이 이어지는 것을 핵분열 연쇄반응이라고 하며, 이 과정에서 생기는 거대한 에너지가 바로 원자력이다. 즉, 원자력발전은 우라늄, 플루토늄 등이 지속적으로 분열하면서 방출하는 열로 물을 끓이고 여기서 발생하는 증기로 터빈을 돌려 전기를 생산하는 것이다. 우라늄 1g이 분열할 때 생기는 에너지는 석유 9드럼(1800 *l*), 석탄 약 3톤이 완전 연소할 때 생기는 에너지와 맞먹는데, 즉 우라늄은 석탄보다 약 300만 배의 열을 낸다고 할 수 있다.

원자력발전은 물을 끓여서 증기를 만들고 이 증기로서 터빈을 돌려 발전을 한다는 점에서 일반 화력발전 방식과 차이가 없으나, 화력발전은 석유나 석탄을 이용하고 원자력발전은 우라늄 등의 방사성원소가 분열할 때 나오는 열로 증기를 만든다는 점에서 차이가 있다.

1950년대 영국의 콜더홀 원자력발전소가 세계 최초로 상업용 원전을 가동시켰고, 이후 1973년까지 전 세계에 총 147기의 원자로가 건설되면서 부흥기를 이뤘으나, 1979년 미국 스리마일 섬 원전 사고와 1986년 옛 소련 체르노빌 원전 사고로 안전성에 대한 신뢰를 잃기 시작하면서 원자력발전소의 건설이 중지되어 왔다. 그러나 지구온난화의 주범인 화력에너지의 대안으로 원자력이 주목받으면서 2000년대 이후 세계 곳곳에서 지속적으로 원자력발전소가 건립되었다. 하지만 최근 2011년 지진으로 발생한 일본 후쿠시마 원전 사고로 다시 안전성에 대한 일반인들의 우려가 증가하고 있다.

국내의 경우 1962년 3월 트리가마크-2 연구용 원자로가 가동되고, 1978년 4월 60만 kw급 고리 1호기가 최초로 상업 운전을 개시하면서 본격적인 원자력시대를 열었으며 2011년 기준 영광 6기, 울진 6기, 고리 5기, 월성 4기(총 21기)의 원자력 발전소가 가동되고 있다. 우리나라 총 발전량의 약 40%를 공급하고 있으며 2030년까지 약 50%를 예상하고 있다.

4.3.2 재생에너지

일반적으로 재생에너지는 재생 불가능하고 고갈 위기에 있는 화석연료와는 달리, 무한히 공급된다는 장점이 있는데 여기에는 태양열, 태양광, 조력, 수력, 지열, 풍력 등이 있다. 이와 같은 재생에너지는 여러 가지 장치를 통해 전기에너지나 열에너지로 변환되어 사용되고 있다. 즉 바람이나 지열 같은 것을 이용해 전기를 만들고 이를 가정에 공급해서 에너지로 사용하는 방식이 일반적이다.

이렇게 인류가 햇빛과 바람, 물, 식물을 이용해 에너지를 얻는 방법을 완성하면 설비를 갖추는 데 들어가는 초기 비용을 제외하면, 에너지를 얻는 데 아주 적은 비용이 들기 때문에 에너지가 부족한 국가들에게도 혜택이 될 것이다.

▶ 태양열

지구의 모든 생명체는 태양에 의존하고 있지만 지구는 태양이 지구 표면으로 보내는 에너지의 약 1%만을 직접적으로 이용하고 있다. 태양에너지는 열의 형태인데, 이 열에너지를 여름과 낮에 비축해서 겨울과 밤에 활용할 수 있다면 많은 화석연료를 절약할 수 있을 것이다.

현재까지의 기술은 장기간의 열에너지 비축보다는 낮의 태양열을 이용하여 데워진 물을 밤에 난방이나 온수로 사용하는 방식의 단기간 비축으로 태양열을 활용하고 있다. 현대식 태양열 주택에서 사용하는 단기 태양 난방 방식을 이용하면 난방 비용을 절반 이하로 줄일 수 있다. 조금 더 적극적인 태양열 시스템에서는 햇빛을 거울이나 반사경으로 모아서 강력한 빛을 만든 다음, 이를 물이나 기름 등에 집중시켜 열을 흡수하도록 하는데 이러한 태양열 에너지는 초기 설치 비용이 화석연료보다 상당히 크지만 운용 중에는 거의 비용이 발생하지 않으므로 장기간으로 보면 경제적이라고 할 수 있다. 이렇게 열을 한 곳에 모아 얻은 높은 열에너지를 직접 난방에 이용하거나, 열교환기를 이용해 물을 끓여 발생시킨 고압수증기로 터빈을 돌려 전기를 생산하는 태양열 발전 등에 활용한다. 또한 태양열을 가정에서는 온수, 난방, 냉방에 이용할 수 있으며, 공장이나 발전소를 움직이는 산업에너지로도 사용된다. 태양열에너지의 장점은 태양이 열을 방출하는 한 무한한 에너지원이라는 점과, 온실가스의 배출이 없는 청정 무공해 에너지이고, 기존의 화석연료에 비해 생산 가능한 지역적 편중이 적고, 다양한 적용 및 이용이 가능하다는 점 등을 들 수 있다. 단점으로는 초기설치 비용이 많이 들고, 에너지효율이 떨어진다는 점이 있다.

▶ 태양광

태양전지는 태양 빛에너지를 직접 전기로 전환시키는 목적으로 사용될 수 있는 전지이다. 태양전지가 전자의 흐름으로 전기를 발생시키기 위해는 태양 빛이 전자의 흐름을 만들 수 있어야 한다. 전자의 흐름, 즉 전기는 빛을 받는 물질과 태양의 빛에너지의 상호작용에 의해 결정된다. 지각에 도달하는 태양의 빛에너지는 가시광선 영역과 적외선 영역이며, 태양전지는 이 영역의 태양 빛이 비출 때 전자를 방출할 수 있는 원자 또는 분자의 물질로 만들어져야 한다. 반도체로 구성된 태양전지는 빛이 오면 자유전자(음전하)와 정공(양전하)을 형성하며 이들이 전류를 생성하게 된다.

태양전지가 먼저 사용된 곳은 지구가 아니라 우주선이었다. 미항공우주국 NASA에서 개발된 태양전지는 우주왕복선 등에서 사용되었지만 이때는 생산 비용이 문제가 되지 않았으며, 또한 우주에서는 복사선, 즉 햇빛의 세기가 커서 낮은 효율도 문제되지 않았다. 그러나 대부분의 상업적 태양전지는 제작 비용을 무시할 수 없기 때문에 태양전지의 효율을 증가시키고 제작 비용을 감소시키는 방향으로 연구가 추진되었다. 따라서 반도체 물질 중에서 일정한 결정구조를 갖는 결정성 규소를 무질서한 배향을 갖는 무정형 규소로 대체함으로써 효율성을 증가시켜 크기를 줄임으로써 제작비용을 절감할 수 있었다. 현재 가정용 태양광 발전기는 3kw급이 많이 보급되어 사용되고 있다.

그림 4.4 태양광발전

태양전지 기술의 발전은 태양전지에 의한 발전 비용을 20년 전보다 약 10분의 1로 감소시켰다. 태양전지로 생산된 전기는 아직 화석연료로 생산된 전기보다 생산 비용이 비싸지만 장기적인 전망은 긍정적이다. 앞으로 화석연료로 생산되는 전기 가격은 계속 오를 전망이지만 반대로 태양전지로 생산되는 전기 가격은 감소할 것이기 때문이다.

태양전지에 의한 발전 기술은 여러 나라에서 활용되고 있다. 이 발전 용량은 규모면에서 화력, 수력, 원자력 발전 용량보다 작지만 앞으로 더 큰 용량의 태양발전 시설이 건설될 것으로 예측된다. 또한 소규모 시설로도 설치가 가능해서 각 가정의 지붕과 같은 독립적인 설치도 가능하고 발전소에서 멀리 떨어진 섬이나 산지 등에 위치한 고립된 마을 등에도 전기를 제공할 수 있게 된다. 태양전지는 심지어 자동차, 비행기, 배의 동력으로 사용되기도 한다. 아직 실용적이지는 못하지만, 자동차나 비행기 위에 태양전지를 설치하여 전기를 발생시키고 이를 동력으로 운행하는 차량과 비행기가 소개되었다. 심지어 태양열 자동차 경주 대회가 개최되고 있으며, 연료보급을 위해 지상으로 착륙하지 않고 장기간 비행할 수 있는 특수 목적의 태양전지 비행기도 개발되었다.

▶ 조력

조력발전은 바닷물이 달의 인력에 의해 생기는 밀물과 썰물을 이용해 전기를 생산하는 방법이다. 밀물일 때 바닷물이 큰 바다 쪽으로 빠져나가고 썰물일 때 바닷물이 육지 쪽으로 들어오는데 이때 들어가고 나가는 물의 힘을 이용하여 발전기의 터빈를 돌리는 것이다. 밀물과 썰물의 해수면 높이차를 이용하기 때문에 높이차가 클수록 경제성이 높은데 만조 때 유입된 바닷물을 높은 곳의 저수지에 가두어 두었다가, 간조 때 방수해 발전기를 회전시킨다. 영국해협에 있는 프랑스 랑스 강 하구의 발전소는 세계 최대의 조력발전소로, 최대 13.5 m, 평균 8.5 m의 수위차를 이용해 10 Mw급 발전기 24기를 설치, 1966년에 완성되었다. 우리나라 서해안의 경우 밀물과 썰물의 차가 큰 장점이 있으며 현재 조력발전이 이루어지고 있는 시화호의 경우 수위차가 5.64 m이며 현재 시화 방조제에 25만 4천kw급 발전소가 설치되어 50만 명 규모의 도시에 전기를 공급할 수 있다.

이외에도 가로림만 조력발전소 수위차 6.6 m 52만kw, 강화 조력발전소 수위차 7.7 m 84만kw, 인천만 조력발전소 수위차 7.2 m 144만kw 등이 예정되어 있다. 조력발전은 입지조건이 제한되어 있고 건설비용이 많이 든다는 단점이 있지만 적절한 위치가 선정되어 발전소가 건설되면 에너지원이 무한이며, 공해의 원인이 없기 때문에 장차 유망한 발전 방법이다.

▶ 조류

해안에 방파제를 설치하여 조수간만의 차이를 이용하여 발전하는 조력발전과 달리, 빠른 해수의 흐름이 나타나는 해역에 해류를 이용하여 바닷속에 설치한 터빈을 돌려 전기를 생산하는 발전 방식이다. 방파제나 댐을 건설할 필요가 없기 때문에 조력발전에 비해 건설비용이 적게 들고, 선박들의 해수면 통행이 자유로우며, 어류의 이동을 방해하지 않고 주변 생태계에 영향을 주지 않아 친환경적으로 평가된다.

국내에서는 해남과 진도 사이의 울돌목과 인근 장죽소도 등 전남 남해안 해역을 중심으로 조류발전소 건립의 타당성을 조사하고 울돌목에 국내 최초, 세계 최대 규모의 1,000 kw급 시험 조류발전시설을 건설하고 시험운전을 하면서 테스트를 하고 있다.

▶ 지열

지열발전은 지하에 있는 고온층으로부터 증기 또는 뜨거운 물의 형태로 열을 받아 발전기의 터빈을 돌려 발전하는 방식이다. 지열은 지표면의 얕은 곳에서부터 수 km 깊이에 있는 고온의 물이나 암석 등이 가지고 있는 에너지이다. 땅속의 온도는 깊이에 따라 차이가 있겠지만 약 150°C 정도까지는 도달하는 것으로 예측된다. 일반적으로 자연상태에서 지열의 온도는 지하로 100 m 내려갈수록 평균 3~4°C 올라간다. 수직으로 지하터널을 굴착해서 물을 땅속으로 내려보내 그 열로 수증기를 만들어서 지상으로 올라오게 하고 발전기의 터빈을 돌려 전기를 생산한다. 이때 대상 지역와 발전 방식에 따라 수백 m에서 수 km 깊이의 터널을 파기도 한다.

지하터널로부터 고온의 증기를 얻으면, 이것을 발전기의 증기터빈으로 보내 고속으로 터빈을 회전시켜서 연결된 발전기에 의해 전기를 생산한다. 지하터널로부터 분출하는 증기를 그대로 터빈에 보낼 수도 있으나, 고온의 온수로 분출하는 경우는 온수를 열교환기에 보내 물을 끓여 터빈으로 보낸다. 이런 땅속의 열은 일정 유지되며 계속 사용할 수 있기 때문에 전기를 연속적으로 생산할 수 있는 친환경적 청정에너지가 되는 것이다. 물론 지열은 재생가능한 에너지가 아니다. 분출하는 온수의 양보다 충전되는 에너지가 적으면 마그마 등의 암석도 식으며 지열도 감소하지만 지하의 열에너지가 매우 크기 때문에 고갈의 위험성은 낮다.

지열발전은 원리적으로 연료를 필요로 하지 않으므로 연료 연소에 따르는 환경오염이 없는 청정 무공해 에너지 자원이다. 그러나 지하터널에서 분출하는 가스 중에는 소량의 황화수소가 함유하고 있을 수 있다. 만일 황화수소가 대량으로 분출한다면 탈황장치가 필요할 것이고, 또 특성상 온수 중에 미량의 비소가 함유되어 있다면 발전 후 모두 지하로 다시 되돌릴 수도 있다. 하지만 경제적인 탈비소기술이 확립된다면 이 온수도 저온열에너지 자원으로 이용할 수 있다. 지열발전의 비용은 대부분 지열발전소의 건설비와 지하터널의 굴착비가 차지하며, 지열자원의 질과 발전 형식에 따라서도 달라진다. 하지만 화력이나 원자력에 비해 발전소의 규모는 작지만 경제성을 지니고 있는 점이 강점이며, 소규모 분산형의 지역 에너지 자원으로서 장점을 가지고 있다.

지열은 또한 지역 난방 목적으로 이용되기도 한다. 일반적으로 온천으로 알려진 지역에서 지하에서 분출하는 고온의 온수를 이용하여 겨울철 난방을 하고 있다.

▶ 풍력

풍력발전은 지구 표면의 대기 이동의 기후 상황으로 발생하는 바람의 에너지를 이용하여 전기를 생산하는 방식으로 거대한 풍력 발전기의 회전 날개를 회전시켜 생기는 회전력으로 전기를 생산한다. 이러한 풍력발전은 환경오염을 발생시키지 않는 무공해 청정에너지에 해당한다.

풍력발전은 자연을 오염시키지 않으며 화석연료나 원자력과 같이 이산화탄소 및 방사능을 방출하지 않아 친환경적이다. 또한 바람이 부는 한 전기를 계

그림 4.5 풍력발전

속 생산할 수 있고, 한 번 설치하면 화력발전이나 원자력발전처럼 석탄이나 석유, 우라늄 등 연료가 필요 없어 별다른 비용이 없이 계속 발전시킬 수 있다는 점은 화석연료가 고갈되어 가고 있는 현 시기에 주목할 만하다. 이러한 시설은 반영구적으로 계속 사용할 수 있는데 화석 연료를 사용하지 않기 때문에 구조나 설치가 간단하고 운영 및 관리가 용이하여 한 번 발전소를 세우면 크게 보수를 할 필요가 없어 거의 반영구적으로 사용이 가능하다.

그러나 풍력발전은 바람 부는 날에만 발전이 되고, 생산되는 전력량이 다른 발전 시설에 비해 적다는 단점이 있다. 또한 풍력발전은 비교적 새로운 기술로서 아직 보편화되지 않아 건설 비용이 많이 든다는 것도 문제점이다. 하지만 이러한 단점에도 불구하고 해상에서 풍력발전소를 건설하면 우리나라처럼 국토가 비좁은 국가에서는 대규모 풍력발전단지 조성이 가능하다. 또한 해상은 장애물이 거의 없어 바람의 높이나 방향에 따른 풍속변화가 적기 때문에 유사 조건의 육상풍력발전에 비해 약 2배의 높은 발전량을 유지할 수 있어 재생에너지의 하나로 개발하기가 용이하다.

▶ 바이오디젤

유채꽃, 콩, 해바라기씨, 코코넛 등에서 짜낸 기름이나 폐식용유 등을 알코올과 배합해 만든 경유의 대체연료로 식물성 디젤연료이다. 바이오디젤은 경유와 화학적 특성이 거의 같지만, 산소를 포함하고 있어 휘발유나 경유보다 배기가스를 덜 배출하고, 대기오염의 주성분인 황이 들어 있지 않아 환경을 덜 오염시킨다.

현재 바이오디젤은 보통 경유보다 생산가가 높기 때문에 상업화가 어려우나 원유 가격이 상승하면 바이오디젤의 경제적 가치가 높아질 것으로 예상된다. 그러나 식물성 기름이나 동물성 지방의 전 세계 생산량이 액체 화석연료의 이용량을 대체할 수준에는 미치지 못하고 있기 때문에 더 많은 식물성 기름을 생산하기 위해 광범위한 재배가 이루어진다면, 비료와 농약의 과도한 사용으로 오히려 환경에 나쁜 영향을 줄 수도 있다. 식량 자원의 연료화로 곡류 가격이 상승하여 식량이 부족한 지역에서의 기근을 불러 올 수도 있다.

현재 바이오디젤은 디젤자동차의 경유에 혼합해서 쓰거나 100% 순수 연료로 사용되고 있는데, 미국 · 유럽연합EU 등에서는 이미 품질기준이 마련되어 있다. 자동차 연료용 외에 난방 연료용으로도 개발되어 있고, 한국에서도 경유에 바이오디젤을 섞은 연료가 판매되고 있다.

식물성 기름과 폐식용유에서 차량용 바이오디젤 생성하여 유채, 해바라기 등의 생물유를 연료로 이용하는 우리나라 바이오디젤은 식물경유로 일반 경유와의 비율이 2:8인 경우가 많다. 외국의 경우 식물경유의 비율이 30~50%이며 100%에 달하는 경우도 있다.

▶ 알코올휘발유

알코올휘발유gasohol는 휘발유에 에탄올을 첨가하여 사용하는 연료료 에탄올은 옥수수와 같은 작물을 발효시켜서 얻는다. 휘발유 80~90%와 메탄올, 에탄올(연료용 무수 알코올) 등의 알코올을 10~20%를 혼합하여 만든 자동차 연료로 주로 무연 휘발유를 사용하는 자동차의 연료로 사용되는데 휘발유 사용 절감과 옥탄가 상승으로 인한 자동차 성능 개선, 엔진의 연비 개선과 유해 배기가스 배출량 감소 등의 장점을 가진다. 에탄올은 각종 식물로 만들 수 있어 자원은 풍부하지만 순수한 에탄올로 만드는 데 비용이 많이 들기 때문에 휘발유보다 비싼 단점이 있다.

미국과 브라질은 넓은 곡창 지대를 가지고 있어 옥수수 재배 지역을 중심으로 휘발유에 에탄올을 첨가한 알코올휘발유의 사용이 일반화되고 있다. 또한 휘발유 연료의 부족을 대체하기 위해서도 에탄올을 첨가해서 사용한다. 그러나 식량으로 사용할 수 있는 곡류의 가격인상으로 식량난을 발생시킨다는 비판도 있다.

돌아보기

- 인류가 생존하기 위해서는 에너지가 필요하다.
- 인간이 살고 있는 지구의 주 에너지는 태양이다.
- 지구에 존재해 왔고, 오랜 기간 인간이 사용해 온 에너지들은 재생불가능하며 고갈 위기에 있다. 따라서 에너지를 절약해야 하는 동시에 대체에너지, 재생에너지를 찾아야 한다.
- 에너지는 후손에게 물려줄 귀한 자원임을 인식한다.

학습문제

1. 식물의 광합성에서 일어나는 화학적 변화를 조사하라.
2. 태양에서 일어나는 수소 핵융합 반응을 조사하라.
3. 자동차 내연기관의 에너지 변환과정을 조사하라.
4. 석유의 정제과정에서 이용되는 과학적 원리를 조사하라.
5. 원자력에너지의 기본 원리인 핵분열, 핵융합 과정에서 발생하는 에너지의 크기를 석유, 석탄의 에너지와 비교 조사하라.
6. 재생에너지인 태양광, 태양열, 지열, 조력, 조류, 풍력 에너지를 이해하고 장단점을 조사하라.

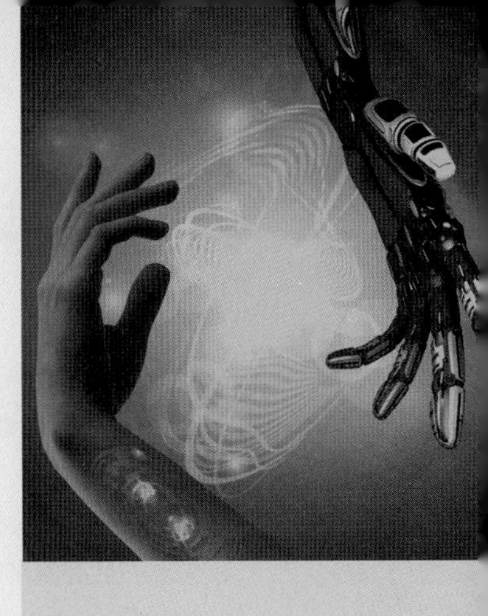

PART 2
화학

4장 화학과 에너지

5장 화학과 환경

6장 화학과 생활

5장 화학과 환경

학습내용 요약

- 대기, 수질, 토양은 생존을 위해 기본적으로 청정하게 유지해야 하는 필수 조건이다.
- 대기 중 오존층은 우리를 보호하는 차광막이다.
- 우리가 사용하고 발생시킨 물질들이 오존층을 파괴한다.
- 대기 중 오염물질에 의해 산성비가 형성된다.
- 대기 중 입자상 물질(PM)이 미세먼지이다.
- 온실효과는 수증기, 이산화탄소 등이 온실기체로 작용하여 지구를 인간이 살 수 있는 행성으로 만들었으며, 이들의 과잉 발생으로 증대온실효과가 발생하여 지구 온난화를 초래하였다.
- 지구의 지표수를 정수 처리하고 살균하여 음용수로 사용한다.

강의 목적

- 환경오염을 감소하기 위해 생활 및 소비 습관을 개선해야 하며 많은 물질과 자원을 재활용해야 하는 이유를 알아본다.
- 대기 중 오존의 역할과 대책을 알아본다.
- 대기오염 중 입자상 물질의 형성과 대책을 알아본다.
- 온실효과에 의한 지구온난화의 원인과 그 결과를 알아본다.
- 수질의 오염과 정화과정을 알아본다.

Key word

자연보호, 환경오염, 오존층, 산성비, 입자상 물질 PM, 실내 공기 오염물, 지구 온난화, 온실기체, 자연수, 생물학적 산소요구량(BOD), 화학적 산소요구량(COD), 온실효과, 증대온실효과

차례

5.1 대기
- 5.1.1 대기와 화학
- 5.1.2 성층권의 화학: 오존층
- 5.1.3 오존을 파괴하는 화학물질
- 5.1.4 지상의 대기화학과 대기오염
- 5.1.5 산성비
- 5.1.6 대기오염에서 입자상 물질
- 5.1.7 온실효과와 지구 온난화

5.2 자연수: 오염과 정화
- 5.2.1 상수원과 오염
- 5.2.2 열오염
- 5.2.3 자연수 중의 산소 요구량
- 5.2.4 음용수의 정수
- 5.2.5 물의 소독(살균)
- 5.2.6 폐수의 처리
- 5.2.7 독성 폐기물의 관리
- ■ 돌아보기
- ■ 학습문제

인간생활의 질적 향상과 삶의 물질적 풍요는 화학이라는 과학 분야에서 새로운 화학물질의 개발과 밀접한 관계가 있다. 반면에, 과학의 발전과 삶의 풍요는 대기, 수질, 토양 등 환경오염을 초래하였는데 자연과 환경을 보호하고 후손에게 물려주기 위해 환경 문제를 이해하고 해결 방안을 찾고자 하는 것이 현대 과학의 의무다.

역사적으로, 환경으로 배출된 화학물질은 자연적으로 분해된다고 믿어왔다. 즉 자연계는 환경으로 배출된 화학물질을 무독성, 자연발생적 물질로 전환하거나 생명체에 위협을 주지 않을 정도로 희석된다고 여겼다. 그러나 근래에, 많은 물질들이 지속성이기 때문에 분해되지 않는다는 것이 밝혀졌다. 즉 오랫동안 빛, 물, 공기, 미생물의 활동에 의해 변화되지 않는 DDT와 같은 농약, CFC와 같은 냉장고와 에어컨 냉매, 이산화탄소, 독성의 금속 수은 등이 이에 해당한다.

이러한 지속성과 계속적인 방출에 의해 이들의 환경농도는 심각한 수준으로 증가했으며 자연 환경에 균일하게 분산하는 것이 아니라 오히려 생명체 내에 농축되었고, 이러한 이유로 인간과 동물이 영향을 받아 건강을 해치고 사망하게 되었다.

이와 같은 독성 화학물질 처리에 관한 대책은 환경으로의 배출을 감소시키는 것이었는데 현재 많은 물질들이 배출되기 전에 상당량이 포집되어 처리되고 있다. 이러한 방법의 한 예가 화력 발전소 굴뚝에서 나오는 기체상 오염물질의 포집으로, 일단 포집되면 고체로 전환되어 매립지에 매립된다.

독성 부산물의 감소보다는 포집에 초점을 맞추는 공해 억제 접근 방법은 사후처리 방법이며 이러한 방법의 문제점은 오염물질이 공정 중에 분해되지 않고 단순히 조금 더 환경친화적으로 변화한다는 것이다. 위의 예에서 화력발전소의 기체상 오염물질은 대기로 배출되기보다는 고체로 매립지로 보내진다.

사후처리 방법을 대신하는 최근의 접근 방법은 독성의 부산물이 처음부터 생산되지 않도록 합성 과정을 개선하는 것이다. 즉 새로운 접근방법은 독성의 부산물이 처음부터 생산되지 않도록 한다. 예로는 제품이 형성되는 중간 단계에서 유기용매 대신 물을 사용하거나 용매를 완전히 사용하지 않는 것이다. 또 다른 예로는 중금속 촉매의 대체, 재활용이 가능하거나 처분해도 해가 없는 제품의 설계 등이며 더 이상의 배출을 허용하지 않음으로써 환경에서 독성, 지속성 오염물질을 궁극적으로 제거하고자 하는 것이다.

많은 사람들이 현재의 환경 상태를 이해하고 소비습관을 바꾸어 오염과 폐기물을 감소시키기 위해 노력하고 있으며 전보다 많은 양의 종이, 캔, 유리, 플라스틱 등을 회수하여 재활용하고 있다.

또한 과대 포장이나 합성물질로 만들어진 것을 외면하고 있는데 어느 정도의 타당성은 있지만 사실 대부분의 경우 두 가지 대체품 사이에서 환경적으로 적절한 선택은 명백하지 않다. 그 예로 종이컵을 들 수 있다. 나무를 이용해 만든 종이컵이 석유에서 합성한 폴리스티렌 컵보다 환경에 더 좋을 것이라고 생각하지만 종이컵이 제조되는 과정에서 폴리스티렌 컵보다 더 많은 화학약품을 소비하고 수질오염을 유발하는 것으로 나타났다. 따라서 어느 제품이 환경적으로 더 우호적인가 하는 것을 선택하기 전에 소비재 상품을 생산하는 데 포함되는 많은 환경적 단계를 알고 이해해야 할 필요가 있다.

5.1 대기

5.1.1 대기와 화학

오염되지 않은 지구 대기에서 수증기를 제외한 주 구성성분은 질소(N_2, 약 78 %), 산소(O_2, 약 21 %), 아르곤(Ar, 약 1 %), 이산화탄소(CO_2, 약 0.03 %)이며 이러한 물질의 혼합물은 지표면에서 자연적으로 만날 수 있는 온도 또는 태양 빛의 강도 이상에서도 반응성이 없는 것으로 보인다. 이러한 반응성의 결여는 오해를 일으킬 수 있으며 실제로 많은 중요한 화학반응이 청정하건, 오염되었건 간에 상관없이 대기 중에서 발생한다.

지구 주변의 대기권은 다음과 같이 분류할 수 있다.

1. 대류권: 지표에서 해발고도 ~15 km 정도까지이며, 대기 질량의 약 70 %가 지표로부터 10 km 이내에 있고 높아짐에 따라 대기 온도가 감소한다.
2. 성층권: 고도 15~50 km이며 높아짐에 따라 대기 온도가 증가하는데 오존(O_3)에 의한 UV의 흡수때문이다.
3. 중간권: 고도 50~90 km 영역
4. 열권: 고도 90~120 km 영역이며 대기의 상당한 부분이 이온, 원자로 존재한다.

5.1.2 성층권의 화학: 오존층

오존층은 인간과 다른 생명체에게 해를 일으킬 수 있는 유해 자외선을 지구 표면에 도달하기 전에 걸러내기 때문에 '지구의 자연적인 차광막'으로 불리는 대기의 한 영역이다. 상공의 오존량의 상당한 감소는 생명체에 큰 위협을 줄 수 있어 남극 대륙 상부 오존층에 나타난 큰 구멍은 중요한 환경적 위기이다.

■ 오존층의 화학

오존파괴의 화학, 그리고 성층권에서 다른 과정은 태양 빛과 관련된 에너지에 의해 추진된다. 따라서 분자에 의한 흡광과 그에 따른 (화학적으로 반응할 수 있게 하는) 분자의 활성화 또는 에너지화 사이의 관계를 이해할 수 있어야 한다.

빛은 전자기파의 한 부분으로 파장에 따라 다음과 같이 분류할 수 있다.

1. 적외선IR : 파장~750 nm
2. 가시광선Visible : 파장 750~400 nm
3. 자외선UV : 파장 400~50 nm

특히 자외선은 더 세부적으로 분류한다.

- UV-A : 파장 400～320 nm
- UV-B : 파장 320～280 nm
- UV-C : 파장 280～200 nm

파장이 짧을수록 빛에너지는 커지므로 적외선–가시광선–적외선의 순서로 빛에너지가 증가한다. 여름철 바닷가에서 피부를 태우는 것이 자외선임을 기억하라. 물체들은 에너지 준위가 다르기 때문에 주어진 파장의 빛을 흡수하는 성질이 다르다.

■ 오존 파괴에 의한 생물학적 결과

대기 중 성층권 오존 농도가 감소하면 지구 표면에 도달하는 UV-B 광선이 증가한다. 상층 오존이 1% 감소하면 지표면의 UV-B는 2% 증가한다. 이러한 증가는 인간과 생명체에 유해한 결과를 초래하기 때문에 오존 파괴와 관련하여 가장 중요한 관심사이다. 사람의 피부는 UV-B에 노출되면 "선탠"과 화상을 일으키며 과다한 노출은 피부암을 일으킬 수 있다. 또한 증가하는 UV-B 양은 인체 면역 체계와 식물 및 동물의 성장에 나쁜 영향을 미칠 수 있다.

대부분의 생물학적 효과는 UV-B가 DNA 분자에 의해 흡수되어 손상반응을 일으킬 수 있기 때문에 일어난다. 지표면에 도달하는 UV-B 빛의 파장에 따른 세기와 DNA의 흡수 특성을 비교하면 태양광선의 흡수에 따른 기장 유해한 효과는 약 300 nm에서 일어난다고 결론 내릴 수 있다. 사실 옅은 색의 사람 피부는 약 300 nm에서 최대 UV 흡광도를 나타낸다. 대부분의 모든 피부암은 태양광의 UV-B의 과다 노출에 의한 것이다. 따라서 오존의 감소는 피부암 발병률을 증가시킬 것으로 예상된다.

UV-B의 증가는 노년층이 아닌 사람들에게 노년층에게 잘 나타나는 질병인 백내장 발생 가능성을 증가시킨다. UV-B가 10% 증가하면 50대의 백내장 환자 수는 60% 증가할 것으로 예상된다. 또한 증가된 UV-B의 노출로 인간의 면역체계가 저하되어 전염병 발생이 증가하게 된다.

UV-B의 증가는 광합성의 효율을 감소시켜 식물들은 잎, 씨, 과일의 양이 감소하고 수표면 5 m 깊이 이내에 살고 있는 유기체들은 증가된 UV-B에 의해 위험에 처하게 된다. 특히 해수표면 근처에서 서식하는 식물성 플랑크톤 종류의 미세 식물의 생산이 증가된 UV-B에 의해 위험에 놓여 결국 식물성 플랑크톤이 기초가 되는 해양 먹이 사슬에 나쁜 영향을 미친다. 최근의 개구리 등 양서류의 감소도 증가된 UV-B와 관련이 있다.

■ 오존의 생성과 파괴

성층권에서의 오존 생성 반응은 이 영역의 온도를 결정할 수 있을 만큼의 충분한 열을 생성한다.

성층권 위에는 공기가 매우 희박하고 산소 분자들의 농도가 매우 낮기 때문에 대부분의 산소는 태양 빛의 UV-C 광자에 의해 해리되어 원자 형태로 존재한다. 각 산소 원자들은 충돌하여 O_2 분자를 재형성하고 다시 태양광을 흡수하여 원자로 해리하는 과정을 반복한다.

성층권에 있어서 UV-C 빛은 대부분이 그 위에 있는 산소에 의해서 걸러지기 때문에 그 세기가 매우 낮다. 또한 공기 밀도가 높아 분자 산소의 농도가 훨씬 높다. 따라서 대부분의 성층권 산소는 원자보다는 O_2 분자로 존재한다. 산소 분자의 농도가 비교적 높고 산소 원자의 농도가 매우 낮기 때문에 산소 분자의 광화학 분해에 의해 생성된 성층권 산소 원자는 분해하지 않고 있는 산소 분자와 충돌에 의해 오존을 형성한다.

$$O + O_2 \rightarrow O_3 + \text{열}$$

실제로 이 반응은 성층권에 있는 모든 오존의 근원이 된다. 낮 동안 오존은 이 과정에 의해 일정하게 생성되는데 그 생성 속도는 주어진 고도에서 산소 분자의 농도와 UV 빛의 양에 의해 결정된다.

성층권에서는 또한 오존 파괴에 관한 과정이 존재하는데 이 영역에는 오존으로부터 산소 원자를 효과적으로 제거할 수 있는 많은 수의 원자와 분자(X)가 존재한다.

$$X + O_3 \rightarrow XO + O_2$$

산소 원자 농도가 비교적 높은 성층권 영역에서 XO 분자들은 산소 원자와 계속 반응하여 O_2를 생성하고 X를 재생성한다.

$$XO + O \rightarrow X + O_2$$

위 두 반응을 합하면

$$O_3 + O \rightarrow 2\ O_2$$

X 화학종은 O_3와 O 사이의 반응속도를 증가시키지만 자신은 변하지 않고 남아 계속 반응하기 때문에 촉매라고 하며, 촉매 X가 이 반응의 효율을 크게 증가시킨다.

오존파괴에 관한 모든 환경적인 관심은 어떠한 기체(특히 염소를 포함하는)들이 지상에서 부주의하게 방출되어 촉매 X의 성층권 농도가 증가한다는 사실이며, 이러한 촉매 농도의 증가는 성층권 오존 농도의 감소로 이어진다.

측정에 의하면 1970년대와 1980년대 성층권에서 정상상태 오존 농도가 전 세계적으로 수 % 정도 감소하였으며, 이러한 감소와 극지방의 오존홀 현상이 주로 촉매 X의 농도 증가에 의한 것으로 믿어진다.

5.1.3 오존을 파괴하는 화학물질

■ 염화불화탄소

최근 성층권 염소의 증가는 (염소, 불소, 탄소를 함유한 화합물인) 염화플루오르화탄소(chlorofluorocarbon, CFC)가 대류권으로 방출되는 것에 기인한다. 성층권의 염소 농도는 최근 CFC 사용 증가와 함께 1970년대의 약 2배, 원래 성층권에 기본적으로 존재했던 농도의 약 6배이다. 1980년대에 약 1백만 톤의 CFC가 대기 중으로 방출되었다. 이 화합물들은 무독성, 불연성, 비활성이고 유용한 응축 특성을 가지고 있어 많이 사용되어 왔다(냉장고, 에어컨의 냉매와 헤어스프레이 등).

CFC는 파장이 290 nm보다 긴 태양 빛은 흡수하지 않고 광분해를 하기 위해서는 220 nm 보다 짧은 파장의 빛이 필요하다. UV-C 빛은 낮은 고도로 많이 침투할 수 없으므로 CFC는 분해되기 위해 성층권 중간부로 올라가야 한다. 성층권에서는 수직 운동이 느리기 때문에 대류권에서 이들의 수명은 CFC-11 분자가 평균 60년, CFC-12 분자가 105년이다.

CFC-11는 CFC-12보다 낮은 고도에서 광화학적으로 분해되고 따라서 오존의 농도가 가장 높은 성층권 하부 고도에서 더 많은 오존 파괴를 할 수 있다. 결과적으로 현재 CFC-11과 12는 CFC에 의한 오존 파괴의 거의 대부분을 차지한다.

■ 사염화탄소와 유도체

대류권 침강이 되지 않는 또 다른 탄소－염소 화합물은 사염화탄소 CCl_4이며, 이는 성층권에서 광화학적으로 분해되고 염소에 의한 오존 파괴의 약 8%를 차지하고 있다. 이 물질은 상업적 용매로서, CFC-11, 12를 만들기 위한 원료로 사용되며 대기 중으로 누출된다. 이전에는 드라이크리닝의 용매로도 사용되었으나 금지되었다.

메틸클로로포름(1,1,1-삼염화에탄)은 많이 생산되어 금속 세정용으로 사용되면서 대기 중으로 많이 방출되었다. 비록 많은 부분이 수산기 래디칼과의 반응으로 대류권으로부터 제거되지만 충분한 양이 남아 성층권으로 이동하고 오존 파괴에 큰 영향을 미친다.

5.1.4 지상의 대기화학과 대기오염

가장 잘 알려진 대기오염은 스모그로 안개와 연기의 합성어이다(smog= smoke + fog). 스모그는 전 세계의 많은 도시에서 발생하며 스모그 중 한 형태를 발생시키는 반응물은 주로 자동차로부터 방출된다.

스모그의 가장 중요한 표시는 갈회색 연무로 이는 대기 중 오염물질 사이의 화학반응의 생성물을 포함하는 작은 물방울이 대기에 존재하기 때문에 발생한다. 주로 도시에서 발생하나 현재 도시 주변의 청정지역까지 주기적으로 확산하고 있다.

스모그는 종종 몇 가지 기체성분 때문에 불쾌한 냄새를 갖는데, 스모그 속의 반응중간물과 최종생성물은 인간의 건강에 영향을 주며 식물, 동물, 물질 등에 해를 끼칠 수 있다. 대부분의 선진국에서는 개선되고 있지만 개발도상국의 큰 도시에서는 악화되고 있는 실정이다.

■ 스모그의 근원과 생성

광화학 스모그는 오염물질의 광화학 반응 결과로 낮은 고도에서 바람직하지 않은 지상 오존이 높은 농도로 생성되는데 스모그 생성공정은 수십 가지의 화학물질이 포함되는 동시에 발생하는 수백 가지의 반응이다.

WHO(세계보건기구) 및 대부분의 국가에서는 공기 속에 허용되는 최대 오존농도로 시간당 약 100 ppb라는 기준을 세웠다.

광화학 스모그 현상의 주요한 최초 반응물은 산화질소 NO·와 자동차와 같은 내부 연소기관의 오염물질로서 공기로 방출되는 미연소 탄화수소이다. 이 화학물질들의 농도는 청정공기 속에서 발견되는 것보다 수십 배 더 크다. 근래에 용매, 액체 연료와 다른 쉽게 증발하는 유기성분(휘발성 유기화합물 VOC, volatile organic compounds)들도 도시 공기 중에 존재한다.

광화학 스모그의 또 한 가지 필수 성분은 햇빛인데 이는 스모그 형성의 화학공정에 참여하는 자유 래디칼의 농도를 증가시키기 위해 필요하다. 스모그의 최종 생성물은 오존, 질산과 부분적으로 산화되거나 질화된 유기 화합물이다.

$$\text{VOC} + \text{NO}\cdot + \text{햇빛} \rightarrow \rightarrow O_3,\ HNO_3,\ \text{유기물의 혼합물}$$

■ 스모그 발생물질

도시 대기 중에 가장 반응성이 높은 VOC는 탄소-탄소 이중결합(C=C)을 포함하는 탄화수소인데 이는 자유 래디칼을 첨가할 수 있기 때문이다. 다른 탄화수소도 역시 존재하고 반응할 수 있으나 반응 속도는 느리며 광화학 스모그 현상의 후반 단계에서 중요하다. 질소산화물 오염물 기체는 연료가 뜨거운 불꽃과 공기 속에서 연소할 때 발생하는데, 높은 온도에서 공기 속의 질소와 산소 기체의 일부가 결합하여 산화질소 NO·을 형성하는 것이다.

$$N_2 + O_2 \rightarrow 2NO\cdot$$

도시에서의 광화학 스모그 발생조건은 첫 번째로 충분한 NO·, 탄화수소, 다른 VOC를 공기로 방출하기 위해 상당한 교통수송량이 있어야 하며, 두 번째로 주요 반응(몇 가지는 광화학 반응)들이 빠르게 일어나기 위해 따뜻하고 충분한 햇빛이 있어야 한다. 그리고 세 번째로 반응물이 희석되지 않게 공기의 이동이 상대적으로 적어야 하는데 예로 산으로 둘러싸인 지형과 인구가 밀집되어 있는 로스앤젤레스, 덴버, 멕시코 시티, 도쿄, 아테네, 로마와 같은 도시들이 앞에서의 조건을 모두 갖추어 스모그 현상이 빈번하게 발생하기 쉽다.

■ 영향

스모그를 포함하는 공기는 오존과 기타 호흡기 질환 물질을 많이 포함하고 있어 노인, 유아 등 매년 수천 명의 조기 사망을 야기하고 있는 것으로 추정되며 증가된 오존 수준은 물질에도 영향을 미치는데 고무를 딱딱하게 경화시켜 자동차 타이어 같은 제품의 수명을 단축시키기도 한다.

■ 자동차의 개선

연소기관에서 일산화질소 NO·의 생성은 연소 온도를 낮춤으로써 줄일 수 있으며 최근에는 촉매 변환기를 장착하는 방법으로 자동차로부터 보다 완벽하게 제어하려고 한다. 자동차 초기의 이원 변환기는 일산화탄소와 미연소 탄화수소들을 처리하기 위한 것으로 최종 생성물인 이산화탄소 CO_2로 완전 연소시켰으나 현재의 3원 촉매 변환기는 Rd 촉매가 표면에 포함되어 NO·를 먼저 질소와 산소로 전환시킨 후

$$2\ NO\cdot \rightarrow N_2 + O_2$$

그 다음 Pd와 Pt 촉매를 사용하여 탄소함유 기체를 거의 완전히 CO_2와 물로 산화시킨다.

$$2\ CO + O_2 \rightarrow 2\ CO_2$$

■ 촉매전환기의 성능

일단 엔진이 가열되면 적절하게 운전되는 3원 촉매는 배출기체가 대기로 배출되기 전에 엔진으로부터 탄화수소, CO, NOx의 80~90%를 제거하지만 엔진이 가열되기 전 갑작스런 가속이나 감속이 있을 때 변환기는 효과적으로 작동할 수 없고 배기관으로부터 배기 기체가 대량으로 방출된다. 변환기가 없거나 2원 변환기를 가지는 오래된 차량은 정상적인 주행 중에도 질소산화물 NOx를 대기로 계속 방출한다.

5.1.5 산성비

오늘날 세계의 많은 지역이 직면하고 있는 가장 심각한 환경문제의 하나는 산성비이다. 이런 일반적인 명칭은 산성 안개, 산성 눈을 포함하는 다양한 현상을 포괄하며 이들 모두 상당한 세기의 산이 대기로 침전하는 것에 해당한다. 산성비는 생태학적으로 다양한 피해를 주는 결과를 나타내며 공기 중 산의 존재는 역시 인간의 건강에도 직접적인 영향을 준다.

자연적인 비는 비에 용해된 CO_2가 탄산 H_2CO_3를 생성하기 때문에 약간 산성을 띤다.

$$CO_2(g) + H_2O(aq) = H_2CO_3(aq)$$

탄산은 부분적으로 이온화하여 수소이온을 배출하고 그 결과 pH가 감소하게 된다.

$$H_2CO_3 = H^+ + HCO_3^- \text{ 중탄산이온의 형성}$$

자연적인 이러한 발생원 때문에 오염되지 않은 자연비의 pH는 약 5.6이며 이보다 훨씬 산성인 pH 5 이하의 비를 산성비라고 한다.

산성비의 원인은 산성비에 포함된 두 가지의 지배적인 산인 황산 H_2SO_4과 질산 HNO_3 때문이다. 일차 오염물인 SO_2나 NOx이 발생원에서 멀리 떨어진 곳에서 공기 중의 수분에 용해되어 침강되며 이 산들은 일차 오염물을 함유하는 공기 덩어리가 이동하는 동안 생성된다.

■ 아황산 SO_2 가스 오염의 근원과 저감

이산화황 SO_2은 세계적 규모로 보면 화산과 식물의 분해 연소 중 생성된 황의 산화에 의해 생성되는데 자연계 이산화황은 주로 대기 속으로 높이 방출되거나 밀집 거주 지역에서 멀리 떨어진 곳에서 방출되기 때문에 청정 공기 속에서 이 기체의 기본 농도는 아주 낮다.

그러나 꽤 많은 양의 인공적 이산화황이 현재 지상 공기 속으로 방출되고 있는데, SO_2의 주요 인위적 발생원은 황을 함유한 석탄을 이용하는 화력발전소의 연소공정이다. 석탄에 포함된 황은 연소 전에 석탄을 가루로 만들면 약 절반의 황은 물리적으로 제거할 수 있다. 그러나 나머지 절반의 황은 고체의 복잡한 탄소 구조에 결합되어 있어 경비가 많이 드는 공정을 거치지 않고는 제거될 수 없다. 원유에서도 황이 존재하지만 휘발유와 같이 정제된 제품에서는 아주 적은 양으로 감소된다. 그러나 잔류물에서의 황 함유율은 높다.

■ 산성비와 광화학 스모그의 생태학적 영향

일차 대기 오염물 NO·은 물에 녹지 않고, 아황산 SO_2 기체가 물에 녹아 형성되는 아황산 H_2SO_3는 약산이다. 따라서 일차 오염물 NO·과 SO_2 그 자체로는 빗물을 산성화시키지 않는다. 그러나 이 일차 오염물의 일부는 수 시간/일 동안에 이차 오염물 H_2SO_4, HNO_3로 전환되고 물에 잘 녹으며 강산이다. 산성비에서 모든 산도는 이 두 산의 존재 때문이다.

산성비가 생물체의 생활에 주는 영향의 정도는 그 지역의 토양과 암반의 조성에 크게 의존한다. 크게 영향을 받는 지역은 화강암이나 석염 암반으로 이루어진 지역이고 이러한 지역의 토양은 산을 중화시키는 능력이 별로 없다. 반면에 암반이 석회석이나 석회암이면 산성비는 효과적으로 중화되는데 이들은 탄산칼슘으로 구성되어 있고 이는 염기로 작용하여 산과 반응하게 된다. 똑같은 반응이 석회석 동상과 대리석 동상의 부식에도 관련이 있다. 귀, 코, 얼굴 등 동상의 미세한 부분이 산 또는 아황산 기체 자체와의 반응에 의해 손상된다.

건강한 호수는 pH가 약 7이거나 다소 높은 pH를 가져야 하는데 pH가 5 이하로 떨어지면 거의 모든 어류가 멸종되거나 번식할 수 없게 된다. 결과적으로 산성비의 영향을 받는 지역의 많은 호수와 강에는 현재 경제성 있는 어류가 부족하게 된다. 종종 산성화된 호수의 물은 매우 맑은데 이는 대부분의 식물군과 동물군의 죽음 때문이다.

숲으로 강하되는 비의 산성도와 대기 중에 있는 오존 또는 다른 산화제는 나무에 상당한 압박을 준다. 이런 압박만으로는 나무가 고사되지는 않지만 가뭄, 극단적인 온도, 질병, 곤충의 공격을 받을 때 나무들은 훨씬 더 취약해지게 된다. 전형적으로 나무 가지의 죽음은 나무의 꼭대기에서부터 시작된다. 숲이 훼손된 현상은 서독에서 처음으로 대규모로 관찰되었다. 높은 고도의 숲은 산성 강우에 의해 가장 많이 영향을 받는데 이는 숲들이 산도가 최고로 농축되어 있는 구름의 하부에 노출되어 있기 때문이다.

안개와 연무는 강우보다 너 산성을 나타내는데 산을 희석시킬 물의 양이 훨씬 적기 때문이다. 예로 산성의 안개로 둘러 쌓인 호수 주변의 나무들은 더 빨리 시들어 죽는 현상을 보이고 있다. 산성비에 의해 영향을 받은 낙엽성 나무들은 점차적으로 꼭대기에서 아래쪽으로 죽어간다. 가장자리의 나뭇잎이 연초에 말라서 떨어지게 되며 다음해 봄에 다시 싹이 나지 않게 된다. 이러한 변화의 결과로 나무들은 약해지고 다른 압박에 의해 더 영향을 받기 쉬워진다.

5.1.6 대기오염에서 입자상 물질

디젤 트럭에 의해 공기 속으로 배출되는 검은 매연은 가장 관찰하기 쉬운 오염 형태로 매연은 입자상 물질(particulate matter, PM)로 구성되어 있다. 입자상 물질은 공기 속에 떠다니고 보통 육안으로는 관찰하기 어려운 고체 또는 액체 입자들이다. 그러나 집합적으로 모이면 미세입자들은 종종 가시도를 제한하는 연무를 형성한다.

탄소를 주성분으로 하는 대기 입자상 물질의 주요 발생원 중 하나는 디젤엔진으로부터의 배출인데 근래에 들어 제어되기 시작하였다. 20세기에 시작된 엄격한 규정의 점진적인 적용으로 새로운 디젤 트럭과 버스들에 대해 엔진 배기기체의 후처리 장치 설치를 요구하고 있다.

모든 입자들은 중력에 의해 빠르게 침강되어 지구의 표면에 침전될 수 있을 것 같지만, 이는 작은 크기의 입자에 대해서는 적용되지 않는다. 초당 움직이는 거리로 표현되는 속도는 입자들의 직경의 제곱에 비례하여 증가한다. 즉 직경이 절반인 입자는 4배 느리게 침강한다. 따라서 아주 작은 입자들은 그들이 접촉하게 되는 어떠한 물체에 흡착되지 않으면 아주 천천히 침강하여 공기 속에서 무한히 부유하게 된다. 이러한 침전 공정 이외에 입자들은 떨어지는 빗방울에 흡수되어 공기로부터 제거되기도 한다.

큰 입자는 작은 입자보다 건강에 미치는 영향이 적은데 그 이유는 빨리 침강하기 때문에 인간의 호흡에 의한 (이들 물질에 대한) 노출이 감소하며, 흡입될 때 코와 목에서 효과적으로 걸러지고 일반적으로 폐 속 깊이까지는 이동하지 못하기 때문이다. 이와 반해 흡입된 미세입자는 일반적으로 폐로 이동하고 폐세포 표면에 흡착이 가능해서 그 피해가 더 크다. 큰 입자들의 단위 질량당 표면적은 작은 입자보다 작고, 큰 입자들은 입자 표면에 흡착된 기체성분을 호흡기로 이동시키는 능력이 떨어질 뿐만 아니라 화학적, 생화학적 반응에 의해 촉매 역할을 할 능력도 적다.

공기 중 입자를 제거하기 위한 정전기 집진장치와 필터 여과장치 등은 거친 조대입자에 대해서만 효과적이다. 비록 이러한 장치가 입자 전체 대부분을 제거할 수 있다고 해도 표면적과 흡입 가능한 입자의 감소 비율은 훨씬 낮은데 이는 나머지 5%의 미세입자에 의한 표면적이 매우 크며 그 영향 또한 크기 때문이다.

■ 공기오염이 건강에 미치는 영향

대기오염이 건강에 미치는 중요한 결과는 폐에서 발생하는데 예로 천식 환자는 흡입 공기 중의 아황산 기체 또는 오존 농도가 증가할 때 질병이 악화된다. 가장 심각한 건강문제들은 매연 입자상 물질과 아황산 기체 SO_2 또는 아황산 기체의 산화 생성물이 높은 농도로 결합되어 발생한다.

20세기 중반 서방의 몇몇 산업화된 도시는 겨울철에 매연과 황 오염을 겪었는데 그 오염이 너무 심각해서 사망률이 현저하게 증가하였다. 예로 1952년 12월 런던에서 이 오염물질들이 지표면 근처의 안개 낀 공기에 누적됨으로써 약 4천 명이 수일 내에 사망했는데 가장 취약했던 대상은 기관지 문제를 겪고 있던 노인과 어린아이들이었다. 대부분의 오염물을 발생시켰던 가정용 석탄 연소를 금지시킴으로써 문제를 크게 감소할 수 있었다.

■ 실내 공기 오염물이 건강에 미치는 영향

오염물의 농도는 건물마다 상당히 다르지만 일반적으로는 실외보다 실내가 더 높다. 대부분의 사람이 실외보다 실내에서 더 많은 시간을 보내기 때문에 실내 공기 오염물에 대한 노출이 중요한 환경문제가 된다. 우리가 새집 증후군이라고 하는 실내 오염에는 포름알데히드의 영향이 가장 크다.

1) 포름알데히드(HCHO, $H_2C = O$)

가장 중요하고 논쟁의 여지가 많은 실내 공기 유기오염물 기체이다. 메탄과 다른 VOC의 산화에서 발생하는 안정된 중간물로서 대기에 광범위하게 퍼져 있는 극소량이 성분이다. 옥외 공기에서는 이들의 농도가 일반적으로 매우 낮은 반면, 실내 포름알데히드 기체의 수치는 평균 0.1 ppm로 10배 이상 크며 때로 1 ppm을 초과한다. 주요 발생원인은 흡연, 합판과 파티클 보드 및 칩 보드의 접착제로 사용되는 포름알데히드 수지를 포함하는 합성물질이라고 할 수 있는데, 카페트와 직물의 염색에도 사용된다.

많은 유용한 수지들은 포름알데히드와 다른 유기 물질의 결합에 의해 생성되며, 생산된 후 수 개월/년 동안에 적은 양의 포름알데히드를 계속해서 방출한다. 그 결과 합판을 많이 사용한 새로 지은 주택은 오래된 전통 방식으로 지어진 주택보다 공기 중에 훨씬 더 많은 양의 포름알데히드를 가지게 된다.

2) 포름알데히드의 특성

포름알데히드는 자극적인 냄새를 가지고 있다. 사람은 약 0.1 ppm에서 냄새를 느낄 수 있는 감지점이 있는데 0.1 ppm보다 약간 높은 수치에서 많은 사람들이 눈, 코, 목, 피부가 자극되는 것을 느낀다. 또한 흡연에서 발생하는 포름알데히드는 눈을 자극하는 원인일 수 있다. 공기 중의 포름알데히드는 어린이들의 호흡기 감염과 알레르기 및 천식을 빠르게 진행시키는 원인일 수도 있으며, 실험용 동물 및 인간에게 발암물질로 나타날 수 있다. 미국환경청에 의해 '인간에 대한 발암 가능물질probable human carcinogen'로 분류되었고 예상되는 암의 위치는 코를 포함하는 호흡기이다.

■ 환경적 담배연기

흡연이 폐암 유발과 심장 질환의 주요 원인 중 하나라는 사실은 잘 알려져 있다. 비흡연가들은 공기에 의한 희석으로 흡연가보다는 낮은 농도지만 역시 담배 연기에 노출되어 있다. 이러한 환경적 담배연기(environmental tobacco smoke, ETS)가 이에 노출된 사람들에게 해로운지 여부를 확인하는 것이 많은 연구의 주제이다.

환경적 담배연기는 기체와 입자로 이루어져 있다. 실제로 그냥 타는 담배는 담배를 흡입할 때에 비해 낮은 온도에서 연소하기 때문에 독성 생성물의 농도는 담배를 빨아들이는 동안보다 담배를 빨아들이지 않는 동안이 더 높다. 그렇지만 담배를 빨아들이지 않을 때의 담배 연기는 공기에 의해 희석되기 때문에 비흡연가의 폐에 도달하는 농도는 흡연가의 폐에 도달하는 농도보다는 훨씬 낮다.

담배 연기의 화학적 구성은 매우 복잡해서 수천 가지의 성분을 포함하고 이 중 수십 가지는 발암물질이다. 기체는 일산화탄소, 이산화질소, 포름알데히드, 다핵 방향족 탄화수소, 휘발성유기물질, 폴로니움 84와 같은 방사성 원소를 포함한다. 타르라는 입자상 물질은 니코틴과 덜 휘발성인 탄화수소를 포함하며 대부분이 흡입될 수 있는데 많은 사람들이 환경적 담배연기에 노출되어 눈과

기도의 자극을 느낀다. 환경적 담배연기의 기체상 조성, 특히 포름알데히드, 시안화수소HCN, 아세톤, 톨루엔, 암모니아가 대부분의 냄새와 자극의 원인이고 환경적 담배연기에의 노출은 천식이나 협심증 환자의 증상을 악화시킨다.

5.1.7 온실효과와 지구 온난화

온실효과는 대기 중에 이산화탄소와 그 밖의 여러 온실 기체가 축적되어 대기의 평균 온도가 증가하는 현상을 말하며 이러한 온실효과는 21세기 이후 전세계의 기후에 큰 영향을 미칠 것으로 예상된다.

지구 온난화는 이미 상당 기간 지속되어 왔으며, 1860년 이후 지속된 지구 평균 온도 증가(연평균 약 0.7℃)의 원인이다.

2040년경에는 지구 대기의 평균 온도가 현재보다 약 1℃ 증가하고 2100년에는 1.5℃ 더 증가할 것이라고 예상되는데 이러한 기후 변화로 지구의 총 강우량은 증가할 것이며, 매년 집중호우와 이상 고온 현상이 증가할 것이다. 또한 빙하의 용해와 해수의 열적 팽창으로 해수면이 상승해서 2040년경에는 약 20 cm, 2100년경에는 약 50 cm 올라갈 것으로 예상된다. 이러한 해수면의 증가는 거주 및 농경 지역의 침수를 초래해서 방글라데시 같은 나라에서는 사람들이 거주하는 대부분의 지역이 침수될 것이며, 특히 온도와 수분의 변화는 과거에 발생하였던 변화들보다 빠르게 일어날 것이며, 결과적으로 생태계가 불안정해질 것이다. 따라서 이산화탄소와 다른 온실 기체들의 방출을 줄이기 위한 조치가 필요하다.

온도 증가 영향으로는 극지에 가까운 지역이 훨씬 더 심할 것이며, 상업적 운송항로로 이용되는 북극 북서부에 존재하는 빙하가 용해하고, 아열대 지역에서는 몬순 강우가 더 심해지며, 미국의 중서부 지역과 이에 인접한 캐나다에서는 더운 공기에서 수분의 증발 속도가 증가되어 토양이 점점 더 건조해져 곡물 경작이 어려워질 것이다. 또한 여름에는 혹서 기간이 더 늘어나고 겨울에는 혹한 기간이 줄어들어 북위도 지역에서는 결빙되지 않는 기간이 늘어날 것이며 이러한 변화는 식물의 성장에 영향을 미칠 것이다.

지구 평균 온도의 증가는 긍정적인 영향과 부정적인 영향을 모두 가지고 있다. 실제로 급격한 지구 온난화 현상은 가장 중요한 지구환경문제로 간주되고 있다. 그리고 오존홀과 같이 명백한 현상을 보이는 대류권의 오존 파괴와는 달리 온실효과로 인한 지구 온난화 현상은 납득할만한 현상으로 관측되지 않았다.

아무도 미래의 온도 증가 시기와 정도를 확신할 수 없으며, 아직까지 발생하기 전에 개개의 특정 지역에서의 믿을만한 예측을 할 수 없다. 그러나 현재의 대기 모델이 정확하다면 심각한 지구 온난화 현상이 수십 년 안에 발생할 것이다. 따라서 미래에 발생할 수 있는 재앙을 막기 위한 조치를 취하기 위해서는 지구의 온도 증가에 영향을 미치는 인자들을 이해하는 것이 중요하다.

■ 지구 온난화 발생 경로와 지구 온난화에 영향을 미치는 화학물질의 발생원과 특성

지구의 표면과 대기는 주로 태양의 에너지에 의해 온난하게 유지되는데 태양에서 방출되는 최대 에너지는 파장이 400~750 nm 영역인 가시광선에 집중되어 있다.

지구로 향하는 모든 파장의 광선 중 50%는 지구 표면에 도달하고 흡수된다. 다른 20%는 기체(UV는 성층권 오존에 의해, IR은 CO_2와 H_2O에 의해)와 공기 중에 있는 물방울에 의해 흡수된다. 나머지 30%는 구름, 얼음, 눈, 모래 및 다른 반사체에 의해 흡수되지 않고 우주 공간으로 반사된다.

지구도 다른 뜨거운 물체처럼 에너지를 방출하는데 이를 흑체복사라고 한다. 온도가 일정하게 유지되려면 실제로 행성에서 흡수하는 에너지와 방출되는 에너지가 같아야 한다. 방출되는 에너지는 가시광선, 자외선이 아니고 파장이 4,000~50,000 nm 영역인 열적외선이다.

공기 중의 몇몇 기체는 특정한 파장을 가진 열적외선을 일시적으로 흡수할 수 있으며 이 때문에 지구의 표면과 대기로부터 방출되는 적외선이 우주 공간

으로 모두 방출되지 않는다. 적외선은 CO_2와 같은 공기 중 분자들에 의해 일부가 흡수된 후에 다시 모든 방향으로 방출된다. 따라서 일부의 열적외선은 지구 표면으로 다시 방출, 흡수되어 지구 표면과 대기를 가열시킨다. 지구 표면으로 열적외선이 다시 들어가는 이러한 현상을 '**온실효과**'라고 하며, 지구 표면의 표면 온도가 대기가 없을 때의 대기 평균 온도가 −15℃가 아니라 +15℃로 유지되는 원인이 된다. 지구 전체가 두꺼운 얼음으로 완전히 뒤덮혀 있지 않는 것은 온실효과의 자연적 작용 결과이다. 따라서 태양에너지를 받는 만큼 지구의 각 표면은 위의 메커니즘에 의해 가열된다. 대기는 위의 방법으로 물체에 의해 방출되는 일부의 열을 간직하는 단열재로 작용하여 지역적으로 온도를 상승시키게 된다.

환경화학 분야에서 우려하는 것은 대기 중에서 열적외선을 흡수하는 미량의 희귀 기체 농도의 증가로 외부로 방출되는 열적외선의 더 많은 부분이 지구 표면으로 흡수되고 이로 인하여 지구 표면의 대기 평균 온도가 +15℃ 이상으로 증가될 수 있다는 것이다. 이러한 현상을 '**증대온실효과**'라고 하며 이전까지 오랫동안 자연적으로 나타났던 온실효과와는 구분된다.

대기 중의 주요 구성 성분인 N_2, O_2, Ar은 적외선을 흡수하지 못한다. 과거에 대부분의 온실효과를 일으켰던 대기 중의 기체는 '수분'과 '이산화탄소'이다. 사막에서는 낮 시간 동안 태양에너지를 직접 흡수하여 온도가 매우 높지만 건조 대기 중의 수분 결핍은 밤 시간 낮은 온도의 원인이 된다. 온화한 기후 지역에 사는 사람들도 대기 수분이 적은 맑은 낮과 밤의 겨울날 공기에서 상당한 냉기를 느끼게 된다.

1) 이산화탄소

인류 발생 이후 화석연료의 증가로 인해 이산화탄소의 농도는 기하학적으로 증가하였다. 이러한 화석연료에는 석탄, 석유, 천연가스 등이 있으며 지질시대에 식물과 동물이 지층에 퇴적되어 공기 산화에 의해 완전히 분해되기 전 형성되었다.

선진국에서는 매년 평균 일인당 약 5,000톤의 이산화탄소를 발생한다고 한다. 난방, 자동차 등 직접적 사용, 운송, 발전, 경제활동 등 간접적 사용의 결과이다. 개발도상국에서 일 년에 일인당 방출하는 이산화탄소의 양은 선진국의 약 1/10 정도이지만 계속 증가하는 추세이고, 삼림이 개간되거나 농업적인 목적의 경작지를 제공하기 위한 목적으로 나무를 태우는 경우 상당량의 이산화탄소가 공기 중에 배출된다.

지난 수세기 동안 온대성 기후 지역에서 이런 종류의 삼림 파괴활동이 있었으며 현재 열대 지역으로 이동하고 있다. 현재 단일 국가에서 이러한 삼림파괴가 가장 많이 일어나고 있는 곳은 브라질로 열대 우림의 연간 삼림 파괴 백분율은 실제로 남미 지역보다는 중미와 동남아시아 지역에서 훨씬 높다.

그러나 캐나다의 브리티시 컬럼비아와 같은 온화 지역에서는 임업이 중요한 산업이며 다른 모든 산업활동에서 발생하는 이산화탄소보다 벌목 후 발생하는 잡목을 태워서 발생하는 이산화탄소의 양이 훨씬 더 많다. 결론적으로, 연간 인위적 이산화탄소 방출의 1/4은 삼림 파괴가 차지하고, 3/4는 화석연료에 의한 것이다.

앞으로는 발전소에서 화석연료를 태울 때 이산화탄소를 대기 중으로 방출하기보다는 화학적으로 제거하게 될 것이다. 이렇게 제거된 이산화탄소 기체는 그것이 용해될 수 있는 해양이나 석유, 천연가스를 채굴하고 남은 빈 공간에 매립할 수 있을 것이다.

2) 수증기

항상 공기 중에 풍부한 물 분자는 열적외선을 흡수한다. 사실 물은 단위 분자당으로는 이산화탄소보다 덜 효율적인 흡수체이기는 하지만 지구 대기에서 가장 중요한 온실 기체이다.

액상 물의 평형 증기압과 공기에서 수증기의 최고 농도는 온도에 따라 지수적으로 증가한다. 따라서 수증기에 의해 흡수된 열적외선의 양은 지구 온난화에 의해 증가하고 온도 증가를 증폭시킨다. 또한 다른 기체의 농도를 높이는 간접적인 효과로 나타나므로, 수분에 의한 온난화의 증가는 다른 기체들의 직접적인 온난화 효과와 밀접하게 연관되어 그 정도를 높이게 된다.

구름에서의 액체 물방울 형태의 수분 역시 열적외선을 흡수한다. 그러나 또한 구름은 지구로 들어오는 햇빛의 일부인 자외선 UV과 가시광선을 우주로 다시 반사한다. 대기 중 수분의 양을 증가시킴으로서 생성되는 추가적인 구름 차단막이 지구 온난화에 긍정적 또는 부정적인 효과를 주는지는 아직 확실하지 않다. 적도 지역 위의 구름은 총 효과가 거의 없는 것으로 알려져 있으나 북위도 지억의 구름은 태양 빛을 반사하는 능력이 적외선을 흡수하는 능력보다 크기 때문에 총 냉각효과를 가져온다. 따라서 증가된 대기 온도에 의하여 이 후자형의 구름이 더 생성되면 지구 온난화의 강화는 줄어들 것이다. 그러나 동일한 고도에서 추가적인 북쪽 구름 차단막이 현재의 구름과 같은 방식으로 작용할지는 확실하지 않다.

3) 메탄

이산화탄소와 물 다음으로 메탄이 중요한 온실기체이며 열적외선을 흡수한다.

메탄분자는 이산화탄소보다 열적외선 양자를 더 큰 비율로 흡수하기 때문에 이산화탄소보다 23배나 강한 온실효과를 일으킨다. 그러나 현재로서는 이산화탄소 농도가 80배 증가한 이유로 지구온난화에 있어서 메탄은 덜 중요하다. 현재 메탄에 의한 지구 온난화 기여도는 이산화탄소에 비하여 지구 온난화의 1/3 정도인 것으로 추정된다.

대기 메탄의 농도는 산업혁명 이전에 비해 거의 2배 증가하였으며 이러한 증가의 대부분은 20세기에 발생하였다. 대기 메탄의 농도 증가는 증가된 식량 생산, 화석연료 사용, 산림의 훼손 등 인간 활동의 결과로 추정된다. 메탄은 식물의 혐기성 분해로 생물학적으로 생성되는데 그러한 과정은 식물의 부패가

물에 젖은 상태에서 일어날 때 대규모로 발생한다(예: 늪지, 소택지와 같은 천연습지, 논 등). 댐 건설(전력 생산 및 용수 관리)에 의해 발생하는 습지의 확대는 메탄의 발생 총량을 증가시킨다.

또한 소, 양, 일부 야생동물을 포함하는 반추동물들이 먹이의 섬유소를 소화시킬 때 위에서 부산물로서 막대한 양의 메탄을 생성한다. 따라서 축산업 분야에서도 상당한 양이 발생한다고 볼 수 있다.

매립지 쓰레기의 유기물질의 혐기성 분해는 또 다른 중요한 메탄의 발생원으로 어떤 공동체에서는 매립지로부터 메탄을 대기 중으로 유출시키지 않고 수집하여 열을 생성하는 데 사용한다.

요약하면, 대기 메탄에는 여섯 가지의 중요한 발생원이 있는데 중요도 순으로 정리하면 습지, 화석연료, 매립지, 반추동물, 논, 생물질의 연소이다.

5.2 자연수: 오염과 정화

지구상의 모든 생명체는 물에 의존하며 인간은 생명을 유지하기 위해 매일 몇 리터의 신선한 물이 필요하다. 하지만 불행하게도 세계의 모든 지역에서 깨끗한 음용수의 수원을 충분히 얻을 수 있는 것은 아니다. 오랜 기간 동물의 폐기물, 하수오물 같은 생물학적 근원에 의한 음용수의 오염은 다른 어느 원인보다 환경적인 원인에 의한 더 많은 인간의 죽음에 책임이 있을 것이다.

5.2.1 상수원과 오염

지하에 존재하며 종종 대수층이라는 큰 저수원에서 발견되는 지하수는 우물로 이용되어 북미 인구의 약 절반과 영국 인구의 1/3의 음용수로 공급된다. 이러한 지하수는 전통적으로 순수한 상태로 여겨졌는데 토양을 통한 여과 작용

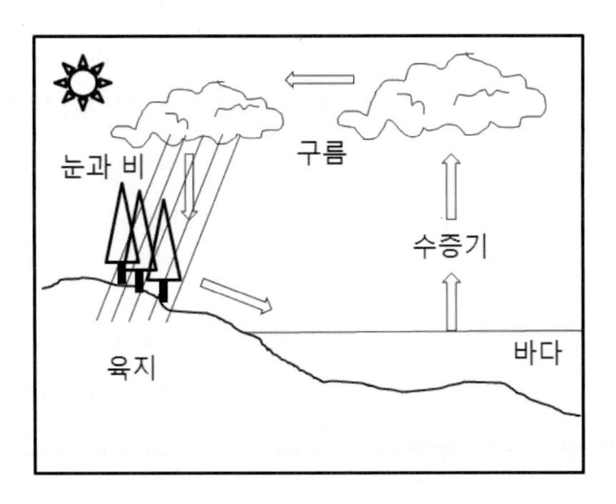

그림 5.1 물의 순환

과 지하에서의 긴 체류시간 때문에 호수와 강의 물보다 병원성 미생물과 자연 유기물질을 덜 포함하기 때문이다. 그러나 많은 지역에서 지하수는 수십 년 동안 화학물질에 의해 오염되어 왔는데, 1980년대까지는 이러한 오염이 심각한 환경문제로 알려지지 않았다.

무기오염물 중 가장 심각한 것은 농업으로부터 유발되는 질산염이다. 농촌에서는 지표면으로부터 침출된 유기 살충제에 의한 대수층의 오염이 심각해지고 있다. 이러한 유기물질의 발생원은 화학폐기물 처리장의 누출, 지하 휘발유 저장 탱크의 유출, 매립지의 누출, 사고로 지상으로 유출되는 화학물질들이다.

지구 표면 위의 강, 호수와 하천에 존재하는 지표수는 음용수의 주된 수원일 뿐만 아니라 휴식과 재생산을 제공하는 동식물의 서식처로서 중요하다.

유명한 수질 오염사건 중의 하나를 소개하면 1960년대 죽어가고 있다고 한 미국 오대호 중 하나인 에리 호 사건이다. 1970년대 초까지 에리 호의 호숫가는 죽은 물고기의 썩는 냄새와 광경으로 거의 죽은 호수였다. 에리 호의 문제는 주로 인산이온의 과도한 유입으로부터 발생하였는데 그 원인은 세제, 하수오물, 농장에서 사용한 인산비료의 방류였다. 호수에서는 인산이온이 이끼류의 성장을 조절하는 성분이 된다. 따라서 인산이온의 공급량이 많을수록 이끼류의 성장은 활발해지고 점차 그 양이 극도로 증가하게 된다. 마침내 방대한 양의 이끼류가 죽고 산화에 의해 부패하기 시작할 때 물의 용존 산소가 고갈되고 호수 생태계에 불리하게 작용하게 된다. 이때의 호수는 메스꺼운 맛과 냄새, 녹색, 끈적끈적한 상태가 되고 죽은 물고기와 수중 식물이 물가에서 썩게 된다.

이와 같은 문제점을 바로 잡기 위해 호수와 지류에 인산이온이 도달하기 전에 폐수에서 인산이온을 제거하기 위해 하수 처리 시설을 설립하였다. 지금은 에리호에 들어가는 인산이온의 총량은 2/3 이상 감소되었으며 그 결과 에리 호는 다시 살아났고, 호숫가는 다시 관광객이 모이고 상업적 어장도 회복되었다.

앞으로 해결해야 할 문제는, 첫째 자연수에서 일어나는 여러 종류의 화학 활동을 이해하고, 둘째 어떻게 화학과 과학을 잘 적용하여 음용수로서 적합하게 정수하는 데 이용할 것인지를 이해하는 것이 중요하다.

5.2.2 열오염

인공적으로 따뜻해진 강과 호수의 물은 온도가 올라감에 따라 기체의 용해도가 낮아지기 때문에 차가운 물보다 산소가 덜 녹는다. 물고기는 생존을 위해서 최소 5 ppm의 용존 산소를 필요로 하기 때문에 따뜻한 물에서 물고기의 생존은 문제가 될 수 있다. 발전소에서는 강이나 호수로부터 차가운 물을 냉각수로 사용한 후 따뜻한 물을 다시 되돌려 보내기 때문에 열오염을 발생시킨다.

5.2.3 자연수 중의 산소 요구량

수중에서 용존 산소에 의해 산화되는 대부분의 물질은 죽은 식물과 동물 폐기물같은 생물학적 기원의 유기물이다. 만일 유기물질이 고분자화된 탄화수소

(예: 식물 섬유; 실험식 CH_2O)라고 간단하게 가정한다면 산화반응은 다음과 같고 수중의 용존 산소는 소비된다.

$$CH_2O(aq) + O_2(aq) \rightarrow CO_2(g) + H_2O(aq)$$

얕은 개울과 강의 흐름에 의해 폭기aeration되는 물은 계속해서 산소를 재공급할 수 있다. 그러나 정체된 물 또는 깊은 호수 바닥 근처의 물은 보통 산소가 고갈된 상태인데 이는 유기물질과의 반응에 의해 산소가 소비되고 나면 산소를 재공급할 메커니즘이 없기 때문이다.

자연수에서 산소를 소비하는 유기물질의 능력을 생물학적 또는 생화학적 산소 요구량BOD이라고 한다. BOD는 그 시료에 존재하는 녹아 있는 유기물질을 산화시키는 동안 소비된 산소의 양과 같다. 산화반응은 이 과정을 위한 촉매로 알려진 미생물의 첨가에 의해 가속화될 수 있다.

물 시료의 더 빠른 산소 요구량 측정은 화학적 산소 요구량COD을 사용하여 할 수 있다. 중크롬산 이온 $Cr_2O_7^{2-}$은 강력한 산화제로 O_2 대신 중크롬산 이온이 물 속에 존재하는 유기물질을 산화시킬 때의 실험값으로 COD를 측정한다. 산소 요구량 측정치로서 COD 지수의 문제점은 산성화된 중크롬산 이온이 자연수에서 산소를 매우 천천히 소비하여 용존 산소 농도에 영향을 주지 않는 물질도 산화시키는 강력한 산화제라는 것이다. 즉 중크롬산 이온은 BOD 측정에서 산소에 의해 산화되지 않는 물질도 산화시킨다. 이 같은 과잉 산화에 의해 물 시료의 COD 값은 일반적으로 BOD 값보다 크다.

5.2.4 음용수의 정수

마시기 위한 원수의 질은 거의 순수한 상태에서 매우 오염된 상태까지 폭넓게 변화한다. 원수에서 오염물의 양과 종류가 변하기 때문에 정수하는 과정도 역시 그에 맞추어 실시해야 한다. 가장 일반적으로 사용하는 방법은 다음과 같다.

보통 폭기가 수질 향상을 위해 사용된다. 악취가 나는 H_2S와 휘발성 유기화합물과 같은 용해선 기체를 제거하기 위해 대수층으로부터의 음용수를 폭기시킨다. 또한 음용수의 폭기는 가장 쉽게 산화되는 유기물질을 CO_2로 산화시키는 반응 결과를 준다. 필요하다면 유기물의 대부분을 활성탄에 물을 통과시켜 제거시킬 수 있다.

대부분의 도시는 원수를 침전시켜 처리하는데, 이는 큰 입자를 가라 앉히거나 여과시키기 위해서이다. 그러나 많은 불용성 물질들은 콜로이드 입자 형태로 물에 녹아 있기 때문에 자발적으로 침전하지 않는다. 다양한 침전제를 사용하여 일단 침전물이 제거되면 물은 아주 깨끗해진다.

물이 석회암 암반을 가지는 지역의 우물로부터 나오면 그 물은 많은 양의 Ca^{2+}와 Mg^{2+} 이온을 함유할 것이며 다음과 같은 과정에서 제거될 수 있다. 칼슘이온은 인산이온의 첨가로 물에서 제거할 수 있다. 더 일반적으로 칼슘이온은 $CaCO_3$으로의 침전(불용성 염) 형성과 여과로 제거된다. 탄산이온은 탄산나트륨(Na_2CO_3)으로 첨가되거나 또한 충분한 HCO_3^-가 자연적으로 존재한다면 수산화이온이 중탄산이온을 탄산이온으로 바꾸기 위해 첨가된다.

5.2.5 물의 소독(살균)

음용수에서 해로운 박테리아와 바이러스를 제거하기 위해 O2보다 더 강력한 산화제를 사용하여 정수를 할 필요가 있다. 일부 도시에서는 특히 북미 또는 유럽에서는 오존을 이 목적으로 사용하고 있다. 오존은 매우 짧은 수명 때문에 저장하거나 운반할 수 없고 건조 공기 중에서 전기적 방전을 사용하는 비교적 비싼 공정에 의해 현장에서 생산되어야 한다. 오존을 포함한 공기를 물에 통과시키면 약 10분의 접촉 정도면 충분하다. 오존 분자는 수명이 짧기 때문에 미래의 오염으로부터 정화된 물을 보호하기 위한 잔류보호력이 없다.

유사하게 이산화염소 기체(ClO_2)도 물을 소독하기 위해 많은 도시에서 사용되고 있다. 수반되는 산화반쪽반응을 통하여 생성된 유기 양이온들은 충분히 산화된다. 이산화염소가 염소화반응을 유발하는 물질이 아니기 때문에 염소 원자를 반응하는 물질 속에 첨가시키지 않는다. 그리고 그것이 용해된 유기물질을 산화시키기 때문에 분자염소 Cl_2가 사용될 때보다 독성화합물의 부산물이 훨씬 적게 형성된다.

가장 널리 사용되는 정수 처리제는 차아염소산(HOCl)이다. 이 화합물은 세포막을 통해 쉽게 들어가서 미생물을 죽인다. 수영장 같은 곳에서는 차아염소산을 차아염소산칼슘 $Ca(OCl)_2$으로부터 생성하거나 NaOCl의 수용액으로 공급한다. 그러면 물 속에서 산–염기반응에 의해 대부분의 OCl^-가 HOCl로 바뀐다.

$$OCl^- + H_2O = HOCl + OH^-$$

물을 살균하는 데 있어 염소의 결점은 유독한 염소화된 유기물질 부산물의 생성이다. 물에 페놀이나 페놀 유도체가 함유되어 있으면 염소는 쉽게 탄소고리에서 수소 원자 대신 들어가 염화페놀을 생성한다. 이 물질은 불쾌한 맛과 냄새를 가지며 독성이 있다. 그래서 일부 도시에서는 원수가 페놀을 미량 함유하고 있으면 염소 대신 이산화염소를 사용한다.

최근에는 화학물질을 사용하지 않고 물을 정수하는 막시스템membrane system이 개발되고 있다. 직경이 약 1 nm인 구멍pore을 갖는 막을 통해 압력을 가해 물을 통과시키면 박테리아와 박테리아의 재생에 영양분이 되는 유기물질이 제거된다. 이 나노필터는 크기가 nm보다 작은 물은 통과시키고 직경이 nm보다 큰 유기 분자들은 막을 통과시키지 못하기 때문이다.

5.2.6 폐수의 처리

대부분의 정부는 미처리 하수가 강, 호수, 바다와 같은 자연수로 유입되지 않도록 '오수거sanitary sewer'를 통하여 식품 가공 공장 등 산업체와 건물, 가정으로부터 집수하여 처리하고 있다. 거리와 도로면으로부터 배수한 빗물과 녹은 눈은 보통 많이 오염되지 않았기 때문에 '우수거storm sewer'에 의해 분리 집수되어 자연수로 보낸다.

하수의 주된 구성 성분은 생물학적 근원의 유기물이다. 그것은 주로 입자 형태로 발생한다. 가는 거름망에 걸릴 만큼 충분히 큰 크기부터 콜로이드 상태로 부유하는 현미경에서 관찰할 수 있는 아주 작은 크기까지의 범위를 가진다.

폐수의 첫 번째 단계에서 큰 입자들은 스크린을 통과시켜 제거한다. 액체 그리스는 물 층보다 상층에서 더 가벼운 층을 형성하여 제거 처리되는 반면 비용해성 입자 슬러지는 수로 바닥에 침적물을 형성하여 제거된다.

1차 처리 공정은 전적으로 자정작용에 의한 처리 단계임에도 불구하고 폐수 BOD의 약 30%를 처리한다. 슬러지는 사실상 주로 수분이지만 그 잔류물은 주로 유기물이다. 어떤 경우에는 슬러지를 소각하여 매립하거나 땅위에 뿌려 저등급 비료로 사용하기도 한다. 그러나 슬러지는 중금속 등 다른 독성물질을 함유할 수도 있다.

기존의 기본적 처리를 통해 처리한 하수는 많이 깨끗해지지만 아직 매우 높은 BOD을 갖는다. 이 단계에서 처리가 중단되면 물고기에 유해하다. 높은 BOD는 주로 유기 콜로이드 입자들로 인한 것이다.

2차 처리 공정에서 이 유기물질의 대부분은 미생물에 의해 생물학적으로 산화된 후 이산화탄소와 물, 또는 물로부터 쉽게 제거될 수 있는 추가적인 슬러지로 전환된다. 산화는 BOD를 산화되지 않은 하수의 원래의 BOD의 약 10% 수준인 100 mg/L 이하로 감소시킨다. 이때 많은 양의 자연수로 처리수가 희석되면 수중 생물들이 살아갈 수 있게 된다. 요약하면 2차 처리는 1차 처리에서 제거되지 않은 많은 유기물을 산화시키는 생물학적 반응을 포함한다.

많은 도시에서 폐수처리에 1, 2차 처리 외에 3차 처리도 도입하고 있는데 3차 처리는 부분적으로 정수된 물로부터 특정 화합물을 제거한다. 지역에 따라서 3차 처리는 다양한 화학반응들을 포함하기도 한다.

5.2.7 독성 폐기물의 관리

현재 몇 가지 방법으로 폐기물을 처리하는데 특별한 매립지의 매립 방법, 지하의 빈 우물, 땅굴, 오래된 소금 광산에 매립하는 방법, 개펄 또는 늪지에 액상 폐기물을 임시적으로 저장하는 방법, 단순 매립, 하수관거, 강, 토양에 투기하는 방법 등이 있다. 금속 드럼통에 저장된 PCB 등과 같은 폐기물을 많이 저장하는 창고들이 다음 단계의 처리를 기다리다가 폐기물 저장 창고에 화재가 일어나 독성이 확산되어 환경에 엄청난 영향을 끼친 예가 있었다. 독성 폐기물의 영구적인 안전한 저장은 재정적으로 부담이 되고 있다. 거의 모든 국가가 20세기에 버려진 폐기물의 적절한 관리를 못한 결과 현재 엄청난 경제적 부담을 안고 있다.

미래의 독성 폐기물 축적량 증가를 방지하기 위하여 많은 관리전략이 개발되었는데 이러한 노력은 '독성 폐기물에 관한 4R, 감소, 재순환/재사용, 회수(reduction, recycle/reuse, recover)'로 요약할 수 있다.

폐기물 발생원에서의 감소는 물질을 절약하거나 덜 독성인 물질로 대체하므로 폐기물의 양을 줄이는 것이다. 예로, 유기용매 대신 물을 사용하거나 용매를 사용하지 않는 등 생산 공정과 생성물을 교체하는 것이 가능한 경우이다.

재순환/재사용은 어떠한 공정에서 발생한 폐기물이나 폐기물의 추출물이 다른 공정에서는 원료로 사용될 수 있다는 점을 이용하는 것으로 이미 몇몇 생산 공정에서는 닫힌 고리 방식으로 운영하며 폐기물이 사업장을 빠져나가지 못하도록 하고 있다.

회수는 폐기물에서 추출 가능한 물질을 다른 산업체에 판매하는 것을 뜻한다. 다량의 금속을 사용하는 생산공정에서 발생하는 폐수를 전기분해하여 중금속을 회수하는 것이 한 예이다. 실제로 산업장에서 발생하는 저농도의 중금속을 포함한 폐액이 부피나 질량면에서 가장 많고, 유기물 용매, 잔류물 순이다.

돌아보기

- 환경의 주된 오염원은 인간이다.
- 과학의 발전에 따르는 환경오염에 대해 책임감을 갖고 자연과 환경을 보호하여 후손에게 물려주도록 한다.
- 환경오염을 감소시키기 위해 생활 및 소비 습관을 개선하며 많은 물질과 자원을 재활용해야 한다.
- 대기 중 오존층은 지구를 보호하는 차광막 역할을 하며 냉장고 냉매와 같은 물질은 오존층의 구멍을 생성한다.
- 물은 인간 생명에 중요한 자원으로 수질오염을 방지해야 한다.
- 지구는 후손들이 살아가야 하는 귀중한 행성임을 인식한다.

학습문제

1. 성층권에서 오존층의 역할을 조사하라.
2. 오존의 형성반응과 파괴반응을 조사하라.
3. 대기에서 산성비가 형성되는 요인을 조사하라.
4. 온실효과와 증대온실효과의 차이를 조사하라.
5. 지구의 표면에 존재하는 지표수의 양을 조사하라.
6. 수질오염이 중대한 영향을 주는 이유를 이해하라.
7. 생물학적 산소 요구량(BOD)과 화학적 산소 요구량(COD)의 차이를 이해하라.

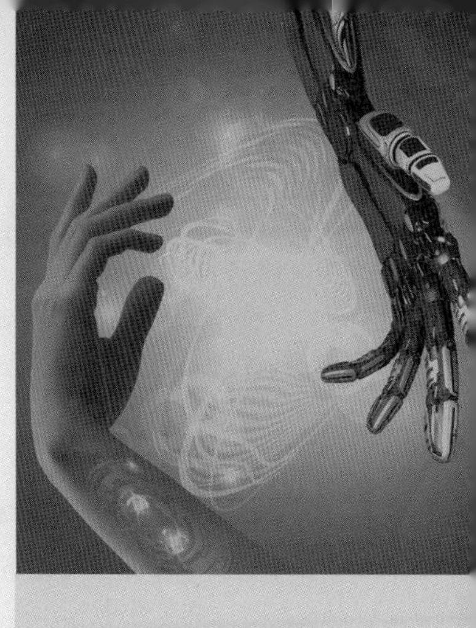

PART 2

화학

4장 화학과 에너지

5장 화학과 환경

6장 화학과 생활

6장 화학과 생활

학습내용 요약	강의 목적
• 대표적인 유해화학물질은 가습기 살균제, 환경호르몬, 중금속, 미세먼지와 기타 생활 화학물질이 있으며, 이들의 화학적 특징과 유해성을 파악한다. • 화장품의 종류와 성분을 알고, 자신에게 맞는 화장품을 선택하여야 한다. • 우리가 사용하는 생활용품 중 비누, 샴푸, 합성세제 등의 구조를 정확히 알고, 세척효과에 대해 알아본다. • 인간에게 필요한 영양소는 탄수화물, 지방, 단백질, 무기질로 나눌 수 있다. • 단백질, 탄수화물, 지방 등의 영양소는 대사과정을 통해 인체에 필요한 조직이나 에너지원으로 사용된다.	• 유해화학물질의 위험성을 인지하고, 규제 강화와 이를 극복하는 기술개발의 중요성을 학습한다. • 화장품 분야의 종류와 성분을 통하여, 화학이 얼마나 우리 생활에 큰 영향을 미치는지 알아본다. • 생활용품 중 비누, 샴푸, 합성세제의 화학구조를 배워 왜 수질오염에 영향을 미치는지 확인하고, 수질오염을 개선할 수 있는 방법에 대해서 토의한다. • 식품에 포함된 영양소의 종류와 기능을 학습하고 화학 구조와의 연관성을 이해한다.

Key word

화학물질 등록 및 평가에 관한 법률, 가습기 살균제, 중금속, 미세먼지, 아질산나트륨, 이황화결합, 에멀젼, 에오신, 시비톤, 제라니올, 선텐 로션, 비누화 반응, 가수분해, 세제, 연마제, 폴리비닐피롤리돈, 탄수화물, 지방, 단백질

차례

6.1 유해화학물질
- 6.1.1 유해화학물질 규제
- 6.1.2 유해화학물질의 선천성 기형질환에 대한 영향
- 6.1.3 가습기 살균제
- 6.1.4 환경호르몬
- 6.1.5 중금속
- 6.1.6 미세먼지(particulate matter)
- 6.1.7 기타 유해 생활화학물질

6.2 화장품
- 6.2.1 화학이 우리 몸에 미치는 영향
- 6.2.2 피부 관리

6.3 생활용품
- 6.3.1 비누
- 6.3.2 샴푸
- 6.3.3 합성세제
- 6.3.4 치약

6.4 식품과 영양
- 6.4.1 탄수화물
- 6.4.2 지방
- 6.4.3 단백질
- 6.4.4 무기질 영양소
- 6.4.5 영양소의 대사과정

■ 돌아보기

■ 학습문제

6.1 유해화학물질

6.1.1 유해화학물질 규제

■ 화학물질 등록 및 평가에 관한 법률

2003년 원인 미상의 간질성 폐질환 환자가 발병한 이래, 2006년부터 급격히 증가하는 원인불명의 폐질환자에 대한 역학조사가 본격적으로 실시되었고, 그 원인이 가습기 살균제로 확정되면서 생활화학용품 안전관리를 위해 '화학물질 등록 및 평가에 관한 법률'이 강화되어 2015년부터 시행되고 있다.

화학물질 등록 및 평가에 관한 법률은 '연간 1톤 이상 제조, 수입되는 기존 화학물질과 국내 시장에 새롭게 유입되는 신규 화학물질에 대한 유해성 · 위해성 심사가 의무화되고, 관리기준을 준수하지 않은 유해화학물질 함유 제품을 폐기 혹은 회수'할 수 있도록 한 것이 주요 내용이다.

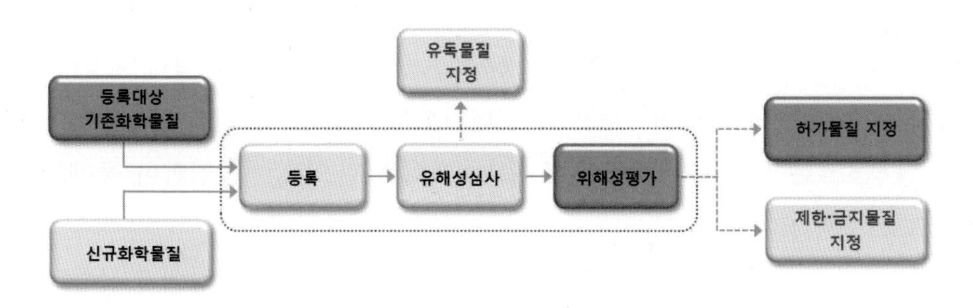

그림 6.1 화학물질 등록 및 평가에 관한 법률 체계

■ 유럽연합(EU)의 화학물질 관리 체계

유럽연합은 '화학물질 관리제도(REACH: Registration, Evaluation, Authorization and Restriction of Chemicals)'를 통하여 화학물질 규제와 환경규제를 발전시키고 있다. REACH는 EU 내 연간 1톤 이상 제조, 수입되는 모든 물질에 대해 제조와 수입량, 그리고 위해성에 따라서 등록, 허가, 제한을 받도록 하는 화학물질 관리 규정이다. 이를 기반으로 화장품 규제, 살생물제 관리법, 식품접촉물질 규제, 나노물질 규제를 새로 추가하여 화학물질 규제를 더욱 강화할 것으로 예상된다. 상품에 사용하는 화학물질을 정밀하게 분석하고 인체에 미치는 유해성을 평가하여 고위험성 물질을 시장에서 퇴출시키는 것을 목표로 삼고 있으며, 이는 전 세계적인 추세가 될 것이다.

6.1.2 유해화학물질의 선천성 기형질환에 대한 영향

2009~2010년 사이 국내 7대 도시에서 태어난 출생아 40만 명을 분석한 결과, 선천성 기형아 출산이 1만 명 중 548명에 달했는데, 이는 16년 전인 1993~1994년 1만 명당 368명에 비해 크게 증가한 것이다. 특히 요도가 비정상적으로 위치하는 '요도상하열', '잠복고환' 등 비뇨생식기 질환, 근골격계 이상이 크게 높아졌다. 연구팀은 임신부가 차량 대기오염 물질, 비스페놀 A, 프탈레이트 등 환경호르몬 노출이 증가하면서 내분비계의 교란으로 기형질환이 증가했을 것으로 추정하고 있다.

한편, 미국에서는 유해 생활화학물질로 인한 어린이 뇌신경장애가 급증하고 있다는 보고와 함께, 화학물질 규제를 강화해야 한다는 목소리도 커지고 있다. '신경발달에 미치는 환경 위험요소 연구TENDR'에 따르면 미국 임신부의 90%에서 검사대상 화학물질 163종 가운데 62종이 검출되었고, 이 중에는 납, 수은, 난연제로 쓰이는 PBDE polybrominated diphenyl ether, 전기설비, 냉각제와 윤활제로 쓰이다 금지된 PCB polychlorinated biphenyl, 자동차 배기가스에서 배출되는 PAH

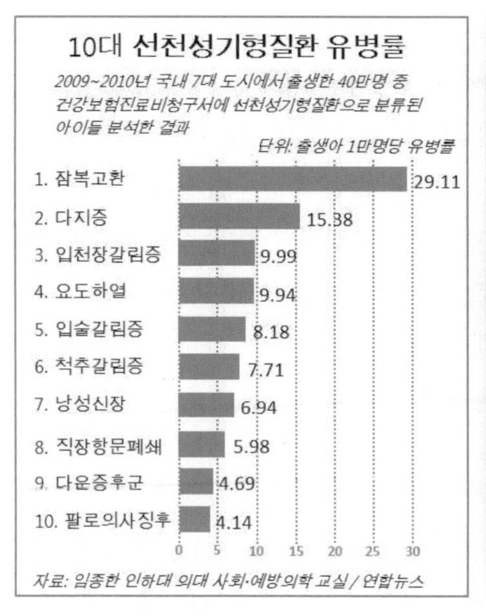

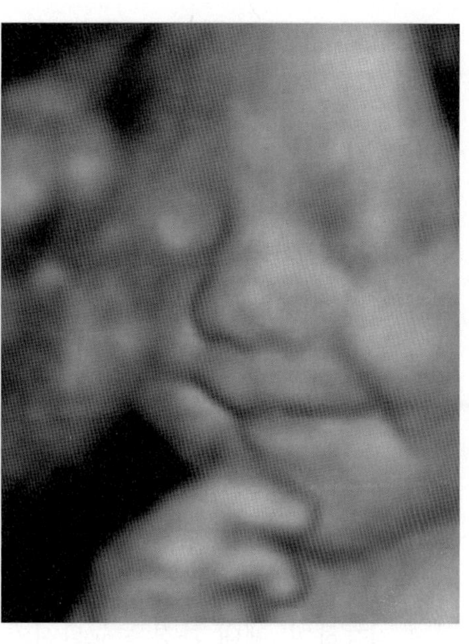

그림 6.2 최근 선천성 기형질환 유병률(왼쪽) 자료와 태아 초음파 사진(오른쪽)

polycyclic aromatic ydrocarbons, 살충제, 플라스틱과 미용품에 함유된 프탈레이트 등이 포함되어 있다. 이들 화학물질은 인간 배아 생성단계에서 뇌신경 발달에 나쁜 영향을 미치는 것으로 알려져 있고, 그 결과 자폐스펙트럼장애ASD, 주의력 결핍 과잉행동장애ADHD, 학습장애 등을 겪고 있는 뇌신경장애 어린이가 10년 전에 비해 17%나 급증했다고 보고되었다.

6.1.3 가습기 살균제

2000년대 초반부터 시작된 가습기 살균제 사건은 생활화학물질 규제와 화학물질 안전성에 대한 사회적 경종과 관심을 불러일으켰던, 많은 희생자와 사회적 대가를 치러야 했던 사건이었다. 가습기 살균제 주요성분인 CMIT, MIT, PHMG, PGH 등은 피부에 노출되었을 때 유해성이 미미하지만, 증기나 기체

상태로 호흡기와 폐 조직에 직접 노출되었을 때 발생하는 흡입독성에 대한 우려가 보고되어 왔다. 흡입독성에 대한 무지와 유해물질 평가에 드는 경제적 비용, 그리고 카페트 항균 청소용으로 개발된 PHMG를 가습기 살균제로 무단 사용토록 방치한 무능한 행정과 느슨한 규제가 결국은 많은 희생자를 불러온 대참사로 이어졌다. 위 화학물질이 기체 혹은 증기상태로 흡입되면 폐의 조직에 흡착되어 급격한 폐섬유화를 유발하게 되고, 이는 폐기능 상실로 이어져 사망 혹은 호흡기능 저하 등 심각한 부작용을 남기게 된다.

6.1.4 환경호르몬

환경호르몬이란 생체 내분비계에서 분비하는 신호전달물질인 호르몬과 유사하게 기능하여, 체내 환경을 교란시키는 합성화학물질을 말한다. 최근 가장 심각한 문제가 되는 환경호르몬은 환경오염물질이나 생활화학물질이며, 임신 상태의 배아의 발달단계에서 심각한 영향을 미쳐 신생아 기형질환을 유발한다. 야생동물이 노출되었을 때 생식과 발달에 심각한 장애를 일으켜 동성 짝짓기, 수달 개체의 급격한 감소, 암컷 행동을 하는 수탉 등의 현상을 보이고, 인체에는 간과 신장 조직을 파괴하고 면역성을 저하시키며, 암, 유전자 이상, 정신질환 등을 일으키는 것으로 알려져 있다.

대표적인 환경호르몬에는 다이옥신, PCB, DDT, PBDE 등이 있고, 살충제로 쓰였던 DDT, 접착제와 단열재로 쓰였던 PCB는 이미 전 세계적으로 사용이 금지되었다. 최근에는 플라스틱, 식품 포장재 등도 환경호르몬으로 의심받고 있어 면밀한 연구가 요구되고 있다.

■ 다이옥신

다이옥신은 자연계에는 존재하지 않은 합성화학물질로, 강한 독성을 띤 대표적인 환경호르몬이다. 벤젠고리를 가지고 있는 방향성 화합물을 소각할 때,

펄프와 종이를 제조할 때, 에너지 소비가 많은 산업시설에서 다량 생성되며, 쓰레기 소각장을 유해성 시설로 만든 대표적인 유해화합물이다. 다이옥신을 줄이기 위해서는 일회용 플라스틱 제품을 적게 사용하고, 고무 비닐 등 플라스틱 제제를 함부로 태우지 않는 것이 중요하다.

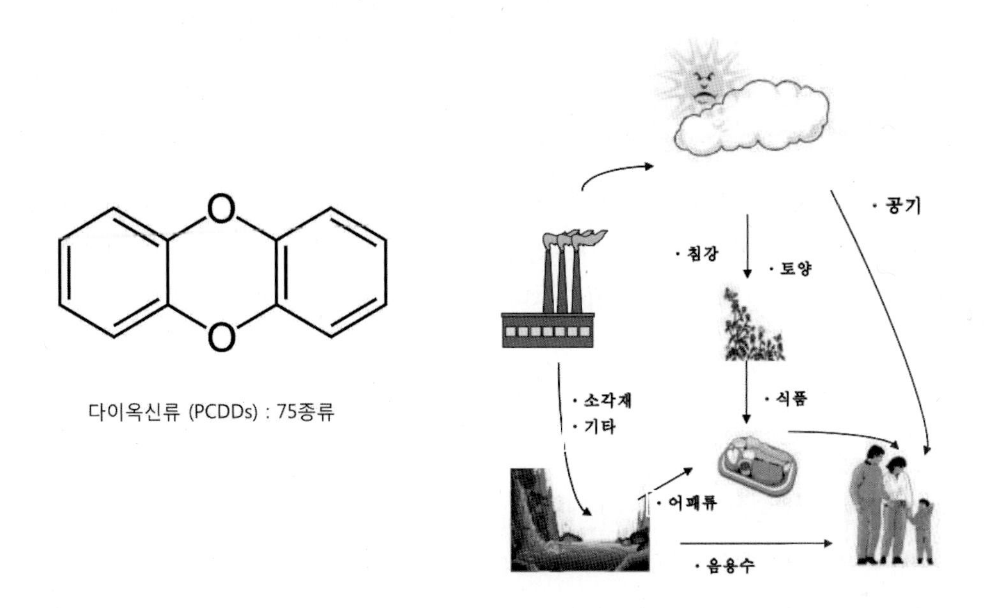

그림 6.3 다이옥신의 기본구조(왼쪽)와 인체유입 경로(오른쪽)

■ PBDE

PBDE는 브롬화 난연제로 불리며, 플라스틱, 건축자재, 섬유 등 가연성 물질에 첨가되어, 불이 붙는 것을 방지 혹은 지연시킨다. 특히 화재 현장에서 맹독성 가스로 인한 질식사와 폐손상이 심각하게 발생하자 선진국을 중심으로 난연제 개발과 사용이 급격히 증가하였으나, 환경호르몬 역할을 하는 유해화합물임이 밝혀지면서 사용금지 및 대체물질 개발이 활발히 진행되고 있다. 커튼이나 블라인드, 카페트, 쇼파, 전자제품에 주로 사용되며 집안의 먼지 형태로

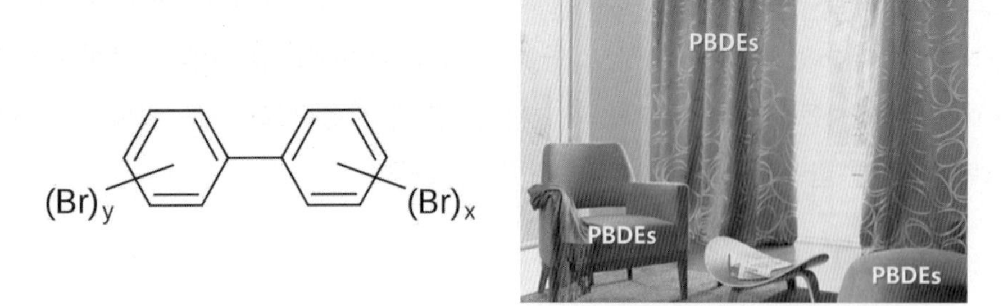

그림 6.4 브롬화 난연제 구조(왼쪽)와 이를 사용한 생활제품의 예(오른쪽)

부유하다가 호흡을 통하여 체내에 흡수된다. 정자 감소 등 생식독성과 신경독성을 일으키며, 갑상선 호르몬에도 영향을 미친다고 알려져 있다. 특히 혈액과 산모의 모유에서도 다량 발견되어 사용규제가 점차 강화되고 있다.

6.1.5 중금속

중금속은 가장 흔한 생체 대사에 직접적인 영향을 주는 독성 물질이다. 납, 수은은 대표적인 독성 중금속이고, 카드뮴, 크롬, 비소 등도 독성 중금속에 해당한다. 산업에서 많이 쓰이는 중금속일수록 우리 몸에 축적되어 영향을 미칠 가능성이 높으므로 그 위험도가 비례해서 증가한다.
인체 대부분의 생화학 작용은 생물학적 촉매인 효소enzyme라는 단백질을 통해서 일어난다. 특히 단백질이 아닌 작은 유기분자나 이온이 단백질과 결합하여 효소의 촉매작용을 일으키게 되는 경우도 상당히 많은데, 단백질에 결합한 유기분자나 이온을 조효소coenzyme라고 부른다. 많은 중금속이 조효소의 단백질 결합을 방해하고, 중금속 자체가 이온화하여 효소의 촉매작용을 억제하여 질병을 일으킨다.

■ 납

청백색의 금속원소이고 열에 잘 녹으며 전자제품이나 전지의 극판에 많이 쓰인다. 체내에 흡수된 납의 대부분은 뼈에 축적되고, 납에 중독되면 빈혈, 식욕부진, 변비, 신경계장애, 신장장애를 유발하며, 특히 어린이는 중추신경장애를 일으켜 지능저하를 유발한다. 특히 적혈구의 수명을 단축시킨다.

■ 수은

수은은 상온에서 액체로 존재하는 유일한 금속이고 피부침투도 강하여 쉽게 흡수된다. 미나마타병을 계기로 사용이 규제되어 전기, 전자기기 및 무기약품 등에 제한적으로 사용된다. 수은은 신장에 축적되고 혈액으로 이동하면 대부분의 수은이 적혈구와 결합한다. 또한 세포 내로 쉽게 침투한다고 알려져 있다. 수은의 인체에 대한 독성은 지각장애, 보행장애, 시야협소, 언어장애 등 중추신경계 질환을 일으키고, 흥분, 손가락 떨림이 나타낸다.

■ 카드뮴과 크롬

카드뮴은 정밀기계의 도금, 전자재료 등에 사용되고 있으며, 양자점 TV 제조 시 주요 소재였지만, 유해화합물 규제로 다른 물질로 대체되고 있다. 이타이이타이병을 통하여 크게 알려졌다. 뼈의 손상을 유발하고, 뇨단백, 당뇨, 뇨아미노산 등을 유발하며 인체의 각 장기에 농축되어 장기손상을 일으킨다.

크롬은 스테인레스 강, 니켈크롬선 등의 합금재료로 사용되어 전자재료, 사진인쇄, 안료 등 전자 및 공업소재로 광범위하게 쓰인다. 인체 내에서 폐에 많이 축적되고 대동맥, 고환, 신장, 췌장 등에 분포한다. 피부와 기관과 폐에 염증과 궤양을 일으키며, 구토,설사, 복통, 경련, 혼수상태, 폐암 등을 유발한다.

6.1.6 미세먼지(particulate matter)

최근 심각한 문제로 대두되고 있는 미세먼지particulate matter는 유해한 탄소류, 대기오염물질로 구성된 작은 먼지로, 대부분은 화학반응으로 생성되며, 다른 물질과 반응하여 강력한 유해성을 띠게 된다. 미세먼지는 크기(입경:입자의 지름)에 따라 PM10(입경 10 ㎛ 이하: 미세먼지)와 PM2.5(입경 2.5 ㎛ 이하: 초미세먼지)로 구분되며, 최근에는 나노크기의 입자인 PM1(입경 1 ㎛ 이하)의 유해성도 연구되고 있다.

■ PM10(미세먼지)

미세먼지는 사업장 연소, 디젤 자동차 연료연소, 생물성 연소 과정에서 발생한다. 이후 이들 미세먼지는 황산화물(SO_x), 질소산화물(NO_x), 암모니아(NH_3), 휘발성 유기화합물(volatile organic compounds, VOCs)과 대기에서 화학반응을 일으켜서 유해성을 띤다. PM10의 주요 배출원은 에너지 산업 연소, 제조업 연소 사업장과 자동차, 철도, 농기계 등으로 추산되고 있다.

■ PM2.5(초미세먼지)

초미세먼지는 주로 황산화물과 질소산화물이 대기 중에서 화학반응을 통해서 생성되는 것으로 추정되며, 석탄 화력발전소에서 많이 생성되는 것으로 알려져 있다. PM2.5의 배출원은 석탄 화력발전소와 같은 에너지 산업 연소와 경유 자동차 등이 주를 이루고 있다.

■ 미세먼지와 초미세먼지의 유해성

미세먼지와 초미세먼지는 세계보건기구WHO에서 2013년에 1급 발암물질로 규정한 바 있고, 입자의 크기가 작아서 폐를 비롯하여 혈관과 뇌까지 침투해 천식,

폐섬유화, 폐암, 조기사망을 유발하는 것으로 알려져 있다. 초미세먼지로 인한 조기사망자는 연간 700만명에 육박한다는 보고가 있을 정도로 심각하다. 최근에는 미세먼지가 뇌졸중 위험을 심각하게 증가시킨다는 연구결과도 보고되고 있다. 이 미세먼지군은 중국의 황사와 결합하면 중금속과 반응하거나, 국내의 대기 중금속과 반응하여 더욱 유해한 물질로 변화한다. 아이와 노인, 임산부는 미세먼지와 초미세먼지에 더욱 취약하므로 특히 조심해야 한다.

■ 미세먼지와 초미세먼지의 대처

미세먼지와 초미세먼지 주의보를 항상 확인하여 농도가 높을 경우, 외부활동을 가급적 삼가해야 한다. 부득이 외부활동을 할 수밖에 없다면 마스크를 사용하되, 마스크의 적용 범위를 명확히 알아야 미세먼지에 적절하게 대처할 수 있다.

우선 값싼 일반 마스크는 (초)미세먼지와 황사를 거를 수 있는 필터가 없어서 아무런 도움이 되지 않는다. (초)미세먼지를 제거하기 위해서는 보건용 마스크를 (황사마스크-KF80, 황사방역마스크-KF94, KF99) 사용할 수 있고, 보건 마스크 기준인 KF 기호는 다음과 같은 의미를 지니고 있다.

그림 6.5 황사방역마스크(왼쪽)와 방진마스크(오른쪽)

KF80이란 평균 0.6 ㎛ 크기의 미세입자를 80% 이상 차단할 수 있음을 의미한다. 황사마스크보다 한 단계 더 높은 성능을 나타내는 것은 산업용 방진마스크이다. 산업용 방진마스크는 (초)미세먼지뿐만 아니라 독성물질을 차단하는 데 높은 효과를 나타낸다. 방진마스크의 성능을 나타내는 N95 기호는 (초)미세먼지 및 고체입자를 95% 이상 걸러준다는 것을 의미한다.

6.1.7 기타 유해 생활화학물질

■ 트리클로산

트리클로산은 비누, 폼클렌저, 치약 등에 치주질환 예방, 입냄새 제거, 항균제, 보존제 등으로 쓰이지만, 유방암이나 불임 등을 유발하고 갑상선 기능저하를 일으키는 것으로 알려져 있다. 최근에는 간 섬유화와 암을 일으킨다는 동물실험 결과도 미국에서 발표되었다. 국내 트리클로산 함유량은 허용기준 0.3%를 초과하지 않아서 위해성은 없지만, 지속적으로 노출되어 유해성을 일으킬 수 있다는 점을 감안하여 최근 식약처는 트리클로산 사용을 제한하기로 결정했다. 따라서 제품 성분표를 참고하여 트리클로산 함유제품은 되도록 사용하지 않는 것이 바람직하다.

■ 아질산나트륨

아질산나트륨은 육류나 수산물 가공품에 방부제나 색상 증진제로 사용되었고, 프랑크푸르트 소세지, 베이컨, 햄, 비엔나 소세지, 훈제 연어와 같은 식품 사용되고 있다. 아질산나트륨은 사람의 위에 있는 염산에 의해 아질산으로 전환된다. 아질산은 세포에서 DNA와 결합하여 돌연변이를 일으킬 수 있고, 위암도 일으킬 수 있어 미국과 유럽의 몇 개 국가는 식품첨가물로 아질산나트륨의 사용을 제한하고 있다. 우리나라에서는 햄과 소세지에 아질산나트륨이 사용되고 있다. 아질산나트륨이 첨가된 식품의 섭취를 가급적 줄이고, 요리하기 전에 뜨거운 물에 데쳐서 아질산나트륨을 최대한 제거하고 요리를 하는 것이 바람직하다.

■ 불소(플루오린) 함유 치약

보통 치약에는 플루오린화나트륨(NaF) 혹은 플루오린화주석(SnF2) 형태로 불소(플루오린)가 함유되어 있다. 불소는 붕산과 함께 살충제나 쥐약으로 사용되며 독성이 납보다 강하다고 알려져 있다. 불소는 독성이 강하지만 미량 사용하면 충치예방에 효과가 있다는 것이 입증되면서 치약과 마시는 물에 사용되기 시작했다. 하지만 불소화된 수돗물, 불소함유 치약, 청량음료, 과일주스 등을 통해 불소를 적정량 이상 섭취하면 골격기형, 인대의 석회화, 암, 위점막 손상, 기형아 출산과 같은 증상이 나타난다. 특히 6세 이하의 어린이의 경우 치아와 골격의 발육부진뿐만 아니라 뇌발달 장애를 유발할 수도 있다. 따라서 불소함유 치약을 사용할 때는 (특히 어린이의 경우) 절대 빨거나 삼키지 않도록 하고, 어린이는 반드시 어린이용 치약을 사용해야 한다.

품질표시

제조번호 및 제조년월일 : 해당 제품에 별도표시　사용기간 : 제조일로부터 24개월
주성분 : 이산화규소, 플루오르화나트륨
효능 효과 : 이를 희고 튼튼하게 한다. 구강내를 청결하게 유지한다.
구강내를 상쾌하게 한다. 충치 예방. 구취를 제거한다. 심미효과를 높인다. 치태제거(안티플라그)
용법용량 : 적당량을 칫솔에 묻혀 치아를 골고루 닦아주십시오.

사용상의 주의사항 :
1) 이 치약의 불소함유량은 500ppm임 (총 함유량은 1,000ppm이하이어야 한다.)
2) 6세 이하의 어린이가 사용할 경우, 1회당 완두콩 크기 정도의 소량의 치약을 사용하고, 빨아 먹거나, 삼키지 않도록 보호자의 지도하에 사용할 것
3) 6세 이하의 어린이가 많은 양을 삼켰을 경우, 즉시 의사 또는 치과의사와 상의할 것
4) 6세 이하의 어린이의 손에 닿지 않는 곳에 보관할 것

보관방법 : 실온에서 뚜껑을 닫고 보관하십시오.
소비자 상담실 : 080-920-6000　www.oral-b.co.kr
원산지 : 멕시코

겉투명 포장지
페트
분리배출
99760400

› 본 제품은 소비자분쟁해결기준에 의거하여 교환 또는 보상 받으실 수 있습니다.

그림 6.6 어린이용 치약(왼쪽) 및 치약 사용 시 주의사항

6.2 화장품

6.2.1 화학이 우리 몸에 미치는 영향

■ 피부

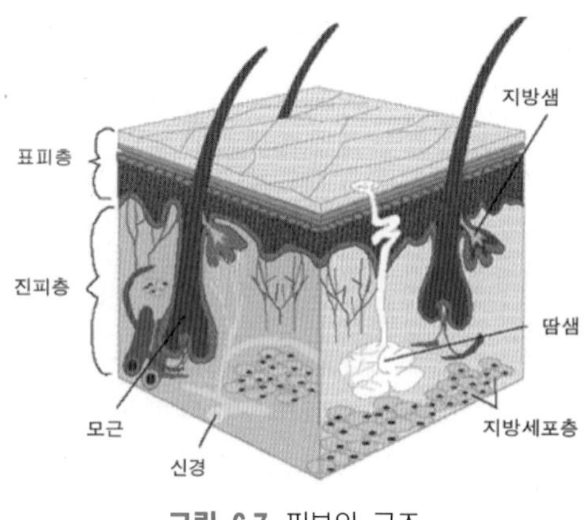

그림 6.7 피부의 구조

피부는 신체의 다른 기관과 같이 균일한 조직으로 구성되어 있지 않으며, 그 구조에 따라 보호, 감각, 분비 그리고 체온 조절 등의 기능을 가지고 있다.

한편, 피부가 건조되어 갑작스럽게 허물을 벗는 현상을 막기 위해서는 각막층에 수분을 공급하기 위한 습윤제를 발라야 한다.
정상적인 피부는 pH가 4.0으로 약산성이다.

■ 머리카락

머리카락은 주로 각질로 구성되어 있는데, 머리카락의 각질과 그 외 다른 단백질과의 차이점은 아미노산의 일종인 시스테인 양의 차이에 의해 나타난다. 즉, 머리카락의 각질에서 시스테인의 양이 약 16%~18%인데 비하여, 각막세포에서 시스테인은 2.3%~3.8%이다. 이러한 아미노산은 머리카락 구조에서 중요한 역할을 한다. 또한 머리카락이 딱딱한 것은 서로 다른 단백질 사이의 다리 결합과 이황화결합이라고 부르는 -S-S- 결합 때문이다.

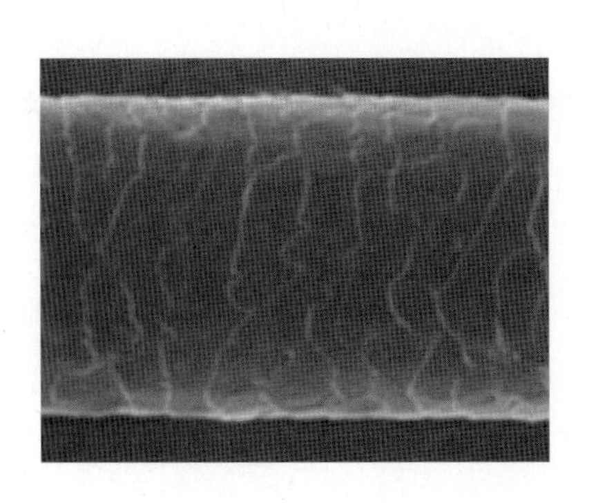

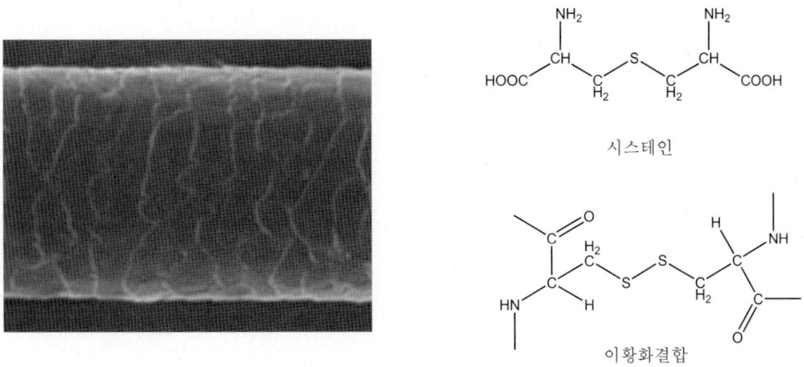

NH2 NH2
HOOC CH S CH COOH
시스테인

이황화결합

그림 6.88 머리카락의 구조

■ 손톱

손톱은 매우 조밀한 단백질인 각질로 구성되어 있으며, 이 표피 세포는 손톱의 끝 부분에 있는 하얀 초승달 모양의 밑에 있는 상피 세포로부터 생장한다.

머리카락과 같이 성장 세포 이외의 손톱 조직은 죽은 세포이다. 특히, 건강보험심사평가원은 손톱이 보내는 건강신호로 손톱의 색깔이나 형상이 건강에 깊은 관계가 있다고 발표한 바 있다.

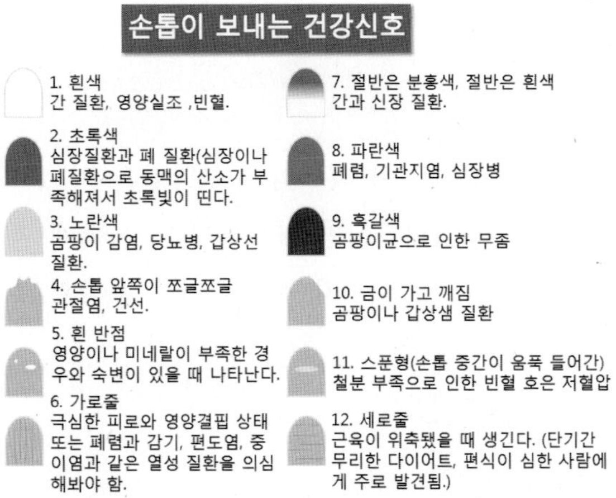

손톱이 보내는 건강신호

1. 흰색
간 질환, 영양실조 ,빈혈.

2. 초록색
심장질환과 폐 질환(심장이나 폐질환으로 동맥의 산소가 부족해져서 초록빛이 띈다.

3. 노란색
곰팡이 감염, 당뇨병, 갑상선 질환.

4. 손톱 앞쪽이 쪼글쪼글
관절염, 건선.

5. 흰 반점
영양이나 미네랄이 부족한 경우와 숙변이 있을 때 나타난다.

6. 가로줄
극심한 피로와 영양결핍 상태 또는 폐렴과 감기, 편도염, 중이염과 같은 열성 질환을 의심해봐야 함.

7. 절반은 분홍색, 절반은 흰색
간과 신장 질환.

8. 파란색
폐렴, 기관지염, 심장병

9. 흑갈색
곰팡이균으로 인한 무좀

10. 금이 가고 깨짐
곰팡이나 갑상샘 질환

11. 스푼형(손톱 중간이 움푹 들어간)
철분 부족으로 인한 빈혈 호은 저혈압

12. 세로줄
근육이 위축됐을 때 생긴다. (단기간 무리한 다이어트, 편식이 심한 사람에게 주로 발견됨.)

그림 6.9 손톱의 구조 및 건강과의 관계

■ 치아

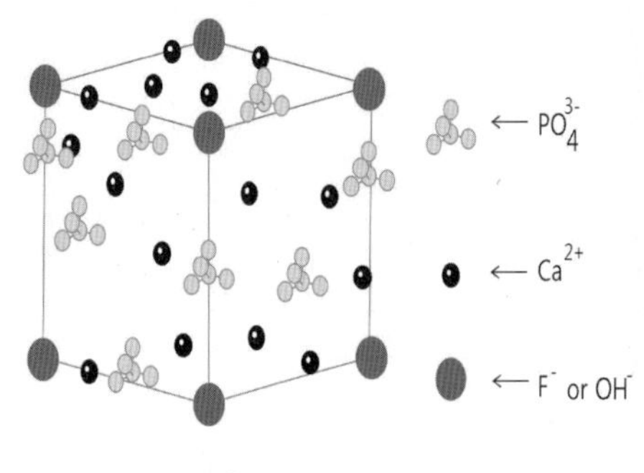

그림 6.10 치아의 구조

치아에 포함되어 있는 광물의 함량 또는 딱딱한 부분은 두 가지 칼슘 화합물로 구성되어 있다. 탄산칼슘은 치아에서 결정형으로 존재하는데, 광물학자들은 이를 산석이라고 하고, 치아에서 발견되는 또 하나의 칼슘 화합물은 수산화삼인산오칼슘($Ca_5(OH)(PO_4)_3$)으로 인회석이라고 한다.

■ 여드름

여드름은 표피에서 생긴다. 인체에는 털의 끝에 모낭이 약 500만개 정도가 있다. 피지는 털을 보호하고 윤기가 나게 한다. 피지가 너무 많이 분비되면 피지선 구멍이 피지, 털, 및 죽은 세포의 혼합물로 막히게 되고, 주위에 존재하는 박테리아에 감염되어 점막이 생긴다.

6.2.2 피부 관리

건강한 피부를 유지하기 위하여 피부의 수분함량은 약 10% 정도가 되어야 한다. 만약 수분 함량이 10% 이상이면 미생물이 너무 쉽게 자랄 수 있는 조건이 되고, 수분 함량이 너무 적으면 각막층이 엷은 조각으로 벗겨진다.

■ 여성의 피부 관리 및 화장법

1) 건성피부 및 화장법

건성 피부는 피부속에 유분과 수분이 부족하기 때문에 피부 표면이 건조하

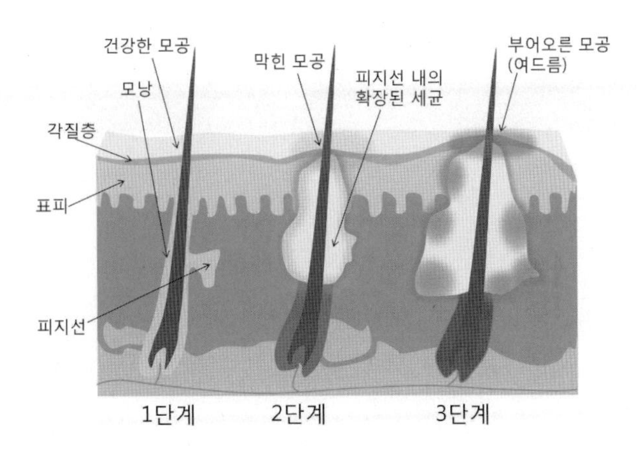

그림 6.11 여드름의 생성과정

고 윤기가 없는 상태의 피부이다. 팩과 마사지는 건성 피부에는 없어서는 안 되는 중요한 피부 관리 방법 중 하나로 건성피부용 팩과 마사지를 통해 피부에 영양분을 공급해 주도록 해야 하고, 에센스와 영양크림을 1:1 비율로 섞어 마사지한 후 씻어내지 말고 그대로 흡수시켜 주도록 한다.

2) 지성피부 및 화장법

지성 피부는 피지의 분비가 많아서 쉽게 더러워지는 피부로 모공이 크고 피부에 지나치게 유분이 많아 세균 등이 많이 침입하고 여드름, 잡티가 생기기 쉬운 피부이다. 아름답고 이상적인 피부를 유지하는 첫 번째 단계는 클렌징으로 비누의 사용을 자제하고, 폼클렌징을 이용한 세안으로 과도한 피지 제거를 막도록 하는 것이다.

■ 크림

크림은 일반적으로 물과 오일이 섞여 있는 형태의 에멀젼이다. 예로 콜드크림 성분과 함량을 표 6.1에 나타내었다.

표 6.1 콜드 크림 성분

콜드 크림	용도	함유량
아몬드 오일	오일성분	35%
밀납	증점제	12%
라놀린	습윤제	15%
고래 기름	오일성분	8%
장미수	강한 향기	30%

■ 립스틱

입술의 피부는 지방분이 없으므로 쉽게 건조되는 얇은 각막으로 덮여 있으며, 입술에 필요한 수분량은 입으로부터 공급된다.

립스틱은 유쾌한 향기를 풍겨야 하며, 색깔은 보통 염료의 에오신이나 다홍색 안료로부터 생긴다. 그 다홍색 안료는 유기염료와 금속이온(Fe^{3+}, Ni^{2+}, Co^{3+})의 침전물이다. 이때, 금속이온은 색깔을 더욱 짙게 해주거나 염료의 색깔을 변화시키며 염료가 용해되지 않도록 해준다(그림 6.12).

표 6.2 립스틱 성분

립스틱	용도	함유량
염료(에오신)	색깔	4~8%
카스타 오일, 파라핀 또는 지방	염료 용해	50%
라놀린	완화제	25%
카르노바 왁스	용융점을 높여 스틱을 딱딱하게 만든다	18%
밀납	증점제	
향료	유쾌한 향기를 부여한다	소량

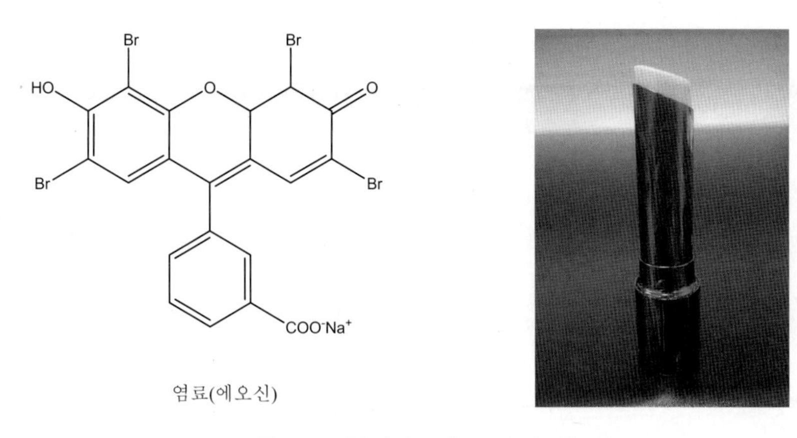

그림 6.12 염료(에오신) 구조 및 립스틱

■ 눈 화장

눈 화장 시 사용하는 물건에는 몇 가지 형태가 있는데, 그중에서 눈썹을 그리는 연필, 속눈썹을 검게 칠하는 마스카라, 명암용 도구 등을 들 수 있다. 마스카라 성분을 표 6.3에 나타내었다.

표 6.3 마스카라 성분

마스카라	용도	함유량
카르노바 왁스	딱딱하게	40%
비누	부드러운 도포	50%
라놀린	완화제	5%
염료	색깔	5%

명암용 도구 중 대표적인 아이섀도는 오일, 지방, 왁스를 기본 물질로 하여 만든 혼합물에 염료를 혼합하여 만든다. 표 6.4에 나타내었다.

표 6.4 아이섀도 성분

아이섀도	용도	함유량
석유젤리	딱딱하게	60%
산화아연+염료	흡수+색깔	24%
라놀린	완화제	6%
왁스	딱딱하게	10%

■ 향수

대부분의 향수는 여러 가지 성분을 화학적으로 혼합시킨 혼합물이다. 예를 들면, 시비톤은 에티오피아의 사향고양이 분비물로서 고리형 케톤 화합물인데, 매우 고가품의 향료이다.

그 외 향료로 사용되는 화합물은 고분자량의 알코올과 에스터 화합물로서, 예를 들면 제라늄 오일의 주성분인 제라니올(녹는점, 230℃)을 들 수 있다. 이 알코올의 에스터 화합물은 향수용 장미향을 합성할 때 이용된다. 예를 들어, 제라니올과 폼산이 반응하여 생성된 에스터 화합물은 장미향을 갖고 있다.

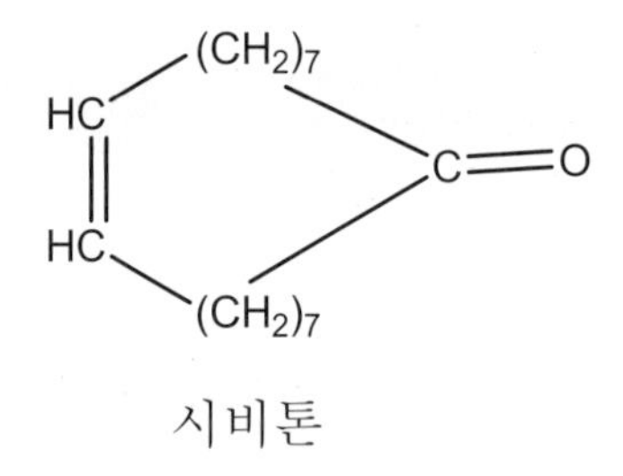

그림 6.13 향료(시비톤) 구조

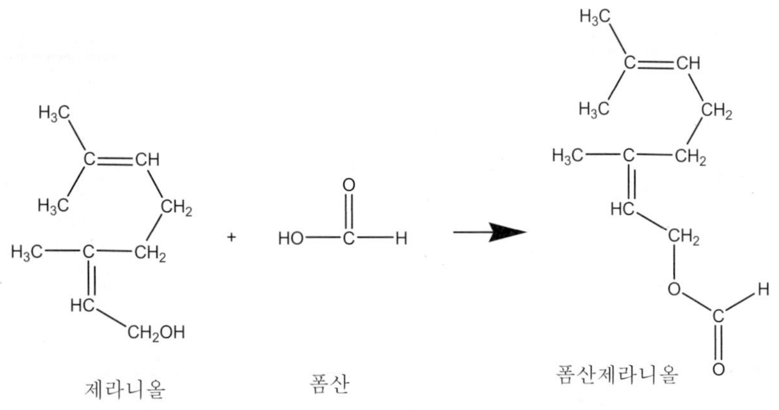

제라니올 + 폼산 → 폼산제라니올

그림 6.14 향료(장미향) 구조

■ 기능성 화장품

자외선으로부터 피부를 보호하는 데 도움을 주는 기능성 화장품인 선텐 로션은 화학의 분광학 지식과도 연관이 있으므로 간단히 소개하고자 한다.

피부의 손상을 입히는 것 중의 하나는 햇빛 중에서 단파장(200~400 nm)인 자외선이다. 파장이 짧은 단파장의 빛이 피부에 더 큰 손상을 주기 때문에 자외선을 차단하는 것이 바람직하다. 햇빛에 타는 것을 막기 위해 만든 제품들에 포함되어 있는 공통적인 성분은 p-아미노벤조산이다. 그림 6.15에서 보는 바와 같이 다른 파장에서도 흡수가 일어나지만, 지상에서 받은 자외선 복사선은 308 nm에서 최대 흡수가 일어난다.

■ 헤어스프레이

헤어스프레이는 주로 수지를 휘발성 용매에 녹인 용액으로 머리칼에 분무시켰을 때 용매가 증발되어 머리칼을 고정시키기에 충분한 힘을 가진 막을 만든다. 헤어스프레이에 흔히 사용되는 수지는 부가 중합으로 만들어진 폴리비닐닐피롤리돈(PVP) 고분자로서 그 구조식은 그림 6.16과 같다. 또한, PVP는 딱풀의 주성분이기도 하다.

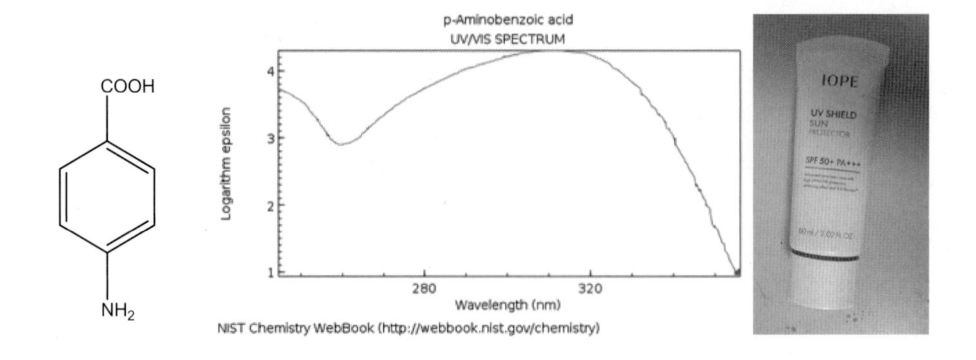

그림 6.15 선텐 로션 원료(p-아미노벤조산) 및 파장

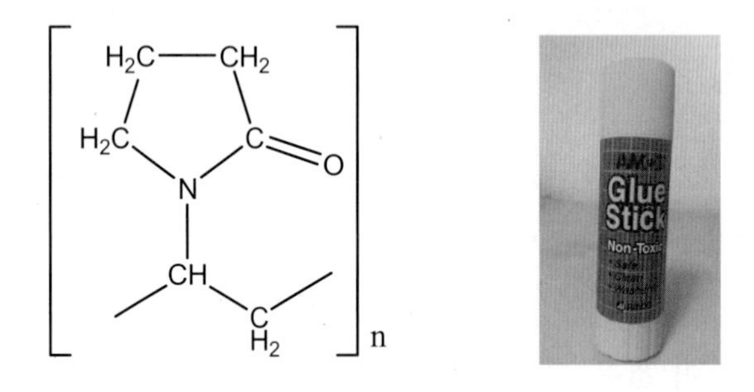

그림 6.16 헤어스프레이 원료(PVP) 구조 및 적용제품

6.3 생활용품

6.3.1. 비누

지방과 오일은 센염기 용액에서 가수분해되어 글리세롤과 지방산염으로 된다. 이러한 가수분해 반응을 비누화 반응이라고 하며, 이 때 생성된 지방산의 나트륨 또는 칼륨염이 비누이다.

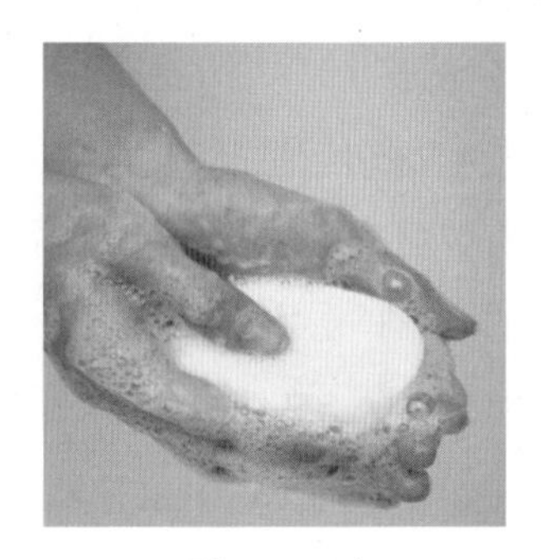

그림 6.17 비누

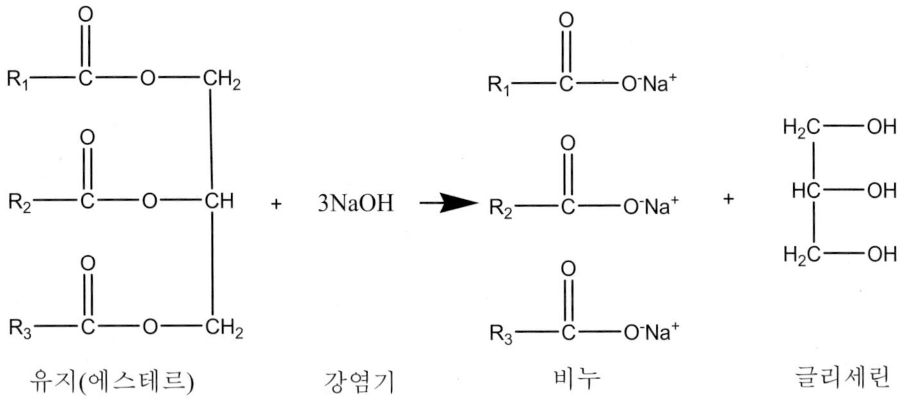

$$\begin{matrix} R_1-\overset{O}{\overset{\|}{C}}-O-CH_2 \\ R_2-\overset{O}{\overset{\|}{C}}-O-CH \\ R_3-\overset{O}{\overset{\|}{C}}-O-CH_2 \end{matrix} + 3NaOH \longrightarrow \begin{matrix} R_1-\overset{O}{\overset{\|}{C}}-O^-Na^+ \\ R_2-\overset{O}{\overset{\|}{C}}-O^-Na^+ \\ R_3-\overset{O}{\overset{\|}{C}}-O^-Na^+ \end{matrix} + \begin{matrix} H_2C-OH \\ HC-OH \\ H_2C-OH \end{matrix}$$

유지(에스테르) 강염기 비누 글리세린

그림 6.18 비누화 반응

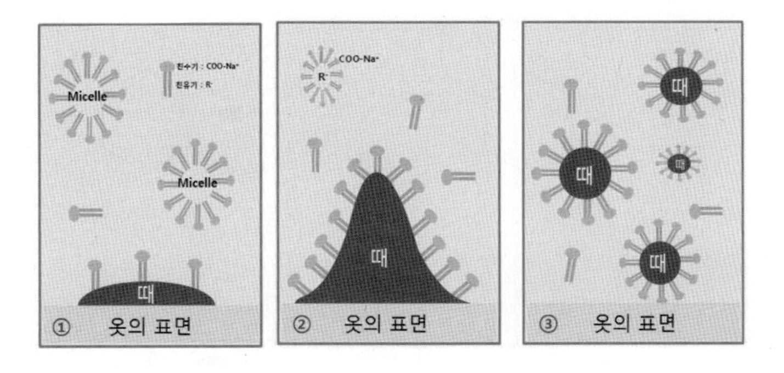

그림 6.19 비누의 세척 단계

6.3.2. 샴푸

샴푸는 흔히 여러 가지 요구 조건을 만족시켜 주기 위하여 만드는 몇 가지 성분들의 혼합물이다. 몇몇 샴푸는 음이온 세제를 포함하고 있는데, 이 세제는 양이온 세제보다 눈에 해를 적게 준다.

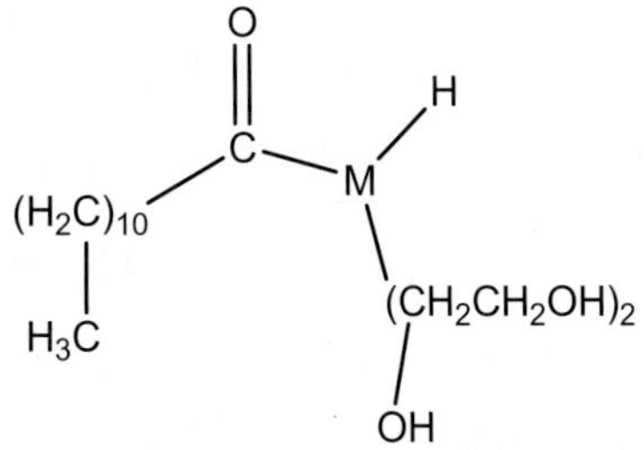

$$H_3C-(H_2C)_{10}-\overset{O}{\overset{\|}{C}}-M(H)-(CH_2CH_2OH)_2-OH$$

그림 6.20 샴푸(아마이드 세제) 화학 구조

6.3.3. 합성세제

합성세제는 세척 작용을 갖도록 고안된 유기 분자들로부터 만들어지고 있으나 경수에 존재하는 Ca^{2+}, Mg^{2+} 또는 Fe^{3+} 이온과의 반응은 비누보다도 훨씬 약하다. 결과적으로 경수에서는 합성세제가 비누보다 더 효과적이다.

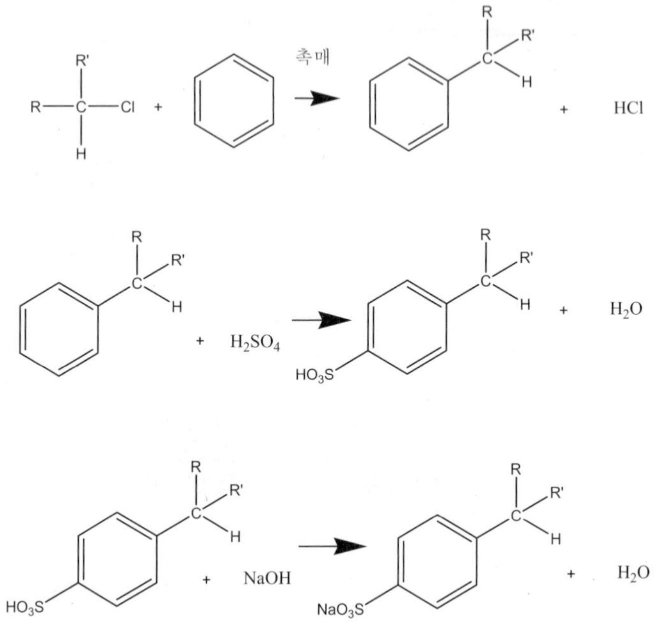

그림 6.21 합성세제 화학 구조

6.3.4 치약

치약의 두 가지 중요한 성분은 세제와 연마제이다. 연마제는 표면 침전물을 제거하는 데 이용되고, 세제는 물의 매체 속에 부유해 있는 입자를 씻어낼 수 있도록 도와주는 일을 한다. 치약에 흔히 사용되는 연마제로는 수화된 실리카(모래 모양, $SiO_2.nH_2O$), 수화된 알루미나($Al_2O_3.nH_2O$) 그리고 탄산칼슘 등이 포함된다.

표 6.5 치약 구성 성분

치약	종류	용도	효능
주성분	불소화합물	충치예방	충치예방, 치아미백, 치석의 참착방지, 구취예방 등의 효과를 증강시킴
	알란토인, 아미노카프론산 등	치주질환의 예방	
	인산삼칼슘, 질산칼륨, 염화스트론튬 등	시린 이 완화	
	이산화규소, 침강탄산칼슘 등	연마제	치아표면에 붙은 더러운 것을 제거, 치아를 빛나게 함
기타 성분	라우릴 황산 나트륨 등	기포제	거품을 생성, 더러운 것을 없어지게 함
	글리세린, 솔비톨, 프로필렌글리콜 등	습윤제	적당한 수분을 유지
	카르복실메틸셀룰로오스, 아라비아고무 등	결합제	치약이 균일하고 안정된 형태를 유지
	스피아민트유, 페퍼민트유 등	착향제	보다 상쾌한 기분으로 칫솔질을 할 수 있게 함

6.4 식품과 영양

인간은 식품을 통해 신체에 에너지를 공급 받고, 성장 촉진 및 노화 또는 손상된 조직을 회복시켜 건강한 신체를 유지한다. 현대에 이르러 생화학의 발전으로 사람의 영양에 대해 체계적인 이해를 하게 되었다.

사람에게 필요한 영양소에는 에너지원으로 쓰이는 탄수화물, 지방, 단백질과 필수 아미노산을 비롯한 40여종 이상의 물질이 있으며, 이들은 음식물로부터 섭취된다. 인간은 이 영양소를 이용하여 신체의 조직과 기관을 구성하고 활동에 필요한 에너지원을 만든다. 예를 들면, 인간의 지방 조직은 체중의 13%에서 70%까지 다양하며, 그 지방 조직의 양은 음식물의 종류나 양 그리고 인간의 연령과 유전 형질에 의존한다.

한국인의 경우, 탄수화물 섭취는 총 칼로리의 75%를 차지하는데, 이를 약 50% 선까지 줄이는 것이 바람직하다. 또한, 비타민 A, B_1, B_2의 섭취가 약간씩 부족하다. 또한, 염분의 섭취량은 10 g 이하가 이상적이지만 한국인은 식생활 습관 때문에 이보다 2~3배의 과다 섭취를 하고 있다. 따라서 고혈압과 같은 질환이 생길 우려가 있으므로 가급적 염분의 섭취량은 줄이는 것이 좋다. 이처럼 인간은 필요한 영양소를 식품을 통하여 얻는데, 식품에는 다양한 지방, 탄수화물, 단백질 및 무기질이 포함되어 있다.

인간은 소화과정을 통하여 이들 식품에 있는 영양분을 체내에 흡수하여 생활에 필요한 에너지원이나 조직 및 기관의 구성에 이용하고 있다. 앞으로 이들 각 영양소의 역할을 화학적 시각을 통하여 이해해 보자.

6.4.1 탄수화물

탄수화물은 식물에서 얻을 수 있는데, 소화가 가능한 것과 소화가 되지 않는 두 가지로 나눌 수 있다. 소화될 수 있는 탄수화물의 유일한 기능은 글루코오스glucose의 산화로 이는 그램(g)당 약 4 kcal의 비율로 에너지를 공급한다. 소화될 수 있는 탄수화물의 대부분은 간에서 우선 글리코겐으로 저장된다. 탄수화물은 하루에 2,000 kcal가 필요하므로 약 500 g의 글루코오스 또는 이와 비슷한 탄수화물을 섭취해야만 한다. 단당류(glucose, fructose, galactose)와 이당류(sucrose, maltose, lactose) 그리고 다당류(amylose, amylopectin, glycogen) 등이 있다.

소화되지 않는 탄수화물에는 셀룰로오스, 인슐린, 헤미셀룰로오스, 리그닌, 식물수지, 카라게난carrageenan, 황산화 다당류sulfated polysaccharides, 각질cutin 등이 있다. 초식 동물은 펜토오스를 소화시킬 수 있으나 인체는 이를 분해할 수 있는 효소가 없어 소화하지 못한다. 그러나 사람은 초식 동물을 통해 펜토오스pentose를 섭취하는데, 이것은 세포 구성 성분 또는 비타민 B_2의 전구물질 등으로 체내에서 중요하게 이용되고 있다 .

포도당glucose은 체액 속에 0.1% 보유하고 있고 그 함량은 일정하다. 과당fructose은 포도당과 같이 과일, 꽃 등에 들어 있고 특히 꿀의 주성분이기도 하다. 설탕sucrose는 포도당 1분자와 과당 1분자가 결합된 2당류이다. 설탕은 사탕수수에 다량 함유되어 있어 쉽게 추출할 수 있다. 광합성 능력이 있는 식물에서 발견된다. 설탕은 효소에 의해 가수분해되어 포도당과 과당으로 흡수된다. 맥아당maltose은 포도당 두 분자가 서로 결합한 2당류이며, 맥아와 꿀벌의 봉밀 성분이다. 유당lactose은 포도당과 갈락토오스가 결합된 2당류로서 포유동물의 젖 속에 들어 있는데 우유나 산양 젖에는 4.5~5%, 사람 젖에는 6~7% 들어 있나.

다당류인 녹말starch은 아밀로오스amylose와 아밀로펙틴amylopectin으로 되어 있고, 글리코겐glycogen은 동물성 전분으로 주로 간장에 저장되지만 근육 속에도 소량 저장된다. 글리코겐도 녹말과 마찬가지로 산이나 아밀라아제에 의해서 포도당으로 가수분해된다. 지방질과 단백질의 양이 많지 않더라도 탄수화물의 양이 적으면 체중 감소, 발육부진, 영양 상태 불량 , 신체 허약 등의 증상이 일어난다. 체내 에너지 대사의 주역은 탄수화물이므로 하루 섭취하는 총 열량의 60% 이상을 탄수화물로 섭취해야 한다.

현대인은 탄수화물 과다 섭취로 당뇨병에 걸릴 확률이 높아지고 있다. 당뇨병은 불치의 병이라고 하지만 식사요법으로 조절하거나 운동 등 규칙적인 생활을 하면 생명에는 지장이 없다. 그러나 사전에 비만이 되지 않게 절식하거나 운동 등으로 적절한 체중 관리를 해야 한다.

6.4.2 지방

지방은 세포막의 필수 구성 성분으로, 모든 영양소 중에서 가장 많은 열량을 발생시키는 주요 영양소이다. 지방이 소화 분해되면 지방산과 글리세롤로 변하며, 다시 대사되어 피하지방으로 재합성된다. 피하지방이 필요 이상으로 저장되면 비만의 원인이 된다.

지방은 크게 저장 지방질과 조직 지방질로 나누어진다. 인체에 저장할 수 있는 지방의 양은 체중 1 kg 당 120 g 정도이다. 그러나 실제로 이들 지방질이 모두 이용되는 것은 아니고 저장 지방질만 에너지원으로 이용되며, 조직 지방질은 죽는 순간까지 남아 있다. 참고로 동물성 지방은 포화도가 높고 단순포화 지방산으로 되어 있으며, 식물성 지방은 불포화 지방산으로 되어 있다.

지질lipid은 혐수성을 가지는 탄화수소로 이루어진 유기물로서 물에는 녹지 않으며 알코올alcohol, 에테르ether, 클로로폼chloroform과 같은 지용성 용매에 녹는다. 지방fat이란 보통 1개의 글리세롤 분자에 3개의 지방산 분자가 에스터화esterification된 구조를 가진 트라이글리세라이드triglyceride를 말한다(그림 6.22).

지방산fatty acid은 포화 지방산과 불포화 지방산으로 구분할 수 있는데, 포화 지방산은 주로 치즈, 버터, 햄 등에 많이 들어 있다. 불포화 지방산은 주로 상온에서 액체 상태로 견과류나 등푸른 생선에 많이 함유되어 있다. 이중 결합이 하나인 올레산oleic acid, 2개인 리놀렌산linoleic acid, 3개인 리놀렌산linolenic acid 그리고 4개의 아라키돈산arachidonic acid 등의 불포화 지방산들은 영양상 매우

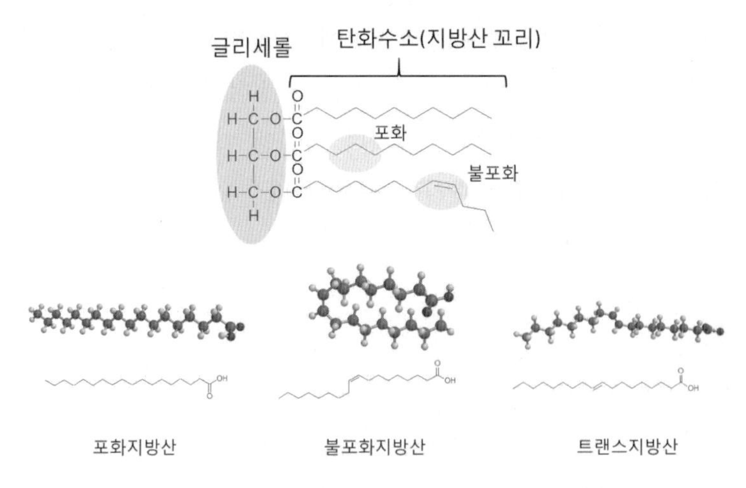

그림 6.22 지방과 여러 가지 지방산의 구조

중요한 물질들이다. 리놀레산, 리놀레산 그리고 아라키돈산의 지방산들은 세포 생장과 생식, 젖 분비 등에 필요한 필수 지방산으로 비타민 F로 알려져 있는 물질들이다. 필수 지방산이 부족하면 쥐에게서는 성장 정지, 탈모, 피부염, 생식 감퇴 등이 일어나고, 사람에게는 습진, 기관지염 등이 일어난다.

지방은 주로 장에 들어가 췌장에서 분비되는 지방분해효소lipase의 작용으로 지방산과 글리세린으로 변한다. 이때, 쓸개에서 분비되는 담즙산의 유화 작용으로 체내에 흡수된다. 흡수된 지방질은 대부분 저장되었다가 필요에 따라 점차적으로 에너지 대사에 이용된다. 몸에 축적되는 지방질은 탄수화물이나 단백질에서 만들어진 지방질도 있다. 지방질 과다 섭취의 가장 큰 문제점은 비만 외에 간장에 지방질이 축적되고 지방질이 체내에서 불완전하게 산화되어 중간 대사산물인 케톤체ketone body가 혈액 속에 증가하는 것이다. 만일 케톤체가 혈액 속에서 증가하면 산혈증을 일으키기 쉬우며, 고혈압에 대한 위험성도 커진다.

콜레스테롤cholesterol은 생화학 활성을 조절하는 호르몬인 스테로이드 성분 중의 하나로서 혈관, 뇌, 척추 등에 존재하며, 혈액 속에서 적혈구가 파괴되지 않게 보호하고, 칼슘이 불충분하여 뼈가 약해지는 구루병을 억제한다. 성 호르몬과 담즙산은 콜레스테롤에서 만들어지며, 콜레스테롤은 간장과 기타 부분에서 합성된다. 그러나 신체 내에서 주요한 역할을 하는 콜레스테롤도 과량 존재하면 단백질, 무기물 그리고 포화 지방과 결합하여 동맥의 벽에 화학적 축적물을 만든다.

DHA dolosahexenoic acid와 EPA eicosapentenoic acid는 불포화 지방산으로, 생체기능에 중요한 역할을 담당하는 물질들이다. DHA와 EPA는 구조적으로 같은 부류에 속하고, 다가 불포화 지방산을 가지며, 참치나 정어리 같은 등 푸른 생선에 많이 들어 있다. DHA와 EPA의 효과는 첫째로 혈중 콜레스테롤의 농도를 낮추어 동맥경화 같은 병에 걸리지 않게 하고, 두 번째로 혈액이 응고되지 않게 하며, 세 번째로 암 등 여러 염증을 억제시켜 주는 작용을 한다. 최근 DHA가 다른 다가 불포화 지방산들과는 다르게 머리를 좋게 하거나 기억력을 높여준다고 보고되었다.

6.4.3 단백질

단백질은 질소의 유일한 공급원이며 아미노산의 중합체이므로 소화, 흡수되려면 먼저 아미노산으로 가수분해되어야 하므로 아미노산을 직접 섭취해도 좋다. 아미노산 중에 인체에 필요한 필수 아미노산이 있는데, 다양한 필수 아미노산이 함유되어 있는 식품을 섭취하는 것이 효과적이다.

단백질은 근육, 피부, 모발, 손톱, 혈액, 뇌, 신경, 내장 등을 구성하는 데 필요한 절대적인 성분이다. 생리와 대사를 지배하는 효소와 호르몬도 모두 단백질로 구성되어 있다. 또한 단백질은 영양소로서 1g 당 4.1 kcal의 열량을 낼 수 있다.

단백질은 소화액의 작용에 의하여 아미노산으로 분해되고 소장에서 흡수된다. 흡수된 아미노산은 혈액 속의 혈장과 결합하여 혈장 단백질로 신체 각 조직으로 운반된다. 단백질은 항체나 인터페론 등 감염에 대한 자위 수단으로도 이용된다. 즉, 단백질이 부족하면 세균이나 바이러스 등에 대한 방어력이 약해진다. 단백질은 생명과 직결된 영양소로서 신체의 기관을 구성하며, 신체의 기능에 중요한 역할을 하는 호르몬과 효소의 구성체이다.

6.4.4 무기질 영양소

무기질 영양소란 비금속의 C, H, O, N이 아닌 원소로 소량이 필요하지만 생명과 건강을 유지하는 데 필수적인 영양소로서, 뼈와 치아의 형성, 체액의 산 · 염기 평형과 수분 평형에 관여하며, 신경 자극 전달 물질, 호르몬의 구성 성분 등으로 쓰인다. 무기질 영양소를 충분히 섭취하는 방법은 무기질 보충제를 먹거나, 서로 다른 공간에서 재배된 식품을 골고루 먹는 것이다.

무기질 영양소는 필요량에 따라서 두 가지로 분류될 수 있다. 칼슘, 인, 마그네슘은 하루에 1 g 이상 필요하고 크로뮴, 염소, 코발트, 구리, 플루오린, 아이오딘, 철, 망가니즈, 몰리브데넘, 니켈, 셀레늄, 유황, 바나듐, 아연과 같은 미량 원소는 하루에 mg 이나 μg 양이 필요하다. 인체 내 분포는 전체 무기질의 83%가 뼈를 구성하고, 10%가 근육, 장기에는 1% 정도 들어있다.

무기질의 기능은 크게 네 가지로 나눠 볼 수 있다. 첫 번째로 뼈나 치아 등의 단단한 조직을 구성하고, 두 번째로 효소 반응, 신경 전달, 및 근육 수축에 관여하고, 세 번째로 혈색소와 금속 효소의 구성 성분과 호르몬 및 보조효소의 생합성 재료로 이용되며, 네 번째로 체액의 pH 및 삼투압을 조절한다.

6.4.5 영양소의 대사과정

세포가 에너지를 생성하는 데 필요한 탄수화물, 지방질, 단백질에 대한 각각의 효소적 분해는 연속되는 효소 반응에 의해서 한 단계씩 진행된다. 호기성 분해대사aerobic catabolism는 크게 세 가지 주요한 단계가 있다. 각 단계를 거치면서 탄수화물, 지방, 단백질이 분해되어 작은 분자형태로 변해가는데, 이때 에너지가 발생하고 젖산lactic acid, NH_3, CO_2와 같은 작은 물질로 변한다. 구체적으로 설명하면 다음과 같다.

단계 I 에서 작은 단위의 단순한 분자로 변환된다. 즉, 단계 I 에서 탄수화물이나 지방 등에서 분해된 헥소오스hexose, 펜토오스pentose, 글리세롤glycerol은 탄소 원자 3개로 이루어지는 중간체인 피루베이트pyrubate로 변환된다. 그리고 이어서 탄소 원자 2개로 된 단위인 아세틸-CoA(acetyl-coenzyme A)로 변환된다. 마찬가지로 작은 단위로 분해된 지방산과 단백질로부터 분해된 아미노산의 탄소 골격도 분해되어 아세틸-CoA형으로 아세틸기를 만든다. 따라서 아세틸-CoA는 분해 단계 II의 공통 최종 산물이다.

단계 III에서는 아세틸-CoA의 아세틸기가 시트르산 회로(citric acid cycle, CAC)에 의해 분해과정을 거친다. 이 경로에서 에너지를 생성하는 대부분의 영양소는 최종적으로 CO_2로 산화된다. 단계 Ⅰ에서는 단백질이 20여 종의 아미노산으로 분해되고, 단계 Ⅱ에서는 이 아미노산의 대부분이 아세틸-CoA와 암모니아(NH_3)로 분해되며, 다시 단계 Ⅲ에서 아세틸-CoA의 아세틸기가 시트르산 회로를 통해 CO_2와 H_2O로 산화된다. 호기성 대사과정은 산화과정을 거쳐 최종 생산물인 이산화탄소와 물로 분해된다.

생화학자들이 호흡이라고 부르는 분해대사의 호기적 과정을 거쳐 CO_2와 H_2O로 산화된다. 호흡은 흔히 생리학적 또는 거시적인 의미로 폐에 의한 O_2의 섭취와 CO_2의 배출이라고 생각하고, 미시적인 의미로는 세포에 의한 O_2 소비와 CO_2의 생성이라는 분자적 과정이다.

돌아보기

- 유해화학물질의 영향에 대해서 인지하고, 화학물질 등록 및 평가에 관한 법률의 중요성과 목적에 대해서 알아본다.
- 각종 유해화학물질에 대해서 학습하고, 일상생활에서 이 물질에 대한 대처방안을 생각한다.
- 피부의 구조와 특성에 관해 알아보고, 자신의 피부 상태를 정확히 확인한다.
- 화장품의 종류와 성분을 정확하게 알고, 자신에게 맞은 화장품을 선택한다.
- 생활용품인 비누, 샴푸, 합성세제 등의 구조를 알고, 환경오염을 감소시키기 위해 어떻게 해야 하는지 생각한다.
- 식품에 있는 영양소의 기능을 화학구조와 함께 이해한다.
- 식품 속에 포함된 단백질, 지방, 탄수화물의 대사과정을 이해한다.

학습문제

1. 가습기 살균제 등과 같이 호흡 흡입되어 폐와 호흡기 점막에 직접적으로 노출되는 방법에는 어떠한 것이 있는지 일상생활을 기반으로 조사하라.
2. 태아가 환경호르몬과 유해화학물질에 직접 노출되지 않았음에도 왜 태아의 기형질환에 영향을 미칠 수 있는지 생각해 보고, 이러한 질환은 인체의 특정부위와 물질들의 어떠한 화학적, 생화학적 친화도 때문에 유발되는지 조사하라.
3. 정상적인 피부의 pH는 얼마인지 조사하고, 건강한 피부를 유지하기 위하여 피부의 수분 함량은 약 몇%가 되어야 하는지 조사하라.
4. 머리카락 구조에 중요한 역할을 하는 아미노산은 무엇인지 조사하라.
5. 머리카락이 딱딱한 것은 서로 다른 단백질 사이의 다리 결합과 무슨 결합 때문인지 조사하라.
6. 대부분의 향수는 여러 가지 성분을 화학적으로 혼합시킨 화합물이다. 궁노루와 같은 짐승들이 이성을 유혹할 때 분비되는 분비물로, 그 향기가 풀냄새와 꽃향기로 교묘히 은폐된 성 유인제는 무엇인지 조사하라.
7. 향수용 장미향을 합성할 때 이용되는 것으로, 이 물질과 제라니올과의 반응에 의해 생성된 에스터 화합물은 장미향을 갖는다. 이 물질은 무엇인지 조사하라.
8. 피부에 손상을 입히는 것 중의 하나는 햇빛 중에서 단파장인 자외선이다. 자외선 영역의 범위는 몇 nm에서 몇 nm인지 조사하라.
9. 헤어스프레이는 주로 수지를 휘발성 용매에 녹인 용액으로 머리카락에 분무시켰을 때 용매가 증발되어 머리카락을 고정시키기에 충분한 힘을 가진 막을 만든다. 이때 사용하는 대표적인 수지는 무엇인지 조사하라.
10. 인간에게 필요한 영양소 중에 에너지원으로 사용할 수 있는 것은 무엇인지 조사하고 어떤 식품을 통하여 얻을 수 있는지 조사하라.
11. 영양소의 대사과정을 설명하고 탄수화물, 지방, 단백질의 일차 분해물의 종류와 화학 구조를 조사하라.

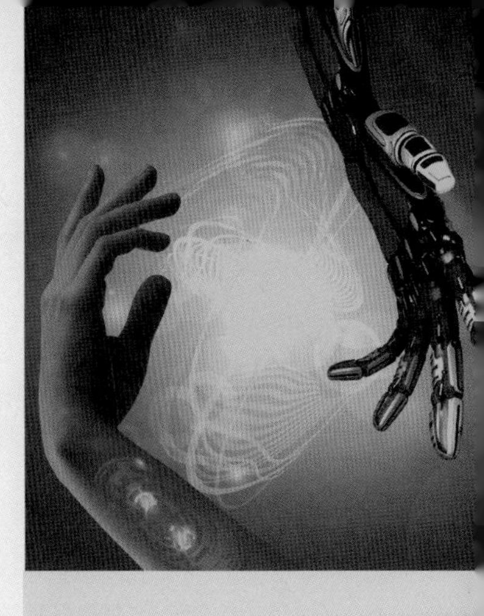

PART 3
정보기술

7장 정보화 기술의 변화와 영향력

8장 오픈소스 기술의 블루오션

9장 과학기술의 혼 - 사물 인터넷

7장 정보화 기술의 변화와 영향력

학습내용 요약	강의 목적
• 1980년대부터 매 10년주기로 정보화 기술의 획기적인 기술 변화가 다방면에 가져다준 영향력을 살펴봄으로써 21세기 스마트 지식 기반 정보화 사회의 역동성을 살펴본다. • 정보 기술의 웹 2.0 시대를 넘어 오픈소스 하드웨어/소프트웨어화, 사물 인터넷의 보편화, 초고속 인터넷 및 이동통신망의 발전, 빅 데이터의 출현과 분석, 클라우드 컴퓨팅으로의 진화 등 기술이 사회에 미치는 영향력을 살펴본다.	• 정보화 기술의 변화와 새로운 기업의 성패 요인을 파악한다. • 스마트 디바이스 기술 발전이 정보화 사회를 촉진시키는 데 어떠한 영향력을 미치고 있는지 파악한다. • 오픈소스 기술이 산업과 교육 등 사회 전반에 미치는 영향력을 살펴본다. • 초고속망의 실현으로 새롭게 등장한 클라우드 컴퓨팅과 빅테이터 분석과 활용을 알아본다. **Key word** 오픈소스 하드웨어, 오픈소스 소프트웨어, 빅 데이터, 클라우드 컴퓨팅, 초고속 인터넷망, 이동통신 기술, 사물 인터넷

차례

7.1 IT 인문학을 만나다
7.2 정보화 변천사
7.3 초연결 IoT 시대의 도래
7.4 오픈소스로 넓어진 세상
7.5 초고속 인터넷 통신망
7.6 클라우드 컴퓨팅
7.7 빅 데이터 분석 기술
■ 돌아보기
■ 학습문제
■ Article

7.1 IT 인문학을 만나다

1997년 스티브 잡스는 자신이 창업한 애플사로 귀환했으며, 그의 말에 의하면 과학기술자중에는 세익스피어를 제대로 읽은 이가 없고 인문학자 중에는 열역학 법칙을 아는 이가 없는 것이 지금의 현실이다. 스티브 잡스는 2010년 1월 신개념 태블릿 PC인 'iPad'를 소개하는 자리에서 다음과 같이 말했다.

"우리는 항상 기술technology과 인문학liberal arts의 교차로에 서려고 노력했다."

그리고 2011년 3월 2일 'iPad2' 제품 소개 발표를 마친 후 잡스는 iPad2 개발에 참여한 모든 개발자들을 일어서게 한 후, 유명한 'Technology and Liberal Arts'

그림 7.1 인문학과 기술의 교차로 1)

1) 출처: http://img.joachim-scholz.com/academipad/wp-content/uploads/2012/01/

그림 7.2 애플의 iPad 2 제품 발표회[2)]

영상을 다시 한번 띄워 놓고 "애플의 DNA는 단지 기술력만이 아니고 인문학과 결합된 기술, 인간을 고려한 기술이고 이것이 우리들의 가슴을 뛰게 한다"라고 말했다. 뿐만 아니라 그는 "소크라테스와 한나절 보낼 수 있다면 난 애플의 모든 기술을 내놓을 것이다"라고 말했다. 그만큼 기술은 인문학적 요소를 필요로 하고 있다.

경쟁 기업들이 태블릿 PC에 더욱 정교한 터치펜을 적용하려 애쓸 때 과감히 터치펜을 던져버리고 '가상 자판'과 '손가락 터치'로 시장의 틀을 바꿔 버렸다.

하루가 다르게 과학기술이 발전함에 따라 사회 활동의 양상도 많이 변해가고 있다. 그중 가장 많은 삶의 변화를 가져오게 한 것은 스마트 폰의 등장일 것이다. 말 그대로 잘 활용하는 사람들에겐 스마트한 장치가 되지만 그렇지 못한 사람들에겐 덤덤한 장치로 끝날 것이다. 정보통신기술의 발전과 사회생활의 다변화로 인한 다양한 서비스가 이 스마트 디바이스를 통하여 이루어지

2) 출처: http://i.dailymail.co.uk/i/pix/2011/03/02/article-1362244-0D712 9CD000005DC-723_634x393.jpg

기 시작하였다.

아날로그적 사고와 정서에 오랜 기간 동안 젖어있던 세대들은 홍수처럼 밀려오는 미디어의 강압적(?) 도전에 어찌해야할지 머뭇거리게 된다. 마샬 맥루한은 "미디어는 인간의 확장"이라고 했다. 신문은 눈의 확장이고, 라디오는 귀의 확장이고, TV는 눈과 귀의 확장이고, 전화는 귀와 말소리(입)의 확장이고 자동차는 발의 확장이다. 오늘날의 인터넷과 스마트폰의 등장은 하이터치 시대에 손끝으로 말을 대신하려는 눈과 귀와 입과 손과 발의 융합을 이끌어 내려고 시도하고 있다.

아날로그 시절엔 감성과 이성(의지)과 지성이 협동적이었지만 디지털 시대에 와선 각자 따로 분리되어 경쟁하고 있는 느낌을 받는다. 포스트모던 시대엔 융합과 통섭이라는 키워드가 많이 등장하고 절대기준과 경계로부터 벗어나려 한다. 세계는 원하든 원치 않던 우리를 스마트 모바일 시대로 이끌어내려 하고 있다. 그래서인지 "나날의 삶은 우리가 어떤 일을 하느냐 뿐만 아니라 우리가 어떤 사람들과 함께 있는냐"에 따라서도 달라진다는 미하이 칙센트미하이[3]Mihaly Csikszentmihalyi 말에 동의가 된다. 칼 구스타프 융[4]Carl Gustav Jung은 "나는 진정한 '내'가 되기 위해 '너'를 필요로 한다"고 피력하였다.

어쩌면 우리는 진정한 "나"의 전부를 "너"라는 거울과 스마트 소셜 미디어를 통해 찾아내려고 노력 중인지도 모른다. 현대인은 개성을 중요시하는 동시에 나의 브랜드를 여러 가지 모양으로 나타내며 계절 따라 옷을 갈아입듯 자신의 숨겨진 정체성과 진실성을 표현하려고 한다.

우리는 정보를 한곳에 모아두어 찾는 이에게 지식을 전달하는 지식 독점 포탈중심인 웹 1.0 시대에서 이제는 **참여**, **공유**, **공개**, **연결**이라는 키워드로 설명되는 평평한 세상을 만들려는 웹 2.0 시대에 살고 있다. 페이스북, 트위터,

---

3) 헝가리 출신의 심리학자, 현재 피터 드러커 경영대학 교수 및 '삶의 질 연구소' 소장으로 있으며, 몰입 이론으로 유명하다.

4) 스위스 출신의 정신의학자, 정신분석학 연구로 유명하다.

카카오톡, 미투미, 링크드인, 미투데이, 구글, 빙, 유튜브, 위키피디아 등 우리와의 거리가 한결 가까워지고 있다.

세계는 드디어 스마트 커뮤니케이션의 혁명이 일어나고 있고 스마트 빅뱅이 진행 중이다. 이렇게 열광을 받는 이유에는 여러 가지가 있겠지만 그중 가장 중요하다고 생각되는 것은 현대인의 생활이 개인주의 중심으로 흐르면서 소통이 부족했기 때문일 것이다. 다음 인용구는 정보화의 물결이 가져다줄 세상의 변화를 한마디로 요약해주고 있다.

"하나님은 제3의 물결인 정보화 물결을 일으키고 계시다." – 엘빈 토플러

"하나님은 물결을 일으키신다. 우리는 그 물결을 탈 뿐이다." – 릭 워렌

"지구는 둥굴지 않고 다시 평평해졌다." – 토마스 프리드만[5)]

"이것(정보화)은 장치와 서비스에서와 같이 우리가 무엇을 하고 우리가 우리 자신을 어떻게 보느냐에 있어서 매우 중요한 전환이다." – MS CEO 스티브 발머

"우리는 고객이 제품을 구입할 때뿐만 아니라 우리의 제품을 사용할 때 돈을 벌기 원한다." – Amazon CEO 제프 베조스

이 정보화 물결이 지금 어떻게 출렁이고 있는지 자세히 관찰해 볼 필요가 있다. 그렇게 함으로써 전문 직업인이나 전문 기관이 미래의 창의적 직업을 위해 나아 갈 방향과 전략 그리고 역할이 정의될 것이라 본다.

---

5) 토마스 프리드만(Thomas L. Friedman)은 미국 출신의 언론인, 국제관계 컬럼니스트로서 뉴욕 타임즈에서 활약하고 있다.

7.2 정보화 변천사

1982년 5월은 한국의 IT 역사뿐만 아니라 세계의 IT 역사에 한 획을 그은 날이다. 구미의 전자기술연구소 컴퓨터와 서울대의 컴퓨터가 1200 bps의 속도로 연결됐는데, 이는 IP 주소를 할당받아 패킷 방식으로 연결하는 지금의 인터넷과 같은 방식이었다. 이로써 한국은 인터넷의 원조인 미국에 이어 전 세계에서 두 번째로 인터넷 연결에 성공한 나라가 됐다.

1990년대 PC 통신, 2000년대 웹, 2010년대 모바일로 IT 플랫폼은 10년 주기로 거대한 패러다임의 변혁이 있어왔다. 그 변화 속에서 새로운 비즈니스의 기회와 산업의 혁신 그리고 도태와 쇠락이 있었다. 2020년대 새로운 IT 플랫폼으로서 IoT 패러다임이 다가오고, 5 GB 속도의 모바일 인프라의 구축으로 수백억 개의 디바이스 간 정보화 패러다임 속에서 어떤 비즈니스의 기회와 산업의 혁신이 있을 것인지 진단하고 예상한다.

1980년대 (개인용 PC와 웹의 등장)

- 개인용 컴퓨터PC 16 bit 등장 : MS-DOS 운영체제의 IBM PC로 1981년 등장
- 개인용 매킨토시Mac : 1984년 그래픽 사용자 인터페이스의 운영체제를 지원하는 컴퓨터 등장
- 1989년 인터넷상의 정보를 HTML 언어로 하이퍼텍스트 방식과 멀티미디어 환경에서 정보를 검색할 수 있는 월드 와이드 웹(World Wide Web, WWW)시스템을 팀 버너스 리[6]가 제안하여 연구, 개발되었다. 인터넷의 기반을 닦은 여러 공로로 인터넷의 아버지라고 불리는 인물 중 하나이다.

6) 유럽입자물리학연구소(CERN)의 연구원

1990년대 (PC와 인터넷 보급 춘추전국시대)

- 1991년 윈도우 3.0 32 bit IBM PC 등장: 1995년 향상된 윈도우 운영체제인 윈도우 95를 탑재한 IBM-PC가 등장했다.
- 1990년 중반 인터넷 대중화 시대 도래 : 1994년 넷스케이프[7] 모질라 사가 첫 상용화 브라우저인 네비게이터 브라우저를 개발, 하이퍼텍스트 기반의 대형 포털사이트 등장을 가져 왔다. 넷스케이프사는 1995년에 등장한 마이크로소프트의 '인터넷 익스프로러'와의 전쟁에서 패배한 후 2008년 공식 종료되었다.
- 1994년 제프 베조스Jeffrey Preston Bezos가 설립하여, 이듬해 1995년 7월에 온라인 서점으로 시작한 아마존 닷컴은, 1997년부터 다양한 제품의 온라인 쇼핑몰을 구축하였으며, 2012년에 법인을 설립한 이후 클라우드 사업도 진행하고 있다.
- 1998년 8월 iMac 등장 : iMac 컴퓨터는 애플의 일체형 매킨토시 데스크탑 컴퓨터이다. 일반 사용자용으로 인터넷을 위한 차세대 PC로 자리매김하였다.
- 1998년 9월 구글 창업: 구글은 웹 검색, 클라우드 컴퓨팅, 광고를 주 사업 영역으로 하는 미국의 다국적 회사로 1998년에 래리 페이지[8]Larry Page와 세르게이 브린Sergey Brin이 BackRub이라는 이름으로 'Google Inc.'을 설립했다
- 마윈은 1999년 기업대 기업B2B 거래 회사인 알리바바Alibaba를 설립, 중국의 중소 기업이 만든 제품을 전 세계 기업들이 구매할 수 있도록 중개하고 있다. 야후의 창업자 제리 양과의 친분으로 투자를 받아 알리바바를 창업하였다.

---

7) 네비게이터 브라우저는 넷스케이프(Netscape) 커뮤니케이션즈사가 처음 개발하였다.
8) 페이지 랭크 알고리듬을 사용하여 웹 검색 페이지의 내용을 검색하는 엔진 개발자 중의 한 사람이다.

2000년대 (웹 2.0 시대의 SNS와 스마트 기기 등장)

- 2001년 매킨토시 OS가 OPENSTEP[9] 기술을 중심으로 만든 Mac OS X를 선보였고, 같은 해 마이크로소프트사는 윈도우 Xp[10]를 출시했다.
- 2004년 웹 2.0 개념 : O'Reilly와 MediaLive의 웹 개척자이며 O'Relly사의 부회장이었던 데일 도거티Dale Dougherty가 처음 소개하였다.

  개방, 참여, 공유가 웹2.0의 핵심 키워드로, 특히 사용자가 정보의 소비자이자 생산자가 되는 인터넷 통합 환경을 통칭한다. 가벼워진 웹 S/W와 풍부한 사용자 경험이 바탕이 된다. 플랫폼으로서의 웹 집단지성의 기반이 되는 데이터 참여 구조architecture of participation에 의한 네트워크 효과(오픈 소스 개발과 같이), 여러 시공간에 흩어져 있는 독립적인 개발자들이 공동으로 참여해 혁신하는 시스템이나 사이트 콘텐츠와 서비스 신디케이션을 통한 가벼운 비즈니스 모델lightweight business model, 기존의 소프트웨어 개발 사이클과는 다른 '영원한 베타the perpetual beta', 롱테일의 힘을 극대화시키는 소프트웨어 하나의 장치에서만 동작한다는 기존의 소프트웨어 관념을 뛰어넘어 여러 이기종(異機種) 장치에서 하나의 소프트웨어로서 구동된다.
- 인터넷의 확장과 웹이 폭발적 인기를 얻으면서 웹 사용의 새로운 지평을 열었다. 웹 사용자는 단순 검색과 정보 링크를 넘어 웹 콘텐츠의 참여자와 생산자로 거듭나기 시작했다. 이같은 웹 사용자의 요구에 부응하기 위해 등장한 개방형 플랫폼이 웹 2.0이다. 즉 서비스의 공유, 참여, 협업, 연결이라는 평평한 세상을 만드는 플랫폼으로 성숙하였다.
- 2002년 12월 Reid Hoffman의 링크드인 창업, 2003년 5월부터 운영, 전문적인 인맥 서비스로서 200여개 국에서 1억 명 이상이 이용하고 있다.

---

9) 오픈스텝은 넥스트사와 선 마이크로시스템즈가 공동으로 개발한 객체지향형 API 표준이다.
10) 윈도우 xp 운영체제는 윈도우 NT 커널 기반을 둔 마이크로소프트사 최초의 소비자 지향 운영체제이다.

• 2004년 2월 마크 저커버그의 페이스북 창업 : 세계 최대의 소셜 네트워크 서비스
• 2007년 4월 젝 도시Jack Dorsey, 비즈 스톤Biz Stone, 에반 윌리엄스Evan Williams와 노아 글래스Noah Glass의 단문 SNS인 트위터 탄생 : 마이크로 블로그 서비스이다.
• 2009년 캡차CAPTCHA[11]: 완전 자동화된 사람과 컴퓨터 판별 방식의 HIP Human Interaction Proof 기술로서 어떠한 사용자가 사람인지, 컴퓨터 프로그램인지를 구별하기 위해 사용되는 방법. 캡차를 고안한 카네기 멜론 대학의 루이스 폰 안Luis Von Ahn은 50년 이상된 고서의 디지털화 작업에 컴퓨터 자동 인식으로 처리되지 못하는 단어들을 reCAPTCHA를 도입하여 허비되는 노동력과 인건비를 줄이면서 대규모 협업 작업을 인터넷을 통해 이루어냈다. 매일 2억 개의 캡차가 입력되고 있으며 사람들이 캡차를 입력할 때마다 10초가 걸린다. "이것을 전체로 계산해보니 매일 50만 시간을 낭비하고 있다는 결론이 나왔다."

  현재 전 세계 인구의 7억 5천만 명이 이같은 일을 무보수로 도와주고 있으며 OCR로 해독 안 되는 종이 책을 디지털화 하는데 reCAPTCHA를 통해 텍스트화되는 책은 연간 250만 권 정도에 해당한다.
• 2007년 6월 애플이 발표한 아이폰은 2G 이동통신방식을 지원하는 최초의 스마트폰이다. 미국 샌프란시스코에서 열린 맥월드 2007에서 선보인 아이폰의 주요 특징은 전화와 인터넷 커뮤니케이션, iPod의 통합이다. 이 밖에도 3.5형의 멀티터치 스크린의 탑재 등이 있다. 이어서 2008년 7월 WWDC 2008에서 3G 이동통신 방식을 지원하는 아이폰, 2009년 6월 iOS 3.0을 탑재한 3GS, 2013년 9월 iOS7.x를 탑재한 iPhone 5S, 2014년 9월

11) CAPTCHA (Completely Automated Public Turing test to tell Computers and Humans Apart, 완전 자동화된 사람과 컴퓨터 판별)

그림 7.3 애플사의 아이폰(왼쪽부터 아이폰 2G, 아이폰 3G, 아이폰 3GS, 아이폰 4, 아이폰 4S, 아이폰 5)[12]

iPhone 6, 2015년 9월 9일 iPhone 6S 발표하였다.

- 2012년 아이폰 5 등장: 아이폰 시리즈의 6번째 작품. 디자인 변화를 요청했던 애플팬들의 기대에는 상대적으로 많이 못 미친다는 평가를 받았다.
- 2008년 10월 안드로이드 폰 탄생 : 대만 HTC G1. 구글과 안드로이드의 만남은 아이폰과 함께 전 세계 스마트폰 시장을 양분하고 있는 안드로이드폰의 시작이다.

2011년 4월 구글 창업자 래리 페이지는 최고경영자에 취임하자마자 구글에 합류한 지 채 6년밖에 안 된 안드로이드사의 공동 창립자였던 앤디 루빈Andy Rubin을 18명의 부사장 중 한명으로 발탁했다. 8년 전 월세 낼 돈도 없던 마흔 살 로봇광 루빈의 특기는 안드로이드라는 운영체제OS였다. 당시는 핀란드의

12) 출처: http://www.apphone.fr/wp-content/uploads/2013/08/all-apple-iphones.jpg

그림 7.4 쿼티자판을 가진 최초의 안드로이드 폰 HTC G1[13]

노키아와 한국의 삼성, LG 전자가 피쳐폰(스마트폰 이전의 휴대폰)으로 세계 시장을 장악하고 있었다. 그는 안드로이드 OS 구상을 들고 삼성전자를 찾아갔으나 거절당했고, 2007년 중반 LG 전자를 찾아갔을 때도 마찬가지였다. 급기야 그 해 6월 애플이 신무기인 '아이폰'이란 스마트폰을 내놓자 루빈은 궁지에 몰렸다. 루빈의 재능을 인지한 구글은 2년간 비밀 프로젝트에 몰두했고 구체화된 스마트폰 안드로이드 OS를 실현시킬 업체를 찾다 못하여 지명도가 한참 떨어지는 대만의 HTC를 찾아가 2008년 9월 처음으로 탄생한 안드로이드 스마트폰이 'HTC G1'이다.

2007년 11월 안드로이드 1.0 알파 버전부터 시작한다. 구글은 1.0 버전 이후 4개월이 지난 2009년 2월 업데이트 버전인 1.1을 공개했다. 이어 2009년 4월에는 안드로이드 1.5를 내놨는데 스크린 키보드 디자인을 더 세련되게 바꿨다. 구글은

13) 출처: http://gizmodo.com/5053264/t-mobile-g1-full-details-of-the-htc-dream-android-phone

안드로이드 1.5부터 과자 이름을 코드명으로 채택하기도 했다. 1.5 버전에는 컵케이크Cupcake라는 애칭을 붙였다. 그 밖에 안드로이드 1.5가 나오면서 처음으로 물리적인 키보드가 없는 스마트폰인 HTC 매직HTC Magic이 등장했고, 2014년 10월 16일 안드로이드 5.0 롤리팝을 소개했다.

2011년까지 휴대전화 시장의 지배자였던 노키아는 스마트폰 추세를 모르고 하드웨어에 매달리다 실패했다. 세계 최대 소프트웨어 업체인 미국의 마이크로소프트가 노키아의 휴대전화 사업 부문을 인수한다고 공식 발표하면서 15년간 핀란드의 자존심과 번영을 상징한 휴대전화 사업의 역사가 막을 내렸다.

삼성, 모토로라, 소니 등 스마트폰 제조업체는 오픈 모바일 운영체제인 안드로이드를 채용하고 있으며, 애플, 마이크로소프트사는 자체 운영체제를 비개방 형태로 운영하고 있다. 안드로이드폰과 애플폰, 윈도우폰의 대결은 계속될 것이다.

2010년대 : 클라우드 컴퓨팅, 빅데이터와 소셜네트워크 전성시대

- 쿼드코어 CPU를 단 PC/Workstation/데이터 센터의 대중화
- **클라우드 컴퓨팅 등장** : 클라우드 컴퓨팅cloud computing은 인터넷 기반의 컴퓨팅 기술을 의미한다. 클라우드 컴퓨팅의 개념은 1965년 미국의 컴퓨터 학자인 존 매카시[14]John McCarthy가 "**컴퓨팅 환경은 공공 시설을 쓰는 것과도 같을 것**"이라는 개념을 제시한 데서 유래하였다. General Magic이라는 회사는 1995년 3월부터 AT&T와 다른 여러 통신사들과 제휴를 맺고 클라우드 컴퓨팅 서비스를 최초로 시작했다.

14) 미국 출신의 전산학자, 1956년 다트머스학회에서 처음으로 '인공지능'이라는 용어를 창안했다.

그림 7.5 클라우드 컴퓨팅 모식도[15)]

하지만 이 시기는 소비자 중심의 웹 기반이 형성되기 전이었기 때문에 클라우드 컴퓨팅 사업은 당연히 실패할 수밖에 없었다. 10년이 지난 2005년에서야 클라우드 컴퓨팅이라는 단어가 널리 퍼지기 시작했다. 2008년부터는 더이상 SaaS Service as a Service에만 집중되지 않고, IaaS Infrastructure as a Service, PaaS Platform as a Service로 그 영역을 넓혀가게 되었다. 이러한 서비스를 이용한 실상품으로는 구글에서 추진하고 있는 크롬북이나 맥북 에어가 대표적이다. 크롬북은 컴퓨터 전원을 켜면 크롬 브라우저가 뜨고, 거의 모든 서비스를 클라우딩 서비스로 이용할 수 있는 것이다. 구글 문서도구Google Docs, 네이버 워드 등으로 가벼운 작업에 굳이 오피스를 깔아서 쓸 필요가 없어졌다.

15) 출처: https://ko.wikipedia.org/wiki/

"...구글은 소프트웨어를 응용해서 좁은 해협을 만들고는 우리가 웹상에서 뭔가를 찾아 해멜 때마다 그곳을 지나가도록 만들었죠..."라는 톰 글로서, 전 톰슨 로이터 회장의 말을 귀담아 들어야 할 것이다.

- 가상화 기술의 발전 : 1960년대 이후로 널리 쓰였으며, 전체 컴퓨터 시스템에서 개별 기능/구성요소에까지 컴퓨터의 다른 많은 면과 영역에 적용되어 왔다.
- 플랫폼 가상화 : 플랫폼 가상화는 주어진 하드웨어 플랫폼 위에서 제어 프로그램, 곧 호스트 소프트웨어를 통해 실행된다.
- 리소스 가상화 : 결합된 리소스, 단편화된 리소스, 아니면 단순화된 리소스를 시뮬레이트 한다.

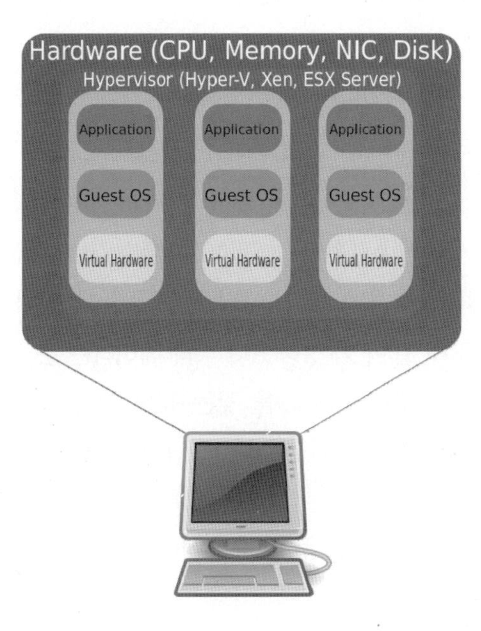

그림 7.6 컴퓨터의 완전 가상화 논리도[16)]

- 2006년 이후 클라우드 스토리지 등장 : 가장 널리 사용되는 클라우드 서비스는 2008년 드류 휴스턴과 아라시 페르도시에 의해 창업된 Dropbox를 비롯해 Box, Sugarsync 등이 있고 애플의 iCloud, MS의 OneDrive, 구글의 GoogleDrive 등도 많이 사용되고 있다. 국내 포털 업체가 제공하는 서비스로는 네이버의 nDrive, 다음이 제공하는 다음 클라우드 등이 있고 통신사 제공 서비스로 KT의 uCloud, SKT의 Tcloud, LGU+의 u+Box 등이 있다.

16) 출처: https://commons.wikimedia.org/wiki/File:Hardware_Virtualization.JPG

2008년 빅 데이터의 등장 (IT시대의 빅뱅 시대)

빅 데이터(big data)란 기존 데이터베이스 관리 도구로 데이터를 수집, 저장, 관리, 분석할 수 있는 역량을 넘어서는 대량의 정형 또는 비정형 데이터 집합 및 이러한 데이터로부터 가치를 추출하고 결과를 분석하는 기술을 의미한다[17].

조지 오웰이 1949년에 발표한 소설 '1984'에서는 미래를 어두운 통제 사회로 표현했다. 국가가 허구 인물인 '빅브라더'를 통해 모든 정보를 통제한다는 가설이 존재한다.

아마존의 수석 과학자 출신인 스탠퍼드대학교 안드레아스 바이겐드 교수는 "빅데이터를 새로운 시대의 석유"로 비유하였다. "앞으로 많은 사업 영역에서 빅데이터를 얼마나 활용하는가가 승자와 패자를 가를 것이다." 브랜드 가치 세계 2위 기업인 IBM 최고경영자 버지니아 로메티의 이 말이 현실로 다가 오고 있다.

세계경제포럼은 2012년 떠오르는 10대 기술 중 그 첫 번째를 빅데이터 기술로 선정했으며 대한민국 지식경제부 R&D 전략기획단은 IT 10대 핵심기술 가운데 하나로 빅 데이터를 선정하는 등 최근 세계는 빅 데이터를 주목하고 있다.

2012년 가트너는 기존의 정의를 다음과 같이 개정하였다: "빅 데이터는 큰 용량Volume, 빠른 속도Velocity, 그리고(또는) 높은 다양성Variety을 갖는 정보 자산으로서 이를 통해 의사 결정 및 통찰 발견, 프로세스 최적화를 향상시키기 위해서는 새로운 형태의 처리 방식이 필요하다." 이에 더해, IBM은 진실성Veracity이라는 요소를 더해 4V를 정의하였고, 브라이언 홉킨스Brian Hopkins 등은 가변성Variability을 추가하여 4V를 정의하였다.

17) https://ko.wikipedia.org/wiki

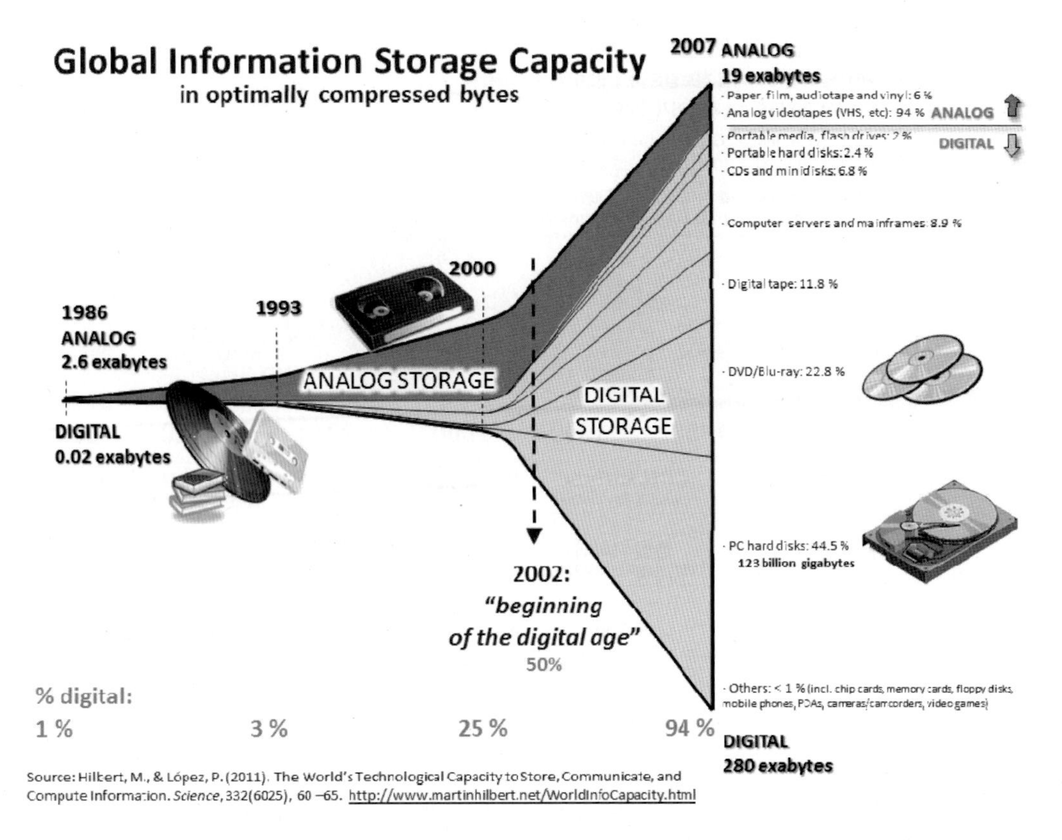

그림 7.7 글로벌 정보 스토리지 용량의 수요 팽창

컴퓨터에서 데이터를 처리, 저장, 전송할 때 사용하는 가장 작은 단위는 0 혹은 1을 나타낼 수 있는 비트bit로, 비트 8개를 하나로 묶어 1바이트byte라고 한다. 이는 정보 처리의 기본 단위로 사용된다. 1바이트가 2의 10제곱, 즉 1천 24개 모여 있으면 킬로바이트KB가 된다. 이와 같이 2의 10제곱씩, 즉 1,000배씩 커지면서 메가바이트MB, 기가바이트GB, 테라바이트TB, 페타바이트PB, 엑사바이트EB, 제타바이트ZB가 된다.

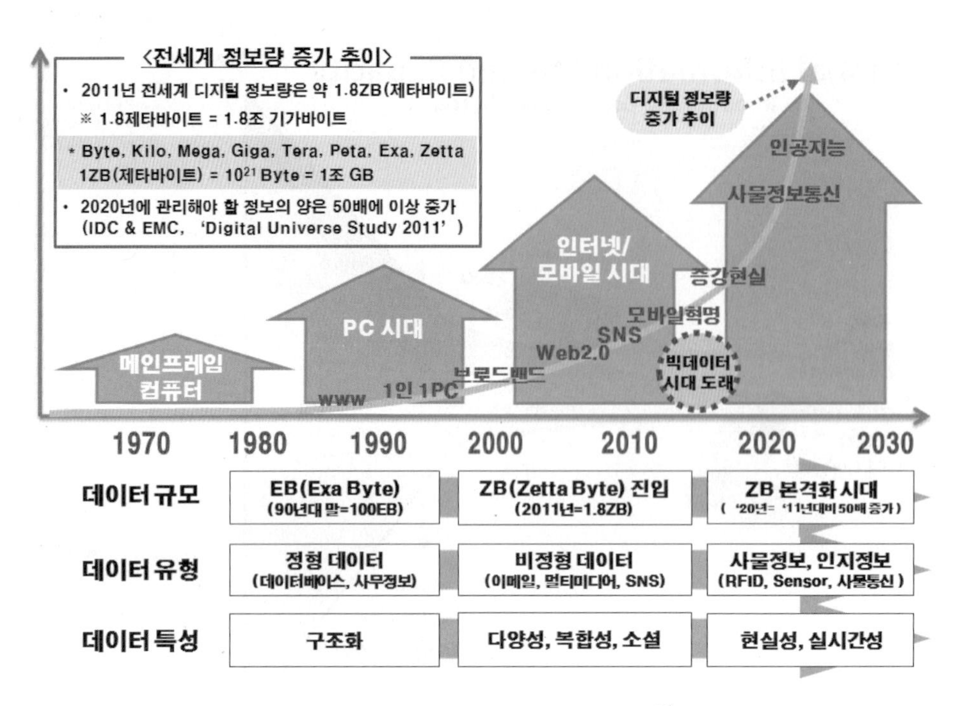

그림 7.8 디지털 정보량 증가 추이[18]

2011년을 기준으로 트위터에서 하루에 발생되는 데이터의 양이 8 TB 를 넘어서는가 하더니 2012년에는 페이스북에서만 하루에 100 TB를 넘는 데이터가 생성되고 있다. 미국 보잉사에서는 비행기 1대에 관련된 데이터가 640 TB라고 한다. 미국에 운영 중인 비행기의 센서로부터 수집되는 데이터량은 1년에 미국 내에서만 2,500,000,000 TB 정도(20 TB × 2 wings × 6 hr flight × 28,537 planes × 365 days)이다.

한국정보화진흥원에 따르면 2011년 전 세계 디지털 정보량은 약 1.8조 GB로 나타났으며 2020년에 관리해야 할 정보의 양은 이보다 50배 이상 증가할 것으로 예상된다. 1.8조 GB는 고화질HD 영화 2000억 편 이상을 4,700만 년 동

18) 자료: 한국정보화진흥원

안 시청할 수 있는 정도의 정보량이다.

- 빅 데이터 1세대(2007~2011) : 포털과 통신사 중심으로 Hadoop 플랫폼 구축
- 빅데이터 2세대(2012~현재) : 빅데이터 기술 종의 다양성 증가와 빅데이터 활용 중심으로 관심 이동

빅데이터의 종류는 크게 내부 데이터와 외부 데이터로 나뉜다. 내부 데이터는 다시 개인정보를 의미하는 '휴먼 데이터'와 이메일, 인터넷 등 각종 장비에 저장된 정보인 '시스템 데이터'로 나뉘고, 외부 데이터에는 SNS를 통해 발생하는 '소셜 데이터'가 있다.

Forrester의 예측에 의하면 2015년 말이 되면 지구 전체 인구의 42%가 스마트폰을 소유할 것이며, 이같이 항상 인터넷에 연결된 소비자이면서 작업자인 이들이 무엇을 원하는지, 어디에 있는지를 이해하지 못하다면 비즈니스가 가로막힐 것이라 보고하고 있다.

2020년대 초연결 사물 인터넷 사회 시대 도래

만물이 지능을 갖는 네트워크로 연결되는 사물 인터넷IoT의 시대에는 새로운 인프라와 비즈니스 기회가 도출된다. 그 기반 기술을 어떻게 선점하느냐가 한 국가의 미래 먹거리 산업을 확보할 수 있게 해준다. 사물 통신 관련 기술은 10여년 전부터 유비쿼터스 M2M Machine to Machine이라는 이름으로 오랜 기간 연구 개발되어 왔다. 최근 들어 스마트 인터페이스 및 서비스 기술, 스마트 장치들의 보급과 센서 기술의 발전으로 비즈니스 적용이 더욱 활발히 진행되고 있다.

■ IoT의 주요 기술

- 센싱 기술
- 액츄에이터 기술
- 인공 지능 처리 기술
- 인터넷 기술

스마트폰에는 터치 입력 센서, 주변의 밝기를 인지하는 조도 센서, 소리를 입력받는 마이크, 영상을 획득하는 고성능 비디오 카메라, 근접 거리를 읽어내는 NFC, 위치를 파악하게 해주는 GPS 수신기, 자세 제어를 위한 자이스코프와 가속도계, 고도를 감지할 수 있는 기압 센서, 자석 나침판 등이 탑재되어 있다. 이들 센서는 주위 환경을 인지하여 정보화하는 기능을 담당한다. 특히 새로운 터치 기술은 터치감도와 해상도를 향상시키는 데 도움을 줄 뿐만 아니라 스마트폰 두께와 무게를 줄이는 역할을 하기 때문이다. 애플의 인셀In-Cell, 삼성전자의 온셀On-Cell, 그리고 LG 전자의 제로갭 터치Zero-Touch 등의 터치 기술을 자사의 주력 스마트폰에 적용하고 있다.[19]

대부분의 IoT 하드웨어는 스마트폰과 같은 입력 장치가 없다. 가상 공간과 실 공간의 연결 경계에 있는 것들이 센서들이다.

■ 통신과 네트워크 인프라

센서를 통해 입력된 데이터는 디지털화된 후 네트워크를 통해 전송된다. 데이터를 실어 운반할 도로에 해당되는 것이 네트워크 인프라이다. 인터넷 망에 연결되기 위해서는 WiFi, 3G, 4G, 5G LTE 등의 통신 모듈이 탑재되고, 스마트폰 등의 컴퓨팅 기기에 연결될 때는 블루투스, RFID, 지그비, WiFi Direct 등 근거리 통신 네트워크가 이용된다. 각 기기의 특성과 전송되는 데이터의 속성에 따라 통신 인프라가 달라지며, 전송 속도와 요구 대역폭이 중요하기 때문에 사물 인터넷을 위한 무선 통신 인프라가 중요해지고 있다.

19) 출처: 「인간의 오감을 대신하는 스마트폰 센서들, 그 종류와 활용은?」
http://www.bodnara.co.kr/bbs/article.html?num=102137

■ 인터페이스 및 서비스

PC, 스마트폰, 태블릿, TV가 인터넷에 연결되어 새로운 가치를 창출해 내는 것처럼 사물 인터넷 역시 기존 장치나 센서와 결합되어 새로운 가치를 창출해 내고 있다.

사물 인터넷 기술을 접목하여 확보된 데이터를 이용해 새로운 가치를 창출하는 것은 서비스가 해야 할 역할이며, 이 서비스를 사람이 편리하게 이용할 수 있도록 유저 경험(UX)을 고려한 감성적, 인문학적 디자인이 이루어져야 한다.

7.3 초연결 IoT 시대의 도래

모든 사람과 사물, 사물과 사물이 연결되는 세상을 사물인터넷, Internet of Things라 부른다. 오프라인으로만 존재하던 수많은 사물들이 임베디스 컴퓨팅를 내장하여 인터넷에 연결되고, 이렇게 연결된 사물들은 다양한 분야에서 새로운 가치를 만들어 내고 있다.

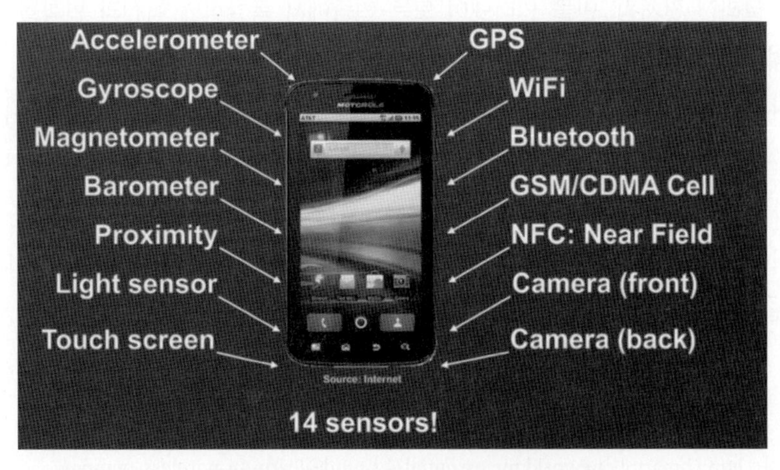

그림 7.9 스마트폰에 장착된 센서들[20)]

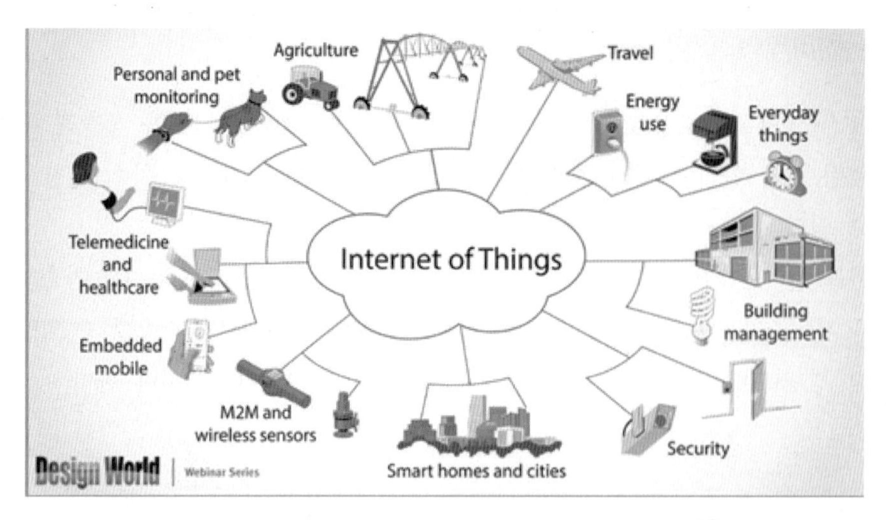

그림 7.10 사물인터넷으로 연결될 초연결 정보화 사회[21]

ICT의 급속한 발전으로 만물이 센서들과 인터넷을 통해 연결되어 서로 소통하는 사회, 즉 사물과 사람, 사물과 사물이 네트워크로 연결되는 초연결사회Hyper Connected Society가 성큼 다가오고 있다.

존 체임버스 시스코 회장은 "PC에서 모바일 시대로 전환하면서 사람들의 삶이 완전히 달라진 것처럼, 만물 인터넷이 모든 업종에서 폭발적인 혁신과 변화를 일으킬 것"이라고 강조했다.

이미 정보통신기술이 제공하고 있는 '언제나anytime'와 '어디나anyplace'라는 연결 세계에 '무엇이나anything'라는 연결 차원을 추가하는 새로운 연결 생태계를 구축하고 있다.

이러한 초연결사회를 구축하는 핵심 구성체가 바로 사물 통신(M2M : Machine to Machine), 사물 인터넷(IoT : Internet of Things), 만물 인터넷(IoE : Internet

20) 출처: http://smartphoneworld.me/essential-4g-guide-learn-4g-wireless-one-day/
21) 출처:

of Everything) 등이며, 이들이 ICT의 기술적 발전에 따라 인간과 사물, 사물과 사물 등으로 연결 범위를 확대하고 있다.

IoT 시대에 요구되는 기술 내용으로는 임베디드 컴퓨팅, 센싱 및 액츄에이팅, 인식, 스마트 통신 기능이 내장된 사물 상호 간 연결을 자유롭게 하는 스마트 장치 개발이 될 것이다.

이런 사물인터넷에 대해서 많은 시장조사기관과 글로벌 네트워크 업체들은 장밋빛 전망을 내놓고 있다. 가트너는 2020년까지 260억 개의 사물이 인터넷에 연결될 거라고 예측하고 있고, 시스코 자료에 따르면, 인터넷에 연결된 사물(기계, 통신장비, 단말 등)은 2013년 약 100억 개에서 2020년 약 500억 개로 증가하여, 모든 개체(사람, 프로세스, 데이터, 사물 등)가 인터넷에 연결될 것(IoE: Internet of Everything)이라며, 사물인터넷 인프라의 급격한 확대를 전망하고 있다.

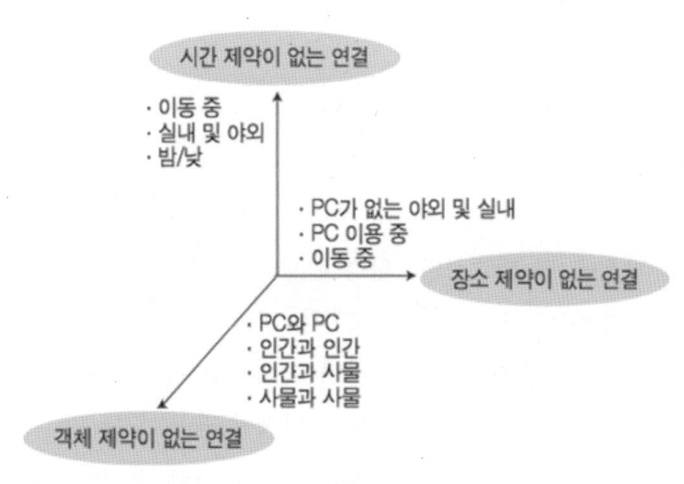

자료 : ITU, "*The Internet of Things*"(2005).

그림 7.11 시간, 장소, 사물의 한계를 뛰어 넘는 초연결세계[22]

사물인터넷 구성요소와 관련기술

수많은 사물들이 연결되는 사물인터넷은 크게 실 세계physical world의 활동을 감지하는 센서, 감지된 데이터를 전송할 수 있는 인터넷 연결, 그리고 수집된 데이터를 모아서 가치를 만들어 내는 서비스 어플리케이션, 데이터 처리에 의해 얻어진 의사 결정에 따른 작용actuation으로 구성되어 있다.

■ 센서

사물인터넷 장치들은 실세계physical world에서 일어나는 활동들을 관찰하고 측정하기 위해서 다양한 센서sensor를 내장하고 있다. 실내 온도 조절을 위한 기온과 습도 센서, 도심 공기오염도 측정을 위한 센서, 가로등의 에너지 효율성을 높이기 위한 광센서, 물류의 이동현황 측정을 위한 GPS 센서, 건강을 위한 심박 측정 센서 등 다양한 종류의 센서들이 다양한 분야에서 이용되고 있다.

■ 연결방식

사물인터넷은 물리적 세상 거의 모든 분야에 적용될 것으로 예상되고 있는 만큼 연결되는 환경, 수집되는 데이터 크기, 서비스 성격 등에 따라서 다양한 인터넷 연결 방식을 필요로 한다. 환경 관찰 센서들처럼 분리된 장소에 설치되는 장치들은 자체적으로 이동통신 모듈을 내장해서 2G, 3G, LTE 등의 망을 통해서 인터넷에 연결될 수도 있다. 바다에 설치된 부표와 같이 고립된 장소에 설치된 센서의 경우 위성통신 모듈을 탑재할 수도 있다.

반면 스마트홈 내지 공장과 같은 일정 공간에 많은 센서들이 설치될 경우 직접 센서별로 이동통신 모듈을 내장하는 것보다 인터넷에 연결된 허브를 통해서

---

22) 출처: http://erik.re.kr/?mid=research_6&m=1&document_srl=8971

인터넷에 연결하는 것이 보다 효율적이다. 허브에 연결하는 방식은 Wi-Fi, Bluetooth, ZigBee, Z-Wave 등 다양하다. 빠른 데이터 전송속도가 필요하다면 Wi-Fi 방식이 유리하겠고, 저전력을 요구할 경우 저전력 Bluetooth, ZigBee, Z-Wave 등의 방식이 유리하다. 넓은 집의 구석구석 연결할 필요가 있다면 메시 네트워크mesh network 구축이 가능한 ZigBee, Z-WAVE 등을 사용할 수도 있다.

■ 서비스어플리케이션

서비스 어플리케이션service application은 인터넷을 통해 주기적으로 센서들과 통신하면서 데이터를 수집하고, 수집된 데이터를 분석하여 새로운 가치를 만드는 역할을 한다. 스마트홈 어플리케이션은 집안의 온도, 습도 센서 및 거주자의 집안 온도 설정패턴 등을 분석하여 자동으로 최적의 환경을 만들어 주며, 스마트 비콘 시스템은 불특정 다수 고객에게 필요한 정보 제공, 정보제공자의 정보를 이용해서 소비자 동선 현황 분석 및 고객 쇼핑 패턴을 분석할 수 있다. 스마트 그리드 시스템은 전력생산량, 전력소비패턴, 예비전력 등의 정보를 수집 및 분석하여 효율적 에너지 생산 및 소비를 가능하게 한다.

서비스 어플리케이션이 이러한 역할을 수행하기 위해서는 계속해서 증가하는 사물인터넷 장치들로부터 발생하는 대규모 데이터를 수용할 수 있어야 하고, 다양한 센서로부터 생성되는 다양한 포맷의 데이터들의 분석이 가능해야 한다. 이러한 사물인터넷 데이터 특성에 유연하게 대응하기 위해서 빅 데이터 기술을 필요로 한다. 빅 데이터 기술을 통해 증가하는 다양한 포맷의 데이터에 유연하게 대응할 수 있고, 빠른 분석을 통해 실시간으로 대응할 수 있다.

최근 삼성전자는 냉장고, 에어컨, 오븐, 세탁기와 같은 가전제품을 스마트폰, 태블릿 PC 등으로 조작할 수 있는 '스마트홈' 솔루션도 선보였다. 스마트폰 앱이나 음성 인식으로도 가전 제품을 작동하고 제어할 수 있다. 필립스는 집 밖에서도 방 안의 조명 전원을 껐다가 켤 수 있는 스마트 조명인 '휴'를 만들어 판매하고 있다.

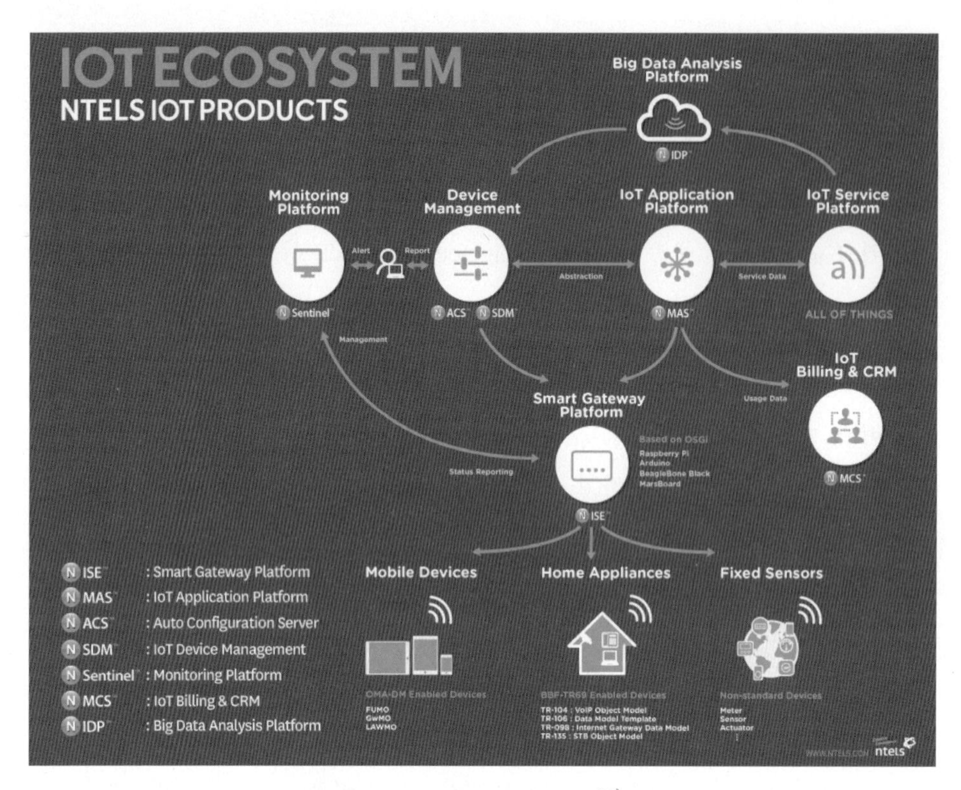

그림 7.12 사물인터넷 생태계[23]

스마트 디바이스 기술

2014년 우리나라의 스마트폰 보급률은 80%를 넘어 섰다. 손 안에 잡히는 스마트폰의 모바일 컴퓨팅 능력은 인간이 달에 착륙한 1969년 당시의 수퍼 컴퓨터보다 연산 능력이 뛰어나다. 특히 초연결사회가 주목받게 된 것은 2006년 스마트폰의 급격한 기술 혁신, 광대역 초고속 통신망의 실현, 센서 기술의 발전과 수요의 확대가 맞아 떨어진 것이다.

23) 출처: http://www.ntels.com/project/connected-world/

그림 7.13 스마트 디바이스 - 워치[24)]

스마트폰의 기술적인 영향력은 다음과 같은 관점에서 대단하다.

- 통신 네트워크 : 광대역 초고속 이동 통신망(LTE, WiMax, 초고속 무선랜)으로의 진화 가속화
- 디스플레이 기술 : Retina 디스플레이, 곡선 디스플레이, AMOD QHD(2560×1440) 2017년 두루마리 디스플레LG plastic OLED로의 자연 칼러 재현과 초고해상도 실현
- 모바일 컴퓨팅 기술 : 임베디드 시스템, 모바일OS(iOS, 안드로이드, 파이어폭스 OS, 우분투 터치, 타이젠 등)의 급속한 발전, 스마트 글라스 컴퓨터, 스마트 워치, 웨어러블 장치 등 새로운 영역의 개척
- 모바일 앱/웹 앱 기술 : 서버 및 클라이언트 사이드의 스크립트 언어 표준화, 앱 디자인 패턴의 혁신, 클라우드와 연계된 앱의 개발

---

24) 출처: http://www.michaeljosh.com/are-you-ready-for-the-apple-watch/

- 센서 및 액츄에이터 기술 : 지문인식, 홍채 인식, 얼굴 인식, 고화질 카메라(1,600만 화소 이상), 기울기, 회전 각도, 진동
- 윈도우 운영 체제의 하락세 : 모바일 기기의 대중화로 PC 사용 필요성 감소 및 모바일 시장 변화에 늦은 대응, 맥북의 상승세, 태블릿 시장의 확대(PC 시장의 대체품) → iPad 프로(13인치), 삼성 갤럭시 탭(12인치)

사람 ⇄ 사물 ⇄ 시공간이 일체가 되는 접속과 연결을 통해 새로운 가치를 발굴하여 미래사회의 현안과 과제를 해결하려는 노력이 필요하다. 특히 사물인터넷의 엣지 컴퓨팅edge computing[25] 기술과 클라우드 컴퓨팅 기술과의 접목은 대단히 중요하므로 이에 대한 기반 구축이 필요하다.

그림 7.14 스마트 디바이스 - 글라스[26]

25) 데이터 코아 센터 네트워크의 외각에서 설치된 장치들의 필요한 데이터 처리나 상호 작용이 가능케하는 관련 기술

26) 출처: http://blog.dayfire.com/10-reasons-to-get-excited-about-google-glass/http://www.glassappsource.com/smart-glasses-news/employers-can-benefit-smart-glasses-workplace.html

초연결사회는 이렇게 인간의 인지 영역을 현실의 물리적인 공간과 사이버 공간의 경계면에 놓인 사물 인터넷 공간의 융합이 이루어져 가상 현실virtual reality에 물리적 세계를 덧입히는 증강 현실augmented reality 세상으로 진화되어 디지털 융합 정보화 사회를 만들어 갈 것이다.

바이오 정보 기술

인포매틱스informatics는 정보학, 즉 '정보의 과학science of information'으로 정의된다. '생물정보학' 또는 '생명정보학'으로 불리고 있는 바이오인포메틱스는 생명과학과 정보기술이 융합convergence된 학문으로서 정보학의 중요한 응용분야로 부각되고 있다.

바이오인포매틱스는 생물학적인 문제들의 답을 구하기 위하여 생물학 데이터를 수집하고, 관리하고, 저장하고, 평가하며 분석하는 정보기술로 정의할 수 있다.

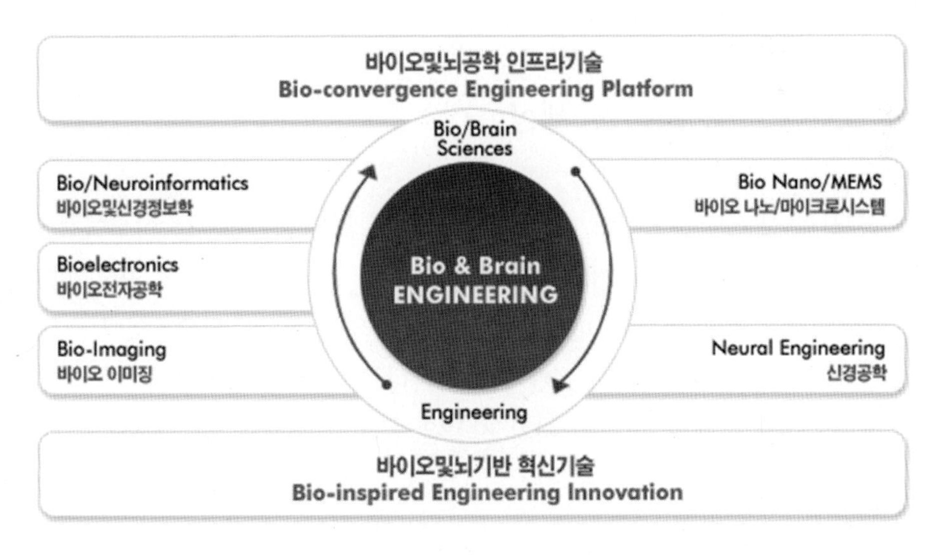

그림 7.15 바이오 정보 인프라 기술

■ 세계의 인식 기술 업체 동향

- 구글은 얼굴 인식 기술 개발 업체인 Neven Vision (2006년), PittPatt (2011년)을 인수하여 2011년 10월 안드로이드 4.0 버전에서 얼굴 인식을 통한 잠금해제 기술 인터페이스 언락Face Unlock을 공개하였다.
- 애플은 2012년 지문인식 솔루션 업체 어센텍을 3억 5,600만 달러에 인수하여 2013년 9월 아이폰 5S에 지문 인식 기술 적용, Siri 음성 인식 기술은 보안 용도보다 음성 검색 등의 인터페이스 기술로 사용 가능케 하였다. 애플은 사물 인터넷 기술로 iBeacon을 아이폰 6에 적용(BLE 기술 적용: 5 cm~70 m 거리 범위에서 인식 가능)하여 정교한 위치 기반 서비스를 제공한다.
- 팬택은 2013년 8월 안드로이드 태블릿 스마트폰인 베가 LTE-A 뒷면에 지문스캐너를 장착하여 지문 인식 기술 도입하였다.
- 삼성은 2014년 2월 갤럭시 S5를 발표하면서 바이오 인식 기술을 적용(터치아이디 방식이 아닌 슬라이딩 방식 채용)하였다.

7.4 오픈소스로 넓어진 세상

이 세상의 사물은 하드웨어, 소프트웨어 할 것 없이 복제clone로 이루어졌다. 똑같은 소프트웨어가 여기 저기 다양한 하드웨어 장치에 설치되어 있고, 반대로 똑같은 하드웨어 장치에 다양한 소프트웨어 제품이 자리잡고 있다. 모든 복제는 구조를 갖는다. 구조는 관계로 나타나고 관계는 인터페이스(모양)로 표현된다. 자기 복제의 과정을 거쳐 사물은 자신의 세상을 넓혀간다.

오픈소스 하드웨어

해당 제품과 똑같은 모양 및 기능을 가진 제품을 만드는 데 필요한 모든 것(회로도, 자재 명세서, 인쇄 회로 기판, 도면 등)을 대중에게 공개한 전자제품을 오픈소스 하드웨어라고 한다. 이 하드웨어는 모든 사람들이 자유롭게 수정, 배포, 판매할 수 있다는 큰 장점을 가지고 있다.

이러한 오픈소스 하드웨어의 시작은 아두이노Aduino로, 2005년 이탈리아 북부 토리노 인근의 이브레아Ivrea라는 작은 도시에 있는 IDII Interaction Design Institute Ivrea에서 마시모 반지 교수에 의해 전자 예술의 목적으로 개발된 마이크로 컨트롤러(하드웨어 제어 목적의 컨트롤 장치)였다. 학생과 교수의 프로젝트로부터 시작한 회로 보드와 MIT가 개발한 'Processing'이라는 컴퓨터 그래픽 소프트웨어의 도움으로 '와이어링wiring'이라는 시제품을 개발한 것이 시작이다. 그 이후 인기를 끌어 2008년, 2009년을 지나 개선된 버전들이 나오면서 30만 개 이상의 아두이노 호환 유닛을 이용할 수 있을 정도로 널리 확산되었다. 이와 같은 급진적인 인기를 얻게 된 것은 '오픈소스'로 만들어 배포한 반지 교수의 발상의 전환에서 비롯된다.

라즈베리파이 마이크로컴퓨터는 영국의 자선단체인 라즈베리파이 재단에서 미국 Broadcom의 BCM 2835 칩을 기반으로 개발한 교육용 초소형 싱글보드 컴퓨터이다. 신용카드 크기이지만 이더넷 포트, HDMI 포트, USB 포트와 하드웨어를 연결할 수 있는 GPIO라는 핀들이 이미 구비되어 있다. 일반 학교와 개도국에서 기본 컴퓨터 과학 교육의 증진을 위하여 2012년 정식 출시하였으며, 가격은 20~40달러 수준, 전용 OS인 오픈소스 운영체제인 리눅스 기반 라즈비안을 적용하였다. 메인 개발 프로그래그래밍 언어로 파이선Python을 소개하였다.

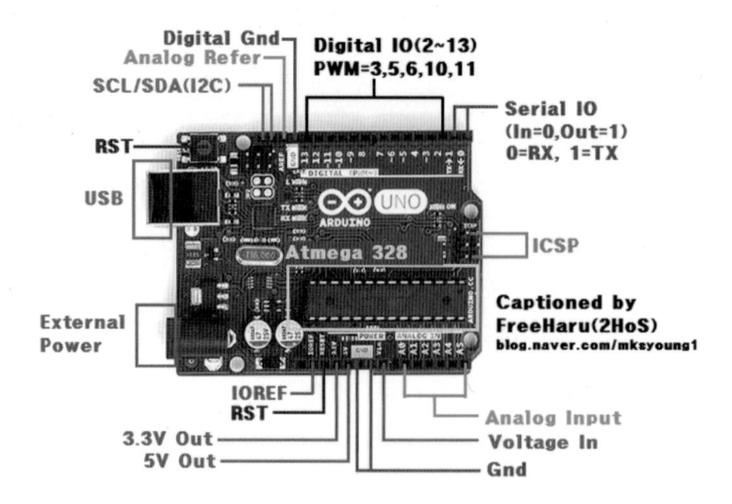

그림 7.16 (아두이노) 2005년 이탈리아 미디어아트 학교(IDII)에서 교육용으로 개발되었으나, 현재 전 세계적으로 가장 인지도가 높은 오픈소스 하드웨어 플랫폼[27)]

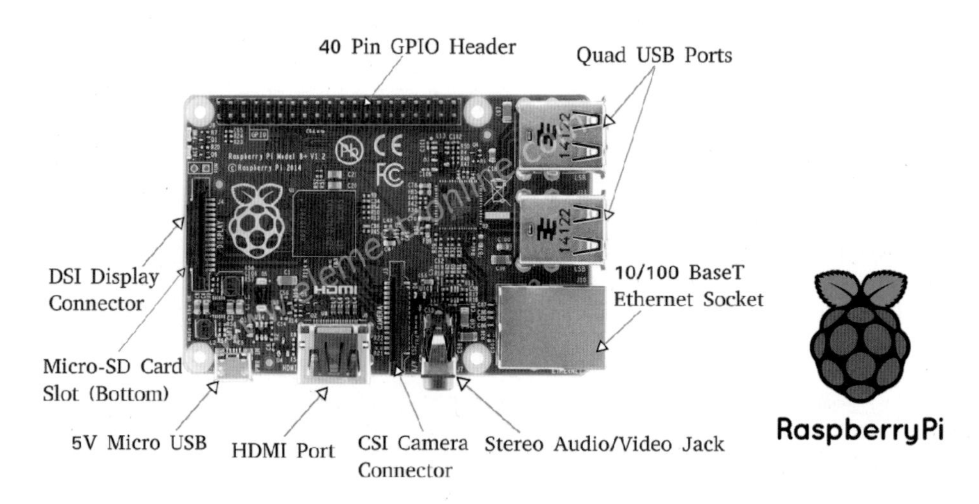

그림 7.17 라즈베리파이 2[28)]

27) 출처: http://www.jtagelectronics.com/?p=75

28) 출처: https://elementztechblog.files.wordpress.com/2014/12/raspberry_pi_b_top1_1.png

라즈베리파이는 피지컬 컴퓨팅뿐만 아니라 훌륭한 그래픽 성능으로 게임 개발 플랫폼으로도 사용될 수 있으며, XBMC라는 미디어센터로도 활용이 가능하다. 라즈비안Raspbian이라는 리눅스의 데비안을 기반으로 한 컴팩트하고 가벼운 운영체제를 무료로 설치할 수 있다.

비글본 블랙 마이크로 컴퓨터는 메이저 반도체 제조사인 Texas Instrument가 개발한 단일 기판 컴퓨터로 OMAP 3530 기반으로 제작되었으며, 안드로이드, 크롬 OS 기반이며, ARM Cortex-A8 CPU, 고속 비디오 오디오 처리 DSP 등이 내장되어 있어 경쟁사 대비 높은 성능 보유한 것이 특징이다. 65개의 디지털 I/O와 7개의 아날로그 입력기는 물론 다양한 아날로그 혹은 디지털 장비

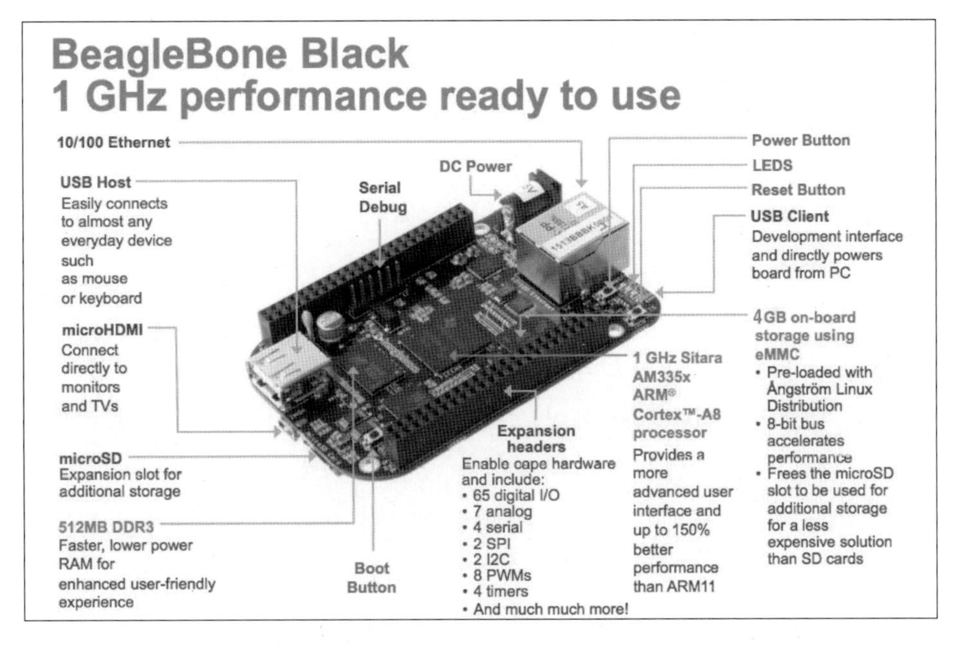

그림 7.18 비글본 블랙[29)]

29) 출처: http://beagleboard.org/static/uploads/Features.png

를 지원한다. 비글본 블랙은 완전한 오픈소스 컴퓨터다. 리눅스 배포판을 미리 설치해 생산하기 때문에 구입 후 단 몇 분 만에 개발을 시작할 수 있다. 비글본 블랙 프로그래밍은 기본적으로 제공하는 언어는 BoneScript 기반의 자바스크립트 웹 클라이언트 언어를 지원한다.

마이크로소프트는 라즈베리파이 2, MinnowBoard Max, 갈릴레오 마이크로컴퓨터 사용이 가능한 윈도우 10 IoT Core를 현재 빌드 2015 버전으로 무료로 제공하고 있다. 또 다른 거대기업인 구글은 라즈베리파이의 본고장인 영국에서 '피카데미Picademy'라는 교육기관을 설립해 교사를 대상으로 오픈소스 하드웨어 활용 및 프로그래밍 무료 교육을 실시하고 있다. CPU 제조사인 인텔은 '아두이노'와 호환되는 '갈릴레오 보드'로 오픈소스 하드웨어 시장에 진입한 후 최근에는 우표 크기의 x86 기반 '에디슨 보드'를 출시했다.

전 세계 IT 시장을 선도하고 있는 이들 공룡기업이 신용카드 크기의 작은 하드웨어 보드에 무료로 OS를 제공하고 다른 국가에서 교육기관을 운영하기로 한 이유는 무엇일까? 오픈소스 진영이 이제 더 이상 흔히 '긱geek'이라고 불리는 소수 마니아층만의 소유물이 아니며 산업 트렌드 전반에 영향을 미치고 있음을 시사하는 사례라고 볼 수 있다.

오픈소스 하드웨어는 누구나 제작, 수정, 배포할 수 있도록 설계가 공개돼 있다. 이러한 오픈 라이선스 정책은 개인이나 단체, 분야나 제품에 관한 차별을 두지 않고 적용된다. 하드웨어 상에서 수행되는 소프트웨어나 파생 하드웨어에도 제한을 두지 않으므로 활용될 수 있는 분야에 한계가 없다.

아두이노, 라즈베리파이, 비글보드, 갈릴레오 등 오픈 소스 기반의 초소형 컴퓨터와 이를 활용하는 방법을 쉽게 배울 수 있는 온라인 학습사이트로는 http://opensource.kofac.re.kr, 국내 메이커를 위한 플랫폼으로는 http://makezone. co.kr, 해외 오픈소스 하드웨어 활용 사이트로는 아두이노(http://www. arduino.cc/), 라즈베리파이(http://www.raspberrypi.org/), 메이커(http://makezine.com/) 등이 있다.

오픈소스 소프트웨어

오픈소스 소프트웨어는 소스 코드를 공개해 누구나 특별한 제한 없이 그 코드를 보고 사용할 수 있는 오픈소스 라이선스를 만족하는 소프트웨어를 말한다. 통상 간략하게 오픈소스라고 말하기도 한다.

오픈소스 소프트웨어는 소프트웨어가 하드웨어인 컴퓨터와 분리되어 상품화되어 가는 과정에서 반작용적으로 등장한 개념이다. IT 역사의 시간을 거슬러 올라가면 소프트웨어는 컴퓨터 등장 이후 하드웨어에 부수적으로 뒤따르는 존재로 등장했다. 1970년대까지만 해도 필요하다면 소스코드를 프로그래밍한 사람 이외에도 소스코드를 확보하는 것이 불가능한 것만은 아니었다. 그러나 소프트웨어가 독립적인 상품성이 있음에 눈을 뜨게 된 이후 소프트웨어는 산업으로서의 길을 걷는다. 이 시기 미국의 저작권법도 이러한 방향으로 개정되었다. 상업화되는 과정에서 소스코드는 기업의 영업비밀이자 생명줄이 되어 철저히 비공개화 된다. 실제 오늘날 우리가 구매하는 것은 소프트웨어의 실체라기보다는 소프트웨어를 제한적으로 사용할 수 있는 권리를 구매하는 것일 뿐이다.

7.5 초고속 인터넷 통신망

모바일 통신 사업자들은 현재 4G LTE 네트워크에 집중 투자하고 있으며 2020년까지 지속될 것으로 내다보고 있다. 차세대 무선 통신5G을 정의하는 과정이 현재 완성 단계에 있고 우리나라의 경우 2018년 평창 동계 올림픽을 즈음하여 개통될 것이라고 한다. 세계적으로는 2020년 5G 초고속 이동 인터넷 통신 서비스가 본격적으로 개시될 예정이다.

5G에 대한 핵심 동기는 2020년 이후 IoT가 보편화되었을 때 발생되는 방대한 양의 데이터를 처리할 무선 광대역망의 성능을 개선하려는 데 있다.

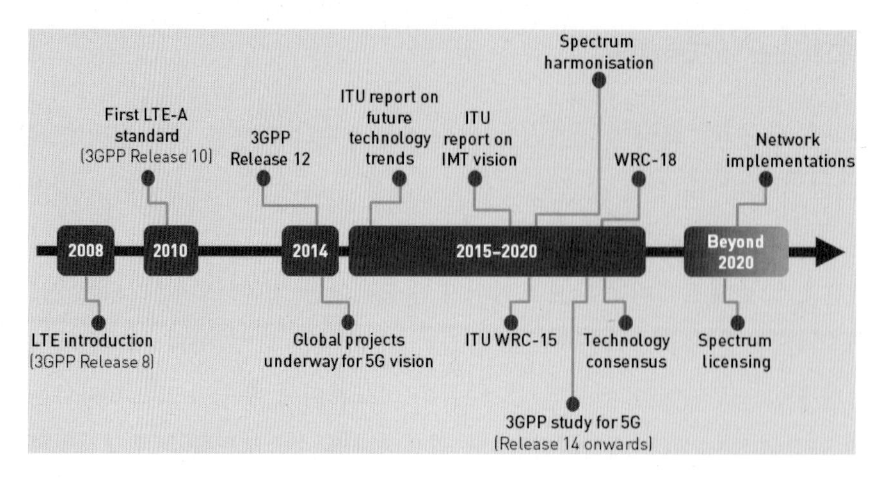

그림 7.19 초고속 이동통신망의 발전

5G 네트워크는 수십억 대규모 모바일 사용자를 하나로 연결한다. 통신 사업자는 5G 네트워크 기반 기계간 통신M2M과 사물 인터넷IoT을 활용해 사용자 중심 맞춤형 서비스를 지원하는 통신 시장의 새로운 지평을 열 것으로 기대하고 있다.

7.6 클라우드 컴퓨팅

클라우드 컴퓨팅이란 컴퓨팅, 스토리지, 소프트웨어, 네트워크와 같은 IT 자원들을 인터넷(네트워크)을 통해 필요한 만큼 빌려쓰고 사용한 만큼 비용을 지불하는 서비스를 일컫는다.

가장 많이 사용되는 클라우드 서비스로는 Dropbox를 비롯해 Box, Sugarsync 등이 있고 애플의 iCloud, MS의 OneDrive, 구글의 GoogleDrive 등도 많이 사용되고 있다. 국내 포털 업체가 제공하는 서비스로는 네이버의 nDrive, 다음이 제공하는 다음 클라우드 등이 있고 통신사 제공 서비스로 KT의 uCloud, SKT의 Tcloud, LGU+의 u+Box 등이 있다.

클라우드 컴퓨팅 운영 방식은 가상화 기술을 이용하여 IT 자원의 가용률을 높이고(utilization, 극대화), 사용자가 필요로 하는 것을 직접 사용한 만큼 지불하는 방식(셀프 서비스), 인터넷을 통해 IT 자원을 실시간으로 빌려 쓰며(사용 편리성), 사용한 만큼 지불하는 방식(과금 종량제)이다.

서비스 모델은 제공되는 IT 자원의 성격에 따라 IaaS, PaaS, SaaS (XaaS) 등으로 분류한다.

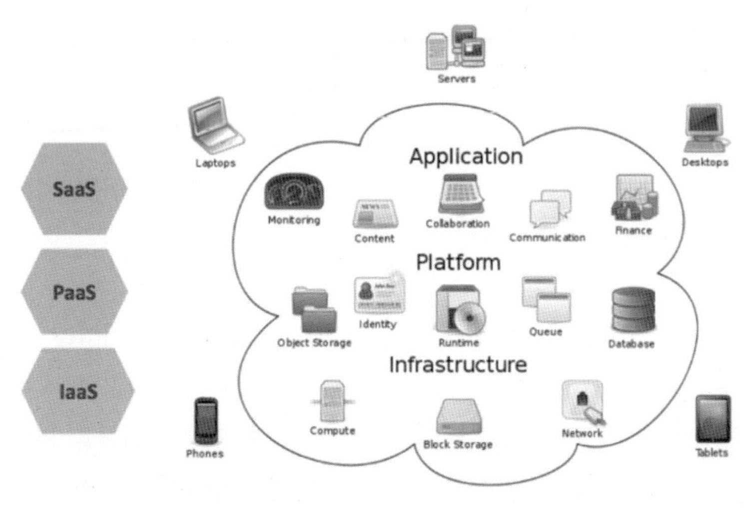

그림 7.20 클라우드 컴퓨팅 서비스 모델 30)

서비스 유형	설명
IaaS (Infrastructure as a Service)	물리적 서버(CPU, Memory, O/S), 스토리지, 네트워크를 가상화하여 다수
PaaS (Platform as a Service)	웹 기반의 서비스 또는 어플리케이션 등의 개발 및 실행을 위한 표준 플랫폼 환경을 서비스 형태로 제공
SaaS (Software as a Service)	구글의 Gmail이나 MS Office 365와 같이 어플리케이션을 인터넷 및 웹브라우저를 통해 서비스로 제공

30) 출처: https://ko.wikipedia.org/wiki/클라우드_컴퓨팅

클라우드 구축 방식은 서비스 되는 유형에 따라 배치방식 또는 소유방식이 있으며, 프라이빗private, 퍼블릭public, 하이브리드hybrid 클라우드 등으로 구분한다.

- Private Cloud – 인터넷 상으로 여러 사용자들에 의해 공유되는 IT 환경 클라우드 서비스 제공자가 서비스 제공 및 관리
- Public Cloud – 한 기업이나 기관에 의해 인트라넷 상에서 배타적으로 사용되는 IT 환경 · 기업 및 기관에 의해 통제 및 관리
- Hybrid Cloud – 한 기업이나 기관이 Private Cloud 구축 후 Public Cloud도 병행

7.7 빅 데이터 분석 기술

빅 데이터(영어: big data)란 기존 데이터베이스 관리도구로 데이터를 수집, 저장, 관리, 분석할 수 있는 역량을 넘어서는 대량의 정형 또는 비정형 데이터 집합 및 이러한 데이터로부터 가치를 추출하고 결과를 분석하는 기술을 의미한다.31)

2012년 가트너는 기존의 정의를 다음과 같이 개정하였다: "빅 데이터는 큰 용량Volue, 빠른 속도Velocity, 그리고(또는) 높은 다양성(Variety)을 갖는 정보 자산으로서 이를 통해 의사 결정 및 통찰 발견, 프로세스 최적화를 향상시키기 위해서는 새로운 형태의 처리 방식이 필요하다." 이에 더해, IBM은 진실성Veracity이라는 요소를 더해 4V를 정의하였고, [브라이언 홉킨스Brian Hopkins 등은 가변성Variability을 추가하여 4V를 정의하였다.

다양한 종류의 대규모 데이터에 대한 생성, 수집, 분석, 표현을 그 특징으로 하는 빅 데이터 기술의 발전은 다변화된 현대 사회를 더욱 정확하게 예측하여 효율적으로 작동케 하고 개인화된 현대 사회 구성원마다 맞춤형 정보를 제공,

---

31) https://ko.wikipedia.org/wiki/

관리, 분석 가능케 하며 과거에는 불가능했던 기술을 실현시키기도 한다.

대부분의 빅 데이터 분석 기술과 방법들은 기존 통계학과 전산학에서 사용되던 데이터 마이닝, 기계 학습, 자연 언어 처리, 패턴 인식 등이 해당된다. 특히 최근 소셜 미디어 등 비정형 데이터의 증가로 인해 분석기법 중에서 텍스트 마이닝, 오피니언 마이닝, 소셜 네트워크 분석, 군집 분석 등이 주목받고 있다.

세계 경제 포럼은 2012년 떠오르는 10대 기술 중 그 첫번째를 빅 데이터 기술로 선정했으며 대한민국 지식경제부 R&D 전략기획단은 IT 10대 핵심기술 가운데 하나로 빅 데이터를 선정하는 등 최근 세계는 빅 데이터를 주목하고 있다.

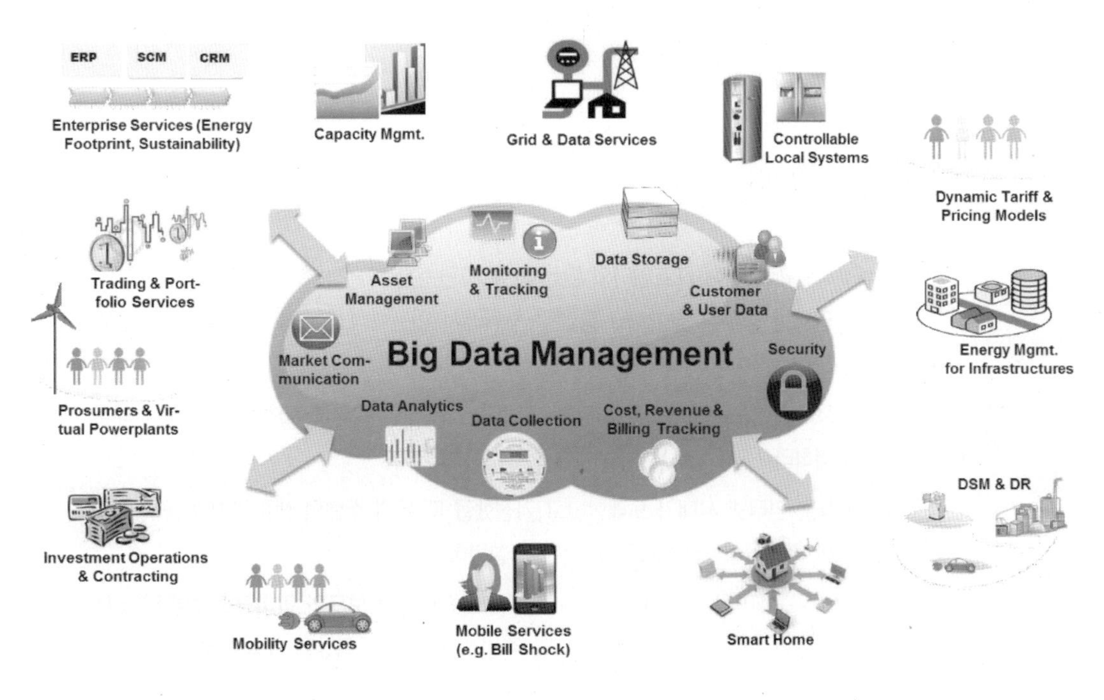

그림 7.21 빅 데이터 관리는 미래 비즈니스 모델의 중심을 형성한다[32)]

32) 출처: http://www.digitalistmag.com/industries/utilities/2013/07/25/transforming-utilities-success-based-on-a-fitness-diagnosis-0252390

돌아보기

- 정보기술과 인문학의 통섭적 사고의 중요성을 파악한다.
- 매 10년 주기로 정보기술이 변화하는 과정에서 그 영향력을 이해한다.
- 2020년대 초연결 정보화 시대를 이끌 사물인터넷 기술 내용을 이해한다.
- 오프소스 소프트웨어/하드웨어로 넓어져 가는 정보화 세계를 이해한다.
- 초고속 인터넷 통신망의 발전으로 사물인터넷 통신의 가능성을 본다.
- 집단지성의 가능한 클라우드 컴퓨팅 생태계를 파악한다.
- 소셜 네트워크를 통해 쏟아지는 빅 데이터 마이닝의 중요성을 이해한다.

학습문제

1. 컴퓨터 하드웨어 및 소프트웨어의 발전을 통해 단순한 기술적 측면만이 아닌 인문학적 요소가 필요한 경우를 찾아보고 통섭적 차원에서 인문학적 요소를 적용할 수 있는 방법을 설명하라.
2. 스마트폰의 출현으로 우리 일상 생활, 산업과 교육적인 측면에 미친 영향력을 사례를 들어 설명하라.
3. 초연결 사물 인터넷 시대가 도래한다고 가정했을 때 우리 주변의 생활에 변화를 가져다 줄 주요한 제품들을 찾아보고 그 이유를 설명하라.
4. 오픈소스 하드웨어의 시작인 아두이노 마이크로컨트롤러 보드와 마이크로 컴퓨터의 대표적인 보드인 라즈베리파이 컴퓨팅 및 주변 인터페이스 특성을 조사하라.

Articles 1 클라우드 폭풍

남학생이 군입대를 실감하는 것은 언제인가? 긴 머리를 자르는 순간도 아니고 바로 늘 곁에 있어준 친구나 부모님과의 이별도 아니고 바로 휴대 전화를 건네주는 순간이라고 한다. 스티브 잡스의 혁신적인 스마트 폰, 패드의 등장 이후 기존의 IT 인프라와 통신망 기술은 지상을 떠나 구름 속으로 사라지기 시작하였다고 해도 과언이 아닐 것이다.

손 안에 들어온 스마트 장치 덕분에 현대인들은 디지털 콘텐츠의 소비자인 동시에 생산자로 활동하기 시작했다. 하루에도 수백 번씩 클라우드 세상을 오가는 정보이동은 내 손안에서 불특정 다수와 소수가 구름 속으로 쏘아 올린 데이터를 감상하거나 생산하느라 여념이 없다. 끝없이 쏟아지는 데이터를 이제는 더 이상 자신의 장치에 묶어둘 필요가 없이 그냥 클라우드 서버로 보내면 언제 어디서나 누구나 어느 스마트 장치인지 관계없이 접근 가능한 세상이 되었다.

클라우드 서비스는 크게 세 가지 영역, 즉 IaaS, PaaS, 그리고 SaaS로 나뉘어 서비스가 이루어지고 있다. 2012년 말 통신회사의 80% 이상이 클라우드 플랫폼에 앱을 올려 놓을 예정이며, 2014년까지 세계 클라우드 시장 연간 매출액을 1500억 달러로 잡고 있다. 또한 2015년까지 1400만 개 이상의 새로운 직업을 창출할 것이며 이 중 거의 절반이 IT 신흥 국가인 한국, 인도, 중국 등지에서 발생할 것이라고 한다. 더욱 놀라운 것은 중소기업의 IT 부분 지출 가운데 2014년까지 1000억 달러 이상을 클라우드 컴퓨팅에 지출할 것이라는 보고가 나와 있다. 30% 이상의 정부 기관과 NGO 기관들이 클라우드 컴퓨팅을 활발하게 구축하고 있거나 유지하고 있다고 한다.

대표적인 서비스로는 애플의 iCloud 스토리지 서비스, 동기화가 빠른 드롭박스 클라우드 스토리지 서비스, 아마존의 가상 서버/컴퓨터 서비스인 EC2는 IaaS의 서비스의 하나다. 대표적인 PaaS로는 구글의 AppEngine,

마이크로소프트의 Azure, 그리고 세일즈포스의 CRM, 구글의 Google docs 등은 SaaS로 너무나 유명하다.

6년 전에 시작된 클라우드 컴퓨팅은 성큼 우리 곁에 다가와 있다. 클라우드 서비스는 IT 업체, 포털, 통신사, PC 제조회사 등 IT 관련 사업자뿐 아니라, 세계 각국이 사활을 걸고 국가 경쟁력을 좌우하는 산업으로 인식하고 활성화 전략과 대응 방안을 모색하고 있다. 클라우드 폭풍 전야의 고요함 뒤에는 태풍으로 돌변할 수 있는 위협 요소가 도사리고 있다. 구름이 모이면 모일수록 폭풍우의 비구름과 돌풍을 일으킬 확률이 높아지기 때문이다.

네트워크 보안 위협, 기업 및 개인 데이터 보호 위협, 막대한 데이터 센터의 구축으로 인한 에너지 소비의 증대, 클라우드 데이터 및 소프트웨어의 운영에 따른 법적인 문제, 데이터의 과다한 중복성, 세계 표준화, 서비스의 안전성 등 기술적/비기술적 해결 과제가 남아 있다.

스마트 혁명이 성공할지 실패할지는 좀 더 시간이 필요하다. 하지만 클라우드와 스마트 기기 간 동기화, 가상화, 온 디맨드On Demand 기능은 제4의 정보화 혁명인 스마트 혁명 열심 당원으로 우리를 끌어들이고 있다. 클라우드 폭풍은 IT 서비스 업계에 환골탈태의 기회를 제공해 줌으로써 날개를 달아준 셈이다. 베스트 클라우드 플레이어를 꿈꾸게 하고 있다.

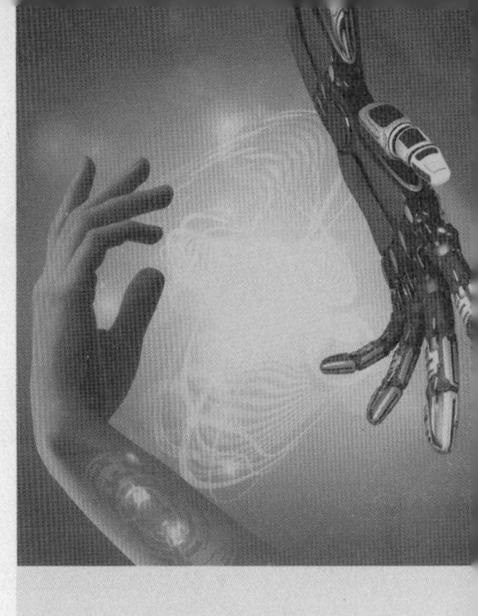

PART 3

정보기술

7장 정보화 기술 변화와 영향력

8장 오픈소스 기술의 블루오션

9장 과학기술의 혼 - 사물 인터넷

8장 오픈소스 기술의 블루오션

학습내용 요약

- 오픈소스 소프트웨어와 오픈소스 하드웨어의 발전 동향을 살피고 이를 이용한 다양한 오픈소스 제품 개발과 비즈니스 방법을 찾아본다.
- 오픈소스 운영체제인 리눅스를 기반으로 한 싱글 컴퓨터인 마이크로컴퓨터 라즈베리파이, 비글본 블랙, 오드로이드, 넷두이노의 출현을 통해 사회저변에 가져온 영향과 활용 등을 살펴본다.
- 기업의 오픈소스 전략 이해, 왜 오픈 소스가 스마트 정보화 시대에 인기를 얻고 있는가, 오픈소스의 미래 블루오션은 무엇인가를 살펴본다.

강의 목적

- 오픈소스 소프트웨어와 오픈소스 하드웨어의 탄생 배경과 기술발전을 가져온 동기를 살펴본다.
- 오픈소스를 활용한 비즈니스 모델과 활용 사례를 살펴본다.
- 오픈소스 활동을 활성화하기 위한 여러 행사와 오픈소스의 블루오션 분야를 살펴본다.

Key word

오픈소스
아두이노, 라즈베리파이, 비글본 블랙
마이크로컨틀로러
마이크로컴퓨터
리눅스

차례

8.1 오픈소스의 탄생
8.2 오픈 소프트웨어와 비즈니스
8.3 오픈소스 소프트웨어 활용 사례
8.4 오픈소스 하드웨어와 비즈니스
8.5 오픈소스의 블루오션
■ 돌아보기
■ 학습문제
■ Article

8.1 오픈소스의 탄생

1969~1970년 사이에 미국 AT&T 벨연구소의 케네드 톰슨과 데니스 리치가 개발한 시스템 유닉스 개발을 필두로 버클리 대학이 주도한 BSDBerkely Software Distribution 버전으로 가열된 유닉스 운영체제의 개발 경쟁으로 많은 변형과 합병이 이루어지며 1990년대 중반부터는 안정화되어 갔다.

저작권copyright에 대한 반대 개념인 '카피레프트copyleft'를 내세우며 지식과 정보는 소수에 의해 독점되는 것이 아니라 모두에 자유롭게 공개해야한다고 주장한 MIT 인공지능 실험실 해커이자 상용 소프트웨어의 폐쇄성에 대항하여 공개 운영 체제를 개발한 리처드 스톨만Richard Stallman은 1984년 자유 소프트웨어 재단(Free Software Foundation, FSF)을 설립하고, 유닉스 운영체제의 무료 버전을 만들기 위해 GNU(GNU is Not a Unix) 프로젝트를 시작했는데 스톨만은 자유롭게 사용할 수 있고, 읽히고, 수정할 수 있고, 재배포 할 수 있는 소프트웨어란 의미로 'free'를 사용했다.

FSF는 C 컴파일러gcc, 텍스트 에디터emacs와 많은 기본적인 도구를 포함해 엄청나게 많은 유용한 컴포넌트들을 성공적으로 구축하였다. 1989년에 최초의 오픈 라이센스 GNU인 일반 공용 라이센스GPL 배포를 배포하였다. 하지만 GNU 프로젝트는 생각보다 순조롭지 않았다. 시스템의 대부분을 완성했지만, 운영체제의 핵심인 커널만은 완성하지 못했다.

그러던 중 1991년 리누즈 토발즈Linus Torvalds[1]가 '리눅스'라고 명명한 운영체제 커널을 개발하기 시작했다. 핀란드 대학교 3학년 때 미닉스MINIX를 응용하여 리눅스 커널 개발 후 GNU GPL[2]로 배포하였다. 완벽한 기능을 갖는 GNU 산출물을 제공한 오픈 소프트웨어 GNU/Linux가 탄생하게 된다. 1991년에 등

1) 핀란드 헬싱키에서 태어난 소프트웨어 개발자로, 리눅스 커널과 깃을 최초로 개발한 사람이다.
2) GPL [General(GNU) Public License] : 일반 공용 사용허가. 예: 리눅스, LGPL (Less GPL)가 있다. GNU의 확장된 개념이며, GPL에 비해 규제가 약한 편이다.

장한 리눅스 0.02버전은 이듬해 0.03버전으로 올라가고 1994년에 최초의 정식 버전인 1.0버전이 발표됐다.

이 커널은 저작권자가 소스 코드를 공개하여 자유롭게 수정할 수 있고, 사용할 수 있으며, 매우 유용한 운영체제를 만들기 위해 FSF 산물과 다른 컴포넌트들(특히 BSD 컴포넌트들의 일부와 MIT의 X 윈도우 소프트웨어)과도 병합될 수 있었다. 리눅스 개발자 커뮤니티마다 컴포넌트를 다르게 조합하여 배포판을 만들었으며 대표적인 것들로는 레드햇RedHat[3], 데비안Debian[4], 우분투Ubuntu[5] 등이 있다. 다양한 배포판 간에는 차이점들이 있지만 모든 배포판은 동일한 기반인 리눅스 커널 및 GNU glibc 라이브러리에 기초하고 있다.

자유 소프트웨어와 오픈소스 소프트웨어는 그 의미가 좀 다르다. 오픈소스 소프트웨어는 소스코드를 공개해 누구나 특별한 제한 없이 그 코드를 보고 사용할 수 있는 오픈 소스 라이선스를 만족하는 소프트웨어를 말한다. 반면 자유 소프트웨어free software는 복사와 사용, 연구, 수정, 배포 등의 제한이 없는 소프트웨어 혹은 그 통칭이다. 소프트웨어의 수정 및 수정본의 재배포는 인간이 해독 가능한 프로그램의 소스코드가 있어야만 가능하며, 소스 코드는 GPL 등의 라이선스를 통하거나, 혹은 드물게 퍼블릭 도메인으로 공개되기도 한다.

---

3) 미국에 본부를 둔 레드햇사가 개발하던 리눅스 배포판
4) 데비안 프로젝트에서 만들어 배포하는 공개 리눅스 운영 배포판
5) 데비안 GNU/리눅스(Debian GNU/Linux)에 기초한 컴퓨터 운영 체제로서 고유한 데스크탑 환경인 유니티를 사용하는 리눅스 배포판

그림 8.1 여러 리눅스 배포판 로고[6)]

그림 8.2 자유 소프트웨어 재단 설립자 리처드 스톨만[7)]

---

6) 출처: http://www.linux-netbook.com/tips-and-tools-to-choose-or-build-the-right-linux-distro-for-you/

7) 출처: http://blog.iweee.org/2012_10_01_archive.html

그림 8.3 리눅스의 창시자 리누스 토발즈[8)]

8.2 오픈 소프트웨어와 비즈니스

리차드 스톨만의 운동은 상당히 급진적이었다. 때문에 소스코드 공개에는 동의하지만, 그의 사상이나 철학에는 동의하지 않는 개발자도 있었다. 결국 이들을 중심으로 자유 소프트웨어 운동과는 성향이 조금 다른 '오픈소스 운동'이 생겨나기 시작했다. FOSS(Free & Open Source Software)에서는 특정 라이센스에 따라 소프트웨어의 소스 코드가 공개되어 있으며, 일반적으로 FOSS 사용자들은 소프트웨어에 대한 자유로운 사용, 복사, 수정, 재배포의 권한을 부여받는다.

FOSS의 'Free'는 무료의 의미라기보다 사용자가 소스 코드에 접근하고, 프로그램을 사용, 수정, 재배포할 수 있는 '자유'를 의미한다. 오픈소스 소프트웨어

8) 출처: http://atcoitec.com/linus-torvalds-the-genius-behind-the-creation-of-linux-kernel/

의 대비는 폐쇄closed source 또는 독점proprietary 소프트웨어로 보는 것이 타당하다.

어떻게 오픈/프리 소프트웨어가 비즈니스에 적용되고 있는가? 운영체제인 OS 소프트웨어는 무료로 제공되지만 그것을 이용한 서비스는 유료화하고 있다. Canonical사의 사례를 들면 http://www.canonical.com/services에서 리눅스 Ubuntu를 서버, 데스크톱 PC, 클라우드에 기획, 설치, 배포, 훈련, 관리 서비스를 유료로 제공하고 있다. 또 다른 유형은 컨설팅으로 비즈니스화 하는 방법이다. Nitobi사의 PhoneGap 무료 모바일 앱으로 프로그래밍, DB, 게임 등 개발 소프트웨어를 무료로 제공한다(http://www.nitobi.com/services/). 그리나 소프트웨어 활용(튜토링, 게임 개발)에 대한 전문 상담은 유료로 제공한다(참고로 Nitobi의 PhoneGap은 2011년 어도비사에 인수됨). 흥미로운 것은 세계증권 거래량의 70% 이상이 오픈소스 기반에서 운영되고 있다는 것이다.

표 8-1 프리웨어와 오픈소스 소프트웨어의 구분

구분	프리웨어	오픈소스 소프트웨어(OSS)
소스 코드	대부분 소스 코드 접근 및 수정 불가능	접근 및 수정 가능
원 저작자 부재 시	원 저작자가 개인 사정에 따라 언제든지 개발 중단 혹은 상용화가 가능한 구조(예: 오픈 캡쳐, 알집, freeFTPd, 카톡 등)	원 저작자의 상황과 관계없이 해당 소프트웨어 사용자 또는 개발자 그룹이 계속 이를 활용하고 업데이트, 업그레이드해 나감.
유지 보수 관리 주체	특정 그룹 혹은 사람들이 독자적으로 관리 테스트하며 초기에 무료로 배포. 유지 보수는 저작자 의지에 달려있음.	오픈소스 소프트웨어를 지원하는 강력한 사용자 그룹 혹은 개발자 그룹이 자유롭게 해당 프로젝트를 유지 관리해 나감(포럼, 위키, 분산소스제어 등)

오픈소스 소프트웨어 저작권과 사용허가권의 의미를 비교해보자.

저작권 비독점 소유 방식은 특정 라이센스를 통해 사용자들에게 소프트웨어 사용, 연구, 수정, 배포 등에 있어 전반적인 권한을 제공한다. 오픈소스 소프트웨어의 소스 코드 관리는 사용자 혹은 개발자 그룹이 담당하며 라이센스는 재단/커뮤니티를 통해 관리된다.

오픈소스 라이센스를 위반하면 GPL-Violations.org, fsf.org, ffmpeg.org 등의 감시 기구가 감시 활동을 통하여 적발하며, FSF(fsf.org)에 매년 30~50건 정도의 GPL 위반 사례 처리가 발견된다. 위반한 기업이 협조적이고 규정 준수에 대한 선의를 가지고 있다면 기업의 명칭을 불명에 전당에 공개하지 않는다.

Black Duck (http://www.blackducksoftware.com/) 등과 같은 오픈소스 라이센스 관리 프로그램을 이용하여 바이너리 파일에 대해서도 라이센스 위반 여부 판별이 가능하다. 국내의 경우 공개 소프트웨어 역량 플라자(http://www.oss.kr)에서 현재 오픈소스 라이센스 검증 시스템을 구축하여 무료로 해당 서비스 제공한다. 저작권 위반이든 사용허가권 위반이든 법적인 문제를 야기시킨다.

그림 8.4 국내외 여러 공개 소프트웨어 감시 기관

표 8-2 저작권과 사용허가권 비교

저작권	사용허가권
창작에 의해 발생한 창작물에 대해 창작자가 취득하는 독점적 권리	저작권자가 다양한 필요에 의해 다른 사람 혹은 기관에게 일정한 내용 조건으로 하여 자신의 저작물에 대해 특정 행위를 할 수 있도록 부여한 권한
등록 등의 요건이 필요없이 창작과 동시에 권리가 발생(무방식주의)	EULA (End User License Agreements)와 같이 일종의 계약서로 가능함
저작권이 있는 저작물의 경우 원 저작자나 저작권자의 허가없이 해당 저작물을 사용, 복제, 배포, 수정할 수 없음	윈도우 7을 마이크로소프트사에서 구매했다고 이를 다른 컴퓨터에 복제, 수정, 설치를 하면 계약(라이센스) 위반이 되며, 이러한 의미에서 사용허가권은 물건의 매매와는 별개의 개념임

그러면 왜 회사나 사용자는 오픈소스를 선호하거나 사용하게 되는가? 그 요인들을 살펴보면 더 나은 품질, 업자 종속 탈피, 융통성, 신축성, 뛰어난 보안성, 혁신의 속도, 비용 절감, 소스코드에 대한 접근성 등을 들 수 있다. 현재 100만 오픈소스 프로젝트가 진행 중이며 2014년 예측으로는 56% 이상의 기업들이 오픈소스 프로젝트에 참여하겠다고 보고된 바 있다. 이는 대기업들이 오픈소스를 바라보는 관점이 변하고 있음을 시사한다.

8.3 오픈소스 소프트웨어 활용 사례

국가 출연기관이나 기업체에서 오픈소스 소프트웨어의 활용사례를 살펴보면 우리나라의 경우 항공우주연구원에서 아리랑 위성에 GIS, Openlayers, GeoServer, PostGIS 오픈 소프트웨어를 사용하여 촬영된 영상 주문 검색 시스템을 구축하였다. 최근 구글맵이 상용화함에 따라 지도 기반서비스들이 OSM Open

그림 8.5 Open Street Map

Street Map[9]을 기반으로 이동하고 있으며 애플은 iPad2를 출시하며 자사의 새로운 앱인 iPhoto의 기반 지도로 OSM을 채택하였다. 뿐만 아니라 세계 여러 나라의 국가기관에서 기관보유 지리 정보를 OSM에 무상 공여하는 서비스가 많아지고 있다. OSM은 사용자가 직접 Wiki와 같은 방식으로 지도 제작에 참여한다.

MIT 앱 인벤터 2는 처음에 구글에서 시작되었으며 2011년 11월 이후 MIT가 인수받아 개발 운영해오고 있다. 이 앱은 웹 브라우저상에서 모바일 앱을 개발할 수 있는 클라우드 기반 안드로이드 앱 오픈소스 개발도구이다. 창시자 Hal Abelson과 그의 동료 MIT 교수인 Eric Klopfer와 Mitchel Resnick에 의해 개발되었다.

전문적인 프로그래밍 지식이 없는 초보자도 웹브라우저를 통해 '안드로이드용 모바일 앱'을 손쉽게 설계하고 패키지를 만들 수 있게 해준다. 개발을 위해

9) OSM: 오픈스트리트맵(OpenStreetMap)은 2005년 설립된 영국의 비영리기구 오픈스트리트맵 재단이 운영하는 오픈소스 방식의 참여형 무료 지도 서비스이다.

서는 UI 디자인을 위한 디자이너 창을 사용해 레이아웃을 설계하고, 사용된 컨트롤에 대한 이벤트 제어를 위해서는 레고 블럭과 같은 블럭 코딩 작업을 통해 비즈니스 로직이 만들어진다.

그림 8.6 MIT 앱 인벤터의 간략한 역사

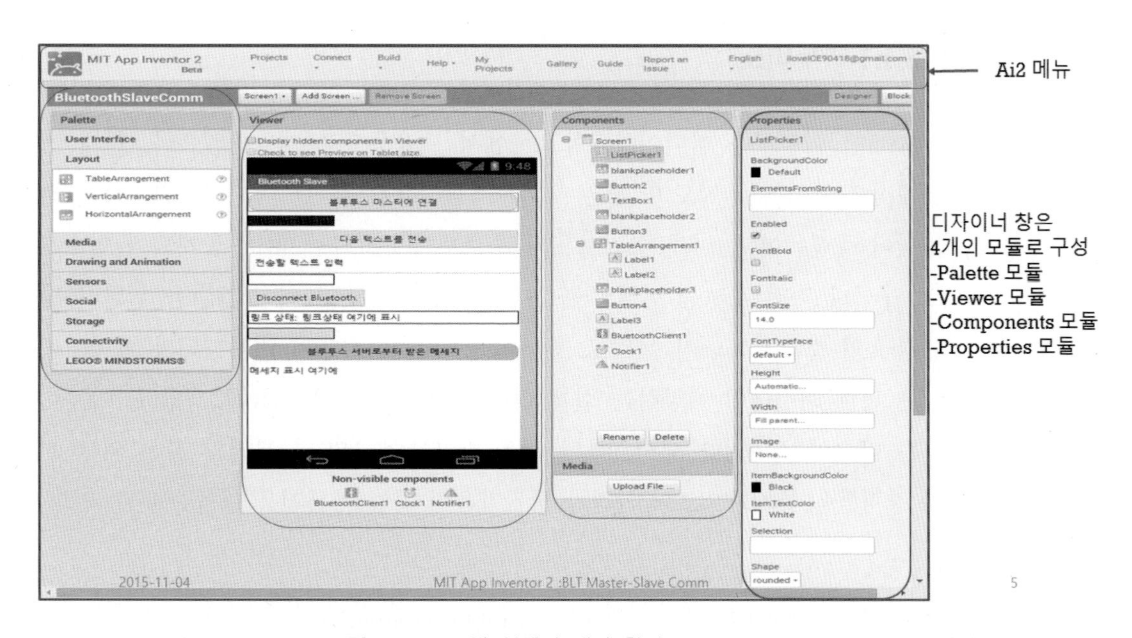

그림 8.7 MIT 앱 인벤터 개발 환경

8.4 오픈소스 하드웨어와 비즈니스

오픈소스 하드웨어란 무엇인가? 하드웨어를 구성하는 회로도, 자재 명세서, 인쇄회로 기판 도면 등 제반 사항을 대중에게 공개한 전자 제품 – 하드웨어 제작 관련 특허 라이선스가 없고, 제작에 필요한 모든 리소스가 공개되어 있어, 중소 벤처기업뿐만 아니라 일반인도 자신의 지식과 아이디어를 활용하여 저렴한 비용으로 신규 제품을 제작할 수 있는 환경을 조성해준다. 대표적인 오픈소스 하드웨어 플랫폼에는 크게 마이크로 컨트롤러와 마이크로 컴퓨터 종류가 있다. 아두이노Arduino, 라즈베리파이Raspberry Pi 등 다양한 오픈소스 하드웨어가 시판되고 있다.

해커톤, 메이커 페어, 해커스페이스 등 온라인 정보공유 커뮤티니 활성화 및 3D 프린트 등 디지털 제조기계의 등장으로 최근 오픈소스 하드웨어에 대한 관심 고조되고 있다.

8.4.1 아두이노

2005년 이탈리아 미디어아트학교IDII에서 교육용으로 개발되었으나, 현재 전 세계적으로 가장 인지도가 높은 오픈소스를 기반으로 한 마이크로컨트롤러 하드웨어 플랫폼이다. 아두이노 보드의 회로도가 CCL[10]에 따라 공개되어 있으므로, 누구나 직접 보드를 만들고 수정할 수 있다. 소프트웨어 개발을 위한 통합 환경IDE인 스케치sketch가 무료로 제공되며, 수많은 사용자 커뮤니티와 메이커존 같은 판매 회사들이 제공하는 실제 활용 예제들을 많이 제공하고 있다. 아두이노는 다수의 스위치나 센서로부터 값을 받아들여, LED나 모터와 같은 외부 전자 장치들을 통제함으로써 환경과 상호작용이 가능한 물건을 만들어낼 수 있다.

10) CCL: 크리에이티브 커먼즈 라이선스(Creative Commons license)는 특정 조건에 따라 저작물 배포를 허용하는 저작권 라이선스 중 하나이다.

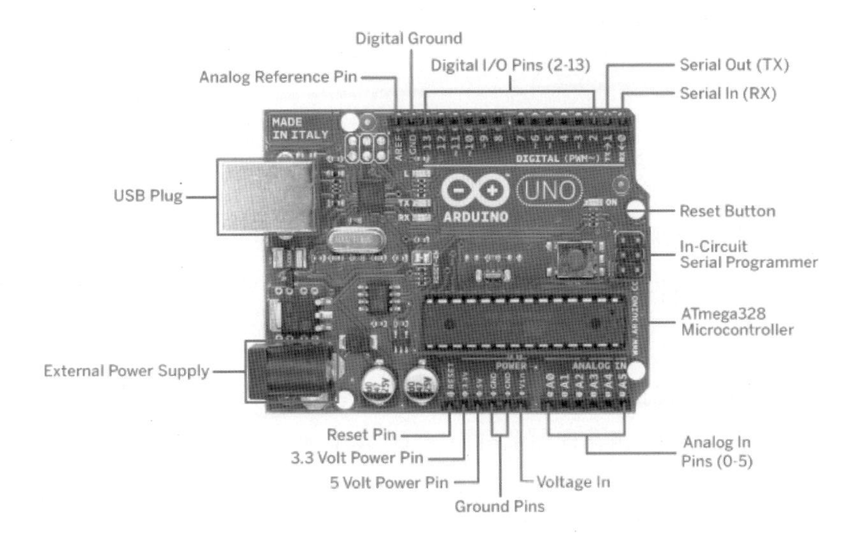

그림 8.8 아두이노 우노 보드 11)

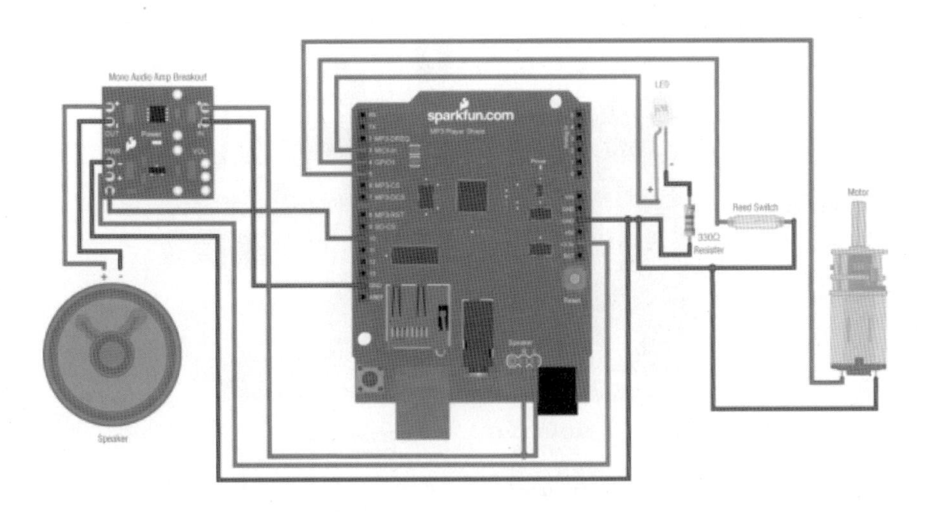

그림 8.9 아두이노에 추가한 주변 하드웨어 장치로 만든 악기연주기 12)

11) 출처: http://www.zenbike.co.uk/arduino/uno_components/index.html
12) 출처: https://learn.sparkfun.com/tutorials/arduino-shields

8.4.2 라즈베리 파이

영국의 자선단체인 라즈베리파이 재단에서 미국 Broadcom의 BCM 2835 칩을 기반으로 개발한 교육용 초소형 싱글보드 컴퓨터로 2012년 정식 출시되었다. 라즈베리파이는 그래픽 성능이 뛰어나면서도 저렴한 가격(세금을 포함하지 않은 모델 A의 경우 25달러, 모델 B, 모델 B+, 2 모델 B의 경우 35달러)라는 특징을 갖고 있다. 전용 리눅스 기반의 운영체제인 라즈비안(혹은 데비안, 우분투)을 외부 기억장치인 마이크로 SD카드에 넣어 사용한다. 2015년 2월 2일부터 쿼드코어와 램 용량을 늘린 라즈베리파이 2 모델 B가 본격적인 판매에 돌입하였다.

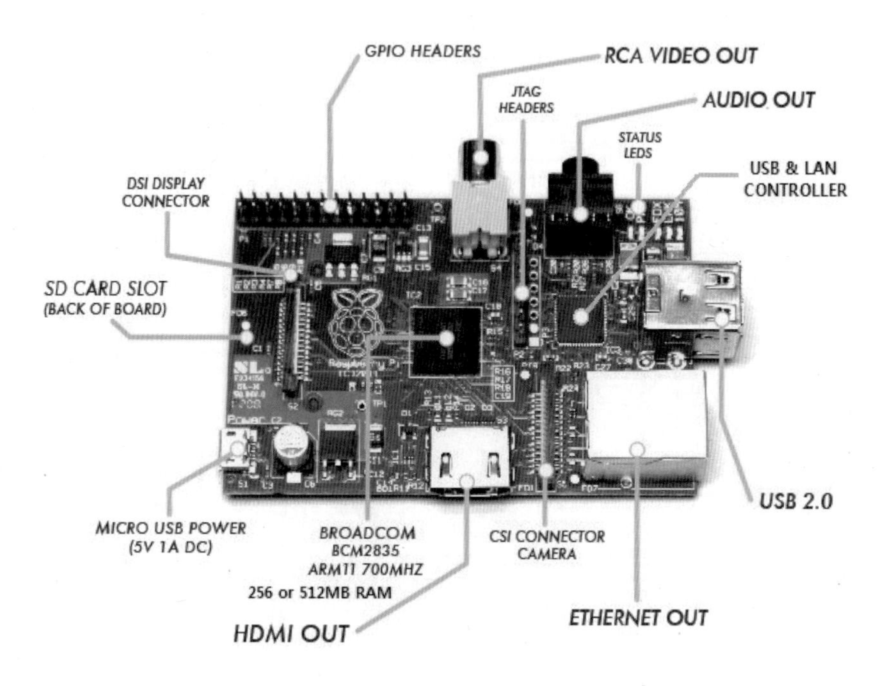

그림 8.10 라즈베리파이 모델 B 마이크로컴퓨터 13)

13) 출처: https://localmotors.com/blog/post/new-in-the-shop-raspberry-pi-model-b/1377/

그림 8.11 라즈베리파이로 만든 스마트 폰[14)]

8.4.3 비글본 블랙

메이저 반도체 제조사인 미국 Texas Instrument가 개발한 신용카드 크기의 단일 기판 컴퓨터로 AM3358 프로세서 기반으로 제작되었으며, 보드 자체에 4 GB 플래시 메모리에 리눅스 기반 데비안 운영체제가 설치되어 나온다. 이외에 외장 SD 카드에 우분투, 안드로이드, 크롬 OS, 우분트 등과 같은 리눅스 기반 운영체제를 올릴 수 있다. ARM Cortex-A8 CPU, 고속 비디오 오디오 처리 DSP 등이 내장되어 있어 경쟁사 대비 높은 하드웨어 성능을 보유하고 있으며 capes(보드와 외부 회로를 연결할 수 있는 하드에어 인터페이스) 보드를 많이 제공하는 것이 특징이다.

리눅스 운영체제 기반이 아닌 마이크로소프트 윈도우 운영체제를 지원하는 마이크로컨트롤러로 .NET 마이크로 프레임워크 기반 오픈소스 마이크로컨틀로러인 Netduino plus2는 C# .NET 개발자들이 선호하는 마이크로컴퓨터이다.

넷두이노는 .NET 프레임워크 라이브러리가 내장된 ARM 프로세서 기반으로 마이크로소프트사가 개발하고 일반에게 오픈소스로 공개한 프레임워크이다. 아두이노 개발환경인 스케치를 사용하는 대신에 마이크로소프트사의 비쥬얼 스튜디오를 사용하여 훨신 막강한 디버깅 툴을 제공한다.

---

14) 출처: http://www.treehugger.com/gadgets/homemade-raspberry-pi-smartphone-uses-shelf-kit.html

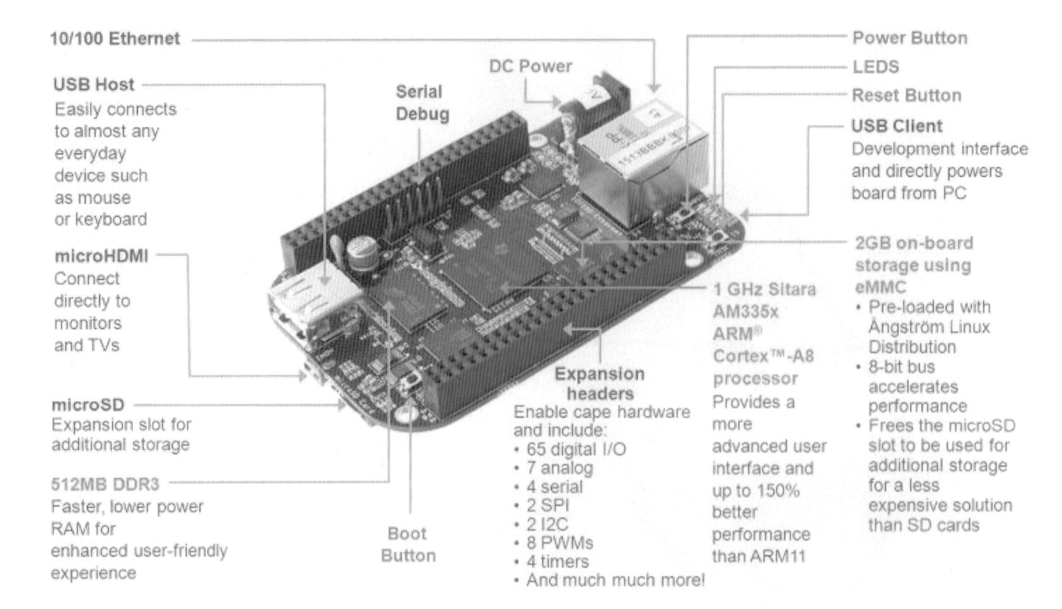

그림 8.12 비글본 블랙 마이크로컴퓨터

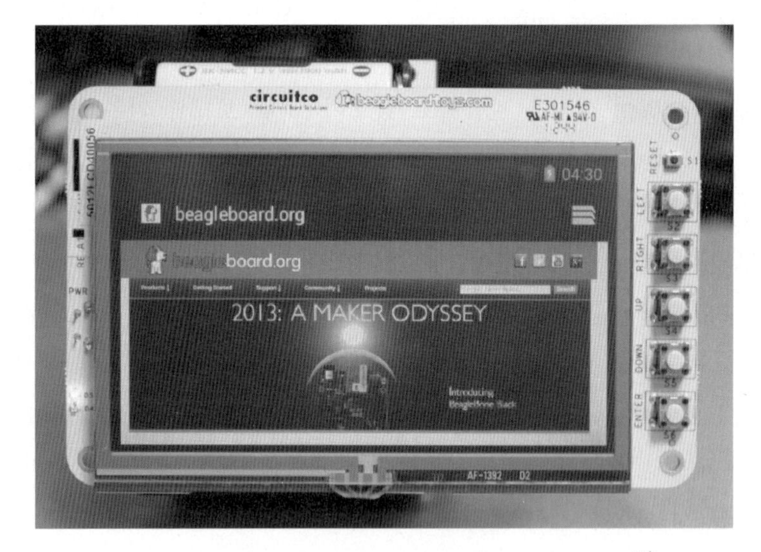

그림 8.13 비글본 블랙으로 만든 안드로이드 스마트폰 15)

15) 출처: http://mobitabs.com/page/2/

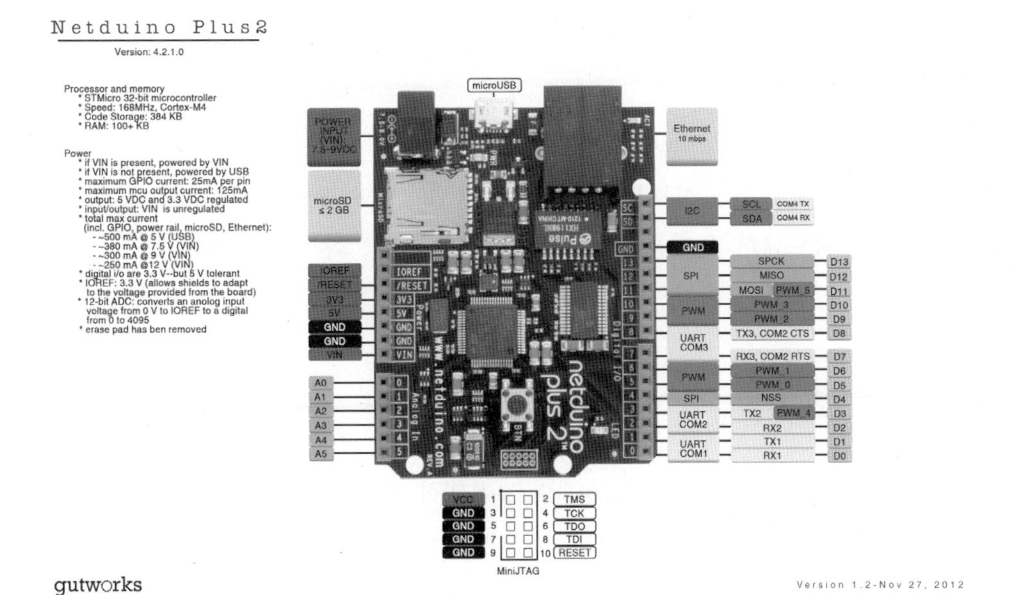

그림 8.14 마이크로소프트닷넷 프레임워크를 지원하는 Netduino plus 2 마이크로 컨트롤러 16)

그림 8.15 Netduino 제어 서보 로봇 17)

---

16) 출처: http://wiki.stm32duino.com/images/5/54/Netduino-plus2.jpg

17) 출처: http://gwb.blob.core.windows.net/kobush/WindowsLiveWriter/78bdb1ec39a0_A7AC/_MG_1175 _4.jpg

8.5 오픈소스의 블루오션

오픈소스 하드웨어OSHW는 커뮤니티 참여를 통해 오픈소스 하드웨어, 프로젝트, 회로도, 프로그램 정보를 공유함으로써 소통하며 발전되고 확산되고 있다. 오픈소스 하드웨어 플랫폼과 커뮤니티 등은 학생, 회사원, 일반인 등 누구나 참여하고 협업을 통하여 창작물을 만들어 내는 개방형 혁신의 장을 제공한다.

오픈소스 드론

오픈소스 무인비행체 '드론drone'으로 유명한 3D 로보틱스사의 CEO인 크리스 앤더슨은 초기에 레고 블럭을 사용해 비행체를 만들고 여기에 APM1 자동비행 보드를 장착해 드론을 만들어 공개하였다. ArduPilot/APM은 멀티콥터, 전통적인 헬리콥터, 고정 날개 비행기, 랜드로버를 지원하는 오픈소스 자동비행시스템이다.

3DR의 대표 드론인 '솔로'는 퀄컴의 1 GHz CPU를 내장한 드론용 임베디드 컴퓨터가 탑재된 세계 최초의 스마트 드론으로 강력한 스마트 샷 등 임베디드 컴퓨터의 도움을 받는 스마트한 기능을 통해 누구나 쉽고 자연스럽게 영화감독처럼 최대 4 K UHD 항공 영상 촬영이 가능하다.

드론 관련 기술로는 비행에 필요한 모터, 날개, 변속기, 프레임 제작기 기술, Wi-Fi, LTE, GPS 등 무선 통신기술, 가속도계, 자이로, 나침판, 바로미터, 초음파, 광학 센서 기술, 김발, 자세제어, 자동 항법을 위한 관성항법 기술, PID 제어, 데이터 로깅, 기체 제어, 텔리미트리 등에 대한 제어 프로그래밍, 원격조정을 위한 RC 장치, 배터리, 지리정보 기술, 미션플래너 지상 관제 및 항법 시뮬레이터 기술 등이다.

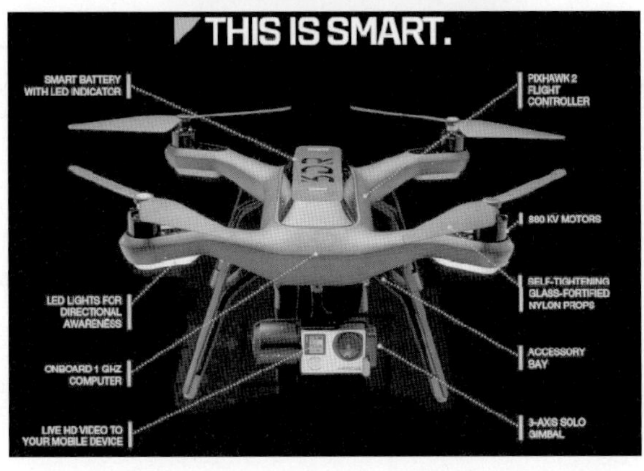

그림 8.16 3DR 로보틱스사의 스마트 드론 '솔로' [18]

오픈소스 3D 프린터

3D 프린터의 미래는 아주 밝다. 3D 프린터를 통한 가장 큰 장점은 개인화와 맞춤형 제작이 될 것이다. 5년 이내에 이웃이 3D 프린터를 가지고 있다는 수준에 도달해서 PC처럼 모두가 갖게 되는 수준으로 확산할 것이다. 20년 후에는 많은

18) 출처: http://quadcopter.bnash.com/3d-robotics-introduces-solo-the-worlds-first-smart-drone/

오픈소스 디자인이 제공되어 워드 작업을 프린트하듯 옷도 만들고, 그릇도 찍어 내고, 살림에 필요한 많은 일용품들을 쉽게 만들어 사용하게 될 것이다.

■ 3D 프린터 적용 산업 분야는 크게 다음과 같이 분류할 수 있다.

- 제조업 : 총기류, 인형, 각종 부품(자동차, 항공기 등)
- 식품업: 케이크, 쿠키, 그릇
- 의료 산업: 인공심장, 혈관, 귀, 수족
- 소프트웨어: 3D 스캐너, 컴퓨터 그래픽 기술,디자인 CAD
- 건축 : 주택, 목업
- 스테레오 리소그라피 형상 기술, 방사에너지 적용 기술, FMD 헤드 제어 기술, 3D 프린팅 소재 기술, 3D형상 제조법, 이동형 패턴 제어 기술

향후 10년 이내에 바이오 3D 프린터로 사람의 장기를 맞춤형으로 프린트하여 수술에 적용할 수 있을 것이다. 수술실로 들어간 환자에게서 티슈를 떼어내서 재생 세포를 분리시킨다. 분리된 셀은 세포외 매트릭스 분자와 다른 요소를 함유한 용액과 혼합되고 나서 바이오프린터에 보내지면 바이오 3D 프린터로 심장을 프린트하여 환자에게 이식한다.

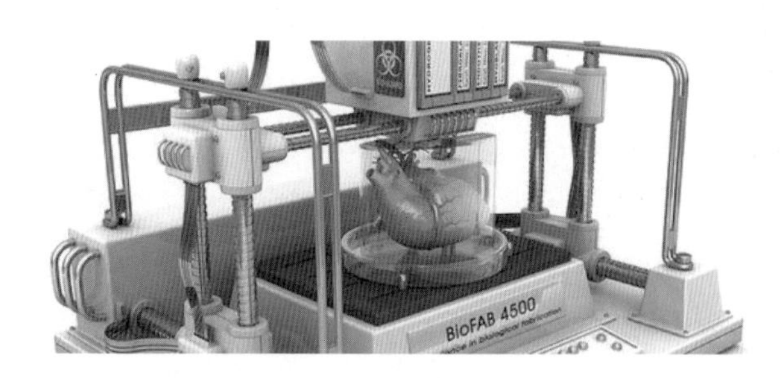

그림 8.17 사람의 위를 바이오 프린터로 제작하는 모습[19]

오픈소스 하드웨어 커뮤니티

오픈소스와 프리 소프트웨어 운동의 영향을 받아 그 원칙을 준수하고, 전 세계의 개발자, 클럽, 해커, 아마추어 기술자들의 도움으로 지난 10년 동안 오픈소스 하드웨어의 커뮤니티 활동은 여러 형태로 운영되어 왔다. 인터넷과 관련 웹 기술, 컴퓨팅 기술의 발달로 하드웨어 설계 공유가 가능해졌고, 생산 도구의 가격 하락으로 오픈소스 하드웨어 커뮤니티의 출현과 취미, 비즈니스와 연계된 프로젝트의 증가를 부추겨 이 같은 활동을 주도하려는 여러 기구들이 등장하였다.

2000년대 중반 이후에 이르러서는 오픈소스 하드웨어가 활동의 중심으로 부각되었는데 이때를 즈음하여 주요 오픈소스 하드웨어 프로젝트와 회사들(Open Cores, RepRap, Arduino, Adafruit, Sparkfun, littleBits Electronics, element14 등)이 출현하였기 때문이다. 수많은 오픈소스 하드웨어 모임을 통해 2012년 6월에 오픈소스 하드웨어 협회(Open Source Hardware Association, OSHWA, http://www. oshwa.org/)가 앨리카 깁(Alica Gibb, OSHWA 협회장)의 노력으로 설립되어 오픈소스 하드웨어 커뮤니티의 허브로 역할을 감당하고 있다.

오픈소스 하드웨어 협회의 목적은 커뮤니티 간에 대회와 이벤트 행사를 열고, 오픈소스 하드웨어에 대한 일반인 교육과 사회적 공익 문제를 담당하며, 공유 가치와 원칙에 대한 운동을 전개하고, 오픈소스 하드웨어의 사용을 통하여 STEM[20](Science, Technology, Engineering and Mathematics) 교육을 촉진시키고 활동에 관련된 데이터를 모아 정리하고 출판하는 역할을 감당하는 데 있다.

해커스페이스

Hacklab, makerspace, 혹은 hackspace으로도 알려진 해커스페이스는 공통

19) 출처: https://www.iformbuilder.com/wp-content/uploads/2014/02/bioprinting-barnatt- e1361478883750.jpg
20) STEM: 인재육성을 위해과학, 기술, 공학, 수학과 같은 특정 분야를 학생들에게 훈련시키는 아이디어에 기반한 교육과정이다.

관심사, 특히 컴퓨터, 공작, 기술, 과학, 디지털 예술, 전자 예술 등에 관련된 관심을 갖는 사람들이 모이고, 교제하고, 협력하는 커뮤니티 운영 작업장이다.

일반적으로 해커스페이스는 워크샵, 발표, 강연의 형태로 단순 배움 목적이나 지식 나눔을 위한 센터로서의 기능을 한다. 회원들 간에 게임의 밤, 파티와 같은 소셜 활동을 제공하기도 한다. 해커스페이스는 공작소, 작업장, 스튜디오의 형태로 프로젝트(작품)를 빌드하고 제작하는 공개 커뮤니티 연구실과 같다고 볼 수 있다. 현재 많은 해커스페이스 회원들은 프리 소프트웨어, 오픈소스 하드웨어, 혹은 유사한 매체의 사용과 개발에 참여하고 지원하고 있다.

해커스페이스의 개별적 조직의 특성은 그 구성원에 의해 결정된다. 많은 해커스페이스 회원들은 건전한 업체의 선출된 이사로 활동하며 새로운 장비를 구매하거나 정책을 입안하고, 안전 요구 사항의 적합성이나 행정적 업무를 수행함으로써 의사 결정을 돕는다. 경비는 주로 회원의 회비로 충당되지만 외부 기관의 지원금을 받기도 한다. 재정적 어려움이 있는 해커스페이스 회원에게는 회비 대신 자원 봉사를 받기도한다. 미국의 경우 해커스페이스는 세금 면제 비영리기관으로 관할 지역에 등록되어 501(c)3 기관으로 분류된다. 개인 발명가나 화이트 해커들이 상호 교류하며, 오픈 소프트웨어, 대안미디어, 오픈소스 하드웨어 등에 대한 정보 및 아이디어 공유, 다양한 친목 활동을 통한 참여자 간 네트워크 구축 역할을 해내고 있다.

세계적으로 유명한 해커스페이스는 1994년 형성된 미국의 Geek 그룹으로 STEM 교육의 접근성을 증진시키고 1일 공인 고등 교육 행사를 수행하는 오픈소스 해커스페이스이다. 독일 베를린에 1995년 형성된 c-base는 학교나 대학, 회사에 소속을 두지 않는 세계 최초 독립, 자체 해커스페이스로 알려져 있다. 2006년 개업한 TechShop은 최초의 상용 해커스페이스이다. 동북아시아에서는 2009년 후쿠시마 원전 사고 이후 도쿄 해커스페이스가 방사능 오염 감시를 위한 오픈 데이터 네트워크인 Safecast.org를 설립했다. 중국에서는 2010년 가을 상하이에 Xinchejian라는 해커스페이스가 최초로 설립되었고 그 이후 2012년 베이징 Maker Carnival 대회를 개최하고 난 후 중국 해커스페이스가 널리 알려지게 되었다.

우리나라의 경우 팹랩Fab Lab[21], 창의공작소, 창업공작소란 이름으로 운영되고 있다. 2013년 8월에 국립과천과학관은 팹랩의 개념을 적용한 '무한 상상실'을 개관하였다. 팹랩은 지역 실험실의 세계적인 네트워크로 사람들에게 디지털 공작기기를 이용할 기회를 제공함으로써 개인에 의한 발명을 가능케 한다. 단일 연구실만으로 조달하기 어려운 운영, 교육, 기술, 경영, 자원 재배치 등의 협력이 제공된다. 2004년 아프리카 가나의 지역사회와 NSF National Science Foundation의 지원을 받아 가나에 팹랩이 설립된 이래 남아공 등 아프리카 여러 지역은 물론이고 유럽, 아시아 등 전 세계로 설립이 확장되었다. 한편, 덴마크 기업인 델타Delta는 팹랩에 필요한 장비를 트레일러 내에 설치하여 자유롭게 이동이 가능한 모바일 팹랩을 시판하고 있으며, MIT CBA도 모바일 팹랩을 운용하고 있다.유럽에서는 팹랩의 개념을 발전시켜 청년 직업교육 과정에 포말랩FormalLab[22]이라는 개념을 도입하고 있다.

창의공작소

창작실험실Fabrication Laboratory의 약자로 디지털 기기, 설계 소프트웨어CAD, 3D 프린터, CNC 선반, 비닐 커터, 레이저 조판기 등 실험생산장비를 구비하여 적은 리소스와 비용으로 학생, 예비 창업자, 중소기업가들의 기술적 아이디어를 실험하고 구현해 볼 수 있는 공간을 제공한다.

여러 팹랩에서 구현한 제품의 구체적 설계 내용 및 제작 과정의 문제를 DB 형태로 공유하여 타작업자의 참여를 통해 연구를 지속적으로 개선해 나갈수 있는 기반을 확보할 수 있게 해준다.[23]

---

21) 팹랩(Fab Lab): MIT 대학 비트-앤 아텀 센터(CBA, Center for Bits and Atoms)의 닐 거쉔펠드가 처음으로 창안하였다.

22) 포말랩(FormalLab): EU가 시행하고 있는 '평생 배움' 교육 훈련 프로그램 중 일부인 '레오나르도 다빈치 사업'의 일환으로 2011년부터 시행되고 있는 세부 사업이다.

그림 8.18 MIT 모바일 팹랩[24)]

창작 행사

■ 메이커 페어(Make Faire)

Make 잡지에서 주관하는 D.I.Y 관련 행사로 농업, 운송, 유통 등 다양한 영역의 오픈소스 하드웨어 기반 제품을 공유할 수 있다.

---

23) 팹랩 서울은 회원가입, 장비 교육, 장비 예약 및 일정 사용료(예: 3D 프린터 시간당 1,000원) 지불을 통해 다양한 시제품의 제조를 지원한다.

24) 출처: http://innovationgenerationohio.com/wp-content/uploads/2014/06/Fab-Lab-Mobile-Trailer-lr.jpg

■ 오픈소스하드웨어 서밋(Open Source HW Summit)

오픈소스 하드웨어 관련 세계 최초의 종합 컨퍼런스로 미국에서 개최되며 2012년 OSHWA(오픈소스 하드웨어 협회)에서 운영하면서 대표적인 오픈소스 하드웨어 행사로 자리 매김하였다.

오픈소스 하드웨어 관련 이슈, 이와 관련된 소프트웨어, 디자인, 법률적 문제, 주요성과 물을 공유하고 참여자 간의 정보를 공유할 수 있다.

■ 글로벌 해커톤 경진대회

미국 실리콘밸리에서 보편화된 해커톤은 해커hacker와 마라톤marathon의 합성어로 24~48시간 내에 자신의 아이디어를 프로그래밍하여 결과물을 만들어내는 과정을 뜻하는 용어이다. 아이디어와 프로그래밍, 회로 조립 과정을 거쳐 일정 시간 내에 창작물을 만들어내는 대회로 공공데이터, 웨어러블 디바이스, 3D 프린터, 드론, 사물 인터넷, 핀테크 등 최근 IT 트렌드를 반영한 주제들이 주로 다뤄지며, 일반인, 직장인, 대학생, 가족단위 팀도 참여가 가능하다.

돌아보기

- 오픈소스의 탄생 배경과 주요 인물들을 파악한다.
- 오픈소스 소프트웨어인 리눅스를 활용한 비즈니즈를 알아본다.
- 오픈소스 하드웨어의 등장으로 변화된 생태계를 이해한다.
- 오픈소스 활동을 활성화하기 위한 행사와 떠오르는 비즈니스 블루오션을 찾아본다.

학습문제

1. 오픈소스 비즈니스인 멀티콥터 택배, 보건 의료용 3D 프린터, 아두이노 마이크로컨트롤러, 구글 글래스, 스마트 워치가 우리 일상생활에 미칠 영향을 설명하라.
2. 오픈소스의 블루오션이 될 사물 인터넷 관련 제품들의 사례를 찾아보고 비즈니스 측면이나 디자인 측면에 인문학적인 요소를 찾아보라.
3. 아두이노, 라즈베리파이, 비글본 블랙, 넷두이노, 갈릴레오와 같은 오픈소스 하드웨어 장치들의 특징을 설명하라.
4. 오픈소스 소프트웨어인 리눅스의 간략한 역사를 조사하고 결정적인 발전 계기를 가져오게 된 몇몇 요인들을 조사하라.

Articles 1 구글과 안드로이드의 만남

세상과 기술의 이치를 간단한 수식 하나로 표현한 예는 뉴턴의 만유인력 법칙(1729), 푸리에의 삼각함수 급수 변환(1822), 가우스의 확률 분포(1855), 아인슈타인의 상대성 이론(1905), 샤논의 정보 이론(1948), 구글 창업자 중의 한 사람인 래리 페이지의 성을 붙여서 만든 거듭제곱법칙인 PageRank 알고리듬 등은 천재들이 남긴 위대한 유산이다.

1989년 월드와이드웹이 팀 버너리스에 의해 탄생된 이후 기하 급수적으로 확산되어 2004년부터 화두가 되었던 '참여', '공유', '공개', '연결'이라는 키워드로 실명되는 평평한 세상을 만들려는 웹 2.0 시대를 도래시켰다. 2007년 후반 애플의 스마트폰 탄생은 터치로 세상과 소통하는 모바일 인터넷 세상에 N-스크린, 클라우드 컴퓨팅, 웹 3.0 시대를 열었다. 이 같은 웹의 중심에 우뚝 선 구글은 검색 서비스 하나로 세상을 정복했다고 해도 과언이 아니다.

구글은 미국 인터넷 전체 검색의 3분의 2, 전 세계의 70%를 장악하고 있다. 2009년 초 하루 페이지 클릭 수는 수십 억에 달했고 날마다 수백억 개의 광고 문구에 노출되고 있다. 1995년 스탠퍼드 대학원에서 만나게 된 두 청년 래리 페이지와 세르게이 브린은 100만 달러 벤처 자금으로 사업을 시작한 후 어느 날 밤 꿈을 꾸다 벌떡 일어나 "...웹 전체를 다운로드한 다음 링크만 걸어놓을 수 있다면..."이라고 중얼거린 페이지의 기발한 발상이 브린의 수학적 재능과 만나 구글 최대의 무기인 검색 엔진이 탄생된 것이다.

2011년 4월 구글 창업자 래리 페이지는 최고경영자에 취임하자마자 구글에 합류한지 채 6년밖에 안된 앤디 루빈Andy Rubin을 18명의 부사장 중 한명으로 발탁됐다. 8년전 월세 낼 돈도 없던 마흔살 로봇광 루빈의 특기는 안드로이드라는 운영체제OS였다. 당시 핀란드의 노키아와 한국의 삼성,

LG 전자 화사가 피쳐폰(스마트폰 이전의 휴대폰)으로 세계 시장을 장악하고 있었다. 안드로이드 OS의 구상을 들고 삼성 전자를 찾아갔으나 거절당했고 2007년 중반 LG 전자를 찾아갔을 때도 그의 새로운 폰의 안드로이드 OS 구상은 거절당했다. 급기야 그 해 6월 애플이 신무기인 "아이폰"이란 스마트폰을 내놓자 루빈은 궁지에 몰렸다. 이같은 루빈의 재능을 인지한 구글은 2년간 비밀 프로젝트에 몰두했고 구체화된 스마트폰 안드로이드 OS를 실현시킬 업체를 찾다 못하여 지명도가 한참 떨어진 대만의 HTC를 찾아가 처음으로 2008년 9월 탄생한 안드로이드 스마트폰이 "HTC G1"이다.

아이폰의 등장은 전화 위복이 되었고 세계 휴대 전화 시장은 급격하게 스마트폰 중심으로 재편되기 시작했다. 돌풍과도 같은 아이폰 등장에 놀란 삼성과 LG 전자는 물론 노키아도 안드로이드 진영인 구글 캠퍼스 44동(구글 본사 건물)에 합류하여 북적거렸다. 마침내 2009년 여름 미국 통신 시장의 1인자 버라이존의 최고경영자 로웰 맥아담이 44동에 발을 들여 놓으면서 안드로이드는 애플과 노키아를 제치고 세계 1위 스마트폰 OS 자리에 올랐다.

초라해 보이는 웹 검색 엔진 하나로 1998년 9월에 창업한 구글은 2011년 4월에 부사장으로 발탁된 앤디 루빈의 '대형 사고(?)' 덕분에 모토로라의 휴대전화 사업부를 인수하며 세계 통신 시장의 판도를 바꿔놓기 시작했다.

이제 세계는 구글 회장 래리 페이지의 소리에 촉각을 곤두세우고 있다. 구글이 대표하는 뉴미디어의 번창은 곧 대다수 올드 미디어의 추락을 부추겼다. 세계의 통신사업자들은 구글이 안드로이드 스마트폰 운영체제를 장악하고 단말기와 앱 시장마저 독식할지 모른다고 긴장하고 있다. 구글은 지메일, 구글 doc, 구글 map, 유튜브, 구글플러스, 피카사, 클라우드 컴퓨팅 등 새로운 서비스를 계속 창출해내며 웹서퍼web surfer의 개인적 취향에 맞춰진 차세대 검색 엔진으로 진화해가고 있다.

래리 페이지는 꿈을 꾸었고 남다른 수학적 재능을 가졌던 세르게이 브린은 그 꿈을 수학적으로 해석하였다. 해석된 꿈은 안드로이드 회사를 차린

로봇 광 앤디 루빈을 만남으로써 구글 OS로 안드로이드 스마트폰 세상을 열어 PageRank 웹 검색 엔진과 함께 세상을 조정하고 있다. 무료로 제공되는 구글의 선심 공격(?)에 장기간 노출된 우리는 무의식적으로 구글의 소프트웨어에 길들여지고 있다고 보여진다. "...구글은 소프트웨어를 응용해서 좁은 해협을 만들고는 우리가 웹상에서 뭔가를 찾아 해멜때마다 그곳을 지나가도록 만들었죠..."(톰 글로서, 전 톰슨 로이터 회장)의 말을 귀담아 들어야 할 것이다.

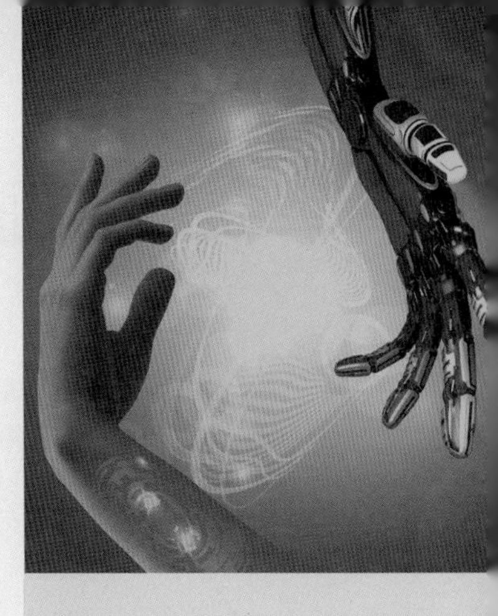

PART 3

정보기술

7장 정보화 기술 변화와 영향력

8장 오픈소스 기술의 블루오션

9장 과학기술의 혼 - 사물 인터넷

9장 과학기술의 혼 - 사물 인터넷

학습내용 요약	강의 목적
• IT, BT, ET와 나노기술 등의 결합으로 거대한 사물 간의 지능적이고 유기적인 연결망을 형성하여 사물과 사물, 인간과 사물 간의 스마트 연결이 가능해진 IoT을 통한 세상의 변화를 살펴본다. • 사물 인터넷 기술 발전으로 산업 기술, 비즈니스 모델과 전략, 이미 우리 주변에 찾아온 여러 가지 사물 인터넷 기술의 활용 사례를 살펴봄으로써 과학기술의 변화에 어떻게 적응해 나가야 할 것인가를 생각해본다.	• IT와 BT 그리고 ET와 같은 서로 다른 영역의 기술들이 사물 인터넷 기술 융합으로 연결되고, 모니터링 되고, 제어됨으로써 거대한 사물 네트워크가 형성된 사회의 도래를 알아본다. • 스마트 장치들과 인간이 상호작용을 통하여 비즈니스와 산업 제조 기술에 큰 변화를 가져오게 되는 근원을 살핀다. • 우리 주변의 사물 인터넷 제품들을 보며 미래 사물 지능화와 인터넷 통신 기술의 결합으로 빚어질 미래사회를 예측해본다.

Key word

기술 융합, 스마트 상호작용, 환경 센서
사물 지능, 사람과 기계 인터페이스
사물 인터넷, 센서 네트워크

차례

9.1 스마트 사물 인터넷 융합 기술
9.2 사물 인터넷을 통한 우리 세상의 변화
9.3 초연결 사물 인터넷 지능 통신
9.4 새로운 사물 인터넷 비즈니스 모델
9.5 과학기술의 혼 - 사물 인터넷
▪ 돌아보기
▪ 학습문제
▪ Article

9.1 스마트 사물 인터넷 융합기술

사물 인터넷(Internet of Things, IoT)을 간단히 설명하자면 네트워크로 연결된 장치들이 서로 감지하고, 상호작용하여, 서로 통신할 수 있도록 만든 기술로 일상생활의 성과를 향상시키는 기술이라고 볼 수 있다.

사물 인터넷이 연결된 사물은 그림 9.1에서 보는 것처럼 우리 일상생활의 모든 영역에 두루 걸쳐있다.

미국과학재단은 "미래융합기술의 핵심은 나노기술, 바이오기술, 정보기술, 인지과학기술이 연결되는 것이며, 미래융합기술의 궁극적인 목표는 예전의 신눌질 생성이 아니라, 모든 개개인의 일상생활에서 그들의 성과를 높이는 것이다"라고 설명하고 있다[1]. 이를 좀 더 소프트한 것과 하드한 것으로 분리하여 기술 융합 관점을 살펴보면 표 9.1과 같이 요약할 수 있다.

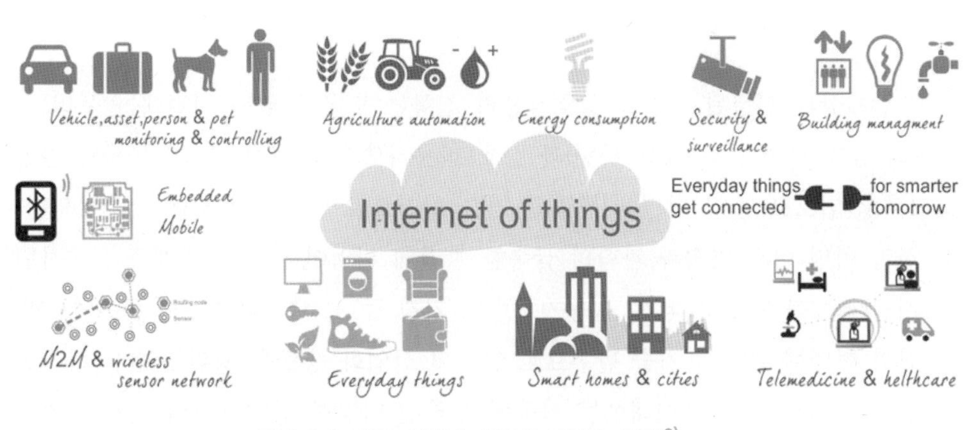

그림 9.1 사물 인터넷 사업과 표준화 영역[2]

---

1) 미국과학재단, Converging Technologies for Improving Human Performance:Nanotechnology, Biotechnology, Information Technology, and Cognitive Science, 2003
2) 출처: http://influxis.com/standard-wars-battle-iot/

표 9.1

소프트 기술 융합	창조(creation) : 기존의 개념을 새운 방식으로 바꾸는 것
	융합(convergence) : 새로운 상품을 만들기 위해 여러 기술을 결합시키는 것
하드 기술 융합	복합(hybridization) : 상이한 종류의 기술들을 화학적으로 결합시킨 것
	통합(integration) : 유사한 종류의 기술들을 합친 것

그림 9.2 기술 융합의 변화

실세상과 연결된 스마트 상호작용의 진화는 도구가 없던 시절에는 우리 몸(의 감지 센서)으로 세상(자연)과 상호 작용하였으며 채집, 수렵, 농사와 같은 1차 산업으로 농업 혁명에 관련된 기술 발전으로 안정된 생활을 영위하였다. 산업 혁명 이후 기술과 과학의 급속한 발전에 힘입어 도구와 기계를 사용하던 시절에는 몸과 도구(석기, 청동기, 철기, 기계 등)로 세상과 상호작용하였으며, 산업 혁명에 관련된 기술 발전으로 안정된 산업화 생활을 영위하였다. 하지만 현재의 지식 정보화 시대에는 사물에 부착된 다양한 센서와 사람에게 부착된 여러 장치 간의 사물 간 통신이 이루어져 우리 몸의 센서와 외부 장치들과 상호작용하고 있는 시대에 접어들었다. 이는 정보화 기술의 서비스 산업을 넘어 통신기술의 인프라 위의 수백억 장치들에 부착된 센서와 인터넷 통신 기능 접목으로 초연결 기술 융합 시대를 예고하고 있다.

그림 9.3 상호 작용의 진화[3)]

최근 산업계의 핫 이슈가 되고 있는 것들은 클라우드 컴퓨팅, 빅 데이터 분석, 3D 프린팅, 오픈소스 하드웨어 등과 함께 사물 인터넷IoT이다.

갓난아이가 오줌을 싸자마자 바로 보호자의 스마트폰에 알람이 울린다. 초인종을 누르면 집주인의 스마트폰으로 초인종을 누른 사람의 사진이 전송된다. 스마트폰 애플리케이션에서 원하는 취사모드를 선택한 후 밥솥을 터치하면 요리가 시작된다.

트래킹화를 신고, 선글라스를 쓰고, 장갑을 끼고, 가벼운 배낭을 메고, 집에서 뜨겁게 드립한 커피를 넣은 보온병, 스틱, 뜨거운 태양을 가려줄 모자를 쓰고 산행을 한다. 산행 도중 당신이 지금까지 소모한 열량, 움직인 거리, 목적지까지 남은 거리, 함께 산행을 하는 동료들의 정보, 고도, 커피온도, 습도와 온도 등 정보들이 잘 정리된 형태로 당신의 스마트폰에 설치된 비콘beacons이나 백엔드 클라우드 서버에 저장되어 필요시 언제든지 가져와 볼 수 있다.

사물 인터넷은 존재하고 진화하는, 상호작용 가능한 정보와 통신기술에 기반한 물리적이고 가상적인 상호접속 대상물things에 의해 고도화된 서비스가 가

3) 출처: http://fineartamerica.com/featured/egyptian-wall-painting-of-temple-of-beit-el-wali-ricardmn-photography.html

능한 사물 기반 정보사회를 이루려는 글로벌 인프라이다. 그러므로 사물 인터넷은 정보 수집 센서, 처리와 통신 능력, 사물 신원 확인 및 인식, 제어 등을 통해 모든 종류의 애플리케이션에 필요한 프라이버시를 유지한 서비스를 아우르는 용어이다. 1999년 MIT auto-id 센터장이었던 캐빈 애시톤이 처음 제안한 용어로 발전을 거듭해 2010년도에 들어서면서 최근 주목받고 있는 기술이다.

IBM은 2012년 현재 20억의 인구가 스마트폰 및 스마트디바이스를 통해 IoP Internet of People로 연결되어 있으나, 2020년에는 사물까지 포함된 500억의 대상물이 연결되는 거대 네트워킹이 만들어 질 것이라는 예측을 한 바 있다.

가트너Gartner 보고에 따르면 2020년까지는 260억 장치에 IoT 기능이 접목될 것이라고 예측하고 있으며 ABI 연구소는 2020년까지 300억 이상의 장치에 무선으로 IoT 기능이 접목될 것으로 예측하고 있다.

사물 인터넷 시장의 2015년 전 세계 시장 규모는 47조 원에 이를 전망이며, 향후 연평균 11.9%씩 성장할 것으로 예상하고 있다. IT 조사 기관인 IDC International Data Corporation는 향후 6년간의 사물 인터넷의 전 세계 시장 규모는 5,000조 원 이상이 될 것이라고 예측하고 있다.

우리는 초연결사회의 도래[4]를 준비하고 있으며 이미 부분적으로 진입해왔다. 사물 인터넷은 임베디드형 단말기에서 인터넷을 활용하는 모든 기술을 포괄하는 의미로 볼 수 있다. 사물 인터넷이 이슈가 된 것은 최근의 일이지만 다른 관점에서 보면 완전히 새로운 기술은 아니다. 모든 기술이 그러하듯 사물 인터넷의 기반이 되는 이전 기술이 있는데, 바로 기계 간 통신을 의미하는 사물 통신(Machine to Machine, M2M)이다. 사실 현재 출시되고 있는 퓨어 밴드, 스마트 워치, 구글 글래스와 같은 사물 인터넷 제품도 사물 통신 방식이라 볼 수 있다. 사물 통신과 사물 인터넷을 구분하는 기준은 통신 방식이다. 사물과 사물 간의

4) IoT 플랫폼 속 기술과 IT 구성도, https://www.academia.edu/9194185

그림 9.4 웨어러블 스마트 IoT 장치[5)]

1:1 방식인 사물 통신과 달리 사물 인터넷은 인터넷을 기반으로 사람과 사물, 사물과 사물 간의 정보를 상호 소통하는 방식이다.

최근 직접 인터넷에 연결하여 통신하는 사물인터넷 제품이 등장하고 있지만 우리가 흔히 아는 스마트 워치나 구글 글래스의 경우 이들 제품이 직접적으로 인터넷을 이용하여 통신하는 것이 아니라 인터넷에 연결된 스마트폰과 연결되어 인터넷상의 다른 장치들과 통신하는 것이다. 따라서, 우리가 흔히 알고 있는 현재의 사물인터넷 제품은 엄격히 구분하면 단말기 간의 통신 방식이라는 공통점을 가진, 사물 인터넷과 사물 통신의 경계에 있는 제품에 해당된다.

5) 출처: http://www.lgcnsblog.com/wp-content/uploads/2014/06/wearable-device_01.jpg

그림 9.5 IoT 장치간 처리 과정

사물 인터넷이 상용화되지 않은 현 시점에서 우리가 이를 제대로 이해하기 위해서는 사물인터넷의 근간이 되는 제품 간의 통신 방식을 이해할 필요가 있다. 우리가 알고 있는 통신은 개인이 정보의 수신자 또는 송신자가 되어 데이터를 주고 받는 것을 의미한다. 이처럼 데이터를 주고 받는 통신은 사실 세 가지 단계를 통해 이루어지게 된다. 송신자와 수신자는 각자 통신을 위한 단말기가 필요하며, 이러한 단말기를 통해 송신자와 수신자는 서로를 인식하는 접속 과정을 거치고, 이후 서로의 존재를 확인하고 사용자를 직접 연결하는 인증 과정이 필요하다. 우리가 익명의 상태로 접속한다고 인지하더라도 실제로는 내부적인 인증 단계를 다 거치고 있는 셈이다. 이를 통해 우리가 흔히 통신이라고 인지하는 데이터 전송을 하게 된다. 이처럼 세 단계를 거치는 통신은 그 매개체가 PC, 스마트폰, 태블릿 PC와 같은 스마트 디바이스든, 스마트 디바이스의 인터넷과 연결하여 통신하는 단말기든, 사물 인터넷이든 동일하게 진행된다.[6]

9.2 사물 인터넷을 통한 우리 세상의 변화

사물 인터넷 개념을 달성하기 위해서는 다음의 기술적 요소가 필요하다.

- 무선과 같은 통신을 위한 네트워크 연결성이 필요하다.

---

6) http://blog.lgcns.com/494

- 데이터를 획득하거나 생성해주는 센서나 사용자 입력이 필요하다.
- 처리 결과를 표시하거나 사물을 제어하는 액추에이터가 필요하다.
- 장치 그 자체나 서버(미들웨어)단에서 데이터를 처리할 수 있는 계산 능력이 필요하다.

우리는 매일 아침 출퇴근하는 버스, 지하철, 택시의 대중교통 서비스에서도 교통카드나 휴대전화 단말기에 NFC, RFID가 내장되어 있어 리더기 단말기와 카드 사이에 정보를 인식하고 주고 받아 후불로 결제가 이루어지는 IoT의 적용 사례를 볼 수 있다.

2014년 1월 구글이 Nest Labs라는 기업을 32억 달러라는 높은 금액으로 인수해 화제가 되었다. Nest Labs는 스마트 홈을 구현할 수 있는 기술을 보유한 소규모 벤처 기업으로 지난 2011년 사용자 행동 패턴을 학습을 통하여 온도를

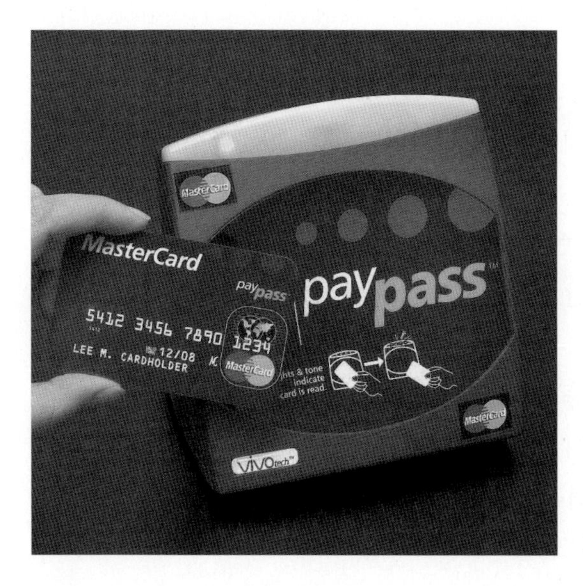

그림 9.6 NFC 칩이 내장된 결제 처리 단말기[7]

7) 출처: http://www.cnmeonline.com/news/etisalat-mastercard-and-rim-to-bring-nfc-payment-technology-to-uae/

그림 9.7 Nest Labs사의 Nest Protect와 홈 온도조절장치[8)]

조절해주는 스마트 온도 조절기인 Nest Thermostat를 개발했고 2013년에는 스마트 화재경보기인 Nest Protect를 개발하여 출시하였다. 이를 활용하면 평소 거주자가 맞추어 놓은 설정 온도를 알아서 유지하고, 화재와 같은 이상 징후를 발견했을 때 알람을 울려준다.

우리 주변에 실세상과 연결된 스마트 작용의 예를 더 찾아볼 수 있다. A부터 Z까지 모든 것을 파는 세계 최대 규모의 온라인 쇼핑몰 아마존이 최근 아마존 대시Amazondash라는 바코드 스캔 기기를 공개했다.

주방에 필요한 제품을 아마존 대시에 대고 말하거나 바코드에 갖다대면 AmazonFresh 사이트에서 온라인 장바구니에 접수가 되고 다음 날 주문한 물품이 집까지 배달된다. 기타 줄을 튕기면 소리 인식 기술로 해당 기타 줄까지도 구매해준다. 하지만 이 제품의 등장으로 온/오프라인 마켓과 유통업계는 초비상 사태로 접어들었다. 아마존은 이 대시 제품을 통해 미국 전역에 주문 다음 날 배달 완료를 선언했다. 심지어 최근 드론drone 기술을 도입하여 물류 배송 단계를 대폭 단축시키려는 비즈니스 모델을 제시하고 있다.

---

8) 출처: http://www.blessthisstuff.com/stuff/technology/misc-gadgets/nest-protect/
http://www.tomsguide.com/us/nest-protect-back-99-dollars,news-19004.html

그림 9.8 아마존 대시[9)]

바로셀로나 시의 스마트 가로등은 광장에 모이는 사람들의 목소리나 움직임을 통해 인구 밀집도를 실시간으로 파악해서 사람이 많으면 조명 밝기를 높이고 사람이 없는 늦은 밤에는 조명 세기를 낮춰 전력을 절약한다. 바르셀로나 시는 이로 인해 연간 커뮤니티 공동 전력을 최소 30% 이상 절약하고 있다. 가로등이 이렇게 스마트한 기능까지 수행할 수 있는 이유는 가로등이 자체적으로 와이파이 라우터 역할을 해서 무선으로 외부 네트워크와 내부 네트워크를 연결해주기 때문이다.

미국 오하이오주 신시내티 시는 쓰레기 회수 및 처리과정에 RFID 센서를 부착해 연간 10억 원 이상 절약하고 있으며, 스페인 바로셀로나 시에서는 쓰레기 처리 시스템에 사물 인터넷을 적용하여 실생활에 활용하고 있다.

쓰레기통이 다 차면 주민들에게 쓰레기 배출을 줄이도록 경고를 보내고, 도시내의 쓰레기통 상단에 달린 센서가 쓰레기의 무게를 측정한 뒤 쓰레기 수거 트럭 운전사에게 전송, 육안으로 확인하지 않아도 쓰레기통이 얼마나 찼는지 알 수 있다.

9) 출처:http://www.engadget.com/2014/04/04/amazon-dash-amazonfresh/

그림 9.9 바로셀로나 스마트 가로등 10)

당국은 향후 10년간 40억 달러 이상의 쓰레기 처리 비용을 절감할 것으로 기대하고 있다. 이같은 사물 통신 서비스로 인해 발생되는 수익은 향후 5년간 448억 달러에 달할 것이라고 예측된다.

영국 런던과 맨체스터를 방문하는 관광객에게 2014년 8월부터 공공 장소에 세워진 동상들이 자신의 이야기를 들려주는 'Talking Statues' 서비스를 운영하고 있다. 단순 조형물로서의 역할을 하던 동상들이 사물 인터넷 기술을 통해 스마트 동상으로 재탄생한 것이다. 조각상 명판에 QR 코드, NFC 태그 등이 설치되어 스마트폰을 가까이 갖다 대면 유명 작가들이 쓴 대사를 배우들이 목소리로 연기한 콘텐츠를 확인 가능하다.

미국 샌프란시스코에서는 PayByPhone이라는 스마트 주차 미터기가 거리를 차지하고 있다. 스마트폰과 연동된 NFC/QR/모바일 앱과 연동되어 결제가 이루어진다. 이제는 동전 없이 주차가 가능하며, 종료시간 임박 시 사전 통보 및

10) 출처: http://inhabitat.com/barcelona-introduces-led-streetlights-that-cut-energy-use-by-13/

그림 9.10 무선 연결과 센서가 부착된 스마트 쓰레기통 11)

그림 9.11 말하는 스마트 동상 12)

11) 출처: Photographer: David Ramos/Bloomberg
12) 출처: http://www.nfcworld.com/2014/08/22/330976/nfc-brings-statues-life-london-manchester/

그림 9.12 스마트 주차 미터기 13)

재결제가 가능하다. 이는 주차료 징수 수입을 20~30% 증대시키는 효과를 가져왔다. 무엇보다도 주차 시 시간에 쫓겨 티켓을 받는 일이 없어져 시민 편이성이 대폭 증대되었다.

영국의 노르위치에서는 개방 상거래 지역open retail street을 사물 인터넷 기술을 활용하여 활성화시키는 프로젝트를 수행하였다. NFC, BLE bluetooth low energy, Geo-fencing, QR 코드 등의 기술을 적용하여 보행자를 상점으로 끌어들임으로써, 상거래 지역을 사물 인터넷 기술로 활성화하려는 프로젝트이다. 건축학적/도시공학적으로 '재개발'이라는 재정적 부담을 갖는 프로젝트를 수행하지 않고도 사물 인터넷 기술을 통해 거리를 새롭게 탄생시킬 수 있다는 의미를 담고 있다.

잉게보르크 프로젝트는 오스트리아 클라겐푸르트에서 진행된 프로젝트로서, 도시의 다양한 공간에 NFC/RFID 태그, QR 코드 등을 통해 공공도서관이 없는 도시나 그 공간에 관련된 문화 콘텐츠를 대중에게 무료로 제공하는 것으로, 처음에는 저작권이 만료된 고전 콘텐츠를 도시의 관련 지역에서 제공하는 것으로 시작하였다. 아르투르 슈니츨러의 〈살인자〉는 경찰서 근처에서, 세익스피어의 〈한 여름밤의 꿈〉은 호숫가에서, 라게를뢰프의 동화책은 스마트 디

13) 출처 : https://paybyphone.com/sf/

그림 9.13 IoT로 재정비된 노르위치의 거리의 상점들[14)]

바이스를 통해 공공 유치원에서 읽을 수 있도록 제공하고 있다.

2012년 8월부터는 지역 예술가(가수, 밴드, 작가)들을 참여시켜 콘텐츠를 소개하기 시작하였다.

그렇다면 일반 제품과 IoT 기기는 어떻게 다를까. 체중계와 온도 조절기를 예로 들어보자.

2013년 6월 27일 미국 텍사스주 오스틴 지역의 기온이 38°까지 치솟자 가정과 기업에서 냉방장치를 일제히 가동하기 시작했다. 지역 에너지 공급자인 오스틴 에너지는 전력 피크로 인해 대규모 정전이 발생할 것을 우려해 네스트랩에 온도 조정을 요청했다. 네스트랩은 전력피크가 예상되는 시간에 앞서 미리

14) 출처: http://www.dailymail.co.uk/travel/article-2380740/Alan-Partridge-walking-tour-launches-Norwich-celebrate-Alpha-Papa-release.html

그림 9.14 잉게보르크 프로젝트 공공 도서관 15)

냉방을 실시했고 실제 전력피크 시간에는 설정온도를 1° 정도 높였다. 이를 통해 대규모 정전이라는 최악의 위기상황을 모면할 수 있었다. 네스트랩이 중앙에서 온도를 조정한 고객 중 약 10%가 더위를 못 견뎌 직접 냉방기를 조절했고 나머지 90%는 지시를 그대로 따랐다. 별다른 불편을 느끼지 못했다는 뜻이다. 고객들은 프로그램에 참여한 대가로 85달러를 받는 등 경제적인 혜택도 누렸다.

단순히 몸무게를 잴 수 있는 일반 체중계와 달리 IoT 체중계는 몸무게뿐만 아니라 체지방과 심장 박동수, 실내 이산화탄소 농도, 온도 측정이 가능하다. 측정된 데이터는 스마트폰을 통해 저장과 관리가 가능하며 하나의 체중계로 6~8명의 사용자를 등록, 필요한 데이터를 공유할 수 있다. 일반 체중계 가격이 2만~3만원에 불과하다면 인터넷을 활용한 IoT 체중계는 10배 이상 비싼 20만~30만원에 거래된다.

IoT를 활용할 경우 상품으로서의 가치를 높일 수 있을 뿐만 아니라 이를 통

15) 출처: http://de.slideshare.net/georgholzer/zwischenbericht-pingeborg

해 시장 규모도 확대할 수 있다는 것을 보여준다.

IoT 기기를 활용한 비즈니스 모델도 손쉽게 찾아볼 수 있다. 대표적인 사례가 아마존의 대시다(그림 9.8 참조).

아마존은 손에 쏙 들어가는 크기의 마이크 모양인 IoT 기기 대쉬를 개발했다. 대쉬를 이용해 바코드를 스캔하거나 필요한 상품명을 말하면 온라인 쇼핑 장바구니에 목록이 저장된다. 이렇게 주문한 상품은 다음 날 오전 중에 가정으로 배달된다. 현재 미국 4개 도시에서 대쉬 서비스가 실시되고 있으며 점차 확대될 예정이다.

IoT 기기를 활용해 얼마든지 새로운 비즈니스 모델을 만들어낼 수 있다는 것을 단적으로 나타내고 있는 셈이다.

식물을 잘 키우고 싶지만 어떻게 물을 줘야 하는지 몰라서, 혹은 물 주는 시기를 놓쳐버려 식물 재배를 실패한 사람들에게 IoT 화분은 희소식이다. 물을 줘야 하는 시기에 스마트폰으로 알람이 오는 IoT 화분은 새로운 고객을 끌어들이는 효과가 있고 결과적으로 관련 시장 규모를 키울 수 있다. IoT를 활용하면 블루오션을 개척할 수 있다는 이야기다.

사물 인터넷을 통한 세상의 변화는 실세상과 연결된 스마트 상호 작용의 진화과정 속에 컴퓨팅 장치와의 인식 상호 작용, 초고속 인터넷 네트워크와의 가상 상호 작용, 실생활과 가상 공간 간의 스마트 상호 작용으로 20세기 컴퓨터의 개발로 인류는 기계를 넘어 인간과 컴퓨터, 센서들과의 인지 기능으로 상호 작용할 수 있도록 발전하였고, 컴퓨터가 인터넷과 연결된 이후에는 웹과 앱을 통해 네트워크로 연결된 모든 사물과의 가상적 상호 작용의 창구가 열렸다. 이뿐만 아니라 스마트 디바이스를 활용하여 실세계와 상호작용하고 새로운 상호 작용을 만들어내는 핵심 기술인 IoT 기술을 발전시키고 있다.

9.3 초연결 사물 인터넷 지능 통신

그림 9.15 IoT로 연결된 영역[16)]

사물 지능 통신이란 개념적으로 사물 간의 통신 및 사람과 디바이스 간의 스마트 통신으로 상호 작용에 의한 정보 인식으로 볼 수 있다. 광의적 의미로 보면 통신과 IT 기술을 결합하여 물리적으로 떨어져 있는 사물의 상태나 정보를 주고 받는 제반 솔루션을 의미한다.

여기에는 방송통신망을 이용하여 사람과 지능화된 기기 간 정보 제공, 사람이 사물 정보를 제어하는 통신 기술 IoT가 있으며, 예로는 가전, 동물, 전등, 자동차, 카메라, 불특정 물체, 집, 직장 등을 연결시킨 상호 작용 솔루션이 가능하다.

네트워크에 연결된 사물?

"2020년에는 25억 명의 사람과 370억 개 이상의 사물이 인터넷에 연결되고 2030년에는 500억 개 이상의 사물들이 인터넷에 연결되어 새로운 가치와 혜택을 주는 모습을 보일 것이다." – 존 체임버스 시스코 회장

사람이 네트워크에 연결된 사물들과의 통신과 데이터 사용에 있어 주안자가 될 것이며, 사물 인터넷 기술은 개인, 응용제품 개발, 비즈니스에 새로운 혁신과 기회를 제공할 것이다.

16) 출처: https://blog.smartthings.com/iot101/what-is-the-internet/

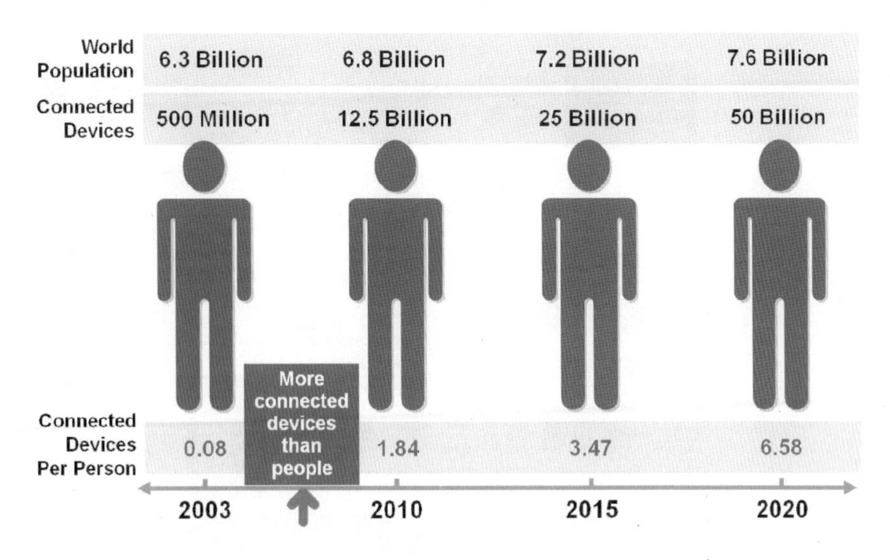

그림 9.16 한 사람당 연결된 사물의 수의 증가 추이[17)]

인구의 증가, 장치의 증가, 데이터 거래 폭주, 가치의 기하 급수적 증가와 함께 사물과 사물, 사물과 인간, 사물과 동식물 간의 통섭적 융합은 성장 동력 기회로 작용하고 있다. 이같은 새로운 인프라의 등장은 새로운 비즈니스 모델을 탄생시킨다. 새로운 비즈니스 모델의 탄생은 기존 비즈니스 모델의 쇠퇴를 가져다 준다. 이런 현상 산업의 경계를 넘나들며 발생한다. 많은 경우에 연결된 산업을 부스팅한다. 특히 사물 인터넷 기술은 전자 산업에 큰 변화를 야기시킬 것이다. 즉 대량 전자센서 생산, 저가 공급, 대량 설치 등 산업 기반 전반에 영향을 가져다 줄 것이다.

17) 출처: http://www.cmswire.com/cms/information-management/collaboration-and-the-internet-of-things-022988.php

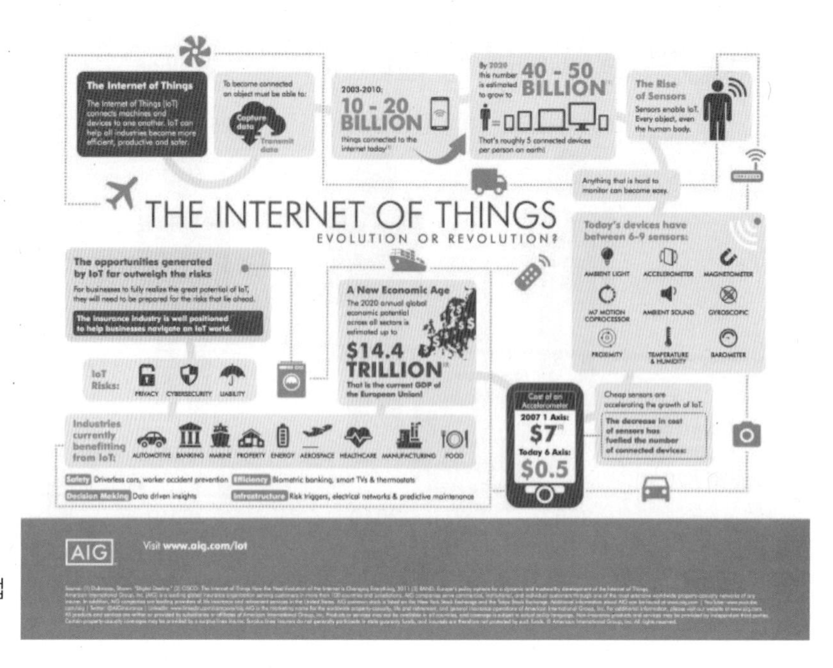

그림 9.17 IoT가 전자 산업에 미칠 영향[18]

IoT의 위기

보안, 모바일, 소셜 네트워크는 비즈니스의 기회인 동시에 위협요소로 작용하고 있다. 매년 62억개 이상 인터넷에 연결 가능한 장치들이 생산된다. 스마트폰 사용자의 84%가 새로운 앱이 출시되자마자 체크한다. 개인의 80%가 개인화된 자료에 대한 정보 거래에 동의한다. 미국 성인의 2/3가 개인 정보 손실을 야기한 기업과는 재거래하지 않는다.

이 같은 데이터 보안의 기밀을 지키기 위해 IBM 보안, 모바일, 사회적 대응은 자산 관리, 예측적 유지보수를 향상시키고, 이전에 거래가 존재하지 않았던 고객과의 관계를 창출하고, 고객을 존중하고 고객의 신뢰를 세워나가기 위해 데이터를 안전하게 수집하고 관리한다는 방침을 강화하고 있다.

18) 출처: http://electroiq.com/blog/2014/12/whats-next-for-mems/

9.4 새로운 사물 인터넷 비즈니스 모델

새로운 스마트 장치, 데이터 거래, 가치의 기하 급수적 증가는 융합을 통하여 성장 동력의 기회로 작용하고 있다. 새로운 인프라의 등장은 곧 새로운 비즈니스 모델을 탄생시킨다. 새로운 비즈니스 모델의 탄생은 기존 비즈니스 모델의 쇠퇴를 가져온다. 이와 같은 현상은 산업의 경계를 넘나들며 발생한다. 사물 인터넷과 잘 연결된 산업은 부스팅될 것이다.

새로운 기술의 접목: 새로운 비즈니스 모델을 탄생시킴

1990년대 이후 인터넷으로 대표되는 디지털 네트워크 비즈니스의 대거 출현으로 닷컴회사인 웹 기반 포털 사이트 등장과 웹 앱/모바일 앱 개발 솔루션이 대거 제공되고 있다. 소셜 네트워크 비즈니스 창업 이후 빅 데이터가 다양한 계층의 소비자로부터 쏟아져 나오고 이를 비즈니스화 하는 새로운 거대 빅 데이터 마이닝 기업들이 등장하였다. 사물 인터넷은 기존 기업들에게 변화에 적응해야 하는 위기와 새로운 사업 기회를 창출해낼 수 있는 기회를 동시에 제공하고 있다.

먼저, 사물 인터넷 기술을 기존 제품에 접목하여 제품을 고부가치화 시킨 몇 가지 구체적인 새로운 비즈니스 사례를 살펴보자(그림 9.18 참조).

기존에 제공하던 서비스를 확장하는 관점으로 사물 인터넷 기술을 활용한 사례는 앞에서 살펴본 아마존 대시, 샌프란시스코 주차 미터기, 스마트 쓰레기통 등 매우 다양하다.

매우 홍미로운 비즈니스 모델로 카니발라이제이션(자기 시장 잠식효과)을 들 수 있다. 예를 들면, mp3 플레이어로 각광받던 iPod이 iPhone(혹은 iPad)의 등장으로 하나의 iPhone 앱으로 사라져 버림으로써 그동안 형성되었던 iPod시장이 잠식된 것이다. 즉 제살을 깍아 먹는 마케팅 전략이라 볼 수 있다.

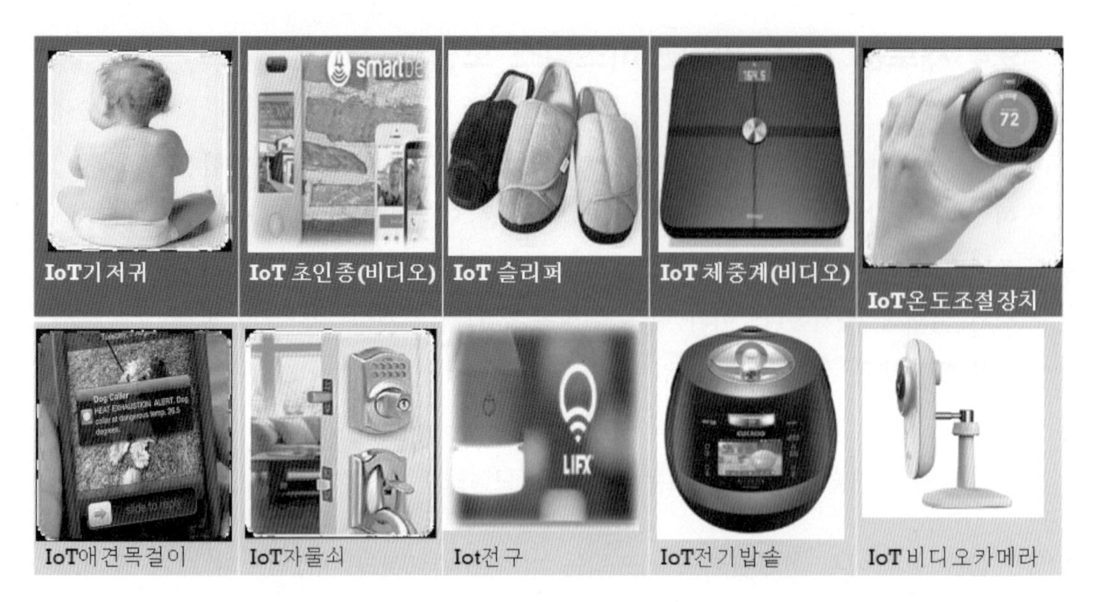

그림 9.18 IoT기술을 기존 제품에 접목시켜 고부가가치화된 제품들[19)]

필립스의 스마트 조명 '휴hue'도 유사한 아이템이다. 휴는 전용 어플리케이션을 통해 1,600만 가지의 색상 표현이 가능하며, 설정된 시간에 자동으로 점·소등을 하는 타임 세팅 기능을 내장, 손쉽게 맞춤형 조명 환경을 연출할 수 있다. 또 사용자에 최적화된 조명 환경을 저장하고, 이를 다른 사용자와도 공유할 수 있다.
인터넷 기반이므로 실외뿐만 아니라 해외에서도 원격으로 실내조명을 제어할 수 있고, 온라인 자동화 서비스인 '이프트IFTTT'와 연동할 경우 날씨, 주식정보 등 인터넷상의 광범위한 데이터 소스를 활용한 다양한 조명 설정도 가능하다.

디지털라이징으로 첨단 사물 인터넷 기술을 적용하여 새로운 비즈니스 모델로 성공적인 회사를 만들어가는 나이키는 2006년 디지털 스포츠 플랫폼을 제공하는 나이키플러스를 소개함으로써 신발과 의류를 팔던 아날로그 기업에서 첨단 기업

19) 출처:http://www.zdnet.co.kr/news/news_view.asp?artice_id=20140425145046

으로 탈바꿈하고 있다.

"우리는 미디어 회사를 먹여 살리는 비즈니스를 하는 것이 아니다. 우리는 '소비자와의 연결'이라는 비즈니스를 하는 것이다." – 나이키 글로벌 브랜드와 카테고리 관리 부회장 T. Edwards

2006년 첫 공개된 나이키플러스는 디지털로 연결된 600만 명의 소비자가 참여하는 커뮤니티로 자리잡았고, 나이키의 디지털라이징 비즈니스 성공으로 만들어준 계기이자 러닝 부문의 매출을 매년 30% 이상 성장하게 만든 원동력이다. 신발 속의 센서와 iPod, iPhone, 혹은 안드로이드폰이 연동되어 달린 거리, 소모된 칼로리 등을 나이키플러스 닷컴을 통해 관리할 수 있으며, 파워 송song 등 운동 보조 프로그램 제공받을 수 있고, 친구들과 커뮤니티를 구축해 즐겁게 경쟁할 수 있는 플랫폼이 만들어낸 성공 신화이다.

또 다른 형태의 비즈니스 모델은 PSS Product Service System화로 인한 비고객의 흡수이다. 기존 제품에 서비스를 더함으로써 사용하고 싶어 했지만 사용 및 유지 보수에 불편함을 겪어 제품 구매를 포기했거나 제품의 필요성을 느끼지

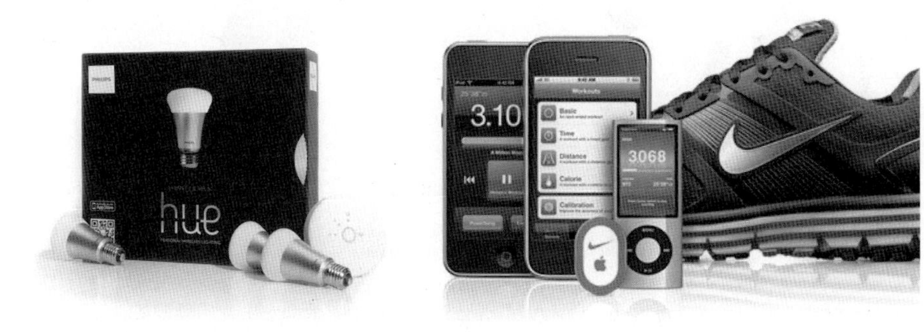

그림 9.19 스마트 필립스 휴 IoT 전구와 나이키플러스 신발[20]

20) 출처: http://www.philips.com.sg/c-p/8718291547778/hue-personal-wireless-lighting
http://www.ad60.com/nike-shows-adapt-digital-era/

못했던 사람들에게 쉽게 접근할 수 있도록 기능을 추가함으로써 새로운 비고객층을 흡수하는 전략이다.

스마트 화분은 IoT를 활용하여 햇빛, 비료 농도, 화분 안 흙의 습도, 온도를 체크할 수 있는 센서로 데이터를 읽어 스마트폰 앱으로 물과 비료를 주고, 상태를 모니터링 할 수 있게 해준다. 최대 4주간 자리를 비워도 화초에 물과 비료를 줄 수 있으며 습도, 온도, 햇빛의 정도에 따라서 적당한 양을 골라줄 수도 있다. 물을 너무 많이 줄 우려도, 물을 너무 적게 줄 우려도 없게 된 셈이다. 물 주는 것을 자주 깜빡하거나 혹은 물을 너무 많이 줘서 문제였던 사람들에게 안성 맞춤인 화분으로 다시 태어난 것이다.

스마트 포크는 식사량 조절을 조절해주는 포크이다. 포크에 내장된 센서를 통해 음식을 씹는 속도, 식사량, 시간을 측정할 수 있어 음식을 너무 급하게 먹으면 포크가 진동함으로써 사용자에게 경고를 준다. 음식을 천천히 먹는 올바른 식습관을 형성하는 데 활용할 수 있다. 특히 어린이들의 식습관 형성에 도움이 된다.

그림 9.20 스마트 화분[21]과 스마트 포크[22]

21) 출처: http://blog.parrot.com/2015/01/05/ces-2015-flower-power-pot-the-smart-pot-that-grows-healthy-plant/
22) 출처: http://www.dailymail.co.uk/sciencetech/article-2258324/The-60-smart-fork-monitor-eat-sound-alarm-overdo-dessert.html

또 다른 매우 흥미로운 비즈니스 모델은 사물 인터넷을 통해 CRMCustommer Relationship Management이 어렵거나 불가능했던 공간에서의 고객관리를 가능함으로써 비즈니스를 창출할 수 있다는 것이다. 예를 들면, MLB(메이저 리그 베이스볼)은 2014년 3월 중에 28개 Ballparks에 애플의 iBeacons 서비스를 미국 전역에 개시함으로써 현재 상호작용 Ballparks 2단계 사업에 접어들었다. 이 서비스로 iPhone 소유자는 경기장 안내 서비스, 구내 매점 소개, 쿠폰 정보 등을 받을 수 있다.

Scion Motor Show에서 STAGE3사는 스마트폰에 개인적인 취향에 맞추어 자동차 모터쇼에 나온 자동차 정보를 경험할 수 있는 IoT 푸시 서비스를 제공하고 있다. 관람자가 자동차 근처로 가면 NFC 태그 리더를 통해 소비자의 스마트폰 앱에 차량 정보가 푸시되어 나타난다. 고객이 관심있는 내용을 누르면 그 내용을 통해 소비자의 성향을 파악하고 소비자가 선호할 자동차 정보를 보내준다.

기존 비즈니스 모델의 대체와 확장으로 더욱 새로운 비즈니스 모델은 IoT를 통해 기존에 존재하지 않았던 비즈니스를 창출하는 것이다.

그림 9.21 애플의 iBeacons 서비스 제공과 불특정다수 고객의 확보[23)]

23) 출처 :http://www.reigndesign.com/blog/ten-things-you-need-to-know-about-ibeacon/
출처: http://stage3agency.com/portfolio/scion-autoshow-experience/

- IoT 스마트 체중계 : 몸무게 외에 체지방, 심장 박동수, 뼈 무게, 실내 이산화 탄소, 체온, 방안 온도 등 측정, 기록, 분석까지 이루어져 스마트 폰으로 건강 상태를 보내준다.
- 아마존의 Dash : 바코드 스캔, 필요한 상품 말하면 AmazonFresh 온라인 장바구니에 목록이 저장되며 다음날 오전 중으로 집으로 배달된다.
- Habit Tracking Driving Devices : 미국 자동차 보험회사 Progressive, AllState사가 매달 운전자의 운전 습관을 체크하여 보험료 인하/인상 요인을 분석하여 보험료 계산에 적용시키는 것이다. 기준 만족/미달에 따라 최대 30%까지 매달 10~15% 보험료를 인하/인상하게 된다. 150만 명의 운전자가 Progressive Snapshot을 설치하여 운행 중이며 그중 2/3가 보험료 인하 혜택을 받고 있다고 한다.

NestLabs은 2014년 1월 구글이 32억불에 인수하였다. Nest Labs사가 제안하여 실행시켰던 사업은 Rush Hour Rewards(러쉬 아우어 보상) – 2013년 6월 27

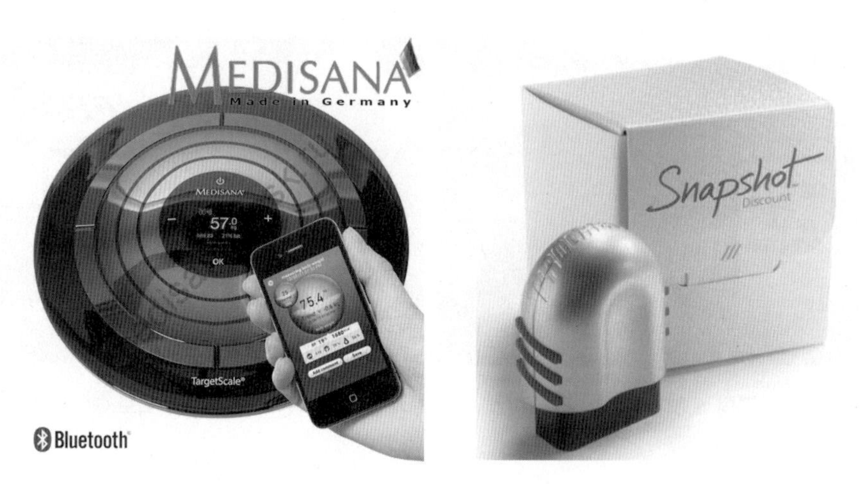

그림 9.22 IoT기술을 이용한 새로운 비즈니스 창출 제품 24) 25)

24) 출처: http://medisana-msk.ru/

일 텍사스 오스틴 가장 더운 한낮 Nest 온도조절기를 운영 평균 56% 에너지 절약하였다. Rush Hour Rewards는 NestLabs사가 미국내 전기 공급회사와 협력해 에너지를 절약한 만큼 보상해주는 서비스이다. 가정집 실내 온도를 쾌적하게 유지하면서 매우 더운 여름 대낮의 실제 요구 전력량을 낮추는데 도움을 주었다. 가정별로 설치된 네스트 온도조절기는 가정마다 스케쥴에 따라 독특하게 설계된 알고리듬이 적용되어 실제 전력피크 시간에 에어컨 가동 가정은 50%정도 밖에 되지 않았다.

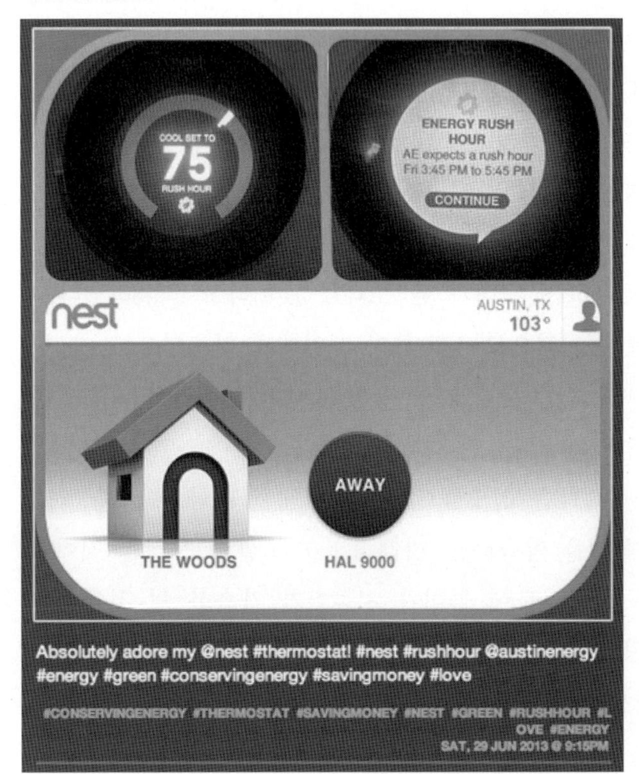

그림 9.23 Nest Labs사의 가정집 NestThermostat[26)]

25) 출처: http://www.insurancejournal.com/news/national/2011/03/14/190132.htm

26) 출처: https://nest.com/blog/2013/07/18/our-first-rush-hour-rewards-results/

이를 통해 대규모 정전이라는 최악의 위기상황을 모면했고 네스트랩이 중앙에서 온도를 조정한 고객 중 약 10%가 더위를 못 견뎌 직접 냉방기를 조절했고 나머지 90%는 지시를 그대로 따랐다. 별다른 불편을 느끼지 못했다는 뜻이다. 고객들은 프로그램에 참여한 대가로 85달러를 받는 등 경제적인 혜택도 누렸다.

9.5 과학기술의 혼 – 사물인터넷

미국의 유명 통신 및 네트워크 전문 기업 시스코의 존 체임버스 회장은 2014년 2월 전 세계 최대 가전쇼인 'CES 2014' 기조연설에서 '사물 인터넷'을 두고 이렇게 말했다. "단순히 기술적인 문제가 아니며, 인류 생활 방식 자체를 바꾸는 혁명적인 일이다." 코펜하겐 미래학연구소장인 돌프 엔센은 그의 저서인 「Dream Society」를 통해 정보화 사회가 그리 오래가지 않을 것이라 예측하고 이성이 아닌 감성에 호소하는 시대가 곧 도래할 것이라고 역설하였다.

IBM은 기계가 학습하고 논리적으로 사고하여 개인에게 맞춤형으로 자연스럽게 인간과 교류하는 인지과학이 우리 일상 생활을 바꿀 것이라 예측하였다. 이 중심의 타깃이 되는 영역이 사물 인터넷 제품이다.

교육분야에서는 각 학생의 학습 진도를 추적, 분석해 커리큘럼을 제공하고 교사를 지원하는 교실이 학생을 학습하는 '미래의 IoT 교실'이 등장할 것이다. 앞으로 인간의 지능과 사고가 사물에 들어가 지능화가 가속화 될 것이다.

인공지능을 위한 컴퓨팅 기술도 날로 발전하고 있다. 인간에 가까워지려는 노력인 만큼 인간의 신경세포인 '뉴런neuron' 동작원리를 IT 기술로 모방할 수 있다는 전제로부터 시작된다. '뉴럴 네트워크'는 인공지능을 응용한 기술 중 하나로, 인간의 뇌 구조를 닮은 데이터망을 구축하는 작업이다. 방대한 데이터와 쓸모없는 정보를 자동으로 걸러 필요한 정보를 신속하게 찾아주고 의사결정을 도와는 기계 학습에 기초한다. 재난 예측 · 수요 예측 · 교통량 예측 시스템 등 각 산업에서 다양하게 활용될 수 있다. 온라인 마켓에서는 수많은 고객의 쇼핑패턴을 분석해 결제 여부를 예측하고 배송까지 담당하기도 한다.

인간의 뇌를 기반으로 설계된 컴퓨터 칩 'SyNAPSE'도 있다. 이 칩은 일반적인 컴퓨터 칩의 직렬구조가 아닌 각 유닛에 프로세서 · 메모리 · 커뮤니케이션이 담긴 256개의 신경세포로 이뤄진다. 이는 현재의 컴퓨터보다 전력소비 효율면에서 나을 뿐 아니라 사용자의 생각을 예측하는 인공지능적인 접근이 가능하다.

현재 인공지능 분야에서의 관심분야는 매우 광범위하며, 거의 전 기술 분야에서 인공지능적 처리가 요구되고 있는 상황이다. 여기에는 패턴 인식, 자연어 처리, 자동 제어, 로보틱스, 컴퓨터 비전, 양자 컴퓨터, 자동 추론, 사이버네틱스, 데이터 마이닝, 지능 엔진, 시멘틱 앱 등을 포함한다.

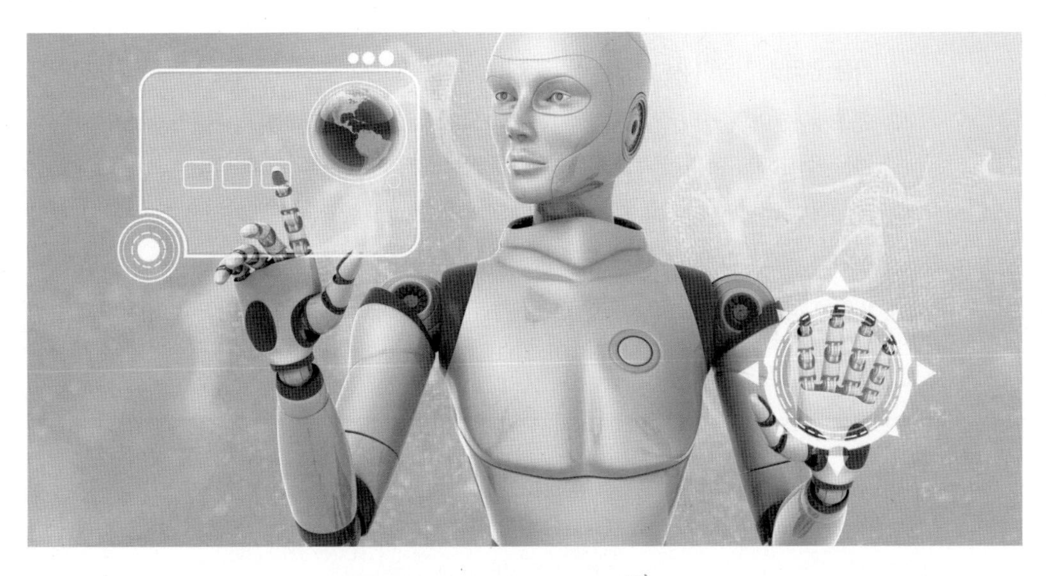

그림 9.24 인공지능 로보틱스 27)

27) 출처: http://www.roboticstrends.com/article/a_quick_history_of_ai_infographic/Artificial%20

돌아보기

- 스마트 사물 인터넷 융합 기술이 어떻게 발전해나가는지 이해한다.
- 사물 인터넷을 통한 우리 주변의 생활 제품의 기술 향상 변환을 감지한다.
- 초연결 지능 정보화 사회의 주역이 될 사물 인터넷의 지능 통신의 핵심을 파악한다.
- 새롭게 등장한 그리고 등장할 IoT 비즈니스 모델을 이해한다.
- 진화하는 사물의 지능세계를 제어할 인지과학기술의 변화 추이를 이해한다.

학습문제

1. 사물 인터넷 기술이 서비스를 가능케 하는 스마트폰 근접 센서의 활용 사례를 조사하라.
2. 헬스케어분야의 스마트 체중기, 나이키의 FuelBand 등 웨어러블 디바이스와 스마트폰 앱을 조사하고 현재 인기를 얻고 있는 웨어러블 디바이스를 설명하라.
3. 2020년도 사물 인터넷이 우리 생활 도처에 파급되어 활용된다고 가정하고 사물 간에 저장된 보호되어야 할 정보에 대한 보호 방법을 조사하고 제안하라.
4. 인공 지능은 궁극적으로 사물 인터넷을 효율적으로 제어할 소프트웨어이다. 인지과학기술cognitive computing로 불리는 이 기술을 조사하라.

Intelligence

Articles 1 진화하는 사물의 지능 세계

수 천 km 떨어져 있는 쥐들이 서로 보지 않고도 '텔레파시'로 생각을 주고 받을 수 있다는 연구 결과가 네이쳐의 자매지인 「사이언티픽 리포트」에 실렸다. 이 같이 사물 간의 텔레파시 통신처럼 멀리 떨어져 있거나 가까이 있거나 서로 간에 '생각 센싱'을 감지하여 사물과 사물 그리고 인간 사이에 생각(?)을 주고 받는 기술이 사물 통신(M2M) 기술이다.

인간의 오감을 통하여 인간과의 소통뿐 아니라 사물과의 소통도 이루어지고 있다. 동계 올림픽이 열리는 소치국제공항의 보안을 위해 사용된 실리콘벨리의 3차원 얼굴 인식 카메라, 애플의 지능화된 음성 인식 기술인 시리(Siri), 사람의 생체와 행동 기록을 담는 구글 글래스와 애플의 iWatch, 마트에서 물건을 사고 계산대를 통과하면 자동으로 계산해주는 NFC(근거리 무선통신), GM의 온스타 자동차 텔레마틱스, 미국 FBI의 지문 인식, 심장 박동수와 혈압 등 바이오 리듬 센싱을 총체적으로 다루는 웨어러블 컴퓨팅 기술 등에서 사물의 지능은 진화하고 있다.

이제 모든 사물에 다양한 센서와 지능을 내장시킨 사물 통신 시대의 도래로 직장인, 학생, 주부, 연구자 할 것 없이 친절한 사물 아바타의 서비스로 아침 식사, 출근 복장, 날씨, 자동 주행 모드 운전, 바이오 리듬, 거래처 연락 등 우리의 생활 주변 환경을 조절해주게 된다. 이 같은 서비스의 근간은 사물 인터넷 기술이다.

2020년까지 사물 세계에 연결된 사물 수는 500억 개 이상이 될 것이라고 예측하고 있다. 사물로부터 쏟아져 나오는 데이터 양은 2011년에서 2016년까지 22배 이상 증가할 것이라고 한다. 한국의 사물 인터넷은 이제 육성단계를 넘어서는 수준에 와 있다. '10대 방송통신 미래서비스'에 사물 인터넷을 포함시켰고 2015년까지 전국 규모의 시범 사업 확대와 함께 글로벌 사물 통신 기술 시장의 30%를 선점하겠다는 계획을 세웠다. 삼성전자는 사물 인터넷 선도 기업인 시스코와 광범위한 제품과 기술에 대한 협약으로 향후 10년간 출원되는 특허까지 공유하게 되어 사물 인터넷 시장 선점에 나서고 있다.

사람의 요구 입력에 따라 서비스가 능동적으로 제공되던 기존의 주문형 패러다임을 탈피하여 인터넷이 연결된 지능형 사물들은 다양한 센서로부터 수집되는 주변 환경의 데이터를 분석하여 자발적으로 지능적으로 서비스를 제공하게 된다. 인간의 입장에서 보면 사람은 수동적으로 서비스를 받게 되는 것이다.

사물 통신 표준화 결여로 공용 M2M 서비스 레이어 기반을 갖고 있지 못하고 있으며, 많은 사물에서 발생되는 상향 데이터 트래픽이 상대적으로 하향 트래픽 양에 비해 크게 나타나며, 트래픽이 집중되거나 주기적으로 발생되는 문제점을 갖고 있다. 이는 기존의 무선 통신 생태계를 교란시킬 우려가 있다. 그뿐만 아니라 사물의 활동량에 비해 인간의 사고 활동량이 줄어들게 되어 사물로 엮어진 세계에서 인간에게 편이성을 제공해 줄 수 있을지는 모르나 인간 고유의 판단과 생각의 여유, 인간의 프라이버시 등 침해 영향은 더 커지게 된다. 어쩌면 인간의 학습 능력이 사물의 지능이 학습을 통하여 진화하는 속도보다 더 느려져 사물 의존적인 존재가 되어 사회적 기능을 약화시킬 염려가 있다. 주인의 허락없이 감지된 개인 습관, 행동, 취향 정보들이 사물 인터넷을 통하여 여과없이 전파되는 정보 보호의 문제가 발생할 수 있다.

그뿐만 아니라 앞으로 온갖 종류의 사물에 붙여져 자동적으로 기능과 지능이 업데이트되거나 사물끼리 협업을 통해 중요한 결정이 내려져야만 할 때 사람의 판단력은 사물 지능에 종속될 우려가 높다. 더욱이 고장난 사물 지능 장치가 기존의 컴퓨터 수리 이상의 훨씬 고도화된 하드웨어와 소프트웨어 기술을 요하게 되어 결정적인 사물 지능 장치를 회복할 수 없을 때 겪게 될 사회적 안전망의 위험성은 더 증대될 것이다. 노화되어

가는 사물 지능 장치들은 보안 패치에 취약하게 된다. 수많은 해커들은 이 같은 사물 지능 장치들을 침투하여 교란시킬 것이며 이는 큰 경제적, 정치적, 군사적, 사회적 재앙을 초래하게 될 수도 있다. 이를 대비하기 위한 범세계적인 사물 지능 진화 규제에 대한 법제적 장치가 마련되어야 할 것이다.

PART 4

건축과 환경

10장 시간의 변화에 따른 건물에너지성능 변화

11장 건물조정 : 리모델링과 컨버전

12장 지속가능건물과 제로에너지건물

10장 시간의 변화에 따른 건물에너지성능 변화

학습내용 요약	강의 목적
• 건물은 준공 후 시간이 경과될수록, 또한 오래된 건물일수록 에너지 성능이 낮아지는 경향이 나타난다. 반면 건물의 준공년도가 최근일수록 건물의 에너지 성능은 향상되고 있다. • 건물은 인간의 요구, 지역성, 기후를 반영하여 그 시대의 과학기술 중에서 가장 좋은 기술과 첨단기술이 반영되어 건축되며, 장수명(longevity) 건물로 존속하도록 유지되어야 한다.	• 건물 준공 후 시간에 따라 변화되는 건물의 에너지 성능 특성을 이해한다. • 수리 및 개선작업을 통해 건물의 효율과 성능을 향상시킬 수 있음을 이해한다. • 건물의 에너지 사용량 설계값과 실제 운영값 사이에 많은 차이가 발생하고 있으며 이를 개선하기 위한 대책이 제시되고 있음을 이해한다. **Key word** 기존 건물 영국 주택 성능변화 에너지 성능

차례

10.1 기존 건물의 지속가능성 전략
- 10.1.1 영국 주택의 시간 변화에 따른 에너지 성능 변화
- 10.1.2 주택의 효율향상 조치 – 예측비용과 잠재적 절감량과의 관계
- 10.1.3 어떤 주거형태가 이산화탄소 절감 잠재량으로 효과적인가?
- 10.1.4 주택 에너지 효율에 영향을 주는 영국의 정책

10.2 기존 건물의 개보수 시 고려사항
- 10.2.1 영국 및 서구 유럽의 기존주택 재고 현황
- 10.2.2 주택 energy efficiency best practice 설정을 위한 기존주택 U-values 특성

10.3 준공 후 건물의 성능평가를 체계적으로 수행하기 위한 활동

10.4 결론

▪ 돌아보기

▪ 학습문제

준공 후 시간이 경과하면서 건물의 상태, 특히 건물의 에너지 성능과 효율이 어떻게 변화할까? 시간의 변화에 따른 건물의 에너지 성능 변화에 대하여 영국의 건물을 사례로 제시함으로써 기존 건물의 지속가능성 전략과 개선방안에 대해 이해한다.

10.1 기존 건물의 지속가능성 전략

10.1.1 영국 주택의 시간 변화에 따른 에너지 성능 변화

영국의 이산화탄소 배출량 가운데 주택에서 배출되는 비율은 2004년 기준으로 30%를 차지하고, 2050년까지의 영국의 탄소배출 목표의 55%를 주택이 차지할 전망이다. 또한, 2004년 기준으로 영국에서 사용되는 모든 에너지의 30.23%가 주택에서 사용되고 있다.

영국 주택의 에너지 효율은 유럽에서 가장 낮은 수준인데, 영국은 1970년대부터 에너지 효율에 대한 건축법규의 기준이 강화되면서 이를 통해 주택에서의 에너지 사용을 획기적으로 절감할 것을 모색하여 왔다.

단열기준이 강화되면서 주택에서의 난방기준도 강화되었다. 1970년대 주택의 31%만이 중앙난방이었으나 2003년에는 92%로 증가하였다. 그렇지만 세대수의 증가, 가정 내 가전제품 수의 증가, 가구당 거주자 평균 인원의 감소로 인해 주택의 에너지 소비 비율이 1970년의 25%에서 2001년에 30%로 증가하였다. 2003년에 조사된 주택의 에너지 소비 비율은 다음과 같다.

- 난방 : 60.51%
- 급탕 : 23.6%
- 가전 및 조명 : 13.15%
- 주방 : 2.74%

그림 10.1 영국 주택(글래스고 시, 스코틀랜드)

2005년에 조사된 가정에서의 이산화탄소 배출 비율은 그림 10.2와 같다[1].

- 난방 : 53%
- 급탕 : 20%
- 가전 : 16%
- 조명 : 6%
- 주방 : 5%

1971년부터 2001년까지 영국 주택의 에너지사용량 수요 비율은 그림 10.3과 같다. 주택 내 가전제품의 수 증가로 인해 조명 및 가전기기에 의한 전기사용량이 크게 증가했음을 알 수 있다.

---

1) Review of Sustainability of Existing Buidings: The Energy Efficiency of Dwellings - Initial Analysis, Department for Communities and Local Government, UK, 2006

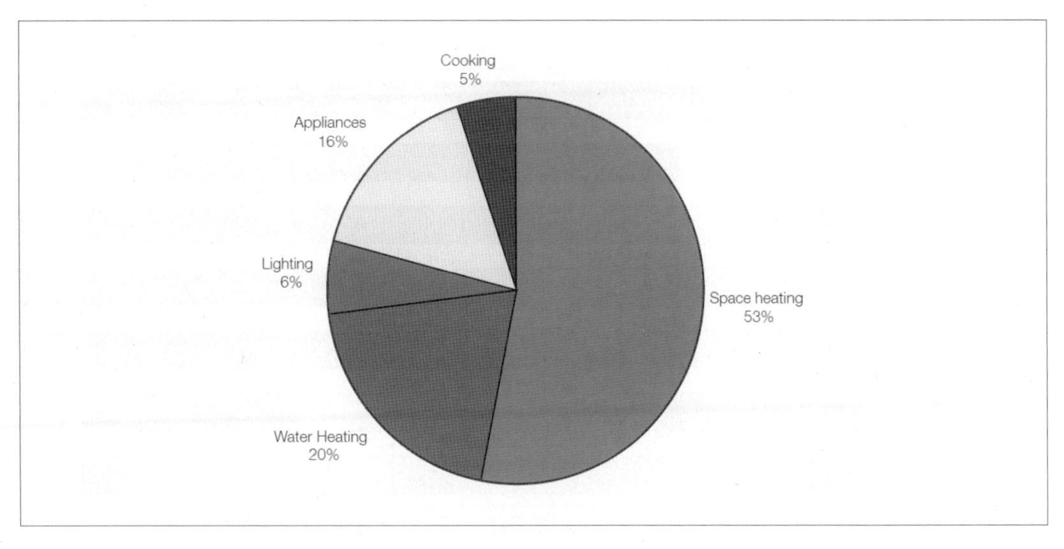

Source: DEFRA

그림 10.2 영국 주택의 이산화탄소 배출량(2005년)

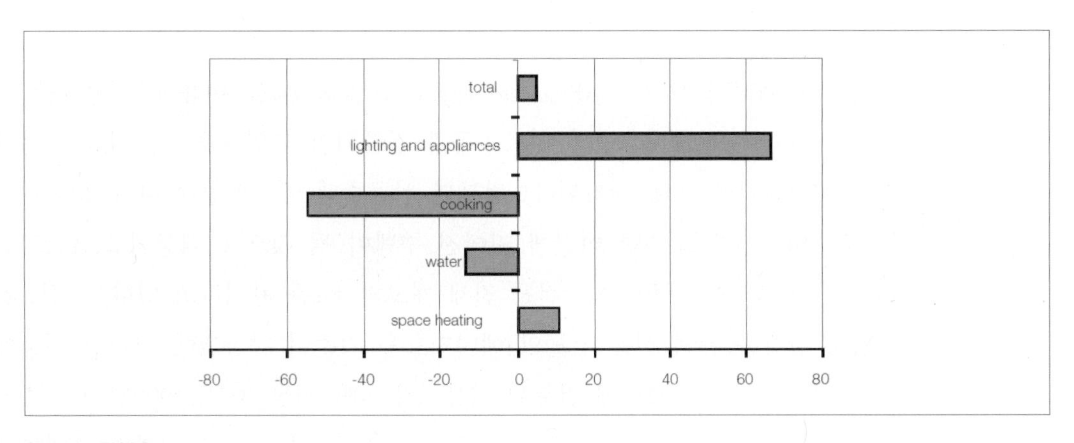

Source: EHCS

그림 10.3 1971년부터 2001년까지 영국 주택의 에너지 사용량 수요 비율

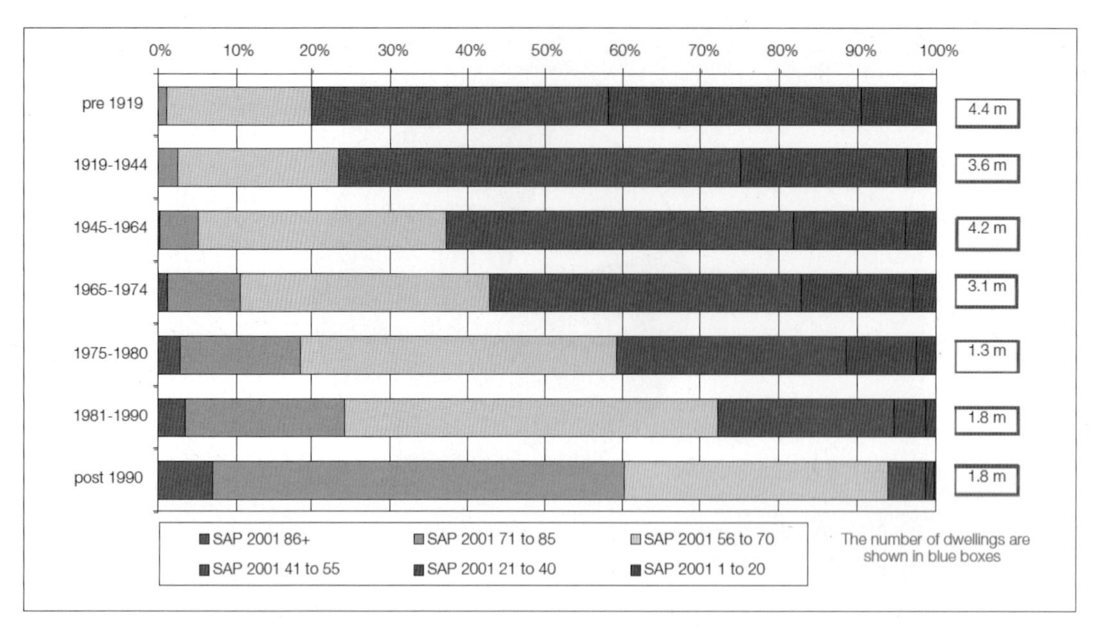

Based on English House Condition Survey (EHCS) 2004, DCLG

그림 10.4 기존 주택의 연도에 따른 에너지성능(SAP) 변화

건물의 에너지성능은 SAPstandard assessment procedure을 이용하여 평가할 수 있으며, SAP은 난방시스템의 연료효율과 건물외피의 열효율, 즉 열을 얼마나 잘 보존하는가에 의해 평가된다. 정부의 신규주택 공급방침에 따라 2050년에는 주택의 2/3가 2005년 이전에 지어진 주택이 될 것으로 예상되고, 이로 인해 매년 신축되는 건물 수는 건물 전체 재고의 1%를 차지하고 있다. 또한, 건축법의 강화를 통해 신축 건물의 에너지효율 기준이 향상되어 최근의 건물에너지효율 기준은 2002년에 건축된 건물보다 40% 이상 높고, 1990년에 건축된 건물보다 70% 이상 높다. 그래서 기존 건물의 대부분과 2050년까지 존재하게 될 건물의 상당부분의 효율이 최근의 신축 건물과 비교하여 낮은 수준이 될 것으로 예상된다. 그러므로 기존 건물은 낮은 에너지효율 특성을 나타내고 있으므로 주거에서 배출되는 이산화탄소의 대부분에 기존 건물이 책임이 있다. 에너지 효율은 기존 건물의 수준에 따라 차이가 크다. 다수의 낡은 주택의 열

효율은 신규보일러 설치, 방습층 및 단열과 같은 주거 개선의 결과로 인해 개선될 수 있다. 그러나 주택의 건물 수명과 에너지 효율과의 사이에 그림 10.4와 같이 밀접한 관계가 존재함을 알 수 있다.

기존 건물의 에너지 성능에 가장 큰 영향을 미치는 요인은 수명과 주거 형태/규모이다. 현대적인 건물일수록 에너지 효율이 높고 열손실도 더 적다. 변경할 수 없는 요인은 문제삼지 않더라도 단열과 난방 시스템의 효율의 질과 양은 에너지 성능에 영향을 미친다. 에너지성능SAP의 계산에서 고려될 수 있는 요인으로는 건물 형태, 방위, 창 크기 및 분포이다.

또한, 영국 잉글랜드 지역을 대상으로 한 주택의 건물연도에 따른 SAP의 추이는 그림 10.5와 같다. 1850년 이전에 지어진 주택에서부터 1990년 이후 지어진 최근 주택까지를 대상으로 한 SAP의 변화를 나타낸 것으로 건물 연도에 따라 SAP이 점차 개선됨을 나타내고 있다.

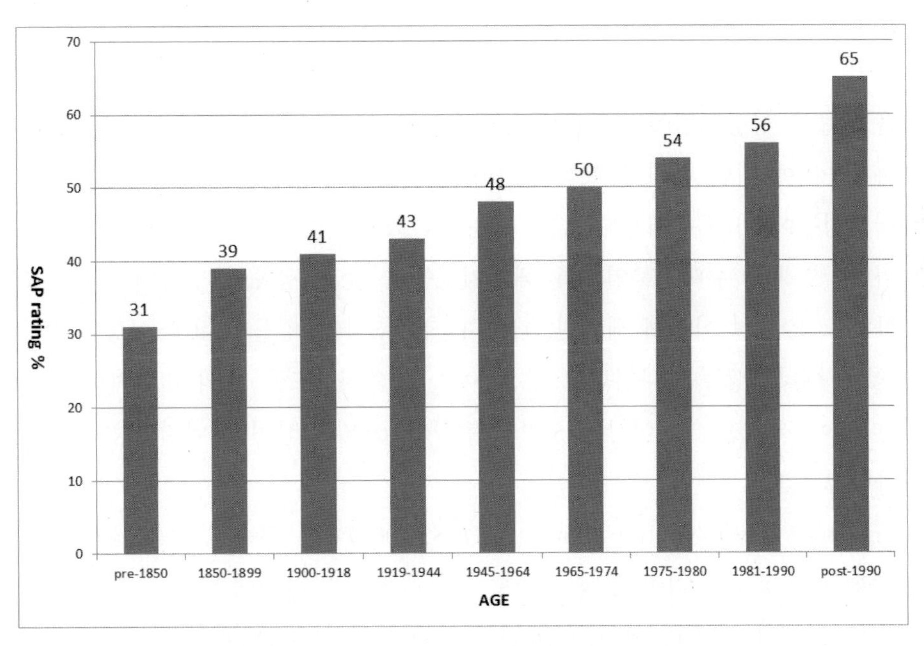

그림 10.5 영국 잉글랜드 주택의 건축연도별 SAP 추이

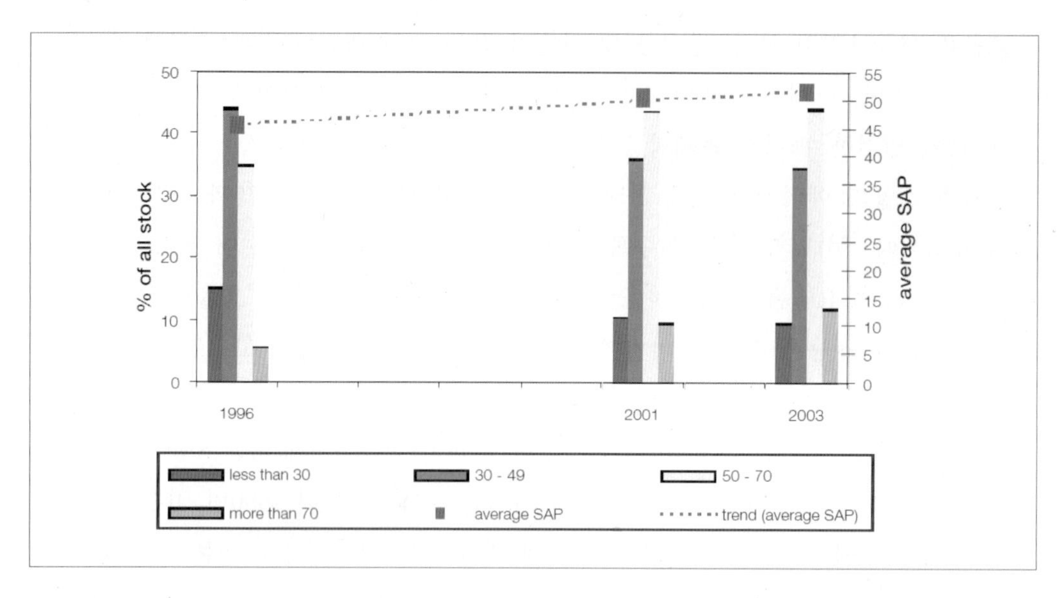

그림 10.6 1996년~2003년의 평균 SAP 분포

그림 10.6과 그림 10.7은 건축법에서 part L의 신축건물을 대상으로 에너지 효율 기준을 향상시킴에 따라 1990년 이후 주택 재고의 에너지 효율이 어떻게 변화하는지에 대한 단계적 변화를 나타내고 있다. 최근에 건축된 신축 주택의 에너지성능이 기존 주택보다 높다. 모든 시설의 2/3는 SAP이 41에서 70의 범위이다. 오래된 주택건물일수록 에너지성능이 낮은 경향이 명확히 나타나고 있다. 즉, 1919년 이전에 세워진, 41보다 작은 SAP의 건물의 40% 이상이 상당히 낮은 에너지성능을 나타내고 있음을 알 수 있다. 또한, 이와 비교하여 1990년 이후에 세워진, 70 이상의 SAP의 건물의 61% 이상이 에너지성능이 높게 나타나고 있다.

English House Condition Survey (EHCS, 2004)에서 신축 주택을 제외한 기존 주택을 대상으로 기존 주택에서 수행된 개선improvement에 따른 효과를 제시하였다. 1945년~1964년에 지어진 건물을 대상으로 2001년을 기준하여 SAP이 55이고, 1981년~1990년에 지어진 건물의 2001년 SAP이 70이다. 이것은 시간

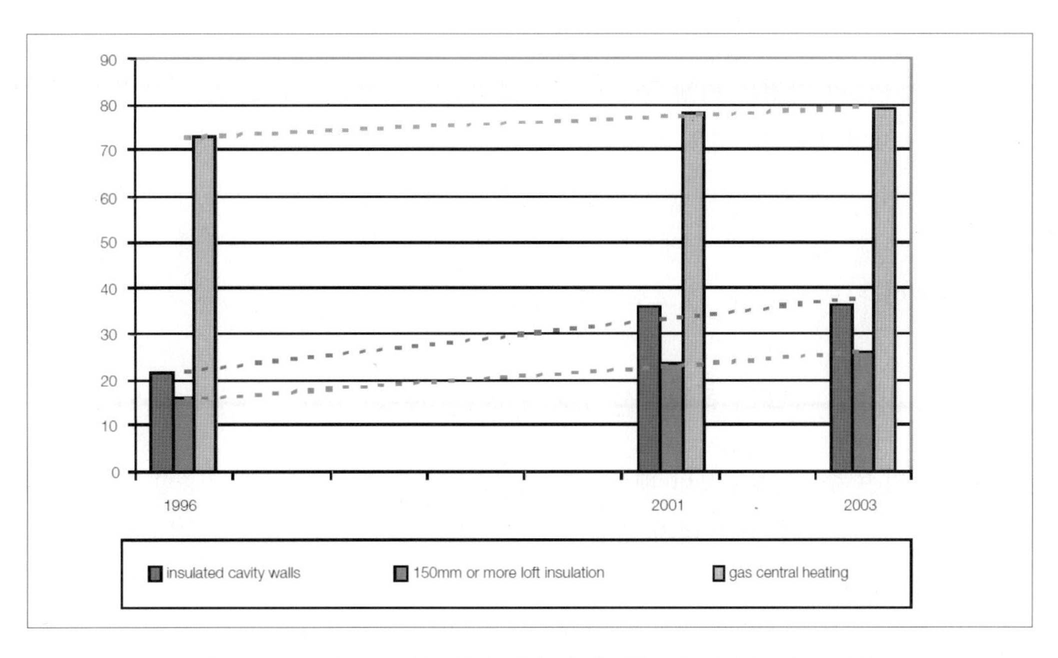

그림 10.7 1996년~2003년 단열과 난방 추이(기존 건물에서 차지하는 비율)

이 지나면서 중공벽과 천정의 단열을 수행한 주택 수가 증가하였고 이것이 건물의 에너지성능의 전체적인 개선으로 연결되었음을 알 수 있다. 중공벽 단열은 1996년 재고에서 20% 정도였으나 2003년에 36%로 증가하였고, 천정단열의 주택은 2001년보다 증가하여 2004년에 4백만 세대가 갖추었다. 그러나 기존 주택을 대상으로는 에너지효율 조치로 인해 얼마나 많은 개선이 이루어 졌는지에 대해서는 EHCS 데이터로 알 수 없으며, 조사 대상 샘플사이의 변화로 인해 결론을 도출하기 어렵다. 별도의 조사 데이터에 따르면 2001년의 단열 중공벽의 수는 과장되었고, 2001년과 2003년 사이에 2~3%가 증가한 것으로 밝혀졌다. 또한, Energy Efficiency Committee EEC 활동을 통해 2002년과 2005년 사이에 중공벽 단열을 개수한 주택이 80만 호에 이르는 것으로 보고되었다.

모든 신규 주택은 2016년까지 탄소제로를 이룩해야 하고 기존 주택은 에너지 효율이 제고되도록 노력을 기울이고 있다. Review of the Sustainability of

Existing Buildings (2006)에 따르면 610만 가정의 지붕 단열재 두께가 부족하고, 850만 가정은 벽체 중공층 단열재가 부족하며, 750만 가정은 외벽 단열재를 보강해야 할 것을 보고되고 있다. 이 문제를 조치하는 것만으로도 매년 850만 톤의 탄소배출을 절감할 수 있는 가능성이 있는 것으로 나타났다. 그러나 이와 같은 상황 속에서도 95%의 주택소유자는 자신의 가정의 난방은 효과적이라고 생각하는 것으로 나타났다.

10.1.2 주택의 효율향상 조치 - 예측비용과 잠재적 절감량과의 관계

기존 주택건물로부터 배출되는 이산화탄소를 저감하는 데 유용한 기술이 다수 있으며 이 중 에너지 공급 주류의 탄소 성분 또는 행동을 변화하지 않고 배출량을 처리할 수 있는 효과적인 방법은, 건물의 열적 효율을 개선하는 것으로 이를 통해 건물의 난방 에너지를 적게 유도한다.

▶ 노후화된 주택의 효율향상 조치

노후화된 주택을 대상으로 에너지 효율을 향상시키기 위한 조치로 열손실을 막기 위한 단열insulation이 중요하며, 특히 천정공간에 단열을 강화함으로써 결로를 유발시키는 열교 및 냉교를 피할 수 있다. 표 10.1은 수리 및 개선작업을 통해 주택의 효율을 향상시키는 조치를 나타내며, 이를 이룩하기 위한 방안과의 관계를 나타낸 것이다. 다음은 주택의 효율을 향상시키는 주요한 조치이다.

- internal wall, external & cavity wall insulation
- double-glazing
- extract ventilation
- draught stripping
- insulate loft, floor, hot water cylinder & water pipes
- add porch or vestibule

- low-energy lighting
- improve controls
- fit replacement combi boiler

표 10.1 수리 및 개선작업을 통한 주택효율 향상조치

IMPROVEMENT / OPPORTUNITY	internal wall insulation	double-glazing	cavity wall insulation	external wall insulation	extract ventilation	draught stripping	trickle ventilation	insulate loft	insulate water pipes	ventilate loft space	insulate floor	add porch or vestibule	low-energy lighting	insulate hot water cylinder	improve controls	fit replacement combi boiler
moving into an existing house	○	○	○	○	○	○	○	○	○	○	○	○	○	○	○	○
loft conversion						○	○	○	○	○	○		○			
refitting kitchens & bathrooms	○	○			○	○								○	○	○
adding a conservatory	○	○	○	○	○	○	○				○		○		○	
repointing of walls			○													
repairing frost-damage wall or render/upgrading external appearance				○												
replastering	○															
replacing wall ties			○													
rewiring	○								○				○		○	
replacement windows		○				○	○									
repairing cladding				○												
re-roofing/roof repairs						○		○	○	○						
replacing external doors						○						○				
repairing ground floors						○			○		○					
heating and plumbing repairs									○					○	○	○
increase security		○				○							○			

▶ 주택의 효율향상 조치 - 예측비용과 잠재적 절감량과의 관계

효율 향상은 조치로 단열을 개선하고 가장 효율적인 난방 시스템을 이용하는 것을 조합함으로써 달성할 수 있다. 일반적으로 적용되고 있는 잠재성 있는 조치는 표 10.2와 같으며, 주거효율 조치의 비용과 잠재적 절감량과의 관계를 보여준다. 표에서 제시된 조치들은 비용효과cost effectiveness의 크기별로 나열되어 있으며 회수기간payback의 크기 순으로 표시되어 있다. 중공벽 단열은 주택에서 가장 큰 잠재적 절감량을 제공할 수 있으며, 회수기간이 3년 내에 달성될 수 있다. 다른 조치인 micro CHP (combined heat and power), solid wall insulation, 지열 Heat Pump는 비교적 큰 잠재적 절감량을 달성할 수 있다. 그러나 대부분의 기술은 높은 설치비용에 따른 선행투자를 필요로 하기 때문에 회수기간이 길다. 따라서 추가적인 지원 내지 보조금이 없는 한 주택에서 비용효과한 것은 없다.

절감조치별 잠재적 연료 과금 절감량과 이산화탄소 절감량은 거주형태 및 규모에 따라 다소 다르다. 왜냐하면 설치비용은 건물규모별로 약간 다르고 건물이 클수록 건물을 난방하는 데 보다 많은 에너지를 소비하기 때문이다. 중공벽 단열은 독립가옥에서 상대적으로 많은 잠재적 이산화탄소 절감을 제공한다.

10.1.3 어떤 주거형태가 이산화탄소 절감 잠재량으로 효과적인가?

전체 에너지성능 평가방법인 SAP을 이용하여 기존 주거건물에 대한 잠재적 이산화탄소 절감량을 평가할 수 있다. 표 10.2는 모든 건물이 SAP 2001 스케일상으로 10 포인트에 의해 개선될 경우 2004년 주택건물에서 예상되는 이산화탄소 배출량이다. 모든 계산은 가스 난방시스템을 기준으로 하였다.

2004년의 기존 주거건물 평균은 SAP이 52이다. 모든 건물이 SAP 2001 스케일상으로 10 포인트에 의해 개선된다면 연간 4.5 MtC가 절감될 것이다. SAP과 이산화탄소 배출량과의 관계를 통해 알 수 있는 것은 SAP 스케일이 낮은 부분을 개선함으로써 SAP 스케일이 높은 부분보다 더욱 이산화탄소를 절감시킨다는 것이다. 그러므로 평균적으로 가장 낮은 성능을 나타내는 주택의 에너지 성능을

표 10.2 주택의 효율조치 – 예상비용 및 잠재적 절감량

Measures	Average cost (£)	Cost saved (£/yr)	Carbon saved (kgC/yr)	Pay- back (yrs)	Potential homes ('000) †	Potential total carbon saving (MtC/yr)
Hot water cylinder insulation	14	29	53	**0.5**	1,137	**0.1**
Cavity wall insulation	342	133	242	**2.6**	8,500	**2.1**
Loft insulation (full and top-up)	284	104	190	**2.7**	6,186	**1.2**
Improved heating controls	147	43	77	**3.4**	2,102	**0.2**
Draught proofing	100	23	43	**4.3**	9,793	**0.4**
Micro CHP	1,571	230	508	**6.8**	12,000[4]	**6.1**
Solid wall insulation	3150	380	694	**7.5**	7,479	**5.2**
A-rated boiler	1,500[1]	168	177	**8.9**	17,128	**3.0**
Micro wind	2,363	224	263	**10.5**	-[2]	–
Ground source heat pump [3]	4,725	368	990	**12.8**	17,000	**16.8**
Photovoltaic (PV) electricity	9,844	212	249	**46.4**	9,892	**2.5**
Solar water heating	2,625	48	88	**54.7**	19,330	**1.7**
Windows (Single to Double Glazing)	4,000[1]	41	26	**97.6**	10,746	**1.7**

Source: The First Draft Illustrative Mix of Measures for EEC 2008-11 (Defra), 2006 and †Buildings Research Establishment (BRE), 2005

향상시킴으로써 이산화탄소 절감량을 더욱 증대시킬 수 있음을 알 수 있다.

SAP이 56 이하의 건물에서 10 포인트 개선된다면 표 10.3과 같이 연간 1.3 MtC가 절감될 수 있다. 중공벽 단열, 천정단열, 이중창호와 현대적인 난방시스템을 보유한 1930년대 semi-detached 주택은 70의 SAP까지 달성할 수 있다.

표 10.3 10 SAP 2001 포인트에 의한 모든 주거 건물을 개선시키는 효과

SAP 2001 rating	Count ('000s)	Current 2004 Emissions (MtC)	Increase by 10 points Emissisions (MtC)	Average saving per dwelling (tC)	Total saving (MtC)
86+	283	0.2	0.1	0.1	0.0
71 to 85	2,268	1.8	1.5	0.1	0.3
56 to 70	6,082	6.5	5.4	0.2	1.0
41 to 55	7,593	10.6	9.0	0.2	1.7
21 to 40	3,438	6.9	5.8	0.3	0.5
1 to 20	873	2.6	2.1	0.6	0.5
Total	**20,536**	**28.6**	**24.1**	**0.2**	**4.5**

Based on EHCS, 2004

일반적인 주택에서 중공벽을 단열함으로 SAP을 약 10 포인트까지 증가시킬 수 있다. 또한, 향상된 제어기능을 갖춘 신규 보일러와 원형 단열재를 설치함으로써 동일한 개선을 이룩할 수 있다.

10.1.4 주택 에너지 효율에 영향을 주는 영국의 정책

건물 외피와 주택 에너지 효율에 영향을 주는 영국의 정책은 다음과 같다.

▶ Energy Efficiency Committee (EEC)

EEC는 주택분야에서 존재하는 에너지 효율을 개선하기 위한 최고의 수단이고, 세대주에 에너지효율 조치가 효과적으로 수행되도록 에너지 공급자에게 법적 책임을 부과하고 있다. EEC1(2002~2005년)에서 2010년까지 매년 0.4 MtC를 전달하는 성과를 이룩하였고, 에너지효율에 약 600만 파운드를 투자하

도록 촉진하였으며, 3천억 파운드의 잉여를 세대주에게 순이익으로 제공되도록 하였다. 절감된 이산화탄소 톤에 따른 순자원의 이익은 약 300파운드이다. EEC2(2005~2008년)에서는 2010년까지 매년 0.6 MtC를 절감하였고, 또한, 발표를 통하여 EEC3(2008~2011년)은 EEC2보다 50~100% 높게 절감율을 책정하였다. Energy Review에 따르면 공급자에 대한 세대주의 의무는 최소한 2020년까지 적어도 EEC3와 동일하게 매년 평균적인 절감 수준으로 진행될 것이다.

▶ 적정주거(Decent Homes)

적정주거Decent Homes 프로그램은 기존 주택을 따뜻하고, 방수되며, 현대적인 시설로 성능을 개선하는 제도이다. 정부의 목표는 모든 council과 housing association 주택을 2010년까지 적정하게 만드는 것이다. 에너지 효율을 개선하는 것뿐만 아니라 열적으로 쾌적조건도 만족하는 주택이 되도록 에너지 성능을 개선하는 것을 목표로 하였다. 기존 주택의 에너지효율 저하문제를 해결하고자 할 때 지방정부는 EEC 공급자와 긴밀하게 작업하여 적정주거 프로그램을 통해 이산화탄소의 상당한 양이 절감되도록 추진하고 있다.

▶ Warm Front

연료 빈곤층을 해결하기 위해 2000년에 시작된 정부의 주요 보조자금 프로그램이다. 조직은 단열과 난방시스템을 포함하여 일련의 조치들을 마련하였다. 보조금은 세대 및 장애인을 위해 상한 2,700파운드까지 지원되고 승인된 작업이 기름중앙난방시스템이 설치가 될 경우 4,000파운드까지 지원된다. Warm Front와 다른 연료 빈곤층 프로그램에 의한 이산화탄소 배출 절감량은 2010년까지 매년 0.4 MtC로 책정되었다.

▶ Energy Performance Certificates (EPCs)

EPCs는 건물 매매 및 전세 계약 시 요구된다. 잠재적 구매자/거주자에게 주택의 현재 성능과 주택에 적합한 비용-효율 조치를 시행하면서 이로 인한 cost-effective potential에 대한 정보를 제공한다.

▶ 지속가능한 주택기준

지속가능한 주택기준(Code for Sustainable Homes)은 선행 기준인 'Eco-homes'와 동일하며 이 법규는 신축 주택의 지속가능성을 향상시킨다. 법규의 에너지와 물 요소는 매매대상이 아니며 보다 높은 법규 수준을 이룩하기 위해 성능개선이 필요하다.

▶ 건축법

건물의 기능이 기존 건물에서 수행될 경우 건축법building regulations이 적용될 수 있다. 이것은 건물의 증축에서 창 및 보일러의 교체까지 대상으로 하고 있으며 건축법의 Part L은 연료와 전기의 보전과 관계있는 기준이다. 에너지 소비량이 증가하는 추세 속에서 이산화탄소 절감목표를 수립하는 것은 아주 중요하다.

▶ 영국 주택개보수공사 지원제도

건물의 성능을 개선하는 조치와 함께 사용자가 노후화된 주택의 수명을 연장시켜 사용하도록 하는 것은 가장 효율적인 에너지 절감 방법이다. 실제로 에너지 효율을 개선하는 데 가장 중요하고, 또한 가장 경제적인 방안은 갱신을 통한 수명의 연장, 즉 기존 주택을 회복하고 보존하는 것이다[2].

영국의 주택 개보수에 대한 지정 및 지원제도의 특징은 개량 효과를 높이기 위해 일정지역을 지정해 개량지역으로 지정한 후 개보수 공사를 수행하는 점이다. 주택법이라는 법규에서 개량지역으로 지정된 지역 내의 주택에 대해 보조금

2) Martin Godfrey Cook, Energy efficiency in old houses, the Crowood Press, 2009

이나 융자를 주어 개량작업을 보조하고 있다. 또한, 건설재생법(construction & regeneration act)에 따른 지정제도의 내용으로는 주택개보수 보조금, 공용부분 보조금, 다세대주택 보조금, 장애인시설 보조금, 주택수선 보조, 집단수선계획, 이주 보조금 등이 있다[3]. 이 중 주택개보수 보조금housing renovation grant은 아파트나 단독주택을 개량 및 수선하는 경우 또는 임대를 위해 다른 용도의 건물을 단독주택이나 공동주택으로 개조하는 경우에 지급되는 보조금으로 에너지 효율을 높이기 위한 작업에 지급되는 보조금도 포함되고 있다.

10.2 기존 건물의 개보수 시 고려사항

영국 및 서구유럽의 기존 주택 연수 및 연도별 현황과 단열재의 설치기준에 대한 연도별 변화를 영국 스코틀랜드에서 수행된 사례를 바탕으로 고찰하였다.

그림 10.8 단열재 시공 모습

3) http://www.housing.detr.go.uk

10.2.1 영국 및 서구 유럽의 기존주택 재고 현황

대부분의 영국인은 노후화된 주택에 살고 있으며, 적어도 10년 이상된 집부터 길게는 100년 이상된 주택에서 살고 있다. 영국의 주택 재고는 2차세계대전 이전에 지어진 주택이 약 1/3로 선진국에서 가장 높은 오래된 주택비율을 나타내고 있다. 그림 10.9는 영국 잉글랜드의 주택 재고 연수 비율을 나타낸 것이다. 영국에서 2차 세계대전 이전에 지어진 주택의 비율이 39%임을 나타내고 있다. 그림 10.10은 영국 주택 재고의 소유 상황을 구분하여 나타낸 것으로 주인 소유 비율owner-occupied이 71%를 나타내고 있다.

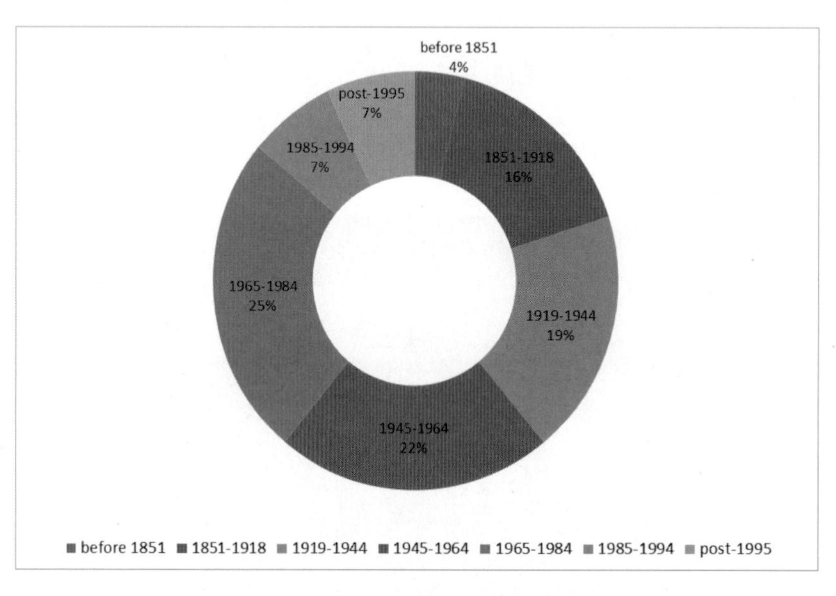

그림 10.9 영국 잉글랜드 주택 재고 년수

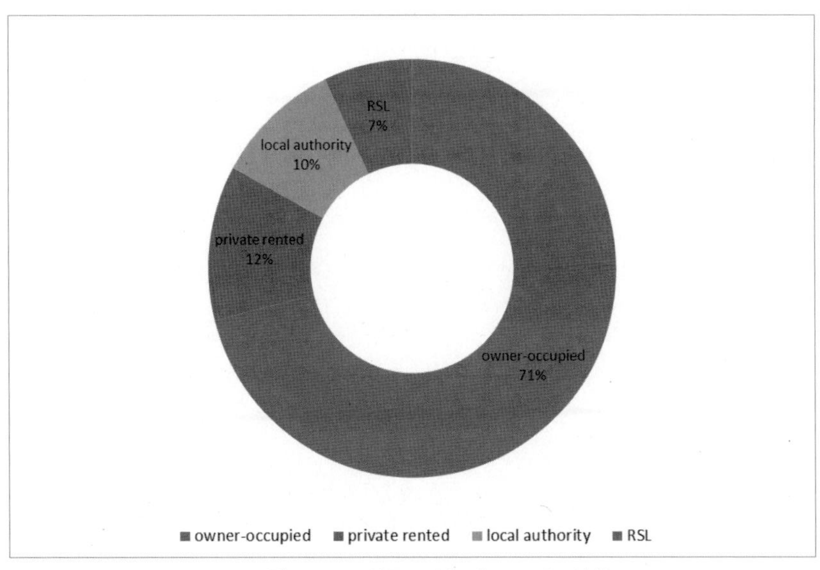

그림 10.10 영국 주택 재고 소유 상황

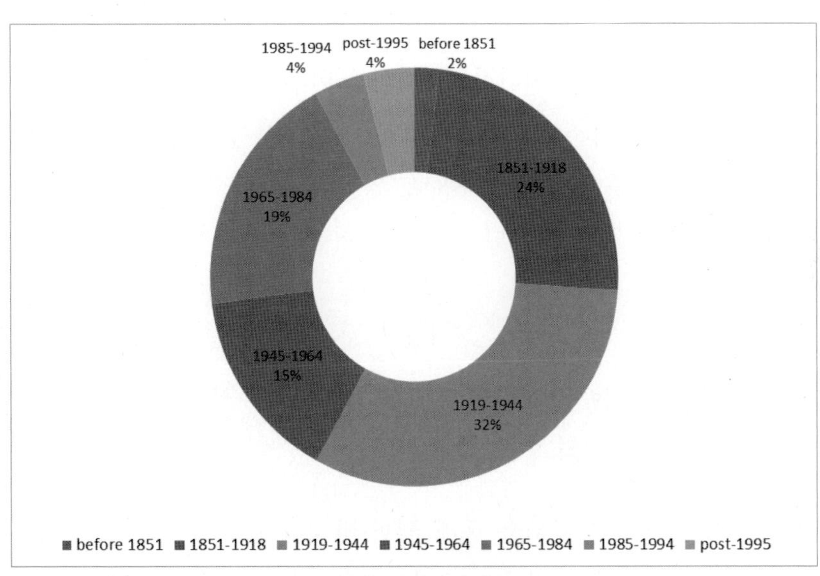

그림 10.11 영국 런던 기존 주택 연수

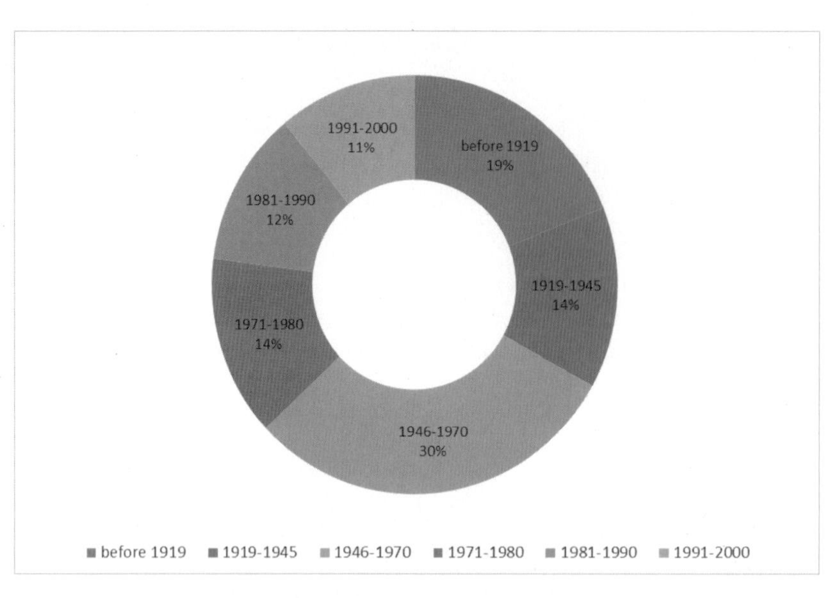

그림 10.12 서구 유럽 기존 주택 연수 비율

또한, 그림 10.11은 영국 런던의 기존 주택 연수 비율을 나타낸 것이고 그림 10.12는 서구 유럽의 기존 주택 연수 비율을 나타낸 것이다. 2차 세계대전 이전에 지어진 런던의 주택 비율이 58%로, 영국 잉글랜드 평균을 훨씬 상회하고 있으며, 서구 유럽의 경우 1945년 이전에 지어진 주택의 비율이 33%를 나타내고 있다.

10.2.2 주택 energy efficiency best practice 설정을 위한 기존주택 U-values 특성

건물을 구성하는 외피 부위를 통해 열이 빠져나가고 있으며 이를 방지하기 위해 단열재의 설치기준이 법규로 설정되었고, 이 기준이 연도에 따라 강화되고 있다. 단열재의 설치기준에 대한 연도별 변화를 영국 스코틀랜드에서 수행된 사례를 바탕으로 고찰하였다.

설계자와 에너지 진단사에게 기존 주거 건물의 U-values(열관류율)를 어떻게 평가할 것인가에 대해 지침이 필요하다. U-values는 열이 벽, 지붕, 바닥, 창문을 통해 손실되는 정도를 나타낸 비율로, U-values가 클수록 손실율이 커진다. 그래서 U-values가 낮은 건물은 U-values가 높은 건물에 비해 적은 난방비와 보다 쾌적한 실내수준indoor comfort level을 나타낸다. 2002년을 기준하여 영국 스코틀랜드의 기존 주택housing stock의 건축방법construction method을 분류하면 표 10.4와 같다.

표 10.4 2002년 기준 영국 스코틀랜드의 기존 주택 건축방법 비율

Type of housing	Proportion of total (%)
Traditional, sandstone walls	18
Traditional, whinstone/granite walls	5
Brick/block cavity walls	67
Non-traditional timber walls	5
Non-traditional concrete walls	4
Non-traditional metal-frame walls	1

또한, U-values는 건축년도age 및 건설형태style of construction에 따라 결정된다[4]. 2002년을 기준으로 스코틀랜드 주거는 표 10.5와 같이 9개의 건축시기construction period로 분류할 수 있다.

표 10.5 영국 스코틀랜드 주택의 건축시기별 특징

연도	특징
1919 이전	거의 모든 벽체에 돌이 사용되었으며(96%), 화강암(granite)/white stone이 발견된 시점이지만 사암(sandstone)이 주로 사용되었다. 이 시기부터 높은 층고(high ceiling), 두꺼운 노출석재벽체(exposed stone wall)를 특징으로 하는 공동주택(tenement flats)이 다수 건축되었다. 단독주택(detached) & 두세대주택(semi-detached houses)도 노출석재벽체를 특징으로 한다.
1919~1944	1,2차 세계대전으로 중공벽(cavity wall)이 인기를 얻어 brick/cavity/brick 또는 brick/cavity/block 공법이 인기를 얻었다. 이 시기부터 주거의 83%가 중공벽을 나타내고 있다. 동시에 이 시기 동안 상당한 수의 비전통적 건설이 이루어졌다. 대부분의 비전통적 주거는 목재(timber)와 콘크리트기반벽체(concrete-based wall)이고, 일부 금속프레임(metal-frame)이 적용되었다.
1945~1954	중공벽 건설이 지속화되었고, 돌은 거의 찾아보기 어려우며, 비전통적 공법이 계속하여 개발되었다. 또한, 모래를 섞지 않은 콘크리트가 사용되었다.

4) Energy Efficiency Best Practice in Housing, Scotland: Assessing U-values of existing housing, the Energy Saving Trust, 2004

1955~1964	중공벽 공법이 전통적 방법으로 건설되었다. 일반적으로 이 시기의 건물은 1954 Model Building Byelaws와 일치되도록 건설되었다.
1965~1975	Building Standard Regulations 1963이 1964년 실행되었고, Model Building Byelaws의 U-values 제한값으로 시공되었다. 벽과 지붕의 U-values에 효과적인 상한(upper limit)이 설정되었다. system-build 주거와 모래를 섞지 않은(no-fines) 시공이 상당수의 비율을 차지하였다. system-build 방법으로 60년대 후반과 70년대에 초반 wall-tie로 사용되는 커다란 diameter steel connecting rod를 가진 block/cavity/block 공법이 인기를 끌었다. no-fines 벽체는 채워지지 않은 중공을 가진 brick벽과 동일하다. 이 벽은 render-coated, in-situ cast concrete, stone aggregated, timber straps, 내부 plasterboard lining으로 특징된다.
1976~1983	1975년 새로운 영국표준(British Standard)이 시행되면서 벽체의 U-values가 1.0 W/m^2K, 지붕의 U-values가 0.6 W/m^2K 로 강화되었다. 이 U-values 값은 현재 기준으로 강화된 값으로 인해 열교(thermal bridging) 현상으로 인한 건물 열손실이 감소되었다.
1984~1991	건물전면을 벽돌(brick facade)로 하고 목재창틀(timber-frame)을 시공하는 형태가 보편화되었고, 80 mm 암면에 89 mm 스터드가 사용되었다. 대부분의 중공벽은 외부에 조적으로 건설하고, 내부에 단열재가 없게 하고, 대신에 내부 장식을 위해 고성능 100~125 mm 기포콘크리트 블록을 사용함으로써 법규를 만족할 수 있도록 하였다. 아직 열교에 미치는 영향이 아직 고려되지 않았지만, 벽체의 U-values 상한이 0.6 W/m^2K으로 강화되고 지붕은 0.35 W/m^2K로 강화되었다.
1992~1998 	1997 기술기준을 만족하는 Part J와 일치하는 가장 단순한 방법으로 벽체 U-values가 0.45 W/m^2K로 강화되고, 단일유리(single glazed) 창이 설치되었다. 많은 주택 건설업자들은 이 법규를 충족하기 위해 이중유리에 U-values 0.6 W/m^2K을 채택하였다.

1999~2002	brick-faced out leaf 형태의 부분채움(partially-filled) 중공벽이 대다수를 차지하였고, 1997년 이후 주거의 29%를 목재창틀(timber-frame) 주거가 차지하였다. Elemental Standards Method를 통한 Part J의 1997 버전과 일치하기 위해 U-values가 0.45 W/m²K로 강화되었다. 이 시기에 사용된 U-values 계산법은 Proportional Area Method로 실제적인 열손실을 보다 이상적으로 반영한 계산방법이다. 그러나 2003년에 도입된 'Combined Method'를 통해 열손실에 대해 보다 정확하게 계산하는 과정이 추가되었다.

스코틀랜드 주거의 주요한 건축 부재에 대해 건축공법과 연도에 따른 스코틀랜드 주거에 대한 U-value 설정기준 변화는 표 10.6과 같다. 바닥의 경우 BS EN 13370인 경우만 제외하고, 벽과 지붕과 창은 BS EN 6946에 따라 계산된 것이다. 표 10.7은 벽체의 U-value 설정기준 변화, 표 10.8은 바닥의 U-value 설정기준 변화, 표 10.9는 창문의 U-value 설정기준 변화를 나타내고 있다. 이를 통해 1919년 이후 건축공법에 변화가 나타나고 있으며 연도에 따라 U-value 설정기준이 더욱 강화되고 있음을 알 수 있다.

표 10.6 영국 스코틀랜드 주택의 U-value 설정기준 변화

Regulations - implementation date	Standard wall U-value (W/m²K, to two significant figures)
Model Building Byelaws 1954	1.7
June 1964	1.7
April 1975	1.0
March 1983	0.60 (thermal bridging ignored)
April 1991	0.45 (thermal bridging ignored)
December 1997	0.45 (Proportional Area method)
March 2002	0.30 (BS EN ISO 6946 'combined' method)

표 10.7 벽체 U-value 설정기준 변화추이

Period	Construction type	U-value (W/m2K)
Pre-1919	Traditional sandstone (or granite) dwellings with solid walls: stone thickness typically 600mm with internal lath and plaster finish	1.7
1919-1944	Cavity walls involving brick and block with external render Non-traditional housing, predominantly timber or concrete based, with smaller numbers of metal-framed dwellings (steel or aluminium) Some stone construction	1.7 1.7 (concrete) 1.2 (timber) 1.2 (steel) 1.7
1945-1954	Cavity walls of brick and block, with external render Non-traditional housing, predominantly timber or concrete based, with smaller numbers of metal-framed dwellings (steel or aluminium)	1.7 1.7 (concrete) 1.2 (timber) 1.2 (steel)
1955-1964	No-fines concrete Tower blocks (e.g. Bison and Reema systems): typically 25mm EPS between system build double concrete panels. For example: 20mm stone chip finish on 80mm cast concrete;25mm EPS bridged by metal ties; 80mm cast concrete; 10mm plaster finish. There may be some thermal bridging at the perimeters of the panels. Cavity walls of brick and block	1.7 1.7 1.7
1965-1975	Mainly brick/block cavity walls Timber frame No-fines construction System build: block/cavity/block walls with large steel connecting rods serving as wall ties (e.g. Wilson Block System)	1.7 1.2 1.7 1.7
1976-1983	Mainly brick/block cavity walls Some other types	1.0 1.0
1984-1991	Mainly brick/block cavity walls with insulation or AAC (Aircrete) blocks used Timber-frame walls with 89mm studs and approximately 80mm mineral wool quilt Some other types	0.60 0.43 0.60
1992-1998	Mainly brick/block cavity walls (with single glazing). Predominant type: facing brick; partially filled cavity; inner leaf concrete block work. Effect of wall ties and mortar joints ignored. Brick/cavity/block walls. Cavity partially filled with insulation. (Used in conjunction with double glazing to satisfy Part J.) Timber frame walls with 89mm studs fully filled with mineral wool quilt	0.45 (nominal) 0.55 (actual) 0.60 0.42
1999-2002	Mainly brick/block cavity walls with insulation. Predominant technique: facing brick; partially filled cavity; concrete block inner leaf. Timber frame walls with 89mm studs fully filled with mineral wool quilt insulation	0.45 0.42
2003 to present	Brick/block cavity walls with insulation. Predominant technique: facing brick, partially-filled cavity, concrete block inner leaf. Timber frame with variable stud depth and variable insulation materials. 140 mm studs fully filled with mineral wool is commonly used. Some use of insulated dry-lining	0.30 0.30 0.30

표 10.8 바닥 U-value 설정기준 변화추이

Period	U-value (W/m^2K)
Until 1991	Typically 0.60 but see text
1992-1998	0.45
1999-2002	0.45
2003 to present	0.25

표 10.9 창문 U-value 설정기준 변화추이

Period	Predominant type	U-value (W/m^2K)
Until 1991	Single glazed, timber frames	4.8
1992-1998	Single glazed	4.8
	Double glazed	3.1
1999-2002	Double glazed (uncoated glass)	3.1
2003 to present	Wood/PVC-U frames	2.0
	Metal frames	2.2

10.3 준공 후 건물의 성능평가를 체계적으로 수행하기 위한 활동

신축 건물과 기존 건물은 21C가 요구하는 조건을 충족하고 재실자와 환경 사이에 지속가능한 자산으로서의 기능을 위해 보다 우수한 사용 중 성능이 요구되고 있다. 2020년까지 EU 국가는 신축 건물을 제로에너지건물로 만들어야 하고, 매우 많은 양의 신재생에너지를 사용하도록 요구하고 있다. 그러나 건물에서 발생되는 에너지 사용량에 대해 예상량과 실제 사용량 사이에는 커다란 차이가 존재한다. 예를 들면, 신축 학교건물에서의 실제 사용량이 예상 전기사용량의 3배 정도를 사용하는 것은 이상한 일이 아니다. 또한, 재실자의 만족수준이 불만족스럽고 가동비용이 상승하는 경우도 발생하고 있다.

현재, 건축가는 설계하고 건설업자는 시공을 담당하는 것으로 구분되나, 건물이 건축주에게 인도된 후에는 설계 및 건설 과정에 참여한 사람들 대부분이 사라지곤 하는데 이것은 합당하지 않다. 왜냐하면 혁신에 대해 논의를 해왔고, 정확한 성능기준을 만족하기 위해 그리고 준공 후 운영과정에서 기기 및 전기 시스템을 조정해야 하는 작업을 수행해야 하기 때문이다. 그러므로 최종적으로 마무리 짓는 작업follow-through과 피드백feed back 과정이 건물 준공 이후 필요하다.

저탄소를 달성하기 위해서는 이상의 부분에 주안점을 두어 건물의 성능을 이해하는 것이 필요하다. 영국에서는 이를 위해 1990년도부터 정책, 법규, 전문적 기술가이드가 보고되고 있으며, 건물 사용 중 건물이 실제로 어떻게 운용되는지에 대해 관심을 가지고 성능을 평가하는 데 적극적인 사람들(정부와 연구정책이 'rethinking construction'에 집중되는 것에 관심을 가지게 된 사람들)이 2002년 사단법인으로 영국에 세워진 UBT usable building trust를 통해 사무소와 학교 건물을 대상으로 성능목표와 벤치마크 데이터를 제시하고 있다.

UBT의 목적 중 하나는 설계 및 건설팀을 위해 건물성능 평가활동 순서를 제시하는 것으로 이를 통해 팀들이 그들의 활동결과를 이해할 수 있도록 하였다. 이를 통해 의뢰자, 재실자, 관리자들이 건물을 가장 효과적으로 운용하는 것을 돕고 있다.

UBT에서 수행된 연구에 따르면 건물의 초기성능은 예상값을 만족하지 못하기 때문에 건물 준공 후 건물의 최적성능을 확보하기 위해서는 3년 동안의 '시운전sea trial' 커미셔닝 프로세스가 필요하다. 1,000 m^2 이상 규모의 정부건물을 대상으로 EPBD 수행 DEC display energy certificates initiative의 일부로 실제 사용량 표시(display actual energy use)가 도입되면서 실제 사용량과 예측값 사이에 많은 불일치가 발생하고 있음이 밝혀지고 있다. 또한, 사무소 건물에서도 에너지사용량의 설계값과 실제값 사이에 많은 불일치가 발생하고 있으며 특히, 신축 건물과 시스템에서 이와 같은 현상이 발생하고 있다. 5년 동안의 운영과정을 조사하고, 성능을 검토한 결과 운영 중 에너지사용량이 설계 목표값보다 90% 이상 높은 사용량을 나타내는 사례가 있는 것으로 보고되고 있다. 이의 원인은 다음과 같다.

- 제어서류가 빈약해서 재실자, 건물관리자, 제어협력업체가 이해하기 어렵다.
- 제어의 실행이 개념설계의 서류에 기반하고 있다. 그러므로 건물, 시스템, 환경과 관련된 제어 운영이 상세히 설명되지 못하고 분석되지 않고 있으며, 커미셔닝도 너무 단순하다.
- 실행되는 제어전략은 에너지사용량 관점에서 볼 때 최적화되지 못하고 있다.
- 사용량에 대한 건물사용패턴이 설계계산 시 예측한 패턴이 다르다.
- 제어전략에 대한 서류가 너무 복잡해서 건물운영자 및 재실자가 이 운영 매뉴얼을 명확히 이해하기 어렵다.
- BREEAM에서는 계절seasonal 커미셔닝을 수행해야 한다고 언급하고 있으나 이에 대한 상세계획이 존재하지 않고 있다.
- 운영자는 설정점 변화가 전체 제어전략 및 건물성능에 미치는 영향에 대해 충분히 고려하지 않고 있어 사용자의 피드백을 고려하여 설정점을 변경하도록 한다.

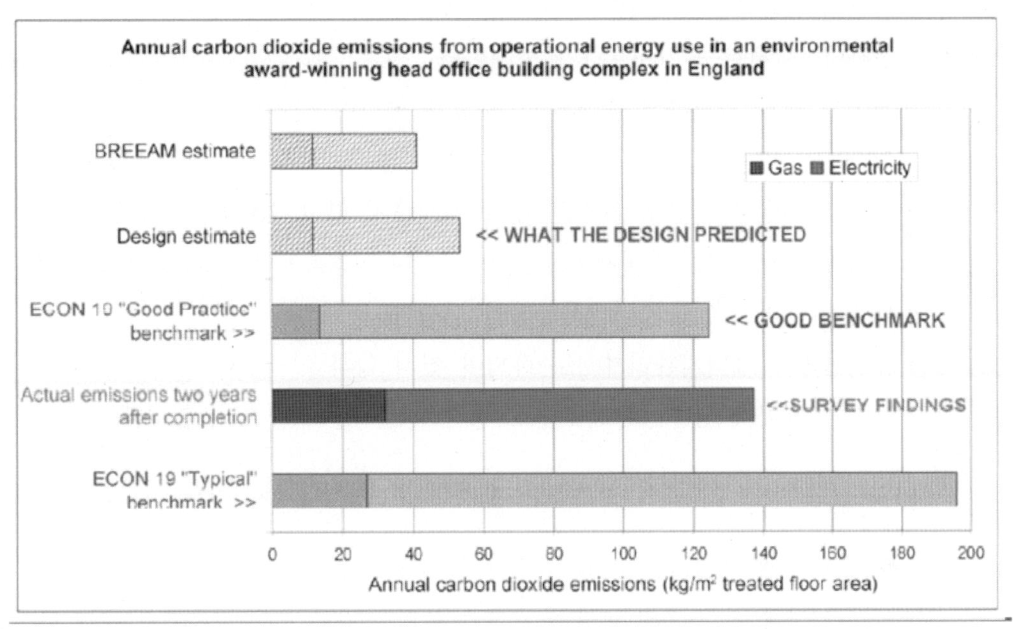

SOURCE: S Curwell et al, *The Green Building Challenge in the UK*, Building Research and Information **27** (4/5) 286-293 (1999).

그림 10.13 영국 친환경 설계 우수상 수상 사무소 건물의 연간 이산화탄소 배출량

그림 10.13은 준공 후 2년이 경과된 영국에서의 친환경설계 우수상environmental award winning 수상 사무소 건물의 탄소배출량 조사 결과이다.5) 설계단계의 예측값과 실제 운영값 사이에 차이를 나타내고 있으며 이 차이가 발생하는 이유는 다음과 같다.

- 사무소 건물의 사무공간에 대해서만 사용량을 예측하고 나머지공간(이동공간, 지원공간, 주차장 등)은 무시하였다.
- 난방, 냉방, 환기, 조명 등의 설비공간에서 사용하는 에너지만 계산하고 그밖의 다른 설비는 제외하였다.

5) Bill Bordass, Design intent to reality: Linking modeling to performance in use, 2011

- 야간의 건물은 재실인원이 없으므로 대부분 시스템이 정지하는 것으로 가정하나, 실제로는 기저부하가 발생한다.
- 제어가 거의 완벽하게 수행되고, 수요와 공급이 일치하는 것으로 가정하였다.
- 건물의 재실자는 당초 가정한 대로 재실하지 않고 있다.
- 운영자와 재실자는 자동제어를 이해하는 데 어려움을 느끼고 있으므로 건물을 효율적으로 운영 및 사용하기 어렵다.
- 유지관리와 에너지관리가 표준화되어 있지 않다.
- 설비와 제어가 당초 의도한 대로 정확하게 작동되고 있지 않다.

이와 같은 건물성능에서 발생하는 오차의 원인은 다음과 같다.

- 단지 예측에 기반하고 실제 사용값이 반영되지 않은 점수 산정
- 최근의 정책 및 법규에 의해 촉진된 건물은 측정된 성능 데이터로 인해 타당성이 충분히 증명되지 않았다.
- 실제 성능이 대부분 알려지지 않고 이에 대한 인식이 부족하다.
- 설계의 범위와 목표가 너무 제한적이다.
- 설계의 가정에 신뢰성이 부족하다.
- 신규 공법은 예측값만큼 기능하지 않는다.
- 제어가 빈약하게 설계되고 수행되고 있다.
- 대부분의 건물관리자 및 사용자는 건물을 이해하지 못하고 있다.
- 결함이 종종 발생하고 있으며, 이것이 인식되지 않고 있다.
- 사용자 제어 부족과 이로 인해 건물 재실자에게 불만족한 조건을 제시한다.
- 빈약한 성능 및 질에 대해서는 책임을 부과하지 않고 있다.

이와 같은 문제점을 해결하기 위해서는 다음과 같은 방안이 필요하다.[6] 건

6) Paul Gerard Tuohy, Gavin B Murphy, Why advanced buildings don't work?, 2012

설산업 프로세스에서의 문제점을 해결하기 위해 정부와 조직을 통해 LEED에서의 커미셔닝, Soft Landing, AGBR, BCVTB와 같은 대책initiative이 요구되고 있다. BIM initiative는 개선된 프로세스가 통합된 framework를 제공한다. AGBR은 건물의 실제 성능에 기반으로 한다. 실제 에너지사용량 데이터는 등급을 평가하기 위해 기록되고 제출된다. 실제 건물을 위한 등급은 동일한 용도의 벤치마킹 건물과 비교하고 재실밀도와 재실시간과 같은 기후와 사용률을 적용한다. 또한, 시뮬레이션에 기반한 예비등급은 너무 낙관적이고 준공 후 측정된 데이터와 관련되지 않으므로 이 점을 해결하기 위해 전문가 검토 프로세스와 시뮬레이션 프로토콜에 따른 시뮬레이션 사용을 수용한다.

BCVTB는 건물과 시스템 모델을 협력한 제어를 개발하고 테스트할 S/W 환경을 창조하기 위해 시작되었고, 커미셔닝과 운용을 위한 template로서 시뮬레이션된 제어를 사용하나 아직 연구개발 단계로 산업화 단계에 진입하기 위해 준비중에 있다.

또한, UBT는 1998년 레이삼 레포트에서 "건물은 자동차와 같아야 한다"고 언급한 것에 대해 불만을 가지고 있다. 왜냐하면 건물은 생산라인에서 대량으로 생산되는 대량생산제품mass product이 아니라 배와 같이 주문자생산제품custom product이기 때문이다. 따라서 시운전과 같이 설계자, 시공자, 운영자 모두가 시운전 배를 타고 출항해야 한다. 이 시운전 개념이 Soft Landing으로 불리는 정책으로 구체화되었다.

UBT는 originator Mark Way를 통해 보급되고 발전되어 2008년 BSRIA에 합류하였고 산업체를 유치하였다. 이를 통해 정보와 경험을 교환하고, 실질적인 지원책을 개발하였다. 2009년 Soft Landing 체계가 구축되었고 이 시스템의 활동은 외주관리내의 조달시스템과 병행하여 진행되었다. 이 활동은 다음 다섯 가지 단계로 수행되었다.

① 개시와 지시사항 : 분위기를 조정하고 성과에 초점을 둔다.

② 설계와 시공 : 성과에 초점을 유지하고 예상을 관리한다.

③ 인도까지 수행 : 보다 우수한 관리적 준비와 재실자와의 약속을 보증한다.

④ 인도 후 몇 주 내지 몇 개월까지 사후돌봄aftercare과 적절한 조정을 제공한다.

⑤ 재실 후 3년까지 관리 : 모니터링, 사용후 관찰과 피드백을 실시한다.

즉, Soft Landing을 통해 사용자, 관리자, 성과에 초점을 두고, 어떻게 하면 필수적이고 비용효과적인 방안을 이룩할 수 있는가를 고려한다.

10.4 결론

건물은 준공 이후 시간이 오래 경과된 오래된 건물일수록 에너지성능이 낮아지는 경향이 명확히 나타나고 있으며, 반면 준공연도가 최근일수록 건물의 에너지성능이 점차 개선되고 있음을 알 수 있다. 또한, 단열재 설치기준에 대한 연도별 법규 변화를 영국 스코틀랜드에서 수행된 사례로 제시하였고, 연도에 따라 건물의 단열기준이 점차 강화되고 있음을 알 수 있다.

건물에서 수리 및 개선작업을 통해 주택의 효율을 향상시키는 잠재성 있는 조치를 제시할 수 있으며, 주거효율 조치의 비용과 잠재적 절감량과의 관계를 통해 비용효과 조치를 제시해야 한다.

건물 외피와 주택 에너지 효율에 영향을 미칠 영국의 정책으로 주택 분야를 대상으로 에너지 효율을 개선하기 위한 최고의 수단으로 Energy Efficiency Committee EEC이 있으며, Decent Homes, Warm Front, Code for Sustainable Homes 등이 있다.

건물에서 에너지사용량의 설계값과 실제 운영값 사이에 많은 차이와 불일치가 발생하고 있으며 특히, 최근의 신축 건물에서 이와 같은 현상이 발생하고 있다. 이 원인으로는 건물, 시스템, 환경과 관련된 제어 운영이 상세히 설명되지도 분석되지도 않고 있으며, 커미셔닝도 너무 단순하며, 실행되는 제어전략이 에너지사용량 관점에서 볼 때 최적화되지 못하고 있다. 이상과 같은 건설산업의 문제점을 해결하기 위해 정부와 조직은 LEED에서의 커미셔닝, Soft Landing, AGBR, BCVTB와 같은 대책initiative을 실행하는 것이 필요하다.

돌아보기

- 건물이 건축된 후 시간이 경과하면서 나타나는 건물의 변화, 특히 에너지성능과 효율의 변화를 인식한다.
- 건축법의 에너지성능 기준 강화를 통해 신축 건물의 에너지효율이 기존에 건축된 건물보다 효율이 향상됨을 인식한다.
- 대부분의 기존 건물은 낮은 에너지효율 특성을 나타내고 있어 건물에서 배출되는 에너지와 이산화탄소의 대부분을 차지하고 있으며, 따라서 노후화된 기존 건물을 대상으로 에너지효율을 향상시키기 위한 조치가 필요함을 인식한다.
- 건축년도에 따라 주택의 건설 형태가 달라짐을 영국 스코틀랜드 주택의 사례를 통해 명확히 인식한다.
- 건물에서는 에너지사용량의 설계값과 실제 운영값 사이에 불일치가 발생하고 있으며, 이를 개선하기 위한 선진 전략과 방안이 모색되고 있음을 인식한다.

학습문제

1. 건물이 준공된 후 시간이 경과하면서 건물의 에너지성능과 효율이 어떻게 변화되는지에 대해 건물 연도별 SAP의 변화를 이용하여 설명하라.
2. 영국을 대상으로 국가의 전체 이산화탄소 배출량 가운데 주택에서 배출되는 비율은 2004년 기준으로 얼마이고, 이 값이 2050년에는 얼마까지 증대될 것으로 전망되는가?
3. 건축법의 강화로 신축 건물의 에너지효율 기준이 향상되어 있어 최근의 신축건물 에너지효율 기준은 1990년에 건축된 건물 기준보다 얼마나 높은가?
4. 노후화된 주택을 대상으로 에너지 효율을 향상시키기 위한 조치로 효과적인 기술 중에서 대표적인 것은 무엇인가?
5. 영국에서 친환경설계 우수상 수상 사무소 건물의 설계 단계의 탄소배출량 예측값과 실제 운영값 사이에 차이가 나타나는 이유에 대해 설명하라.
6. 건물의 설계 단계의 탄소배출량 예측값과 실제 운영값 사이의 차이가 나타나는 문제점을 해결하기 위한 제시된 방안이 무엇인지 설명하라.

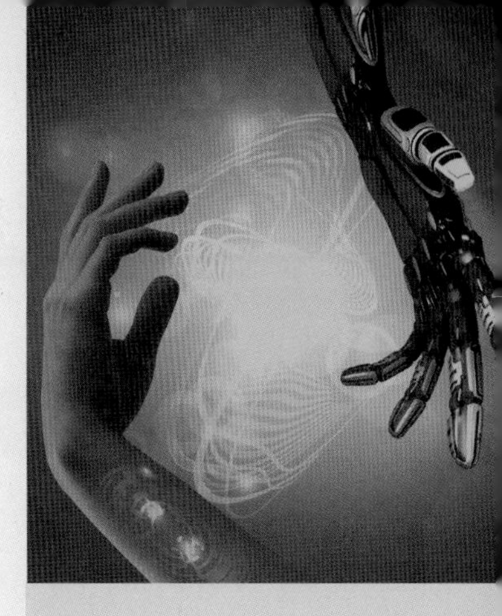

PART 4
건축과 환경

10장 시간의 변화에 따른 건물에너지성능 변화

11장 건물조정 : 리모델링과 컨버전

12장 지속가능건물과 제로에너지건물

11장 건물조정 : 리모델링과 컨버젼

학습내용 요약	강의 목적
• 건물은 시간의 변화에 따라 다양한 노후화가 발생하므로 항상 새로운 사회의 요구를 충족할 수 있는 건물로서 적절한 성능과 기능을 간직하도록 한다. • 건물조정은 건물을 이해하는 데 역사적, 시간적, 물리적 맥락보다 전체적 접근을 요구하며 이와 같은 영향에 대응하도록 만들어진 프로세스이다. • 건물사용자 및 소유자를 위한 건물조정에 필요한 다섯 가지 필요조건(내구성, 적응성, 에너지효율성, 내기후성, 쾌적성)을 이해한다.	• 순환형 사회 구축이 가장 중요한 이슈로 대두되면서 건물에서 리모델링과 컨버젼과 같은 건물조정의 중요성을 이해한다. • 감가상각과 가치하락과 같은 건물 노후화 현상과 기후작용, 사용자활동을 고려하여 단순히 수명을 연장하기 위한 노력뿐만 아니라 새로운 사회의 요구를 충족할 수 있는 건물로서 적절한 성능과 기능을 수행해야 함을 이해한다. **Key word** 건물조정 적응성 내후성 전체적

차례

11.1 건물조정 사례
11.2 건물조정의 정의와 중요성
11.3 건물 변화
11.4 건물조정의 이유
11.5 성능관리
11.6 노후화 및 진부화와 필요없음
11.7 노후화 가설
11.8 노후화에 미치는 주요 영향
11.9 건물 노후화 원인
11.10 건물이 빈집이 되는 이유
11.11 건물조정에서의 의사결정
11.12 조정설계 지침
11.13 조정 단계
11.14 결론
■ 돌아보기
■ 학습문제

세계적으로 '지속가능한 개발'이 가장 중요한 이슈로 대두되면서 이 이슈에 대한 한 가지 해답으로 순환형 사회의 구축을 통해 자원과 에너지를 절약하면서 다양한 요구에 대응할 수 있는 리모델링과 컨버전 같은 형태로 전개되는 건물조정building adaptation이 핵심요소 중 하나로 부각되고 있다.

건물조정은 노후된 건물의 수명을 단순히 연장하기 위한 것이 아니라 새로운 사회의 요구를 충족할 수 있는 건물로서 적절한 성능과 기능을 가질 수 있도록 한다[1]. 또한, 최근 창업이 경제를 견인하면서 독일의 베를린 시는 다른 유럽 도시들과 달리 하루가 다르게 성장하고 있다. 베를린 시는 2010년 이후 매년 인구가 8만~10만 명씩 늘고 있는데, 이와 같은 동향은 경제의 성장이 도시와 건물의 발전에 크게 기여함을 나타낸다. 건물의 다양한 변화에 따른 건물조정의 필요성과 건물조정을 유발하는 노후화 및 진부화 요인을 살펴보고 건물조정을 수행함으로써 건물이 항상 적절한 성능과 기능을 갖추도록 한다.

11.1 건물조정 사례

테이트 모던Tate Modern Museum은 영국 런던에 있는 현대미술관으로 영국 정부의 밀레니엄 프로젝트의 일환으로 템즈강변의 뱅크사이드Bankside 발전소를 새롭게 리모델링한 곳에 2000년 5월 12일에 개관하였다. 뱅크사이드 발전소는 2차 세계대전 직후 런던 중심부에 전력을 공급하기 위해 세워졌던 화력발전소로 영국의 빨간 공중전화 박스 디자인으로도 유명한 건축가 길버트 스코트Giles Gilbert Scott에 의해 지어졌으며 공해문제로 이전한 이후 1981년 문을 닫은 상태였다. 영국 정부와 테이트 재단은 템즈강변에 자리하고 있으면서 넓은 건물면적과 지하철역에서도 가까운 이 발전소를 현대미술관을 지을 장소로 낙점했

1) 한국퍼실리티매니지먼트학회, 「리모델링의 이해」, 2004

다. 국제 건축 공모전을 통해 선정된 스위스 건축회사 헤르초크 & 드 뫼롱(Herzog와 de Meuron)이 테이트모던 프로젝트에 참여하게 된다. 약 8년여 간의 공사기간 끝에 지어진 이 건물은 기존의 외관은 최대한 손대지 않고 내부는 미술관의 기능에 맞춰 완전히 새로운 구조로 바꾸는 방식으로 개조되었다. 총 높이 99 m 직육면체 외형의 웅장한 테이트 모던은 모두 7층으로 구성되어 있으며 건물 한가운데 원래 발전소용으로 사용하던 높이 99 m의 굴뚝이 그대로 솟아 있는데, 반투명 패널을 사용하여 밤이면 등대처럼 빛을 내도록 개조하여 이 굴뚝은 오늘날 테이트 모던의 상징이 되었다. 미술관 건물 자체만으로도 볼거리가 된 테이트 모던은 1년에 400만 명 이상의 관광객이 찾는 런던의 새로운 관광명소가 되고 있다.

그림 11.1 테이트 모던 현대미술관(런던, 영국)

11.2 건물조정의 정의와 중요성

11.2.1 건물 조정(building adaptation) 정의

'조정adaptation'이라는 용어는 라틴어의 ad (to)와 aptare (fit)로부터 유래되었다. 건물조정이란 건물에서 건물의 수용량, 기능, 성능을 변화시키는 것으로 유지관리 이상의 작업을 하는 것으로 새로운 조건 내지 요구에 맞도록 건물을 조정, 재사용 또는 업그레이드하는 중재 내지 조정의 의미를 가진다[2].

지금까지 건물조정은 사용의 변화 형태를 제시하는 좁은 의미로 사용되어 왔다. 또한 장애인 또는 노약자가 사용할 수 있도록 건물을 조정하는 것과 같은 개선작업을 의미하는 데 사용되었다.

그러나 지금의 건물조정은 보다 넓은 의미로 사용되고 있다. 건물에서 유지관리의 의미를 넘어 건설산업에서 개선, 재건, 수리, 복원과 같은 용어와 동의어로 간주되고 있다. Markus는 "건물의 세계에는 재건, 전환, 개조, 복원, 수복의 용어가 혼용되어 뜻을 명확히 구분하기 어렵다"고 표현했고, 영국에서는 개선을 넓은 범위의 조정작업을 묘사하는 가장 대중적인 개념으로 널리 사용되고 있다.

Energy Efficiency Office's Best Practice Program Publications에서는 '개선'을 다음 네 가지로 인식하고 있다. 즉, 대수선, 인수 및 재건, 전환, 재개선이 조정작업의 대부분을 구성하고 있다.

또한 현재 사용하는 다른 예로는 '개선'이 폭넓게 사용되는 경우이다. 일부 건설회사는 회사의 사업서비스로 '수리와 노후주택 개선전문'이라 홍보한다. 또 다른 회사는 그들이 수행하는 작업의 범위를 나타낼 때 '증축 및 수리'라는 표현을 사용하고 있다.

그러나 건물조정은 이상과 같은 용어상 차이뿐만 아니라 기술적인 차이도 있다. '개선'은 're'(=do again)와 'furbish'(=to polish or rub up)로부터 파생된 용어

2) building adaptation, James Douglas, Spon Press, 2006

이다. 무엇인가를 refurbish 한다는 것은 외장을 개조하거나 수리하여 외관과 기능을 향상시키는 것을 의미한다. 건물이라는 맥락에서 볼 때 개선refurbish은 현대적 표준modern standard까지 향상시키는 개선improvement뿐만 아니라 광범위한 유지관리와 수리를 기본적으로 포함하고 있다. 기본적인 수준에서 '개선'은 포함된 작업이 주로 표면에 드러나거나 외장을 의미하고 이것은 보통 건물의 미적이고 기능적인 성능을 업그레이드 하는 것을 의미한다. 그러나 또 다른 관점에서 볼 때 개선은 건물의 외피 및 설비의 주요한 개선뿐만 아니라 건물 주요 부분의 부가적인 증축을 포함한다. 따라서 개선은 '건물을 수리하여 단장하는' 의미 또는 '건물을 수리하는' 것으로 일상에서 사용되고 한다.

한편, 재이용계획rehabilitation은 '주거habitation' 용어와 분명한 관련성이 있기 때문에 보통 주택계획housing schemes에 포함된다. '개선'과 같이 재건은 중요한 증축작업 뿐 만 아니라 현대화의 요소를 포함하고 있으나, 그럼에도 불구하고 개선과 달리 재건은 기존건물에서 주요한 구조변경으로 구성된다. '재활용', '개조', '갱신'과 같은 단어는 조정으로 자주 묘사되어 사용된다. '개조'는 이와 같은 작업 모두를 포함하는 표현으로 미국에서 일반적으로 사용된다. 이러한 표현은 기존건물에서 수행될 수 있는 다양한 개입intervention을 특징으로 한다. 더욱이 건물보호와 관련하여 개선, 재건, 수리, 복원과 같은 용어는 정확한 기술적 의미가 부족하며(BS 7913, 1998), 복원은 황폐되고, 이용되지 않으며, 폐허가 된 주택 내지 건물에 대한 주요 조정작업으로 국한된다. 또한, '수리'는 상업건물뿐만 아니라 주택에서도 이루어지나 보통 복원보다 기술적으로 덜 중요한 작업을 의미한다. 그러나 이상과 같이 일치된 정의가 존재하지 않음에도 불구하고 이 장에서 사용하는 '건물조정'은 이상의 모든 것을 포용하는 개념이다. 즉, 건물조정은 유지관리 이상으로 시설에 대한 작업을 전체적 범위로 수행하는 가장 좋은 작업을 의미한다.

11.2.2 건물 조정과 유지관리의 중요성

영국에서 개선 및 조정과 유지관리 분야의 중요성을 건설산업의 매출에 기여하는 비율로 추산하였고, 이 비율은 영국 건설산업 매출의 약 절반에 해당한다. 이것은 건물에서 존재하는 재고의 범위와 연수 때문으로 대부분 건물이 20세기에 지어졌기 때문이다. 황폐, 성능결함, 건물의 지속성이 건물의 개선 및 조정과 유지관리의 성장을 자극하고 유지하게 하는 동력원의 몇 가지 요인이다.

11.2.3 조정옵션 범위

앞서 제시한 대로 조정작업의 범위는 넓고 건물에 제안된 변화의 범위와 목적에 좌우된다. 그림 11.2는 조정의 범위는 기본적인 보전작업으로부터 다른 한편에서 거의 완전한 재건축까지를 대상으로 한다. 순서는 개선, 재건, 개조, 수리, 보강, 복원과 같은 조정이다. 조정 선택권을 위한 다양한 개념의 차이는 변화와 조정의 범위와 성질 두 가지와 관련된다. 표 11.1은 조정 선택권의 스케일을 강조한다.

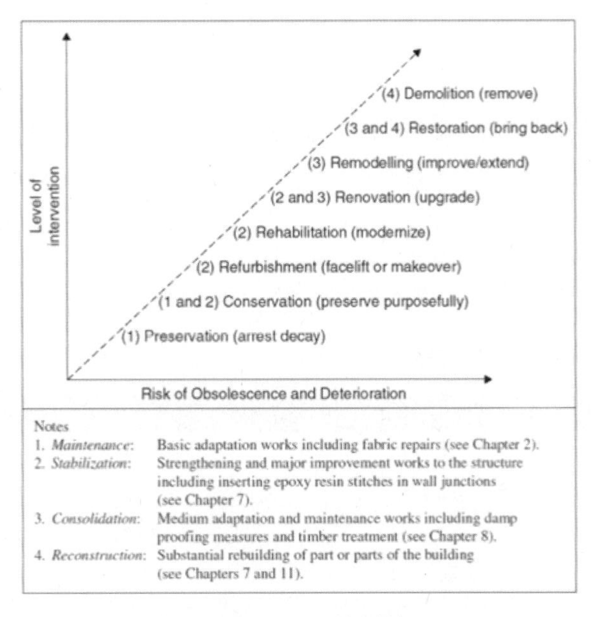

그림 11.2 조정 범위

표 11.1 조정 선택권의 스케일 및 범위 정도

범위	변화정도	내용
소(small)	낮은	• 외피 주요부 개선 • 부품 개선 • 소규모 확장
중(medium)	상당한	• 전환 계획 • 외피 및 부위 대규모 개선 • 설비 대규모 갱신 • 용량 확대 • 구조적 변경 • 노후건물의 대규모 용도 변경
대(large)	과감한	• 대규모 개조작업 • 기존 주요 외벽 후면의 신축건물 재건축 • 건물용량 확대/축소 및 용도변경을 위한 대규모 공간 및 구조적 변경

11.2.4 상업적 조정 수준

앞 절에서 제시한 대로 조정작업의 범위는 넓고 건물에 제안된 변화의 범위와 목적에 좌우된다. 표 11.2는 상업용 건물에서의 다양한 수준의 갱신을 나타내며 이것은 시장에 의해 영향을 받는다.

표 11.2 상업용 건물 갱신의 다양한 수준

구분	비용 (파운드/m^2) (2005년 기준)	수행 소요기간 (월)	단순 회수기간 (년)
소규모/외장	180~410	1~3	2~5
설비	200~400	3~6	5~15
구조	150~400	2~6	5~15
대규모	500~700	2~12	5~15
전체	800~1500	6~18	10~30
신축	800~1500	18~24	10~30

11.2.5 조정 프로젝트 시기선택 및 비용

조정작업이 이루어지는 프로젝트의 기간과 비용은 건물의 작업과 같이 다양한 변수에 좌우된다. 작업의 크기, 품질, 위치는 필요한 비용의 수준을 결정할 뿐만 아니라 구조를 완성하는 시간에 영향을 미친다. 조정이 시행되는 시기와 방법이 작업 단계에 영향을 미친다. 표 11.3에 있는 항목은 시간-스케일의 대략적인 지표와 소/중/대규모 조정체계에 포함된 비용을 제시한다. 이것은 일반적인 프로젝트에 기반하여 제시된 값으로 실제 고려 시 신중하게 사용되어야 한다.

표 11.3 비주거 건물의 시간-스케일 지표와 소/중/대규모 조정체계

범위	조정체계 형태	소요시간	비용범위 (파운드)
소(small)	• 소규모 상점 수리 및 개선	1주	4만+
	• 소규모 식당 개선	1~4주	6만+
	• 사무소 건물 및 다층건물 외벽 도장	2~4주	6만+
	• 사무소 건물 내부 에너지 개선	2~4월	10만+
중(medium)	• 학교 및 사무소 건물 지붕 계획	2~3월	10만+
	• 식당 외부 개선	3~6월	10만+
	• 쓸모없는 사무실을 호텔(30실)로 재사용	4~7월	10만+
	• 사무소 건물 단일층 확장 (100m^2)	4~7월	20만+
	• 2층 건물 지하 확장	6~9월	20만+
	• 대형매장 건물 1~2층 확장	4~6월	30만+
대(large)	• 대규모 사무소 건물 대규모 개선	3~6월	100만+
	• 다층 사무소 건물 대규모 개선	3~5월	150만+
	• 다층 공공건물 확장 개선	6월+	200만+
	• 다층 상점/사무소 복합건물 확장 개선	6월+	300만+
	• 다층 공공건물 대규모 회복	12월+	1,000만+
	• 다층 호텔건물 대규모 개선	12월+	2,000만+

11.2.6 적응성 기준

적응성adaptability은 조정의 주요 특징이다. 이것은 건물의 최소 내지 최대한의 변화를 받아들이는 능력으로 정의할 수 있다. 적응성에 대한 다섯 가지 기준은 다음과 같다.

- 전환가능성convertibility
- 철거, 폐기dismantlability
- 분해disaggregation
- 확장가능성expandability
- 유연성flexibility

11.2.7 조정의 일반적 목표

시간이 경과되면서 건물 사용자의 요구가 변경되어 사용자는 유지관리를 초월하는 개입을 통해서만 만족하게 된다. 즉, 사용자는 장기간(5년 이상) 건물의 유용한 활용이 계속되도록 조정이 필요하다. 다음과 같은 항목을 조합하여 성취될 수 있다.

■ 규정 준수

건물이 현대적인 건물규정을 충족할 수 있도록 다음과 같은 작업이 필요하다.

- 장애인 출입을 위한 시설
- 소방안전
- 차음
- 구조적 안전성
- 열적 효율

■ 환경개선

- 실내 쾌적조건과 에너지 효율을 개선하기 위해 신규 또는 이전보다 개선된 설비 설치
- 지속가능성에의 보다 나은 기여
- 실내 기후를 위한 보다 높은 성능 기준
- 건물 외관을 개선하기 위해 정면의 도색
- 도시재생계획의 일환으로 조경과 같은 외부환경 개선

■ 공간 변경

- 단위 규모 조정(천정 높이 낮춤)
- 대형건물을 소규모 단위로 수직 또는 수평 분할(다양한 형태로 구분하여 보다 작은 형태의 오피스 또는 공간화)
- 필요시설이 다 완비된 단위 공간 제공(단일 주거를 복수의 주거 시설로 전환하는 일부)
- 공간을 결합하기(더욱 큰 공간으로 형성하기)
- 추가 공간을 제공(서재)
- 기존 공간의 확장(보다 큰 식당을 갖추기)
- 공통적인 지역과 활동을 제공
- 숙소 확장(추가적인 침실)
- 숙소 개선(추가적인 침실 및 침실에 딸려있는 욕실)
- 특별하거나 새로운 활동을 위한 공간(작업/컴퓨터실)
- 노인이나 장애인을 위한 개조
- 편의를 위해 내부 계획의 구조변경
- 공간의 기능 변경(거실을 식당으로)

■ 구조 및 골조 개선

- 건물 외피의 미적, 음향 및 열적성능뿐만 아니라 내후 성능을 개선하기 위해 덮개 및 지붕가림
- 방습 및 목재 보호를 위해 개수 및 보강
- 하중-지지 능력을 개선하고 강화하기 위해 기둥과 보의 보강
- 결함이 있거나 열악한 구조 부위의 보수

11.3 건물 변화

11.3.1 건물 변화의 문제점과 기회

조정은 기존건물의 기능 및 물리적 속성의 맥락 속에서 변화를 관리하고 조절하는 역할을 한다. 이것은 건물의 사용 중 또는 상태의 변화 시에는 고정되지 않는다는 전제에 기초한다. 동일한 사용의 분류에서 재실의 활동 내지 활동 수준은 건물이 존재하는 동안 일정하게 유지되지 않는 것으로 고려한다. 예를 들면 5명으로 구성된 가족의 단독주택의 사용은 심지어 한 세대 동안에도 변화될 것이다. 아이들이 성장한 후 일하거나 대학 진학을 위해 집을 나가게 되면 방의 1개 이상은 사용되지 않거나 다른 용도로 사용된다.

죽음과 같은 변화도 생명의 중요한 역할의 하나이다. 그러나 20세기의 1/4분기 이후의 변화 특성과 변화는 전례가 없을 정도로 급변하고 있다. 예측할 수 있는 미래를 향해 가속화하지 않는 한 이와 같은 변화는 지속될 것으로 예상되고 있다. 물론 이와 같은 변화의 대부분은 기술적 요소에 의해 가능하게 될 것이다. 합성 및 복합재료의 활용과 함께 자동화된 건물공법과 조립화 부재의 개발이 건설산업에 영향을 미치는 가장 중요한 것 중의 하나이다. 이 모든 것이 공급측supply side에 영향을 미친다. 또한, 건설산업의 보수적인 특성에도 불구하고 정보기술의 혁신도 건물의 이용에 영향을 미친다. 최신 컴퓨터의

중앙처리장치는 최초의 버전보다 더욱 소형화되고 있다. 그러므로 보다 적은 공간을 차지하게 되면서 더욱 정교한 공간 배치를 요구한다.

기후변화와 제한된 자원의 손실을 방지하기 위해 에너지 절감과 공해 절감에 관한 국제적 쟁점들은 소유물의 수요와 공급 두 가지 측면에서 논의되고 있으며, 지속가능성이 국가의 가장 중요한 정책 대응이 되고 있다. 경제성장과 도시화가 현대화된 선진국가에서 가장 중요한 변화 동인으로 이와 같은 동적 요인에 의해 도시재생 프로그램의 요구를 촉발시켰다.

건물조정은 도시 재생계획, 특히 역사적 구역과 주거단지에서 중요한 부분을 형성한다. 작은 규모에서는 이 영향이 건물주로 하여금 자신이 소유한 건물을 신속히 향상하고 개선하도록 한다. 따라서, 건물조정은 건물 수요의 변화에 계속적으로 대응하는 데 핵심적인 역할을 한다. 이것이 선진국에서 우선적인 것이 된 것은 이러한 이유 때문이다. 건물의 재고가 낡고, 시간이 지나면서 건물 사용이 변화하므로 조정이 더욱 일반화되고 있다.

에너지 효율, 쾌적조건 또는 환경영향 측면에서 빈약한 성능을 간직한 건물은 조정의 잠재적 후보이다. 개발도상국가에서는 기존건물의 빈약한 품질 때문에 건물을 조정하는 것보다 재개발하는 것이 큰 인센티브가 있다. 물론 대부분의 선진국에서도 다수의 많은 건물을 허물고 재개발하는 경향이 있다. 이와 같은 극단적인 반응은 평범한 것이 아니다. 왜냐하면 이와 같은 건물은 건물의 경제적 수명을 초과했다고 생각하기 때문이다. 건물의 경제적 수명은 단순한 관리를 수행하는 것보다 조정을 통해 연장하는 것이 가장 바람직한 방안이다. 건물은 다양한 영향, 즉 외부적 요인과 내부적 요인을 통해 변화가 발생하고 이 영향은 외인성 변화와 내인성 변화로 구분하여 고려될 수 있다.

외인성 변화는 일반적인 경제상황, 즉 시장의 영향과 같은 외부적 요인의 결과이고, 이것은 종종 노후화를 촉발시키고 악화시킨다. 예를 들면, 목화나 철강과 같은 전통적인 산업의 쇠퇴는 20세기 후반에 더 이상 필요하지 않은 다용도 시설을 남게 한다. 반면에, 내인성 변화는 건물 자체에 직접적으로 관계된 요소로부터 나온다. 이와 같은 변화는 보통 사용자가 만들어 낸다. 예를 들면, 유지관리의 결핍이 결국 헐어버리고 말 건물의 구조가 된다. 건물과 설비와 관련된 장치는 재실자의 필요 또는 기대에 보다 긴밀하게 만족되도록 변경된다. 대다수의 건물은 건물의 내용수명 동안 다양한 용도로 사용될 수 있다. 주택이 사무실로 변경될 수 있고 일정기간 후에 다시 주택으로 사용될 수도 있다. 건물의 크기와 용량은 시설 공간의 요구의 증가 또는 감소에 대응하기 위해 변경될 필요가 있다. 이것은 과잉 수준 이하의 바닥면적을 위한 보수 법적책임을 감소하고, 또는 보다 많은 주차면적을 위한 작업 자리를 마련하기 위해 수행될 수 있다. 그럼에도 불구하고 긍정적인 측면에서 변화가 나타나야 한다. 변화는 건축환경과 장치에서 개선하기 위한 추진요인을 제공할 수 있다. 건물과 관계된 변화의 범위와 성질을 다음에 제시하였다.

11.3.2 건물변화의 정도

건물의 조정은 세 가지 주요 형태를 가지고 있다. 기능의 변화, 크기의 변화(증축/부분적 파괴), 성능의 변화이다. 건물 변화와 이에 대한 대응의 정도는 단기적으로 요구사항에 대응한다. 장기적으로는 가동율, 배분, 적합, 시설 재고의 품질과 같은 공급에 대한 고려가 건물 변화에 영향을 미친다. 건물 변화와 변화의

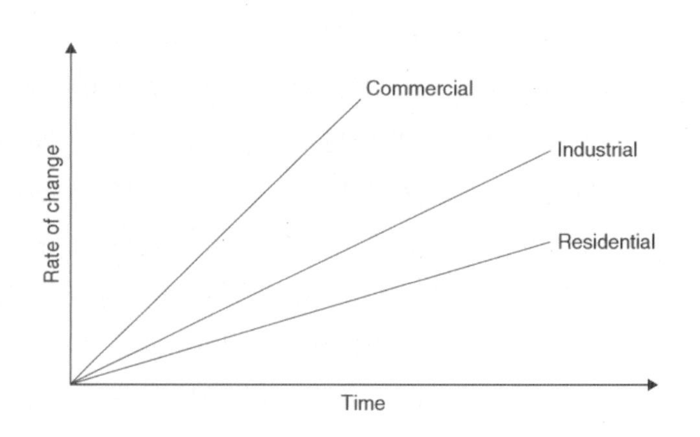

그림 11.3 다른 용도 건물의 다양한 변화정도

측정은 최근에야 체계적인 방법으로 고려되었다. 변화는 필수적으로 두 가지 요소(건물 사용의 변화와 건물 상태의 변화)로 구성된다. 세 가지 공통의 건물 사용의 변화 정도는 그림 11.3에 제시하였다.

전통적으로 건물은 어떤 시점에서 (공시적으로) 설계되고 구체화된다. 상태 평가, 파괴조사, 구조진단과 그 밖의 건물조사가 공시적인 평가를 위해 수행된다. 이것들은 다른 말로 하면 해당 시간에 대한 건물의 스냅사진이다. 따라서 건물이 존재하는 동안에 대해 부분적인 이야기만 할 뿐이다.

Duffy는 보다 효과적인 관점으로 시간에 따른 건물의 변화를 통시적으로 고려할 것을 주장하였다. 건물을 역사적, 시간적, 물리적 맥락에서 보다 전체적인 holistic 접근을 요구한다. 건물조정은 이와 같은 영향에 대응하도록 만들어진 프로세스이다. 건물은 7개의 변화의 전단층을 가지고 있다고 Brain은 밝혔다. 건물에 대한 유지관리, 보수 및 조정의 주기는 여러 요소에 크게 좌우된다.

- 건물의 목적과 기능
- 건물의 질, 특성(건물의 상태와 건축적 중요성)
- 건물이 겪는 사용, 오용, 남용
- 특별히 건강과 안전과 관련한 법에 명시된 필요조건
- 사용자/소유자의 필요와 예상

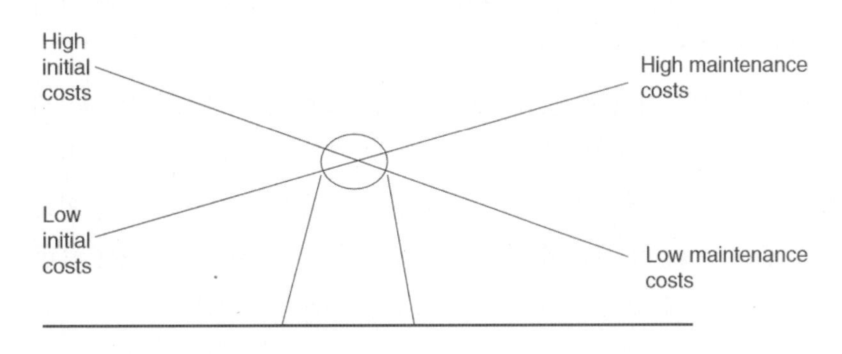

그림 11.4 유지관리 시소 가설

그림 11.4의 유지관리 시소가설seesaw hypothesis과 같이 건물의 질은 우선적으로 초기 비용에 크게 영향을 받는다. 낮은 초기비용을 가진 건물은 동등하게 다른 것, 즉 높은 유지관리 비용을 갖는 것을 의미한다. 일반적으로 이 반대의 경우도 유효하다. 물론 이 법칙에는 예외도 있다. 많은 초기비용이 투입된 대형 건물의 경우 유지관리 비용도 많이 들어간다. Duffy (1993)에 의하면 건물의 초기 비용은 전체 비용의 약 1/3이 소요된다. 조정에 따른 유지관리 비용은 나머지 2/3에 소요된다.

조정의 주기는 2개의 대조되는 건물의 용도, 즉 주거와 비주거 건물을 비교하는 단순한 방법으로 나타낼 수 있다. 주거 건물은 내용연한 동안 많지 않은 비용으로 주요한 조정을 수행하고 상대적으로 긴 수명(60년 이상)을 가지는 특성이 있다. 비주거 건물인 상업 및 공장 건물은 대부분의 경우 20년도 안 되는 매우 짧은 설계수명design life을 가지고 있다. 이것이 이 건물이 주거 건물보다 매우 자주 바뀌는 것을 설명하는 이유가 될 것이다. 물론 상업적 재산의 사용은 주로 경제적 요인(인플레이션, 경제발전수준, 사업주기, 세금수준, 이자율, 고객요구의 변화 등)에 의해 결정된다. 이와 같은 요소 모두가 비주거 건물의 요구사항에 영향을 미친다. 또한, 이와 같은 속성은 주거건물보다 마모 wear and tear 수준이 매우 크기 쉽다.

경쟁이 회사로 하여금 자신의 부동산의 재고를 변경하거나 새롭게 하도록 몰아가고 있다. 이것은 대형 슈퍼마켓에서 더욱 현저해서 평균 5년 단위로 기존의 점포를 변경하고 있다.

그러므로 대부분의 건물은 내용기간 중에 다양한 주기를 경험한다. 세기 또는 용도의 변화는 건물이 어떻게 성능을 잘 갖추느냐에 영향을 미친다. 유지관리와 같은 조정은 노화를 늦출 수 있으나 그 자신이 건물 사용의 지속을 보장할 수 없다. 건물의 장기적 사용을 연장시킬 수 있는 것은 조정으로만 가능하다. 이것을 통해 보다 지속가능한 건물을 세울 수 있다.

11.4 건물조정의 이유

11.4.1 건물조정의 배경

영국 도심지역에서 1970년 말까지 쓸모없는 건물 또는 노후된 건물을 파괴하는 작업이 벌어졌다. 2차 세계대전 복구 작업 이후 세워진 노후화된 건물에 대한 파괴가 천천히 그러나 피할 수 없는 경향으로 진행되었고 이것이 붐을 이루기도 하였다. 이것은 점차적으로 급속한 도심 성장과 공적 및 사적 분야에서의 재개발을 촉진시켰다. 자동차 소유가 증가하면서 기존의 도로체계를 맞추어 기존의 도심 배치를 재계획할 필요가 있었다.

20세기 후반 건물의 조정은 새로운 건물에 대한 실행가능하고 더욱더 받아들일만한 대안으로 인식되고 있다. 이것은 수많은 영향의 결과이다. 특히, 1960년대와 1970년대 많은 도심지역에서 결함은 있으나 수리가능한 수많은 주거공간에 대해 도를 넘은 대대적인 철거와 교체가 진행된 경우가 발생하였다. 이것은 몇몇 공동체의 중심을 파괴시키고 주거의 대부분을 층 접근 블록deck access blocks과 다층타워multi-storey towers와 같은 빈약한 수준의, 부적절한 설계로 교체시켰다. 또한, '국내 문제를 외국에서 들여온 답으로 해결하려는' 접근이 발생하였다. 즉, 어느 환경에서는 적절한 설계가 다른 환경에서, 특별히 다른 미기후microclimate에서는 적절할 수 없다. 경제적이고 법적 개발을 제외하고 재개발과 대조적으로 건물을 조정하는 주요 이유는 다음과 같다.

11.4.2 건물조정의 이유

■ 지원보조금

대부분의 경우 주거와 특정한 역사적 건물에 대해 조정 또는 개선공사의 비용으로 사용하도록 보조금을 지원할 수 있다.

■ 시간

리모델링은 신축보다 신속하다. 신축의 경우 리모델링에 비해 기존의 공법을 사용한다면 2배의 시간이 소요된다.

■ 노화

조정작업은 수많은 영향으로 인한 노화를 저지하기 위한 요구를 받고 있다. 합리적인 조정계획을 통해 건물의 경제적 수명을 연장해야 한다. 조정 이후 건물의 잠재적인 가치가 더욱 증대되므로 건물의 가치를 일정하게 유지시킨다. 이를 통해 건물의 내용수명이 증가된다.

■ 성능

건물의 음향, 열성능, 내구성 또는 구조성능을 개선하는 요구가 조정작업을 수행하는 주된 이유가 된다. 건물에서 과도하게 사용되는 에너지 소비량으로 인해 리모델링을 촉진하게 된다. 이 작업은 외피의 열성능을 개선할 뿐만 아니라 열원기기를 개선하는 것도 포함한다.

■ 용도변경

건물이 장기간 비어있으면 이전 사용의 수요가 없다는 것이다. 다른 말로 하면 건물이 쓸모없게 되었다는 것이다. 건물 전용adaptive reuse은 건물의 지속적이고도 유익한 재실을 확보하는 데 필요하다.

■ 법적규제

계획 제한으로 인해 철거하는 것이 허용되지 않은 미사용 건물의 건물주는 건물을 그대로 둠으로써 황폐하게 된다. 그러므로 건물주는 기존의 용도로 사용하거나 또 다른 용도로 사용하게 함으로써 건물을 조정해야 한다.

- 보존

기술적 이유뿐만 아니라 문화적 이유로 인해 부지를 재개발하기보다 건물을 조정하도록 영향을 준다. 건물의 건축학적 또는 역사적 중요성이 왜 건물을 보존해야 하는지에 대한 충분한 이유가 될 수 있다.

- 지속가능성

오래된 건물을 재사용하거나 업그레이드 하는 것은 재개발보다 친환경적이다. 신축 작업뿐만 아니라 철거하는 작업은 조정보다 에너지와 폐기물이 더 많이 발생한다.

11.5 성능관리

성능은 수단보다는 목적에 초점을 두고 원하는 결과를 알아내며 성취하는 체계적인 방법에 기반으로 한다(CIB, 1993a). 조정은 건물의 성능관리의 두 가지 요소 중의 하나이다. 조정외의 다른 1개의 성능요소는 유지관리로 수리를 포함하고 있다. 유지관리는 건물을 미리 결정된 상태로 간직하는 행위이다. 수리는 원래의 상태로 회복하기 위해 우수하게 만드는 것을 포함한다. 이것은 고장이 발생된 부재의 교체도 포함한다. 따라서 유지관리와 수리는 유익한 개선 또는 시설을 허용할 수준이나 조정에는 미치지 않는 수준으로 업그레이드 하기 위한 소규모 작업을 포함한다. 예를 들면 유지관리와 수리는 동일한 조건에서 비교했을 때 사용자의 현재 또는 미래 요구를 만족시키는 데 적합하지 않을 수 있다.

반면에 조정은 실질적인 개선을 이룩한다. 조정은 성능수정performance adjustment 이고, 유지관리는 성능유지performance upkeep의 성격이 강하다. 이 두 가지 주요한 형태의 조정은 그림 11.6과 같다. 그러나 이것이 모든 건물에 동일한 형태는 아니다. 그림 11.7은 주택과 사무소 건물의 유지관리와 조정의 주기를 비교한 것으로 용도와 형태에 따라 서로 다른 특징을 나타내고 있다.

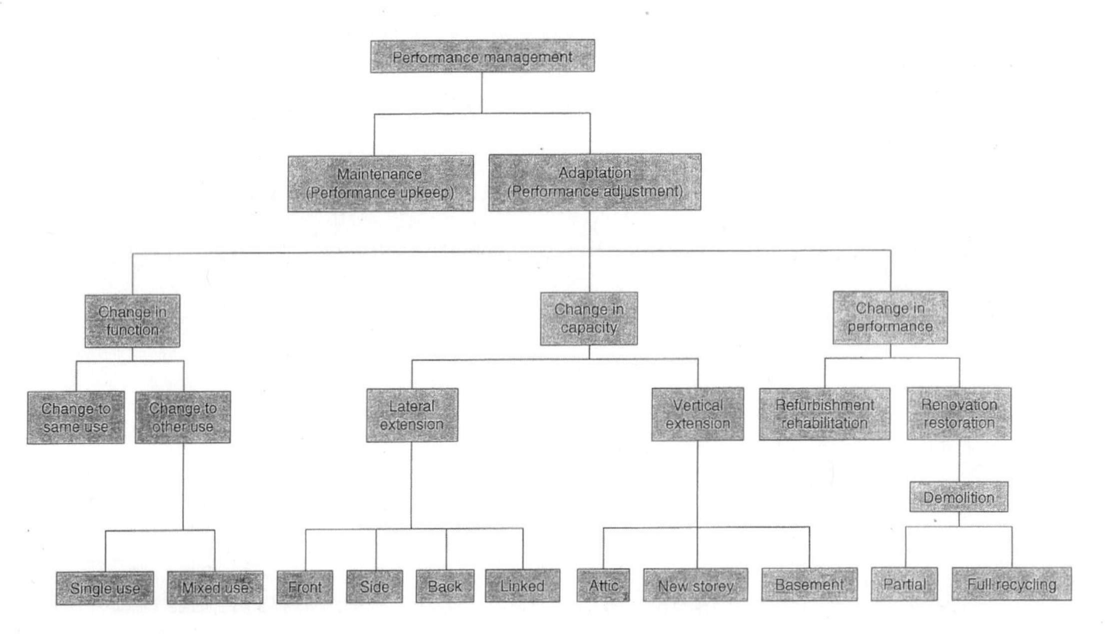

그림 11.5 성능관리의 두 가지 요소

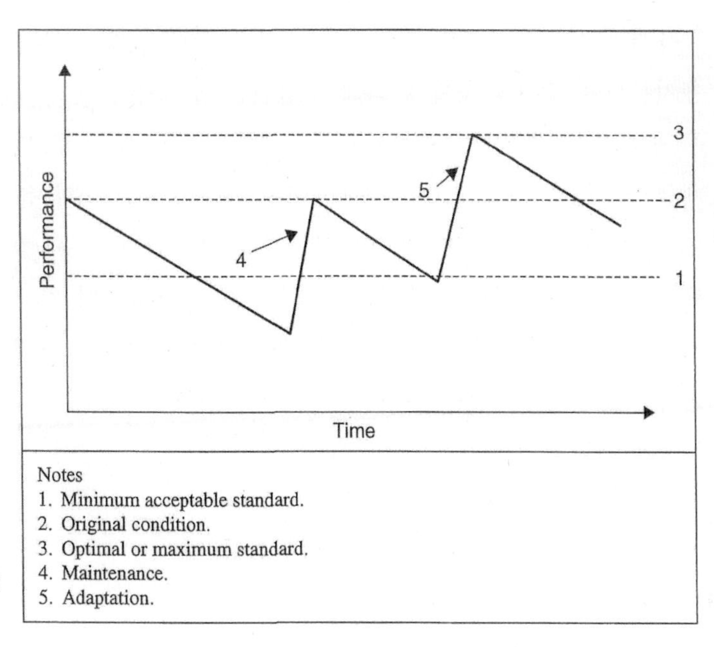

그림 11.6 성능저하에 대한 유지관리와 조정의 영향

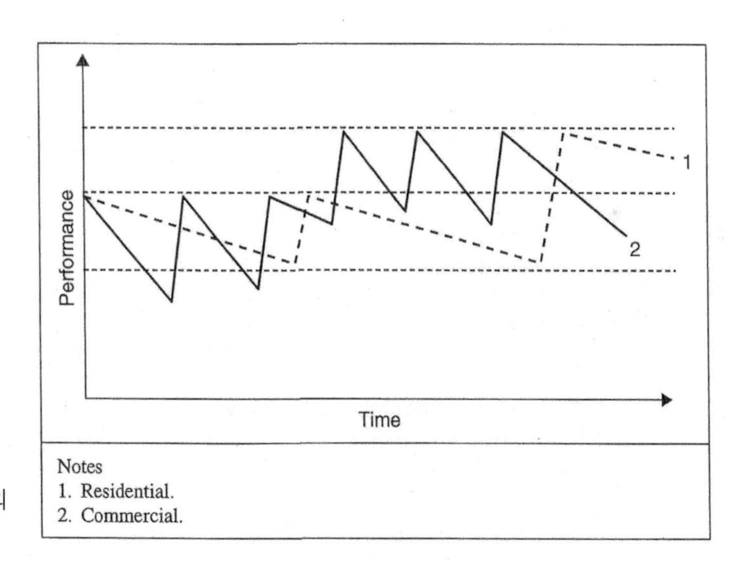

그림 11.7 다른 용도 건물의 유지관리와 조정 사이클

유지관리와 조정과의 차이점은 그림 11.8과 같다. 건물의 본래적인 용도는 유지관리와 조정의 조합에 의해 수십년간 유지되어 왔고 많은 교회 건물의 경우 수백년간 지속되어 왔다. 교회 건물은 석조공사의 견고함과 동시에 건물의 재실기간 동안 지속적으로 수행되어온 기본적인 수준의 유지관리와 연관되었기 때문이다. 그러나 다른 용도의 건물은 몇 십년도 못되어 본래적인 용도가 유지되지 못하곤 한다. 이것은 노후화, 즉 쓸모없음이 발생하기 때문이다. 유지관리와 조정은 비록 대조적인 부분이 있지만 건물을 조정시키는 두 가지 기본적인 요소이다. 성능관리의 이 두 가지 측면 사이의 핵심적인 차이점은 표 11.4와 같다.

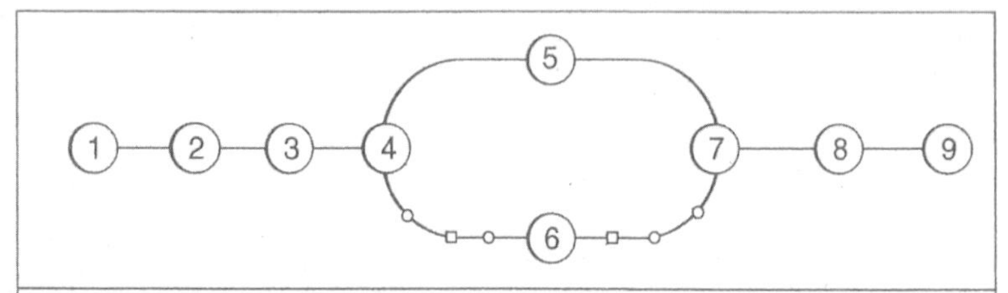

Notes
1. Decision to build.
2. Design stage.
3. Construction stage.
4. Occupancy.
5. Maintenance.
6. Adaptation (circles represent regular improvements; the square represents occasional, major changes).
7. Irreversible building obsolescence sets in.
8. Building fully obsolete.
9. Dispose/demolish.

그림 11.8 건물 생애주기 선형모델

표 11.4 조정과 유지관리 차이점

구분	성질	목적
조정	• 간헐적 또는 장기간 건물에 대한 부분적 또는 전부의 중규모에서 대규모 작업(용도변경) • 상당한 조정, 변경 및 개선 포함	• 건물 성능 개선 및 변경 • 변화하는 사용자 요구와 법적 조건 만족시킴 • 건물용도 변화 및 변동 • 건물 가치, 즉 임대료 증대 • 건물 이미지 증대 • 건물 용적 증대 또는 감소
유지관리	• 단기간 또는 장기간 정규적 또는 지속적으로 건물에 대한 소규모 작업(홈통 청소 및 외벽 도장) • 수리하고 대부분 소액이고 유익한 개선 포함	• 건물 물리적 조건 보존 • 건물의 가치(임대 빛 자본금) 보존 • 건물의 투자 잠재력 보호 • 만족스러운 내부환경 유지 • 법적 요구조건에 응함 • 건물 이미지/상태 보호

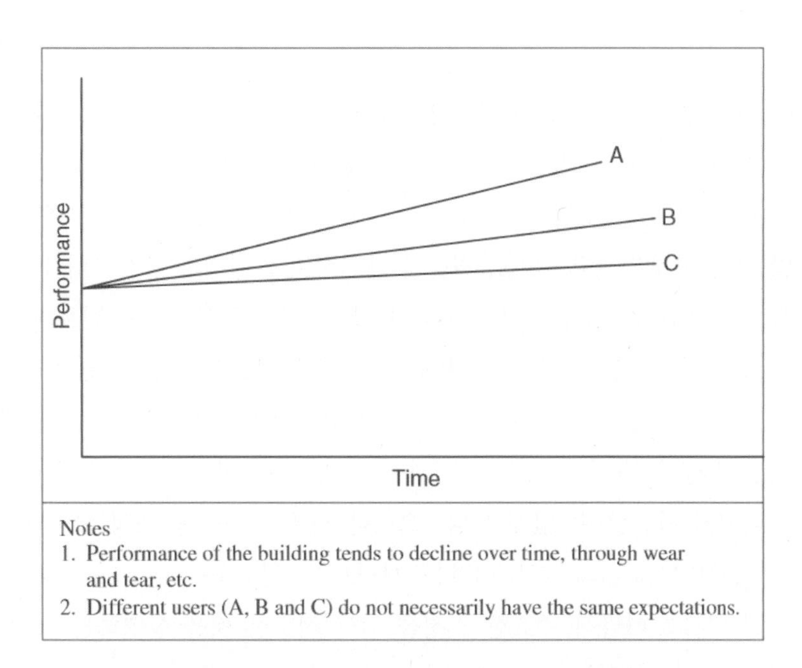

그림 11.9 저하하는 성능에 대한 적응성(CIB, 1993)

11.6 노후화 및 진부화와 필요없음

모든 건물의 내용년수는 차이가 있다. 왜냐하면 동일한 사용 패턴 또는 노출 조건이 발생하는 건물은 없기 때문이다. 그러나 노후화 또는 필요없음의 현상은 모든 건물을 위협한다. 왜냐하면 노후화는 시간의 변화에 따라 자산이 감소되는 과정이고 이것은 건물을 조정할 것인지 아니면 파괴할지를 결정할 시점이 도래하기 때문이다. 공간은 3차원을 차지하나, 시간은 4차원을 차지하므로 이것들은 건물 사용의 맥락에서 동시에 중요하다. 그러므로 노후화는 시간의 변화에 따른 사물의 쓸모없음을 측정하는 것이다. 이것은 자산과 가동이 더 이상 쓸모없어지는 것, 유행에 뒤떨어지는 것, 즉 구식이 되는 경향을 의미한다. 이것은 노후화 또는 쓸모없음의 상태로 향하는 이행이다. 반면에 필요없음redundancy은 기본적으로 '필요한 물품의 여분'을 의미한다. 이것은 대부분 결정된 요구이다. 그러므로 필요없는 건물redundant building은 특별한 형태인 건물 공급과잉의 좋은 지표이다.

ISO 15686-1:2000에 따르면 갱신과 개선은 노후화에 대응하는 중요 전략이다. 따라서 건물의 유용성을 유지하고 증대하기 위한 1차 작업은 조정과 유지관리이다. 변경, 증축, 갱신과 같은 조정은 장기적인 안전을 건물에 제공할 수 있다. 다만 이와 같은 조정은 그 자체가 건물에 지속적으로 유익한 이익을 담보하지 않는다. 이것은 궁극적으로 건물의 재실수준을 결정하는 요구이다. 그러므로 건물의 노후화는 필요없음과 동의어가 아니다. 노후화는 다만 건물의 쓸모없음을 촉발하는 역할을 한다. 그러므로 노후화와 필요없음의 차이를 구별하기 어렵다. 그러나 필요없음은 노후화의 결과이다. 노후화와 필요없음의 원인은 아주 작은 부분에 차이가 있으나 결과는 동일하다. 건물은 더 이상 활용되지 않거나 완전히 사용할 수 없게 된다. 그러나 기존의 건물을 조정하는 과정에서 '더 이상 쓸모없는obsolete 건물'이라는 개념보다 '필요없는redundant 건물'이라는 개념이 필요하고, 따라서 주요한 조정을 위해 적합한 것을 설명하는 것이 오늘날 보다 보편적으로 사용되고 있다.

11.7 노후화 가설

건물 결함은 건물의 조정에 중요한 영향을 미친다. 이에 대한 체계적인 조사 및 처리를 건물병리학building pathology이라 일컫는 분야에서 수행한다. 이 분야는 건물 수명과 내구성에 대한 연구와 예측을 포함한다. 이것은 가변성, 유지관리 주기, 내용연수, 노화 메커니즘, 고장률과 같은 주제를 다룬다. 노후화 가설deterioration hypothesis은 시간에 따라 건물의 조건이 악화되는 경향이 있음을 받아들이는 것이다. 어떤 의미에서 열역학 제2법칙의 사례로 모든 프로세스는 부식과 붕괴(엔트로피라 불리는 순수한 증가, 즉 시스템의 임의성, 무질서 상태)의 경향으로 명확해진다. 그러므로 어떤 분리된, 체계화된 힘의 부재에서 보다 큰 무질서, 즉 보다 큰 엔트로피의 방향으로 사물이 이동하는 경향이 있다. 열역학 제2법칙은 폐close 에너지 시스템에 적용되는 것으로 무질서로 향하는 경향이 있다.

건물의 맥락에서 그림 11.10의 활성에너지activation energy는 유지관리와 조정이다. 이 두 가지는 노후화뿐만 아니라 가치하락과 감가상각을 방지하기 위한 주요 조정이다. 가치하락은 보통 노후화와 함께 진행되는데, 건물조정은 노후화뿐만아니라 가치하락을 방지하기 위해 필요하다. 가치하락은 노후화 과정에서 필연적이다. 이것은 주로 시간과 사용의 함수로 구성되나 유지관리와 조정을 통해 일정한 비율로 조절될 수 있다.

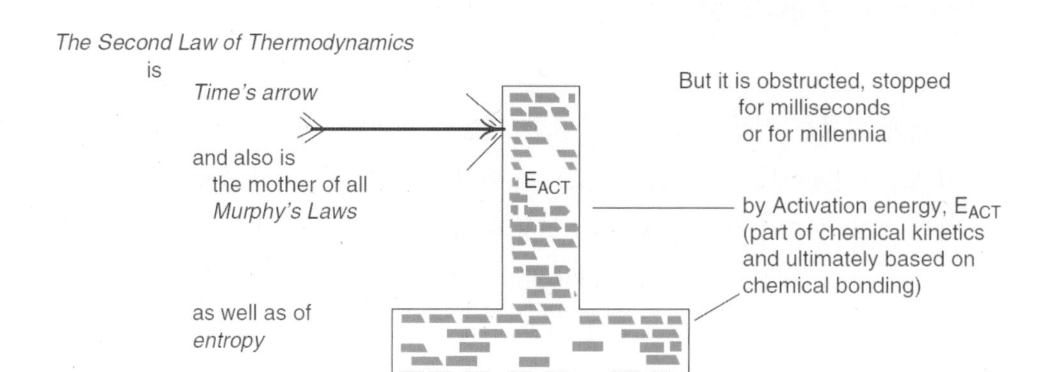

그림 11.10 열역학 제2법칙의 영향

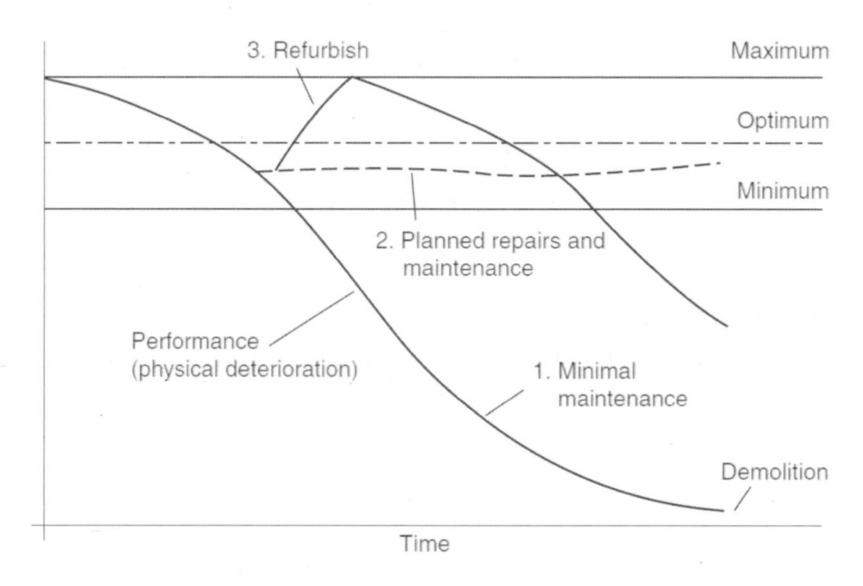

그림 11.11 유지관리와 조정이 노후화에 미치는 영향

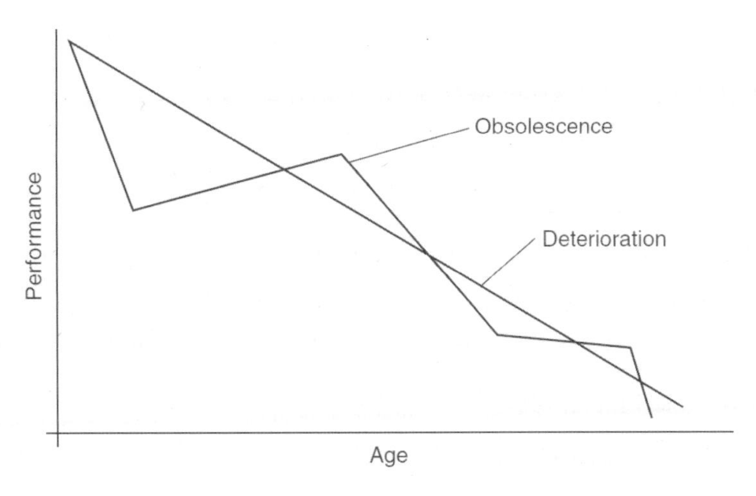

그림 11.12 가치하락과 노후화와의 관계

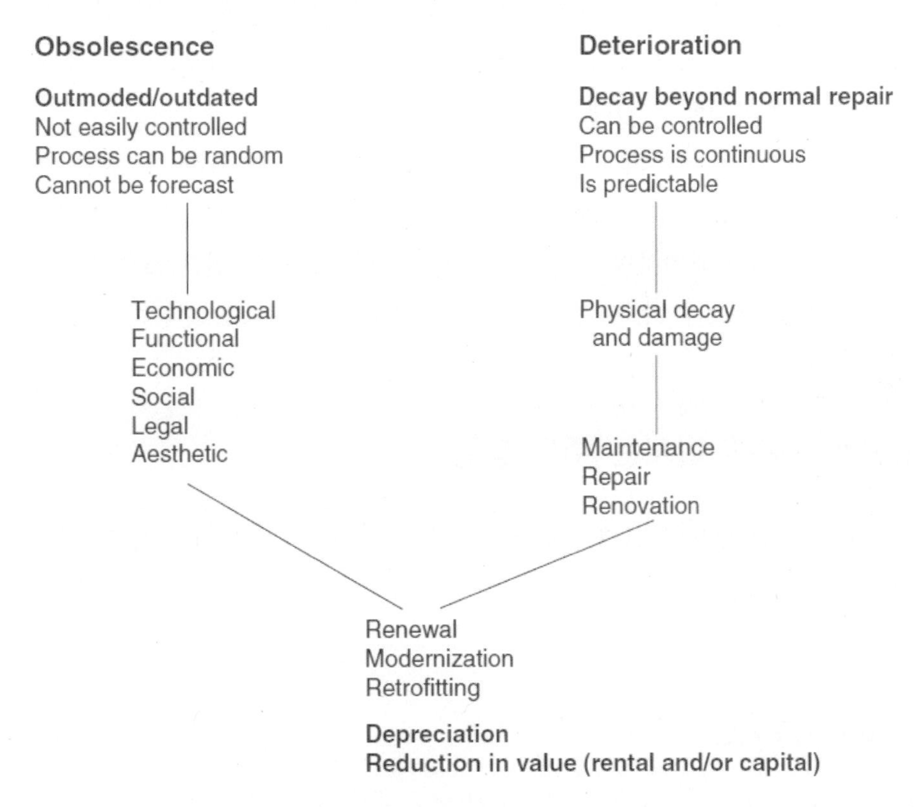

그림 11.13 노후화, 가치하락, 감가상각

계속적이고 급속한 경제적, 인구통계학, 기술적 변화가 수많은 건물의 노후화의 위험을 증가시켜 왔다. 융통성 있는 건물을 설계하는 것은 계획을 조정하는 것뿐만 아니라 새로운 건물에서 초기에 발생할 수 있는 문제점에 대처하는 데 필요하다. 그러므로 건물의 물리적 조건이 시간에 따라 노화된다는 가설이 여전히 적용된다. 물론 몇몇 건물의 재료와 관련하여 이 법칙에 특별한 예외가 존재하기도 한다. 예를 들면 우수한 품질의 콘크리트는 시간이 경과할수록 견고해지나 이것은 탄산염화 작용에 의해 상쇄되는 것으로 철근의 부식을 초래한다. 그러나 유해한 물리적 변화는 재료와 부재를 변화시키는 그 밖의 다른 형태의 변화보다 더욱 보편적이다. 요소성분이 받는 영향의 결과로 외관과 건물의 구조체를 노화시킨다. 건물 외관에서의 변화는 외피가 오염되는 형태로 나타난다. 낡은 건물의 외관의 그을음과 때의 축척이 이와 같은 영향의 극단적인 예이다. 사용자의 남용과 기물파손뿐 아니라 마모는 건물의 외관을 더욱 나쁘게 변화시킨다.

건물 구조체와 골조의 노화는 세 가지 주요 원인의 하나와 관계가 있다. 즉, 습함, 생분해 부식, 변동과 관계가 있다. 축축함은 결로와 관계가 있고, 생분해 부식은 건조부패와 관계하며, 변동은 침하와 관계가 있다. 원인은 소수이나 작용은 다수이다. 이것은 종종 정확한 진단을 수행하기 어렵게 만든다.

11.8 노후화에 미치는 주요 영향

건물은 준공한 날부터 건물의 본래적인 구조와 외관의 성능이 다음 두 가지 주요 영향에 의해 악화된다.

11.8.1 기후작용

이것은 특히 건물의 외관에 영향을 미치나 결국에는 건물의 내부를 침해한다. 예를 들면 지붕의 누수는 건물 내부에 상당한 피해와 불편함을 야기할 수 있다. 빗물은 가구와 마감재에 피해를 줄 뿐만 아니라 저장물품 및 장비를 손쉽게 망가트린다. 이것은 또한 건물의 내부 환경의 질을 위태롭게 한다.

11.8.2 사용자 활동

이것은 주로 건물의 내부에 영향을 미치나 건물의 외부를 침해한다. 관리부족은 필연적으로 시설물의 외부 조건에 부작용을 미칠 것이기 때문이다. 예를 들면, 청결하지 않은 지붕의 홈통에서 식물이 잔뜩 자라는 것을 들 수 있다. 이 홈통은 몇 개월 지나지 않아 막힐 수 있고 역류의 원인이 되기도 한다. 결국 물과 유기물이 건물의 표면에 얼룩을 만들고, 더욱이 이것은 주변 석조 부분에 매립된 취약한 목재 부분에 곰팡이의 공격 위험을 증가시킨다.

11.9 건물 노후화 원인

건물 노후화와 이로 인한 영향은 표 11.5와 같은 여섯 가지 형태로 구분할 수 있으며, 건물은 다음 영향의 조합을 통해 노후화된다.

- 기술적 진보: 이는 기존의 건물을 현대 생산 프로세스에 부적합하게 만든다. 마이크로 프로세서의 진보와 다른 형태의 정보기술 소형화가 1960년대와 1970년대에 지어진 많은 다층 전화교환기의 노후화를 촉진하였다.
- 건물 구조체와 외피의 노후화: 이것은 사용자 요구와 성능 필요조건이라는 두 가지 요소를 만족시키는 능력을 저하시킨다. 이것은 또한 역으로 외관과 건물의 상태에도 영향을 미친다.

- 경제의 산업 기반의 변화: 서비스 부분이 확대되고 제조업 부분이 축소됨으로써 현대화된 활동습관을 가져온다.
- 배치와 크기의 관점에서 부적합한 가용공간
- 건물을 건축법과 소방법에 적합하도록 업그레이드하는 실행의 부재
- 융통성이 없는 건물: 제한된 형태, 즉 구조적 구성으로 인해 동일한 또는 다른 용도로의 용이한 적응을 불가능하게 하는 건물

표 11.5 주요한 건물 노후화와 이로 인한 영향

노후화 종류	기준	요인
경제적 (재정 및 위치)	• 비용-이익 • 보수율 • 감가상각	• 임대수입 기준 • 자본가치 vs 재개발 가치 • 과잉공급, 즉 수요감소
기능적 (지역 포함)	• 목적의 달성 • 사용 정도 • 기술 적합성	• 감소된 효용 • 부적합성 • 기술부족 • 기술발전
물리적 (환경적 포함)	• 구조적 안정성 • 내기후성 • 전체 성능	• 구조적 결함 • 물리적 열화 • 황폐 • 도시 쇠락
사회적 (문화적 포함)	• 인체 요구에 대한 만족성 • 문화적 필요조건	• 인구통계학적 동향 및 변동 • 기호 및 스타일의 변화 • 기대수준의 변화
법적 (규제 포함)	• 법적 필요조건에 응함	• 법률 및 제도의 변화 • 계획정책의 변화 • 존치하는 반대 법률 • 귀찮고 위험
미적 (건축적 포함)	• 건축 양식은 더 이상 유행이 아님	• 1960년대 사무소 건물 설계

11.9.1 건물 필요없음의 원인

오래된 건물은 더욱 쓸모없게 되기 쉽다. 이것은 딱 들어맞거나 융통성이 없어 재사용하기 어려운 건물이기 때문이다. 건물은 여러 가지 이유로 쓸모없게 될 수 있다. 역사적으로 특정 건물의 과잉공급이 중요한 이유가 될 것이다. 대규모 도시지역으로부터의 인구이동과 기존 제조업 기반의 쇠퇴와 같은 영향이 상업건물과 주거건물의 쓸모없음을 가속화시킬 수 있다. 특정 건물을 쓸모없게 하거나 용도변경conversion되도록 유도하는 여러 가지 변화요인의 몇 가지 예를 아래에 소개한다.

- 텔레뱅킹은 기존의 많은 은행을 더 이상 필요없게 한다.
- 탈냉전시대에서는 군대의 크기가 작아지면서 충분히 이용되지 않는 병영은 처분된다.
- 도심 중심에 있는 소매점이 떠나고 도시 밖으로 쇼핑센터가 존재한다.
- 고압용 개폐장치의 마이크로 프로세서 처리기와 터미널은 다층 전화교환기를 쓸모없게 만든다.
- 전통적인 제조업체의 쇠퇴는 공장과 관련된 건물을 빈 건물로 만든다.

11.9.2 노후와와 필요없음의 최소화

현재와 미래의 노후화와 필요없음의 영향으로 경제적, 기술적, 기능적 측면의 조정작업이 필요함을 인식한다. 경제적 노후화는 비합리적으로 유지관리비용이 많이 들거나 많은 지장을 초래하고 유지관리에 대해 보다 저렴하게 수용할 수 있는 대안이 적용될 경우에 발생한다. 기술적 노후화란 건물의 성능이 결핍되거나 부족되어 황폐에 이르는 것을 의미한다. 기능적으로 건물은 노후화로 인해 충분히 활용되지 않는다. 그러나 완전하게 빈 집은 건물의 쓸모없음의 가장 뚜렷한 결과이다. 노후화와 필요없음은 때때로 다른 반응을 필요로 한다. 갱신과 개선은 노후화에 대처하는 주요 전략이다. 그러므로 개조와 현대화 계획과 같은 예방적인 조정은 노후화를 무기한으로 연기할 수 없다면 지체할 수 있다. 반면에 필요없음은 건물조정을 통한 재사용이 필요하며, 예방적 작업뿐만 아니라 사후적 작업도 포함한다. 이것은 건물이 언제 그리고 왜 쓸모없게 되는지 정확히 예측하는 것이 매우 어렵기 때문이다. 노후화와 필요없음은 다음과 같이 정정이 가능할 수도 정정이 불가능할 수도 있다.

▶ 정정이 가능한 노후화와 필요없음

이것은 다음과 같이 주로 시설을 적응하고 물리적 문제점을 해결함으로써 달성할 수 있다.

- 빈약한 음향, 내화 및 열성능
- 부적합한 구조 및 공간 용량
- 시공결함(즉, 습기발생, 곰팡이 발생)
- 부적절한, 즉 융통성 없는 배치
- 빈약한 편의성, 즉 시설
- 부적절한 설비(즉, 불충분한 용량)

▶ 정정이 불가능한 노후화와 필요없음

이와 같은 형태의 노후화와 필요없음은 시설의 재개발을 권장하기 쉽다. 그러나 철거를 방지하는 법적 제한이 있을 수 있다. 이와 같은 상황은 다음과 같은 경제적 및 환경적 영향의 결과에 의해 발생한다.

- 좋지 못한 위치(즉. 외지거나 접근하기 어려운)
- 부적합한 건물 형태(즉, 매우 융통성 없는 배치 또는 제한된 바닥천정 높이)
- 부적절한 위치(즉, 위험하고 어려운 접근)
- 불만족한 미기후(즉, 가혹한 유해환경에의 노출 및 공해)

▶ 건물의 미래 사용

노후화와 필요없음은 건물의 적응적 재사용과 부지의 재개발을 고려하기 위해 추진력을 제공할 수 있다.

11.10 건물이 빈집이 되는 이유

건물 또는 건물의 부분은 다양하고 복잡한 영향의 결과로 빈집이 되기vacant 쉽다. 전술한 바와 같이 노후화와 필요없음이 이와 같은 결과의 주요 원인이다. 건물이 빈집이 되는 주요 원인은 다음과 같이 다섯 가지로 정리될 수 있다.

- 보다 크고 좋은 시설로 이동하는 거주자(더욱 매력적이고 적합한 시설로의 이동)
- 경제적인 영향으로 인한 활동 및 사용의 정지(사업의 쇠퇴가 시설물 폐쇄와 쓸모없음 초래)
- 계절적인 활동으로 인한 건물의 간헐적 또는 단기적 사용(경제의 불황으로 인한 사업의 축소)
- 빈집에서 새로운 세입자와 건축주의 부족
- 대부분의 빈집 소유자의 무지 : 특별히 시설물 기록이 남아있지 않거나 빈 공간을 사용하도록 복구하는 사업특성을 고려치 못함

건물의 비어있음은 두 가지 주요 형태로 구분할 수 있는데 일시적 비어있음(0~5년)과 장기적 비어있음(5년 이상)이다. 일시적 비어있음은 건물의 리모델링 작업 시 기존 주거의 이전과 같은 경우에 발생하고, 장기적 비어있음은 노후화와 필요없음에 의해 발생하는 경우이므로 해결하기가 더욱 어렵다. 유지관리가 소홀하거나 수행하지 않을 경우 건물은 재실하는 건물에 비해 더욱 빠른 속도로 노후화된다. 난방과 청소의 부족은 빈집 내부의 습도와 먼지를 증

가시켜 외피와 구조의 노후화를 가속시킨다.

ODPM (2003)에 따르면 건물이 오랫동안 비어 있을수록 물리적 조건이 노후화될 가능성이 더욱 커지고, 추후 재실 가능한 상태로 되돌리기 더욱 어려워지며 인접 건물에 영향을 줄 가능성이 증대한다. 따라서 많은 경우 조정의 가장 분명한 대상은 빈 건물이다. 빈 공간은 잠재적, 즉 실제 필요 없음의 명백한 지표이다.

건물 빈집화vacancy의 영향은 주거건물에서 더욱 크다. 영국에서 빈 주거건물에 대한 최근의 조사결과는 다음과 같다.

- 영국과 웨일즈 : 750,000 빈 주거건물, 전체 주거의 3.4% (ODPM, 2003)
- 스코틀랜드 : 109,000 빈 주거건물, 전체 주거의 5% (Scottish, 1997)

11.11 건물조정에서의 의사결정

건축가와 부동산 감정인과 같은 전문가는 조정계획에서 의사결정과정에 중요한 역할을 한다. 그러나 이 전문가는 항상 의뢰인의 필요를 아는 것이 중요하다. 건물 사용자 및 소유자를 위해 다음과 같은 다섯 가지 필요조건이 지속가능한 건물에 필수적인 요소이다.

- 건물은 장수명이어야 한다(durability, 내구성).
- 건물은 융통성을 확보한 맞춤이어야 한다(adaptability, 미래적 변화 수용).
- 건물은 저에너지로 소비되어야 한다(energy efficiency, 열적 효율성).
- 바람과 물이 침입하지 않아야 한다(weather-tightness, 내기후성).
- 건물은 안전하고 건강한 실내환경을 제공해야 한다(comfortable, 쾌적성).

건물을 조정해야 할지 아니면 재개발해야 할지에 대해 영향을 미치는 인자는 많다. 물론, 건물 소유자와 사용자의 필요성과 의도가 가장 중요하지만, 다른 요소도 영향을 미치므로 이것들을 정리하면 다음과 같다.

▶ 기존의 것과 다른 대안

대안alternatives의 성질은 건물을 조정해야 할지 아니면 재개발해야 할지에 대한 결정에 영향을 미친다. 공급 측면의 요소뿐만 아니라 수요 측면의 요소도 의사결정에 영향을 미친다.

▶ 기존건물 위치

건물의 위치는 건물의 리뉴얼에 영향을 미치는 주요한 사안 중 하나이다. 쉽게 접속할 수 있는 도심에 위치한 부지가 가장 편리할 수 있다. 그러나 접근에 제약이 있거나 불편할 경우 건물조정에 제약이 있을 수 있다.

▶ 기존 부지 가치

건물은 매우 매력적인 부지에 위치할 수 있을 수 있다. 이로 인해 이 부지는 건물의 가치를 초월한 가치를 소유할 수 있다.

▶ 건물 조건 및 형태학

건물의 리모델링은 주요한 변화에 대한 전체적인 조건 및 적합성에 좌우될 수 있다. 기존건물의 배치 및 배치에 필요한 요구를 충족시키는 데 적합한지 여부에 대한 검토가 중요하다.

▶ 운영 인자

제안된 조정이 수반할 혼란의 정도는 영향을 미칠 인자가 될 수 있다. 이것은 조정비용뿐만 아니라 예측된 계약시간에 영향을 받는다.

▶ 재실자 요구

장래의 재실자를 위한 다양한 목적, 즉 새로운 것의 사용과 쾌적성의 제공을 포함하여 재실자를 만족시키는 것이 중요하다.

▶ 건물조정 가능성

조정된 건물은 성능과 기술 측면에서 새로운 효율을 제공해야 한다. 이것은 더욱 쾌적하고, 매력적이며, 접근이 용이한, 사람에게 편리한 건물이 되어야 한다.

▶ 시공성

시공성은 전체적인 프로젝트 목적을 달성하기 위해 시공의 지식과 계획, 공학, 조달, 현장운용의 전문지식의 최적 사용을 통해 이룩된 시공의 용이성을 의미한다.

▶ 정치적 영향

정부의 정책이 시설물의 사용과 재사용에 상당한 영향을 미칠 수 있다. 이것은 주로 다양한 계획 행위를 통해 표현된다. 그러나 최근의 법규는 건물의 적응에 커다란 영향을 미친다.

▶ 비용과 시간 고려

이율이 높을수록 재개발보다 복원이 인센티브가 많다. 일반적으로 복원비용이 신축보다 훨씬 적기 때문이다. 대략적으로 복원비용은 재건축비용의 2/3 수준이므로 복원을 선택하는 것이 보다 실행이 용이한 것으로 고려될 수 있다.

▶ 시설

재실자에 의해 요구되는 주거시설의 표준이 중요하다. 이것은 이용할 수 있는 공간과 이것이 제공할 수 있는 내부환경의 품질과 관계가 있다. 공공지원 주택에서 품질은 재실밀도로 측정되고 임대 수준은 상업적 전제의 품질로 대략적으로 측정된다.

표 11.6 건물 설계수명

구분	설명	건물수명	사례
1	일시적	10년까지 협정기간	전시부스, 비영구 전시 건물
2	단기 수명	최소기간 10년	사무소 내부 갱신 식당 및 상점 갱신 임시 교실
3	중기 수명	최대기간 30년	주택 갱신(주로 외벽) 대부분의 공장
4	정상 수명	최대기간 60년	공공건물의 고급갱신, 신축주거, 신규 건강 및 교육 건물
5	장기 수명	최대기간 120년	도시의 고급 건물

▶ 설계수명

조정건물의 예상 사용수명은 중요한 고려사항이다. 기존건물의 맥락에서 적응은 기존 건물로 하여금 10년에서 60년까지 지속되도록 한다. 건물과 부재의 다양한 범주의 설계수명design life은 표 11.6과 같다.

▶ 설계과정

조정에서의 설계과정은 근본적으로 신축건물의 설계과정과 다르다. 조정에서의 설계과정은 분석보다는 합성의 과정이다. CIRIA에 따르면 신축작업에서 설계자는 아무것도 작성되지 않은 종이에서 시작해서 점진적으로 설계를 구축해간다. 반면 조정작업은 수사관이 수행하는 작업과 흡사해서 기존의 자산에 정보를 수집하기 위해 설계자는 보다 적극적으로 노력하고 갱신작업의 설계가 신축과 비교해도 손색이 없도록 발전시킨다.

11.12 조정설계 지침

중규모에서 대규모 크기의 적응 프로젝트는 의뢰인의 의도를 분명히 하기 위해 설계지침을 수립한다. 이와 같은 지침은 프로젝트에 대한 기본적인 설계 요구조건으로부터 시작한다. 담당 건축가는 의뢰인과 충분히 협의한 후에 도면을 작성한다. 프로젝트의 설계지침은 실행가능성 연구의 초기 부분을 구성하는데 다음과 같은 항목을 고려한다.

- 프로젝트의 목적, 범위, 내용, 필요로 하는 배경 정보
- 적응된 건물이 어떻게 그리고 누구를 위해 사용될 것인지를 나타내는 사회적 지침
- 희망하는 작업과 기능, 그리고 둘 사이의 관계
- 프로젝트에 대해 운영상의 제한 요소(비용, 계획, 타이밍)
- 특별한 요구조건(지속가능성 조치, 크기나 다른 차원의 제한요소)
- 재실 스케줄, 실 데이터 스케줄, 모든 표면 마감 스케쥴
- 적응건물의 요구조건과 관련한 정보

11.13 조정 단계

11.13.1 배경

한꺼번에 건물 전체의조정작업을 수행하는 것은 불가능하다. 접근의 문제 또는 운영상의 제약뿐만 아니라 예산의 한계가 단일계약 내에서 건물의 전체적 갱신을 방해할 수 있다. 이것은 특별히 병원, 호텔, 학교, 쇼핑센터와 같은 매우 큰 건물에 흔히 있는 일이다. 그러므로 작업 단계는 다수의 중간 또는 대규모 조정 프로젝트에 흔히 발생하는 특징이다. 프로젝트의 전략적 속도와

제반 활동에서 서로 다른 활동 사이의 중첩에 더욱 관계가 있다. 상업 및 공장 건물 단계의 재생 맥락에서의 단계는 재실을 유지하면서 작업을 허가한다. 조정과정 중에 지속적으로 임대를 발생시키는 것이 확실할 경우, 단계는 특별히 임대시설에 유익하다. 동일하게 호텔과 상점과 같은 시설물의 경우 고객과 판매에 의존하는 경우 갱신작업이 진행되면서도 상당한 수입이 발생할 수 있다. 대규모 호텔 및 공장의 갱신은 '비가동시간downtime'을 최소하고 이로 인해 매출 손실을 최소화하는 것이 단계에 기초하여 달성해야 할 부분이다. 그러나 주의 깊은 계획과 협력작업을 통해 안전과 보안문제를 최소화하면서도 불편을 방지하는 것이 요구된다.

또한, 공공건물에서는 작업을 단계화하는 것이 중단을 최소화하는 조정계획을 수행하는 유일한 실현가능 방법이다. 예를 들면 방학기간의 사용은 학교와 같은 교육기관에서 조정작업에 있어 최적시간이다. 따라서 작업 단계는 쇠퇴하는 성능의 변화하는 적응성과 재실자 및 소유자 필요에 의해 영향받는 건물에 의해 영향을 받는다. 이것은 공간과 시간이라는 두 가지 요소에 의해 발생하고 때로는 이 두 가지의 조합으로 발생할 수 있다.

표 11.7 건물부위별 설계수명 종류

구분	내용	수명	사례
1	교체가능	건물수명보다 짧고 설계단계에서 교체가 예상됨	대부분의 바닥마감과 설비 부위
2	유지관리가능	건물수명 동안 주기적 조치로 지속	대부분의 외벽, 문, 창문
3	평생	건물수명 동안 지속	기초 및 주요 구조부위

11.13.2 시간적 단계

조정의 빈도는 건물의 내용년수뿐만 아니라 재실자의 필요성에 좌우된다. 표 11.6과 표 11.7은 설계수명과 관련하여 조정의 다양한 형태의 시기를 나타낸다. 조정작업의 시간적 단계는 다음과 같이 단기적 단계와 장기적 단계로 구분된다.

■ 단기적 단계

상점의 갱신과 소규모로 집을 확장하는 것과 같은 개인적이고 소규모의 조정계획은 완성하는 데 비교적 짧은 시간이 소요된다. 집은 며칠 내로 이룩될 수도 있으며 상점은 규모 및 복잡성에 따라 몇 주 내지 몇 개월이 소요된다. 이와 같은 작업은 건물의 내용년수에서는 간혹 발생한다. 더욱이 조정작업의 증축에서는 거주자 재실 시 수행되기도 한다. 그러나 많은 경우 단기적 단계의 조정은 상점과 식당과 같이 공간을 완전히 비운 상태로 수행되는 것을 전제로 한다. 물론 용도변경과 같은 보다 큰 규모의 조정작업은 건물을 완전히 비운 상태에서만 수행할 수 있다.

■ 장기적 단계

제시된 운영 정도로 인해 기존 건물에 대규모로, 또는 보다 중요한 작업은 수년간 지속된다. 예산과 제한정도에 따른 출입의 제한, 자산의 운용으로 단기적 단계를 초과하여 조정계획을 연장할 수 있다.

11.13.3 공간적 단계

수직단계와 수평단계로 구분된다. 수직단계에서 다층건물의 경우 층별로 갱신작업이 진행된다. 비가동시간을 줄이기 위해 따로따로 층을 옮긴다. 이것은 단일한 사용자가 건물전체를 소유할 때 이룩될 수 있다.

11.13.4 SPAB (the Society for the Protection of Ancient Buildings) 위원회 권고내용

- 건물의 현재용도가 계속하여 적절하다면 건물이 유지될 수 있는가?
- 건물이 현재 쓸모없다면 사용상의 변화를 위해 당면한 요구가 있는가?
- 건물의 미래를 확보할 새로운 사용이 있거나 주요한 변화 또는 추가없이 예측할 수 있는 기간 동안 존재할 수 있는가?
- 건물은 현재의 용도로 공개 시장에서 이용되고 있는가?
- 건물의 외피 및 특성에 미치는 최소한의 영향을 파악하기 위해 건물의 성질을 충분히 이해하고 있는가?
- 역사의 이해와 장소의 발전이 미래의 용도를 고려하는 데 필수조건이다.
- 건물은 건축적 특성 내지 역사적인 외관을 심각하게 타협하지 않고서 새로운 용도의 조건을 수용할 수 있는가? 이와 관계있는 이슈는 다음과 같다.
  - 신규 개구부
  - 화재 및 안전 : 추가적인 도피구, 보호 계단, 기존 문의 개선, 간막이벽, 접근 시 물리적 방해물
  - 기존 실/공간의 분할
  - 증축
  - 설비 : 배관, 전선, 내부환경 변경
  - 이용되지 않은 부분에 대한 재건축 정도
  - 바닥하중
  - 차음 : 증가된 바닥, 창호 차음요구조건
  - 열성능 : 증가된 벽체, 바닥, 지붕, 창호 단열기준

- 건물은 건축적 설정을 심각하게 타협하지 않고서 새로운 용도의 조건을 수용할 수 있는가? 주요 이슈는 다음과 같다.
  - 증가된 주차 대수
  - 개구분 분할
  - 건물의 장기적 사용에 따른 파쇄

11.14 결론

건물조정은 노후된 건물의 수명을 단순히 연장하기 위한 것이 아니라 새로운 사회의 요구를 충족할 수 있는 건물로서 적절한 성능과 기능을 가질 수 있도록 한다.

건물조정이란 기존 건물의 기능적 및 물리적 속성의 맥락 속에서 변화를 관리하고 조절하는 역할을 한다. 건물에서 건물의 수용량, 기능, 성능을 변화시키는 것으로 유지관리 이상의 작업을 수행하는 역할을 하는 것으로 새로운 조건 내지 요구에 맞도록 건물을 조정, 재사용 또는 업그레이드하는 중재 내지 조정이라는 의미를 가진다.

기존의 건물조정은 '사용의 변화 형태를 제시'하는 협의로 사용되어 건물이 장애인 또는 노약자가 사용할 수 있도록 건물을 조정하는 것과 같은 개선작업을 의미하였다. 그러나 건물조정은 보다 넓은 의미로 사용될 수 있으며 건설산업에서 개선, 재건, 수리, 복원과 같은 용어와 동의어로 간주되고 있다.

영국은 개선 및 조정과 유지관리 분야의 중요성을 건설산업 매출에 기여하는 비율로 추산하였고 이 비율은 영국 건설산업 매출의 약 절반에 해당한다.

조정작업의 범위는 넓어서 기본적인 보전작업으로부터 거의 완전한 재건축까지를 대상으로 한다. 조정작업의 범위는 개선, 재건, 개조, 수리, 보강, 복원과 같은 조정을 포함한다.

건물조정은 도시재생계획, 특히 역사적 구역과 주거단지에서 중요한 부분을 형성한다. 작은 수준에서는 이 영향이 건물주로 하여금 자신이 소유한 건물을 신속히 향상하고 개선하도록 하므로 건물조정은 건물 수요의 변화에 계속적으로 대응하는 데 핵심적인 역할을 한다.

건물조정은 세 가지 형태를 가지고 있다. 기능 변화, 크기 변화(증축/부분적 파괴), 성능 변화이다.

건물은 역사적, 시간적, 물리적 맥락에서 보다 전체적인holistic 접근을 요구하며 건물조정은 이와 같은 영향에 대응하도록 만들어진 프로세스이다.

건물조정은 건물 성능관리의 두 가지 요소 중의 하나이다. 건물조정 외의 다른 1개의 성능요소는 유지관리로 수리를 포함하고 있다.

노후화뿐만 아니라 가치하락과 감가상각을 방지하는 것이 조정의 목적이다. 가치하락은 보통 노후화와 함께 진행되고 건물조정은 노후화뿐만 아니라 가치하락을 방지하기 위해 필요하다.

건물은 준공 후부터 건물의 본래적인 구조와 외관의 성능이 두 가지 주요 영향에 의해 악화된다. 즉, 기후작용과 사용자 활동의 영향을 받는다.

건물 사용자 및 소유자를 위해 다음과 같은 다섯 가지 필요조건이 지속가능한 건물에 필수적인 요소이다.

- 건물은 장수명이어야 한다(durability, 내구성).
- 건물은 융통성을 확보한 맞춤이어야 한다(adaptability, 미래적 변화 수용).
- 건물은 저에너지로 소비되어야 한다(energy efficiency, 열적 효율성).
- 바람과 물에 새지 않아야 한다(weather-tightness, 내기후성).
- 건물은 안전하고 건강한 실내환경을 제공해야 한다(comfortable, 쾌적성).

돌아보기

- 건물은 노후된 수명을 단순히 연장하기 위한 것에 머무르지 않고 새로운 사회의 요구에 충족할 수 있는 건물로서 적절한 성능과 기능을 갖추고 기존건물의 기능적 및 물리적 속성의 맥락 속에서 변화를 관리하고 조절하는 역할이 필요함을 인식한다.
- 건물 이해 시 역사적, 시간적, 물리적 맥락에서 전체적인 접근이 필요하며 이와 같은 영향을 고려하여 만들어진 프로세스가 건물조정임을 인식한다.
- 건물조정은 기능변화, 크기변화(증축/부분적 파괴), 성능변화의 세 가지 형태를 가짐을 인식한다.
- 건물은 준공 후부터 기후작용과 사용자 활동에 의해 건물의 본래적인 구조와 외관 성능이 영향을 받고 악화됨을 인식한다.
- 유지관리 시소가설에서 제시하는 금액의 크기를 비교함으로써 초기비용과 유지관리비용의 크기가 상호에 미치는 영향을 이해한다.
- 시간에 따라 건물의 조건이 악화되는 경향을 설명할 수 있는 노후화가설을 통해 건물결함에 대처하는 건물조정의 역할에 대해 이해한다.
- 건물 노후화 및 진부화에 영향을 미치는 요인과 원인을 이해하고 이에 대응하는 건물조정의 기능과 역할에 대해 인식한다.
- 지속가능한 건물에서 건물 사용자 및 소유자를 위해 필수적인 다섯 가지 필요조건으로 내구성, 미래의 변화수용, 열적 효율성, 내기후성, 쾌적성이 있음을 인식한다.

학습문제

1. 노후된 건물 수명을 단순히 연장하기 위한 것이 아니라 새로운 사회의 요구를 충족할 수 있는 건물로서 적절한 성능과 기능을 가질 수 있도록 하기 위한 건물의 기능을 무엇이라 하는가?
2. 조정작업의 범위는 기본적인 보전작업부터 거의 완전한 재건축까지를 대상으로 하고 있다. 이 조정옵션의 순서에 대해 설명하라.
3. 건물의 최소 또는 최대한의 변화를 받아들이는 능력으로 정의할 수 있는 적응성의 다섯 가지 기준은 무엇인가?
4. 건물조정의 세 가지 주요 형태는 무엇인가?
5. '낮은 초기비용을 가진 건물은 높은 유지관리 비용을 갖는다'라는 유지관리 시소가설의 의미를 설명하라.
6. 모든 건물의 내용년수에 차이가 발생하는 이유는 무엇인가?
7. 시간에 따라 건물의 조건이 악화되는 경향이 나타나는 노후화 가설(deterioration hypothesis)은 폐 에너지 시스템에서 무질서로 향하는 열역학 제2법칙으로 설명할 수 있다. 이와 같은 노후화에 대응할 수 있는 활성에너지와 같은 가능을 하는 것은 무엇인가?
8. 건물이 빈집이 되는 주요 원인은 무엇인가?
9. 난방과 청소의 부족이 건물의 노후화를 가속시키는 원인은 무엇인가?
10. 지속가능한 건물에서 건물 사용자 및 소유자를 위해 필수적인 다섯 가지 필요조건에 대해 설명하라.

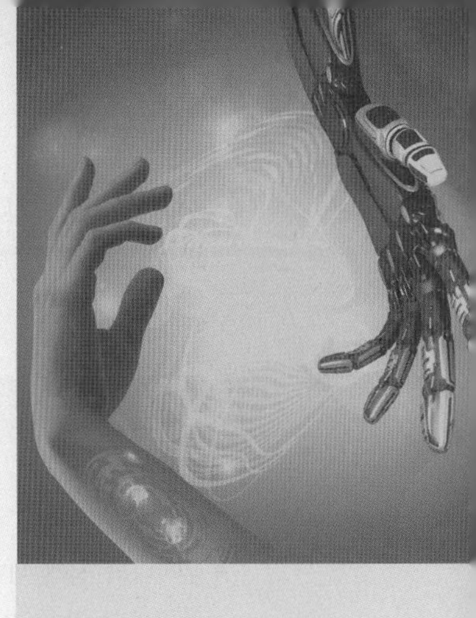

PART 4
건축과 환경

10장 시간의 변화에 따른 건물에너지성능 변화
11장 건물조정 : 리모델링과 컨버전
12장 지속가능건물과 제로에너지건물

12장 지속가능건물과 제로에너지건물

학습내용 요약	강의 목적
• 우리나라 전체 에너지 소비량의 1/4를 건물이 차지하고 있어 지속가능성 및 에너지 절감을 이룩하기 위한 건축기술이 더욱 중요해지고 있다. • 쾌적하며 안전한 거주와 활동공간, 사업공간을 제공함과 동시에 에너지의 효율적인 이용 및 대체에너지 기술을 실현한 융복합 기술의 집적체로서의 건물이 지속가능건물과 제로에너지건물로 구현되도록 학습한다.	• 건물의 지속가능성 및 에너지 절감에 대한 국내외 동향과 기술을 이해한다. • 지속가능건물과 제로에너지건물을 이룩하기 위해 건물의 열손실을 줄일 수 있는 에너지 절감기술을 우선적으로 적용하고 대체에너지를 적극적으로 활용하는 건축기술을 이해한다. **Key word** 지속가능한 개발 지속가능건물 제로에너지건물

차례

12.1 지속가능한 개발 및 녹색성장
12.2 정부 주요 정책
12.3 제로에너지건물의 배경 및 정의
12.4 제로에너지건물의 특징 및 장단점
12.5 효과적인 제로에너지건물 수행기술 및 설계방안
12.6 제로에너지건물 효율향상 방안
12.7 제로에너지건물 구축사례
12.8 결론
■ 돌아보기
■ 학습문제

12.1 지속가능한 개발 및 녹색성장

12.1.1 지속가능한 개발

지속가능한 개발sustainable development의 개념은 세계 환경개발위원회의 브룬트란드Bluntland 보고서(1987)에서 "다음 세대의 요구를 만족시킬 수 있는 여지를 방해하지 않는 범위 내에서 현 제대의 요구를 반영한 개발"로 정의하고 있으며, 환경과 경제개발을 조화시켜 환경을 파괴하지 않고 경제개발을 한다는 개념이다. 즉 인간의 기본욕구 충족을 위해 경제개발을 할 때 생태계의 수용능력인 환경용량을 초과해서는 안 되며, 생활수준만이 아닌 삶의 질에도 관심을 기울이고, 환경과 경제를 통합적 차원에서 다루어야 한다는 것이다. 이 개념은 1992년 리우 유엔환경개발 회의에서 세계 환경정책의 기본규범으로 채택되었다.

기존의 개발에 따른 환경파괴의 문제점에 대한 인식과 아울러 환경을 고려한 개발에 대한 세계적인 공감대를 토대로 형성된 범지구적 차원의 대응방안

그림 12.1 UN 지속가능한 개발 차트

제시라는 점에서 그 의의가 크다고 할 수 있다. 이 개념은 건축에만 국한된 것이 아닌 사회 전반적인 분야에 공통으로 적용되는 개념으로 정치, 경제, 사회의 각 부문을 포괄하고 있다. 경제적이면서 친환경적인 개발이 지속가능한 개발의 궁극적인 목표라 할 수 있다.

12.1.2 녹색성장

녹생성장의 개념 정립은 2005년 3월 서울에서 개최된 ESCAP (Economic and Social Commission for Asia and Pacific) 아태 환경개발장관회의에서 추진되었다. 한국 환경부와 ESCAP은 '녹색성장 서울 이니셔티브'를 추진하여 아태 지역 내의 녹색성장Green Growth 확산을 주도해 왔다. 우리나라에서는 녹색성장이 새로운 패러다임으로 2008년부터 추진되고 있다. 녹색성장이란 환경green과 경제growth의 선순환 구조를 통해 양자의 시너지를 극대화하고 이를 새로운 동력으로 삼는 것이다. 즉 경제성장 패턴을 친환경적으로 만들어 새로운 성장 기회를 확보하자는 개념으로 환경과 에너지는 물론 교통과 건축, 문화 등을 아우르는 개념이다. 사회 · 경제적 시스템뿐만 아니라 개인의 라이프스타일까지도 녹색성장의 범주 안에 있다.

녹색성장은 온실가스와 환경오염을 줄이는 지속가능한 성장이며, 녹색기술과 청정에너지로 신성장동력을 창출하는 패러다임이다. '지속가능발전'은 경제발전, 사회통합, 환경보호를 동시에 추구하는 개념인 데 비하여 '녹색성장'은 지속가능발전 개념과 유사하나, 여기에 지속가능 발전의 한계로 지적되는 추상성과 광범위성을 보완한 것이다.

친환경적 녹색기술Green Technology은 제품생산 단계는 물론, 제품을 소비할 때도 에너지 사용을 줄이고 오염물질과 폐기물 배출을 최소화할 수 있다. 자원소비형 성장사회에서 폐기물제로형zero emission 자원순환사회로 전환하기 위한 자원순

그림 12.2 녹색성장

환형 패러다임 감량reduce → 재사용reuse → 재활용recycle → 에너지화recovery → 안전처리 순서로 진행한다. 기존의 3R(Reduce, Reuse, Recycle)에 폐자원 에너지화Recovery를 포함한 4R를 통하여 재생에너지 확보 및 자원순환성을 제고한다. 또한 기존의 2E Goal(Environment, Economy)에서 4E Goal(Environment, Economy, Energy, Employ)로의 시대적 요구가 변화되었다. 폐기물 관리(고유기능)의 미시적 접근에서 에너지 생산(부가기능) 및 일자리 창출의 거시적 통합접근을 도모한다.

12.2 정부 주요 정책

12.2.1 녹색건축물 설계기준

녹색건축은 사람들에게 건강하고 쾌적하며 안전한 거주와 활동공간, 사업공간을 제공함과 아울러 에너지의 고효율적인 이용을 실현하고 환경에 가장 작은 한도의 영향을 미치는 건축물을 말한다. 즉 에너지 이용 효율 및 신재생에너지의 사용비율이 높고 온실가스 배출을 최소화하는 건축물을 의미한다.

■ 추진목표

저탄소 녹색성장을 위한 효율적 온실가스 감축 방안의 일환으로 실시하는 제도로서, 건물부분에서의 온실가스 감축을 위해 실시하는 인증제도를 말한다. 국토해양부장관과 환경부장관은 지속가능한 개발의 실현과 자원절약형이고 자연친화적인 건축을 유도하기 위해 공동으로 친환경건축물 인증제도를 2002년 1월부터 실시하고 있다.

■ 건축물 LC(Life Cycle)에 따른 녹색설계 계획

건축물 에너지 소비의 80~90% 이상은 운영 단계에서 소모된다. 에너지 절약을 유도하기 위해서는 설계 단계에서부터 기획되어야 한다. 건축물 총생애기간 동안 녹색설계 단계는 기획 · 설계 · 시공 · 운영의 과정을 거친다.

■ 적용대상

건축법 11조 및 제19조에 따라 건축허가 및 용도변경 등을 신청하는 건축물에서 연면적 500 m^2 이상인 경우 및 환경시설(리모델링 포함)이다.

■ 녹색건축물 설계기준

녹색건축물 설계기준의 적용 대상은 신축하거나 구조변경(리모델링)하는 환경시설 건축물 중 연면적 500 m^2 이상인 환경시설이다(표 12.1).

이와 함께 환경오염방지시설, 하수도, 폐수종말처리시설, 가축분뇨처리시설 및 공공처리시설, 재활용시설, 폐기물처리시설, 수도시설 등 환경시설이 포함된다. 3,000 m^2 이상의 환경시설은 녹색건축인증 우수(2등급) 이상, 500 m^2 이상 3,000 m^2 미만의 시설은 일반(4등급) 이상, 에너지성능지표(EPI) 평점 74점 이상과 일정 수준 이상의 단열성능, 창호기밀성 4등급 이상 등을 획득해야 한다.

표 12.1 녹색건축물의 설계기준

분야	구 분		법적기준
성능인증	녹색건축물 인증		자율
			3,000 m^2 이상
	EPI 평점합계		74점 이상
Passive Design	단열성능 (평균 열관류율)	외벽(창 및 문 포함)	1.18 $W/m^2 \cdot K$ 미만
		지붕	0.18 $W/m^2 \cdot K$ 미만
		바닥	0.29 $W/m^2 \cdot K$ 미만
	문 및 창호의 기밀성 확보		자율
	창면적 비율제한		없음

■ 권장사항

[저에너지 소비 분야]

① 동(하)절기 전력피크 부하를 줄일 수 있는 냉·난방기기 설치
② 연면적 3,000 m^2 이상인 건축물은 에너지 사용량 표출장치 설치
③ 지하주차장 등 상시조명(24시간)이 필요한 장소의 LED 조명 설치
④ 피난유도등 및 안내표시등 등 각종 표시램프류는 LED 조명으로 설치

■ 인증분야(7개 분야)

① 공동주택
② 주거복합건축물
③ 업무용건축시설
④ 학교시설
⑤ 판매시설
⑥ 숙박시설
⑦ 그 밖의 건축물

■ 심사분야(9개 분야)

① 토지이용
② 교통
③ 에너지
④ 재료 및 자원
⑤ 수자원
⑥ 환경오염방지
⑦ 유지관리
⑧ 생태환경
⑨ 실내환경

■ 인증을 받은 건축물의 사후관리

① 유지관리 및 생태환경 현황 조사
② 에너지 사용량 및 물 사용량 등의 조사
③ 국토교통부장관 또는 환경부장관이 요청하는 사항

12.2.2 친환경 주택의 건설기준 및 성능

국토해양부에서는 2012년 11월 에너지 소비 절감과 탄소배출량 감소를 위한 에너지 절약형 '친환경 주택의 건설기준 및 성능'을 고시하였다. 20세대 이상의 공동주택을 건설하는 경우에 적용한다.

■ 친환경 주택의 구성기술 요소
친환경 주택을 구성하는 기술은 다음과 같다.

① 저에너지 건물 조성기술
고단열·고기능 외피구조, 기밀설계, 일조확보, 친환경자재 사용 등을 통해 건물의 에너지 및 환경부하를 절감하는 기술

② 고효율 설비기술

고효율열원설비, 최적 제어설비, 고효율환기설비 등을 이용하여 건물에서 사용하는 에너지를 절감하는 기술

③ 신재생에너지 이용기술

태양열, 태양광, 지열, 풍력, 바이오매스 등의 신재생에너지를 이용하여 건물에서 필요한 에너지를 생산·이용하는 기술

④ 외부환경 조성기술

자연지반의 보존, 생태면적률의 확보, 미기후의 활용, 빗물의 순환 등 건물 외부의 생태적 순환기능의 확보로 건물의 에너지 부하를 절감하는 기술

⑤ 녹색 IT 기술

건물에너지 정보화 기술, LED 조명, 자동제어장치 등을 이용하여 건물의 에너지를 절감하는 기술

■ 설계조건

① 친환경 주택은 평균전용면적이 60 m^2를 초과하는 단지의 경우에는 단지 내의 에너지 사용량 또는 이산화탄소 배출량을 30% 이상 절감할 수 있도록 설계하여야 하고, 평균전용면적이 60 m^2 이하인 경우에는 25% 이상 절감할 수 있도록 설계하여야 한다.

② 친환경 주택은 다음 각 호의 모든 설계조건을 충족하여야 한다.

- 창호단열 : 지역기준에 준하여 외기에 직접 면한 창호의 평균열관류율은 중부지역 1.2 W/m^2K 이하, 남부지역 1.5 W/m^2K 이하, 제주지역은 1.8 W/m^2K 이하가 되도록 설계하여야 하며, 외기에 간접 면한 창호의

표 12.2 친환경 주택의 단열성능 기준

부위		평균열관류율 기준(W/m²K)		
		중부	남부	제주
외벽	외기 직접 면함	0.25 이하	0.32 이하	0.50 이하
	외기 간접 면함	0.32 이하	0.47 이하	0.62 이하
측벽		0.20 이하	0.28 이하	0.35 이하

평균열관류율은 중부지역 2.1 W/m²K 이하, 남부지역 2.3 W/m²K 이하, 제주지역은 2.8 W/m²K 이하가 되도록 설계하여야 한다.

- 벽체단열 : 외벽과 측벽의 평균열관류율은 친환경 주택의 단열성능 기준을 만족하도록 설계하여야 한다.

중부지역 : 서울특별시, 인천광역시, 경기도, 강원도(강릉시, 동해시, 속초시, 삼척시, 고성군, 양양군 제외), 충청북도(영동군 제외), 충청남도(천안시), 경상북도(청송군)
남부지역 : 부산광역시, 대구광역시, 광주광역시, 대전광역시, 울산광역시, 강원도(강릉시, 동해시, 속초시, 삼척시, 고성군, 양양군), 충청북도(영동군), 충청남도(천안시 제외), 전라북도, 전라남도, 경상북도(청송군 제외), 경상남도, 세종특별자치시

- 열원설비 : 개별난방 주택은 효율이 87% 이상인 보일러를 설치하도록 설계하거나, 지역난방시설 또는 열병합발전시설에서 공급하는 열을 사용하여야 한다. 다만, 지역난방시설 또는 구역형 열병합발전시설에서 공급하는 열을 사용하는 주택은 공급되는 열의 95% 이상을 난방 및 급탕열로 사용하도록 설계하여야 하며, 소형열병합발전 시설을 이용할 경우에는 전력생산과정에서 발생되는 배열로 세대에서 필요한 난방과 급탕을 합한 열량의 15% 이상을 담당할 수 있도록 설계하여야 한다.

- 고단열 고기밀 강제창호 : 복도형 공동주택의 세대현관문과 세대 내

의 방화문은 열관류율이 1.4 W/m²K 이하이고, 기밀성능은 1등급을 만족하는 제품을 사용하여야 하며, 계단실형 공동주택의 세대현관문은 열관류열이 1.8 W/m²K 이하이고, 기밀성능은 2등급 이상을 만족하는 세품을 사용하여야 한다.

12.2.3 녹색건축물 조성지원법

'저탄소 녹색성장 기본법'에 따른 녹색건축물의 조성에 필요한 사항을 정하고, 건축물 온실가스 배출량 감축과 녹색건축물의 확대를 통하여 저탄소 녹색성장 실현 및 국민의 복리향상에 기여함을 목적으로 '녹색건축물 조성지원법'(시행 2013.3.23.)이 마련되었다.

■ 에너지 절약계획서 제출 대상

연면적 합계가 500 m² 이상인 건축물을 말한다. 다만, 다음 각 호의 어느 하나에 해당하는 건축물을 건축하려는 건축주는 에너지 절약계획서를 제출하지 아니한다.

① 단독주택
② 문화 및 집회시설 중 동·식물원
③ 냉방 또는 난방 설비를 설치하지 아니하는 건축물
④ 그 밖에 국토교통부장관이 에너지 절약계획서를 첨부할 필요가 없다고 정하여 고시하는 건축물

■ 건축물의 에너지효율등급 인증 대상 건축물

① 공동주택
② 업무시설

③ 그 밖에 국토교통부와 산업통상자원부의 공동부령으로 정하는 건축물

■ 건축물 에너지 소비 증명 대상

건축물 에너지 · 온실가스 정보체계가 구축된 지역에 있는 다음 각 호의 어느 하나에 해당하는 건축물을 말한다.

① 전체 세대수가 500세대 이상인 주택단지 내의 공동주택
② 연면적 3,000 m^2 이상의 업무시설

12.3 제로에너지건물의 배경 및 정의

12.3.1 제로에너지건물 배경

인류의 현안으로 직면하고 있는 에너지와 환경문제는 건축과 매우 밀접한 관계에 있다. 건물은 건축재료의 생산과정을 포함해 건물의 설계, 시공, 유지, 관리 및 해체단계에 이르기까지 에너지 소비 및 주변환경에 커다란 영향을 미치고 있다. 현재 전 세계 에너지 소비의 40%, 이산화탄소 발생의 24%가 건물과 관련되어 있어 에너지와 환경문제에 대한 건물 분야의 책임이 매우 크다고 할 수 있다.

이와 같이 지구 현안에 대한 대응책으로 건축에서 지난 40년 간 다양한 변화가 있어 왔다. 오일충격으로 에너지 위기를 겪은 후 1980년 건물에 단열재를 의무 적용하게 하는 등과 같은 에너지 절약 기술을 보급하기 시작하였다. 이후 에너지 효율 기술이 부가되어 에너지 절약형 건축이 자리잡게 되었다. 한편, 70년대에는 신재생에너지에 대한 기초적 연구가 착수되어 주로 태양열을 건물에 응용하는 기술이 새로운 동향으로 시작되었다. 80년대에는 에너지 절약 문제와 함께 건물

내 재실자의 쾌적성을 극대화하기 위해 열, 빛, 음, 공기 등 건축환경 영향인자에 대한 최적화를 추구하는 환경건축environmental architecture이 대두되었다. 90년대에는 지구온난화에 따른 지구환경 보존문제가 새로운 이슈로 등장함으로 생태건축ecological architecture, 녹색건축green architecture, 지속가능건축sustainable architecture 등의 명칭으로 새로운 시도가 모색되었으며, 2000년대에는 보다 광범위한 범용적 의미의 친환경건축이라는 용어로 에너지 문제와 함께 토지이용, 교통, 자원, 환경부하, 생태환경 및 실내환경 등의 세부기술을 모두 포괄하는 개념으로 활용되고 있다.

최근에는 2000년대 들어 집중 투자되고 있는 신재생에너지 기술을 건물에 응용하기 위한 새로운 형태의 기술이 부각고 있다. 90년대부터 본격적으로 개발되기 시작한 태양광발전PV의 건물 응용기술로 PV 모듈을 건축 자재화하여 건물외피에 통합시키는 건물일체형 태양광발전(Building Integrated Photovoltaic, BIPV) 기술이 크게 시장을 형성해가고 있다.

최근의 건물에너지 및 환경 분야에서 나타나고 있는 뚜렷한 특징으로 통합설계integrated design를 통한 건물성능의 극대화를 추구하는 점이다. 기존의 에너지와 환경 기술이 철저히 개별 독립적으로 적용되는 반면, 최근의 건물은 설계단계부터 체계적이고 합리적인 접근방법에 근거해 모든 요소기술의 상관관계를 종합적으로 검토·반영하여 각각의 요소기술이 유기적으로 연계 작동할 수 있게 하는 통합적 설계기법을 시도하고 있다.

기존에는 건물의 부하를 저감시키는 에너지 절약 기술, 에너지 효율 기술과 자연에너지를 이용해 에너지를 생산하는 신재생에너지 기술이 전혀 관련성 없이 그때의 상황에 따라 분리 독립적으로 적용되어 왔으나, 통합설계 측면에서 부하저감을 위한 에너지 절약 기술이 선행된 후에 관련된 기술 적용이 이루어지도록 검토되고 있다. 이러한 접근 방법에 따라 통합설계를 구현할 경우 궁극적으로 건물 내에서 요구되는 모든 에너지를 제로화할 수 있는 혁신적인 개념으로 발전하였다.

그림 12.3 지속가능건축 사례(프라이부르크 시, 독일)

12.3.2 제로에너지건물 정의

제로에너지건물(zero energy building, ZEB)에 대한 정의는 다음과 같다. 제로에너지건물은 건물에서 zero net energy 소비가 이루어지고, zero carbon 배출이 이루어지는 건물을 말한다. 즉, 기름, 가스, 석탄, 전기 등 기존의 화석연료를 전혀 사용하지 않고, 순수하게 건물 주변의 자연에너지만을 이용해 냉난방 조명 및 기타 건물에 필요한 모든 에너지원을 충당하는 기술을 사용하는 건물[1)]로, 현재 일반적으로 사용되는 형태(건물 외부로부터 에너지가 공급되어 사용되는 energy grid supply) 건물과 달리 건물에서 독자적으로 에너지를 생산하여 자체적으로 사용될 수 있는 건물을 말한다. 또한, 최근 중요하게 부각되는 건물에너지관리시스템 측면을 고려하여 제로에너지건물을 정의하면 매우 효율적인 공기조화장치HVAC 및 조명기술을 사용하여 건물전체의 에너지 사용량을 절감하면서 태양 및 바람과 같은 신재생에너지 생산기술energy producing

1) 대한건축학회 제로에너지건물분과위원회편, 「제로카본 제로에너지 건축기술의 이해」, 2010

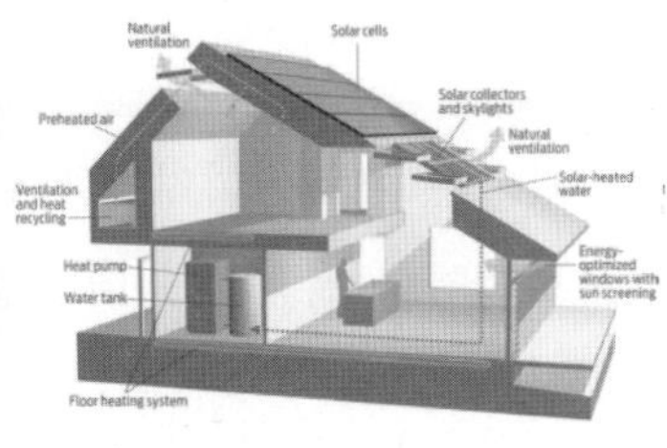

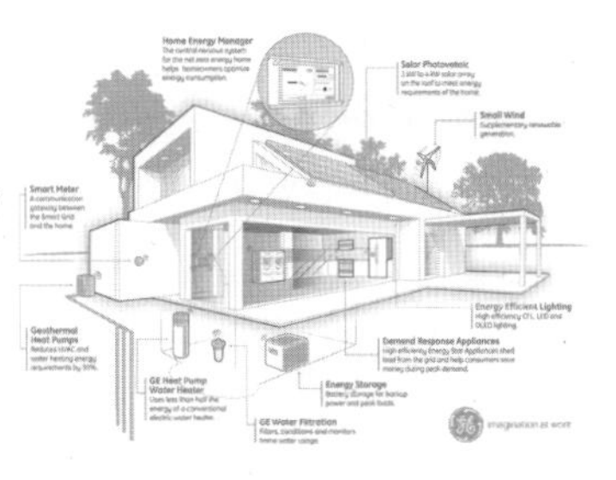

그림 12.4 제로에너지건물

technologies을 조합하여 해당 건물에서 에너지를 확보할 수 있는 에너지 체계를 갖춘 건물을 말한다[2].

이와 같이 zero net energy로 사용되는 건물은 'near-zero energy building' 또는 'ultra-low energy house'로도 일컬어 지고, 연간 일정기간 동안 사용하고도 남는 양의 에너지를 생산하는 건물이므로 'energy-plus building'으로도 일컬어진다. 이때, 연간 냉난방이 필요한 지역에 건물이 위치한 경우, 가용할

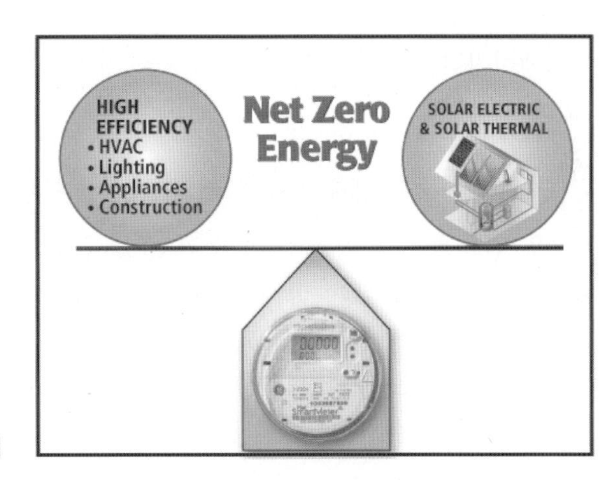

그림 12.5 제로에너지건물 개념

2) Elena V. M. Papadopoulou, Energy management in buildings using photovoltaics, Springer, 2011

수 있는 생활공간을 작게 유지하면 zero net energy 소비량을 이룩하기에 보다 용이하다.

최신 HVAC 및 조명 제어기술은 제로에너지건물의 지능적 운용을 가능케 하는 '두뇌'에 해당된다. 건물시스템의 지능적인 대응을 개선시키는 제어는 다음과 같은 특징을 가지고 있다.

- 중앙기기 제어와 존-레벨 관리 사이를 전기 보조장치에 의한 DDCdirect digital control
- 단일 중앙 자동제어BAS로의 통합
- 개방형 프로토콜 표준을 통해 이룩된 상호운용성

12.4 제로에너지건물의 특징 및 장단점

12.4.1 제로에너지건물 특징

제로에너지건물은 다음과 같은 특징을 가지고 있다.

- 최신 HVAC 및 조명 제어
- 실시간으로 중앙에서 설비데이터로 접속한 스마트 계측
- 높은 전송용량high bandwidth과 연결성connectivity을 가진 체계적 전력 인프라
- 변화하는 기술과 재실자 요구에 대한 순응

제로에너지건물은 에너지가 재사용되도록 설계된다. 예를 들면 배출환기 공기 및 드레인 전열교환기, 사무실 기기 및 컴퓨터 서버, 건물을 난방하기 위한 구체열 등이다. 이와 같은 건물은 기존 건물에서는 단지 외부로 버려졌을 에너지를 사용하는 것으로 전열환기, 급탕열 순환, 복합열 및 전기, 흡수식 냉동기 등을 이용하여 재사용한다.

그림 12.6 현대건설 그린 스마트 이노베이션 센터

친환경 및 지속가능건물의 목적은 자원을 보다 효율적으로 이용하고 환경에 대한 건물의 역기능을 줄여 나가는 것이다. 제로에너지건물을 통해 친환경 및 지속가능건물의 목적을 완전하게 이룩하고 건물의 생애기간 중에 발생하는 에너지 사용량 및 지구온난화 가스를 줄여 나갈 수 있다.

에너지 및 화석연료를 사용하여 재실자의 요구를 충당하는 지금까지의 친환경 및 지속가능 건물과 비교하여 제로에너지건물은 건물의 생애기간 동안 환경에 대한 영향을 대폭 줄여 나가는 역할을 감당한다.

새로운 설계를 향한 도전과 이 설계가 효율적이 되도록 함으로써 건물의 에너지 요구를 만족시키는 데 필요한 부지에 대한 민감성, 그리고 신재생에 대한 사용자의 요구로 인해 설계자는 통합적인holistic 설계원칙을 적용하고, 이를 통해 태양열 방위, 자연통풍, 자연채광, 축열, 주간 조명기술, 자연통풍을 이용한다.

또한, 건물에 에너지 효율 조명 및 냉방장치를 설치하고 에너지 부하를 줄일 수 있으며 이를 통해 건물에너지의 요구를 줄이고, PV 발전 전기를 갖춘 지역 설비 그리드에 의해 공급되는 잉여부하가 공급되도록 한다. 설계자는 전기 필요량을 줄이고 예를 들면 BIPV를 사용토록 함으로 잠재적인 에너지 비용 절감을 최대화한다.

12.4.2 제로에너지건물의 장단점

제로에너지건물은 다음과 같은 장점을 가지고 있다.

- 건축주가 미래의 에너지 가격 상승에서 자유로워질 수 있다.
- 보다 균일한 실내온도로 쾌적성이 향상된다.
- 에너지 긴축을 위한 제한조건이 감소된다.
- 에너지 효율이 증가되므로 건축주의 총 비용이 감소된다.
- 실질적인 생활비용의 절감을 가져온다.
- 태양광은 25년 수명을 보장하고 기후로 인한 문제가 거의 발생하지 않아 신뢰성을 확보할 수 있다.
- 갱신 시와 비교할 때 신축 시의 초과비용 발생을 줄일 수 있다.
- 동일한 기존건물과 비교할 때 ZEB의 가치는 에너지 비용이 증가될수록 더욱 커진다.
- 장래의 법규 제한과 탄소배출에 따른 세금/벌금은 비효율 건물에게 갱신 시 비용측면에서 압력을 초래할 수 있다.

반면 제로에너지건물의 단점은 다음과 같다.

- 초기 비용이 상승할 수 있다. ZEB 국가보조금을 확보하기 위해 적용 및 품질을 확보하는 데 노력과 비용이 소요된다.
- 소수의 설계자 및 공사업체만이 ZEB를 건축하는 데 필요한 기술 및 경험을 보유하고 있다.

- 장래 설비회사가 감소함으로써 신재생에너지 비용은 에너지 효율에 투자된 비용의 가치를 감소시킬 수 있다.
- 신규 PV 전지 장비 공법 가격은 연간 약 17% 떨어지고 있다. 이것은 태양전지 발전시스템에 대한 투자비용의 가치를 저하시키고, 태양광 대량생산이 미래비용을 떨어뜨려 최근의 보조금이 감소될 것이다.
- 건물 재매각 시 평가자가 동일하고, 모델건물에서 에너지를 고려하지 않을 경우 높은 초기비용을 개선하기 위한 도전이 요구된다.
- 특정한 기후조건을 고려한 설계는 지구온난화에 따른 기온의 상승 또는 하강에 대응할 미래의 능력이 제한될 수 있다.
- 단독주택은 연간 제로에너지의 평균값을 사용하는 것으로 고려되지만 그리드상으로 피크 수요가 발생할 때 에너지가 필요할 수 있다. 이 경우 그리드의 용량이 모든 부하에 전기가 공급되도록 해야 한다. 따라서 ZEB는 필요한 전기장치 용량이 감소되지 않을 수 있다.
- 최적한 외피가 구축되지 않을 경우 구체에너지, 냉난방에너지, 자원사용량이 필요 이상 커질 수 있다. 정의상으로 ZEB는 최소 냉난방 성능수준을 요구하지 않으나, 에너지 부족을 만회하기 위해 과도한 신재생에너지 시스템이 설치될 수 있다.
- 주택의 외피를 이용하여 획득한 태양열은 남면으로부터 장애물이 없을 경우만 얻어질 수 있다. 남측면에 그림자가 발생하거나 주변에 수목이 있을 경우 태양열 획득을 최적으로 확보할 수 없다.

12.5 효과적인 제로에너지건물 수행기술 및 설계방안

12.5.1 효과적인 제로에너지건물 수행기술

건물에너지의 소비량을 절감하기 위해 가장 효과적인 방안은 설계단계에서 제로에너지건물에 대한 고려를 하는 것이다. 효율적으로 에너지 사용이 이룩되기 위해서는 전통적으로 수행되었던 건축방안과 다르게 제로에너지설계가 수행되어야 한다. 성공적인 제로에너지 건축설계가 이룩되기 위해서는 시간테스트를 거친 태양열, 자연공조, 현장자산과 함께 작업하는 원칙이 통합되어야 한다. 태양광, 태양열, 통풍, 지중냉각은 최소한의 설비장치를 가지고 자연채광을 확보하면서 안정적인 실내온도를 제공할 수 있다.

ZEB은 주간의 온도 변화를 안정화시키기 위해 자연형 태양열 획득, 차양, 축열용량을 사용하고 대부분의 기후에서 슈퍼단열을 채택함으로써 최적화할 수 있다. 제로에너지건물을 창조하기 위해 필요한 모든 기술은 오늘날 이미 기성품이 되었다. 제로에너지건물은 재실자에게 그들이 원하는 건물의 장점을 제공할 수 있다.

최신의 HVAC 자동제어 시스템은 실내공기를 모니터링함으로써 보다 많은 재실자의 온도를 제어하고, 더욱 쾌적한 온도를 제공하며, 퍼실리티 매니저에게 재실자의 불만에 신속히 대응하기 위한 정보를 제공한다. 스마트 빌딩은 공간배치를 보다 용이하게 인식하도록 설계되어 있다.

정교한 3D 컴퓨터 시뮬레이션 툴은 기후의 영향뿐만 아니라 건물의 방위, 창 및 문 종류, 위치, 차양길이, 단열재 종류, 건물부위값, 기밀도, 공기조화 요소 효율과 같은 설계변수의 범위에서 건물이 어떻게 성능되는지 모델링할 수 있다. 이와 같은 시뮬레이션은 설계자가 건물이 지어지기 전 건물이 어떻게 성능을 발휘할 것인지에 대해 예측하는 데 도움이 되고, 건물이 비용혜택측면에서 경제적이고 더 나아가 보다 적절한 생애비용평가를 수행할 수 있도록 한다.

제로에너지건물은 중요한 에너지 절감 특징을 갖추도록 건축된다. 냉난방 부

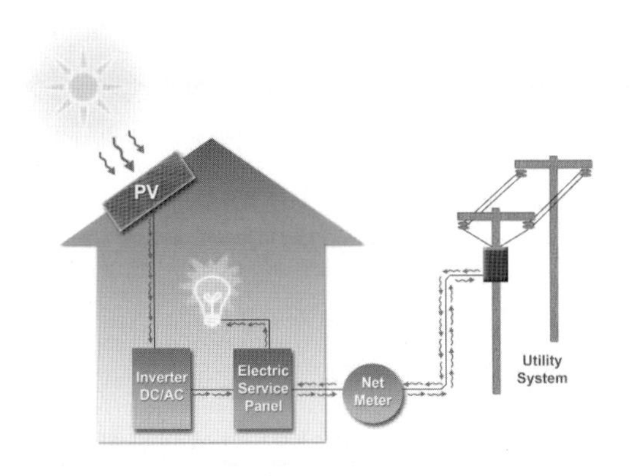

그림 12.7 PV 시스템

하는 고효율기기, 추가된 단열, 고효율창, 자연환기, 기타 기술을 사용함으로써 절감된다. 이와 같은 특징은 건물이 지어지는 지역의 기후적 특성에 의존된다. 난방 부하는 배수 열교환장치, 태양열 난방, 고효율 난방열원장치를 사용하여 절감할 수 있다.

추가하여 skylite 및 태양광 튜브solar tubes를 이용한 자연채광을 통해 가정에서 주간 조도를 100% 공급받을 수 있다. 야간조도는 형광등, LED를 통해 제공된다. 그리고 기타 전기 부하는 효율장치를 선택하고 대기부하를 절감함으로 줄일 수 있다. 그밖에 zero net energy에 도달하기 위한 기술로 복토건축earth sheltered building, 슈퍼단열벽, 프리패브 패널, 차양지붕 등이 있다.

12.5.2 제로에너지건물 설계방안

에너지 효율이 최대가 되도록 건물을 설계해야 하듯이 BIPV Building Integrated Photovoltaic 시스템은 전기출력이 효율적이 되도록 설계해야 한다. 태양열 복사의 가용성은 일반적으로 연간 그리고 하루를 통해 건물의 전기 부하와 일치하도록 하는 것이 중요하다. 예를 들면 여름철 한낮의 사무소 건물의 피크에 대응하는 에너지 사용량이 최대 태양 잠재량이 존재하는 시간이다. 최대의 에너지 출력을 위해 BIPV 시스템은 건물대지, 설계와 관련하여 향, 기울기 각도, 사이즈를 결정하는 것이 중요하다. 또한, BIPV 설치 시 기울기와 향을 고려하여 최대 태양 발전량을 건물에서의 최대 전기 소요량과 일치시키는 것이 중요하다.

일반적으로 기기는 필요가 없을 때 끄는 것이 에너지를 절감하는 가장 용이한 방법이므로 기기의 운전 스케줄을 고려한다. 필요없을 때 가동되는 것이 건물의 최대 에너지 낭비 요소 중 하나이다. 따라서 HVAC와 조명시스템을 조닝수준으로 스케줄을 설정함으로써 재실자가 존재하지 않은 지역에서의 시스템은 가동되지 않도록 한다.

건물의 기기가 시간별로 set point가 설정되도록 하기 위해 사용자가 재실 시와 필요한 때만 가동하는 optimum start에 의한 에너지 절감 전략을 사용하고, optimum stop은 재실자가 비재실 시와 재실자의 쾌적성이 유지될 때 기기를 최대한 빨리 끈다. 또 다른 전략은 건물을 사용자가 재실 전에 night setup 또는 set-back을 통해 외기 댐퍼를 닫음으로써 최소한의 에너지를 통해

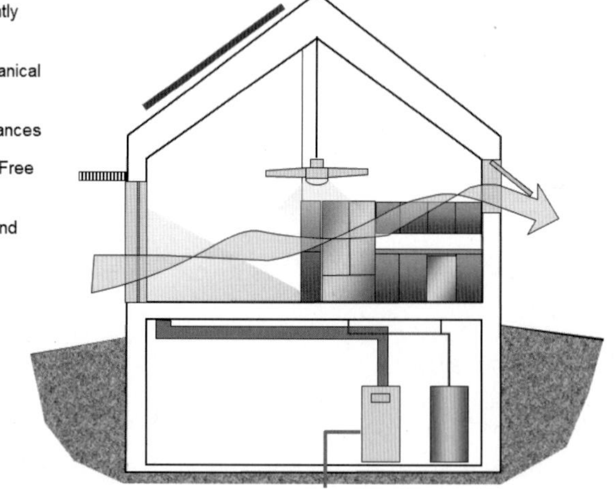

그림 12.8 제로에너지건물 설계방안

원하는 온도를 유지한다.

ZEB에서는 주요 전기부하-발전기기의 시작 사이에서 발생하는 시간지연을 프로그래밍함으로써 수요 파형을 제거하는 것이 필요하며 시작 피크부하가 피크부하의 밑에 존재하도록 한다. 일반적으로 에너지 소비량을 절감하고 ZEB를 만들기 위해 다음과 같은 두 가지 특징이 요구된다.

- 에너지 소비량 절약방법에 대한 명확한 이해
- 실제 성능이 목표한 기능을 수행하도록 시스템을 보정한다.

에너지 가격의 상승과 에너지 수요의 증가는 에너지에 대한 관심이 증가하는 시기에 에너지 효율과 절감을 위한 강력한 기회가 되고 있다. 에너지 효율과 절감은 전기생산이라는 매우 고가이면서 생산측면에서 확대되고 있는 기존의 필요를 줄일 수 있는 광대하고도 상대적으로 개발할 가능성이 많은 영역이다.

12.6 제로에너지건물 효율향상 방안

공공건물과 주거건물은 국가전체에서 사용하는 에너지 소비량의 1/3을 차지하므로 에너지 절감 가능성이 크다. 가정에서는 수요관리기술 도구demandside management tool를 개발하고 노화된 주택에 대해 에너지 효율을 개선하며 건물과 전력그리드를 연결하는 스마트 인프라를 통해 에너지 절감 프로그램을 제공한다.

공공건물에서는 에너지 효율과 친환경건물에 대한 설계모델 사례를 제시하고, 장기적이고도 세밀한 비용 일정을 제시하며, 건물생애 동안 축적된 장기적인 에너지 절감을 이룩하고 있는 건물을 대상으로 비용을 파악하고 설비를 갖춘 성능기반 비용체계performance based가 활용되어야 한다. 이 성능기반 계약은 자신이 직접 돈을 투자하면서 기존 건물보다 25% 이상의 에너지 절감을 이룩할 수 있다. 에너지 효율 가능성을 최대한으로 이룩하기 위한 방안은 다음과 같다.

- 개선된 에너지 효율 교육
- 강화된 규정 성능
- 에너지 효율 실천에 대한 보상 및 인센티브
- 효율적 에너지 사용을 위한 에너지 수요 관리
- 시설 장애를 제거하기 위한 완화 및 규정 재구축
- 공공건물 프로젝트를 위한 혁신적 금융

제로에너지 주택은 에너지효율 방안들을 조합하고 연간 건물에서 소비되는 양만큼 에너지를 생산하는 PV 및 태양열 급탕 시스템과 같은 신재생에너지 시스템을 사용하여 에너지 성능측면에서 기존건물보다 최소한 50% 또는 그 이상 개선을 이룩하기 위해 건축되고 운전되며 관리된다. 제로에너지 주택은 성능이 우수하고 표준 관리를 필요로 하는 기존에 수행되어온 설계기술로 이루어진다. 제로에너지 주택은 주택 소유자에게 보다 비용-효율 측면이 되도록 한다.

EU 국가에서는 PV 패널은 신축주택 비용에 20,000유로를 추가함으로써 초기 비용이 증가하나, 제로에너지 주택은 건축주의 설비비용을 60% 내지 그 이상 절감할 수 있고 이로 인해 감가상각비도 상쇄된다. 실제로 많은 나라에서 세금 공제 및 시설 인센티브가 사용되어 효율 장치와 신재생에너지 시스템의 초기비용이 절감되고 있다. EU 국가에서는 제로에너지 주택에서 보다 많은 투자와 절감 반환을 이루기 위해 강제적인 인센티브 옵션을 제시하고 있다.

스마트 인프라를 이용하여 비용의 영향을 긍정적으로 창출하는 것을 확대할 수 있다. 시설이 시간대별time-of-use 비용을 부과할 경우 스마트 미터는 실시간으로 주택 거주자에게 자신의 에너지 사용을 비피크 시간으로 조정하도록 비용피크price peak를 결정한다. 다수의 주택에서 쾌적성에 영향을 미치지 않으면서 거주자로 하여금 피크 에너지 수요 기간 중에 에너지를 절감하는 하나의 방법으로 원격제어로 공조장치에 전기 송신을 제한하는 자발적인 '순환 프로그램'을 제공한다. 시간대별 요금 프로그램은 스마트 미터 사용을 보완하도록 촉진하고 있다.

다음과 같은 도구와 행동은 건물재실자로 하여금 수요관리프로그램[demandside management (DSM) program]을 통해 보다 많은 에너지를 절감하도록 장려할 수 있다.

- 소비자가 전기 사용량을 인식할 수 있도록 스마트 인프라와 기기 사용을 촉진한다.
- 가격 추진요인으로 기능하기 위해 스마트 인프라를 확대한다. 즉, 시간대별 또는 비피크 요금을 부과하고, 신규 미터를 설치하여 비용의 영향을 파악하도록 한다.
- 비용 기반에서 수요측면 관리가 최대한으로 사용되도록 한다.
- 수요관리DSM를 에너지 포트폴리오의 복합요소로 포함시켜 장기적으로 수요를 확보하도록 한다.
- 시설이 광범위하게 에너지효율 계획을 수립하도록 유도한다.
- DSM 효과를 시간당 사용량으로 정량화하는 것과 같이 에너지 효율을 추구하는 방법을 단순하고, 효율적이며, 지속적으로 추구한다.
- 에너지 사용 요금 고지서가 소비자의 수요를 절감하는 제안과 전기 소비량을 이웃 건물과 비교하는 통계를 포함한 중요한 교육도구로 사용될 수 있도록 보다 효율적인 정보를 수록하도록 권장한다.
- 국가 에너지 효율목표에 국가의 신재생 포트폴리오 기준RPS을 포함한다.
- 지방정부 내에 제로에너지 주택 건립 노력을 권장하고 확산하기 위해 실험적인 프로그램을 개발한다.

에너지 사용량을 절감하는 기회는 건물의 모든 분야에 존재한다. 에너지를 절감하는 첫 번째 기회는 냉난방 및 온수난방 부하를 절감하는 데 있다. 이것은 보다 많은 단열재와 투습방지층, 환기와 같은 고려가 필요하다. 그리고 주택에서의 주요 장비는 가능한 가장 높은 효율을 갖추면서 적정한 치수로 구성되어야 한다.

에너지 부하를 절감하는 두 번째 기회는 높은 효율의 조명기구를 설치하는 것이다. 그리고 세 번째 기회는 매일 일상적으로 에너지 사용을 인식하는 것이고 불필요 시 소등하는 것이다. 이상의 조치로 건물에서의 에너지 사용요구량이 절감되면 PV를 설치하여 건물에서 사용되는 전기를 공급하고 남으면 송전되도록 한다. 성공적으로 제로에너지 주택을 이룩하는 수단이 모든 건물에서 동일한 것은 아니다. 에너지 효율적인 건축기술에 대한 연구는 설계 및 에너지 효율적인 건물을 설치함으로써 입증된다. 제로에너지건물을 이룩하기 위한 주요 해결방안은 다음과 같다.

- 냉난방, 온수난방을 위한 에너지 요구량을 줄인다.
- 보일러(히트펌프) 및 공조기 효율을 증가한다.
- 태양열 온수 예열시스템, 효율적인 백업 온수히터, 효율적인 분배시스템을 설치한다.
- 효율적인 조명기구를 설치한다.
- 효율적인 장치를 설치한다.
- 적정 크기의 PV시스템을 설치한다.
- 조명, 컴퓨터, 장치는 미사용 시 소등한다.

성공적인 제로에너지 주택은 설계자 및 건설업자의 역할로 끝나지 않는다. 관리가 잘 이루어지도록 건물 소유자의 역할이 매우 중요하다. 건물 생애 동안 소유자가 제로에너지 주택의 실제 성능에 가장 중요한 역할을 미친다. 따라서, 첫째 단계로 제로에너지 주택 소유자는 기기 및 장치에 대한 적정한 관리뿐만 아니라 건물에서 에너지 사용에 영향을 미치는 매일의 습관과 패턴을 인식해야 한다. 예를 들면 가정의 일 가운데 프로그램된 온도조절기 또는 광센서 외부조명과 같은 에너지 효율장치의 사용 방법을 이해한다. 그리고 외출 시 조명을 소등하는 단순한 방법이 에너지 낭비를 막을 수 있으며, 실제 에너지 필요량에 대한 주의깊은 관심과 불필요한 에너지 사용을 방지하는 것이 제로에너지 주택의 성능을 확보하는 방안이다.

둘째로 소중한 재산으로서 건물의 장비와 건물은 주의깊게 관리되어야 한다. 보일러 필터 교체, 냉난방 시스템을 정기적으로 청소하며, 주기적으로 태양시스템 가동을 점검하고, 외관 도장을 하는 등 소유자는 장기간 사용되고 높은 성능이 확보되는 제로에너지 건물이 되도록 힘써야 한다.

제로에너지건물은 높은 수준의 에너지 효율과 신재생에너지 시스템을 결합하여 연간 건물에서 생산된 만큼의 에너지를 건물에서 사용하도록 하는 건물로 이를 통해 제로에너지 소비가 이루어질 수 있다.

12.7 제로에너지건물 구축사례

12.7.1 개요

제로에너지건물로 유명한 미국의 국립 신재생에너지 연구소(National Renewable Energy Laboratory, NREL 국립 신재생 에너지 연구소) 캠퍼스 내의 RSF Research Support Facility 건물의 디자인 개념, 전략 및 시설에 대해 제시하였다[3]. 설계는 덴버Denver 소재 RNL 건축사무소가 담당하고 시공은 Haselden 건설사가 수행하였다. 자세한 제로에너지 접근 방법과 시공상의 기술적인 내용을 파악하였다. RNL 건축사무소는 친환경 설계를 중점적으로 진행하는 전문 설계사로 미국 내 친환경 관련 5위[4] 설계사이다. 또한 Haselden 건설사는 콜로라도를 중심으로 활동하는 중견 건설사로 덴버에서는 인지도가 있으며 NREL 캠퍼스 신규 건물의 대부분을 시공하고 있다. 이 건물은 친환경, 신재생 및 에너지 효율 기법과 통합설계에 의해 구현된 세계최고 수준의 ZEB으로 개요는 표 12.3과 같으며, 건물 전경은 그림 12.9와 같다.

---

3) 조진균, 「제로에너지건물 사례소개-NREL의 RSF 건물」, 대한건축학회건축, 2011. 9
4) Architect magazine's comprehensive ranking system, 2009

그림 12.9 NREL의 RSF 건물 전경

표 12.3 NREL의 RSF 건물 개요

구분	내용
건물명	RSF (Research Support Facility)
용 도	연구지원시설(사무실)
발주처	미국 에너지성 / 국립 신재생에너지 연구소
위 치	골든(Golden) / 콜로라도(CO) / 미국
연면적	20,439 m^2 (지하1층 지상 4층)
완공일	2010년 6월
설계사	RNL (건축설계) / Stantec (MEP Eng.)
시공사	Haselden Construction
비 고	LEED Platinum Certified

12.7.2 A World Changing Building

NREL의 RSF는 처음부터 세상을 변화시키는 건물world changing building로 설계되었다. 미국에서 최대 규모의 상업용 ZEB을 만들 목적으로 계획된 이 건물은 미래 ZEB의 청사진 역할과 함께 저에너지 또는 제로에너지 성능을 추구하는 건물산업 분야의 지표를 마련하기 위함이었다. 건물 디자인은 에너지 절감 유도와 기후특성을 이용한 패시브 건축전략을 기술적으로 최대화하였다. 건물방위, 평면, 단면, 매스계획과 외피디자인은 건물 내의 자연채광과 자연환기를 극대화하도록 반영되었다. 건물 내 환기를 위한 신선외기와 외부에 노출된 축열체 예열은 열적미로Thermal Labyrinth를 이용하여 건물자체에 열에너지를 저장하도록 건축적으로 구현하였다. 우선적으로 건물에서 요구되는 에너지를 최소화하고 그 다음 조명효율 극대화, 복사 냉·난방 및 바닥급기 시스템을 적용하여 건물의 에너지 성능을 향상시켰다.

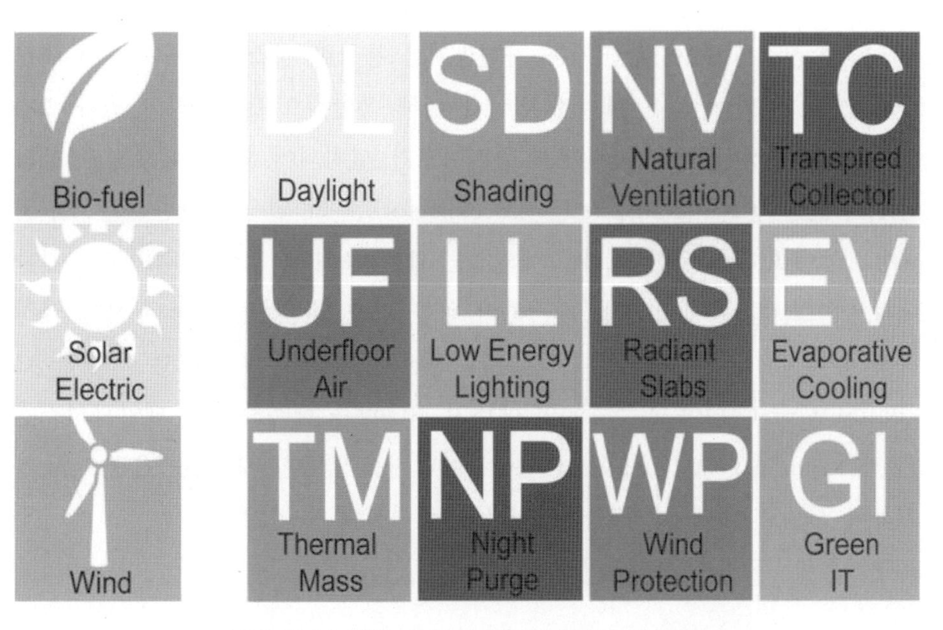

그림 12.10 NREL의 RSF 건물에 적용된 기술개요

지붕에 설치된 태양광 발전 시스템의 에너지 발전 효율을 높이기 위해 지붕 형태는 약간 남측으로 경사를 주었다. 업무(사무) 공간은 적절한 자연채광 계획뿐 아니라 자연환기와 구체축열을 통해 건물의 에너지 목표에 효과적으로 대응하며, 미래의 사무공간 창출을 위해 설계되었다. 공간의 모듈화, 이중바닥 시스템과 탈부착이 가능한 벽체 적용으로 보다 유연하고 융통성 있는 실내환경을 구축하였다. 이러한 사무공간은 구성조직을 떠나서 조직 간 협업과 접근성을 도모할 수 있다. 생산성과 삶의 질은 자연채광, 열쾌적 및 제어, 소음과 공기질과 같은 실내환경 개선으로 도모할 수 있다.

12.7.3 Zero Energy

ZEB에 도달하기 위해서는 건물의 에너지 흐름과 관련 시스템을 최적화하고 통합하는 작업이 필요하다. 조명은 자연채광, 주광제어, 재실자 제어 및 고효율 조명기구을 통합하여 시스템을 구현하였다. 열쾌적은 구체축열 및 복사냉·난방 시스템, 나이트 퍼지와 자연환기를 통합한 시스템을 구축하여 해결하고 있다. 특히, 난방은 에너지 절약을 위해 복합적으로 접근하고 있다. 2개의 날개로 구성된 건물 하부에는 열적미로가 설치되어 있다. 미로는 건물의 남쪽 입면에 설치된 transpired solar collector로부터 열을 저장한다. 이 열은 난방기간에 환기를 위한 외기를 예열하는 데 사용된다. 또한 열적미로는 건물 내의 데이터센터에서 발열을 제거하기 위한 연중 발생하는 냉방 부하를 급격하게 완화시키는 기능도 한다. 건물의 정밀한 에너지 해석 모델을 통해 33 kBtu/SF/year (79 kW/m^2/year)의 에너지 사용량을 예측하였다. 태양광시스템은 35 kBtu/SF/year (84 kW/m^2/year) 에너지를 공급할 수 있는 용량으로 설치하여 사이트 내에서 제로 에너지화를 충족시킬 수 있었다.

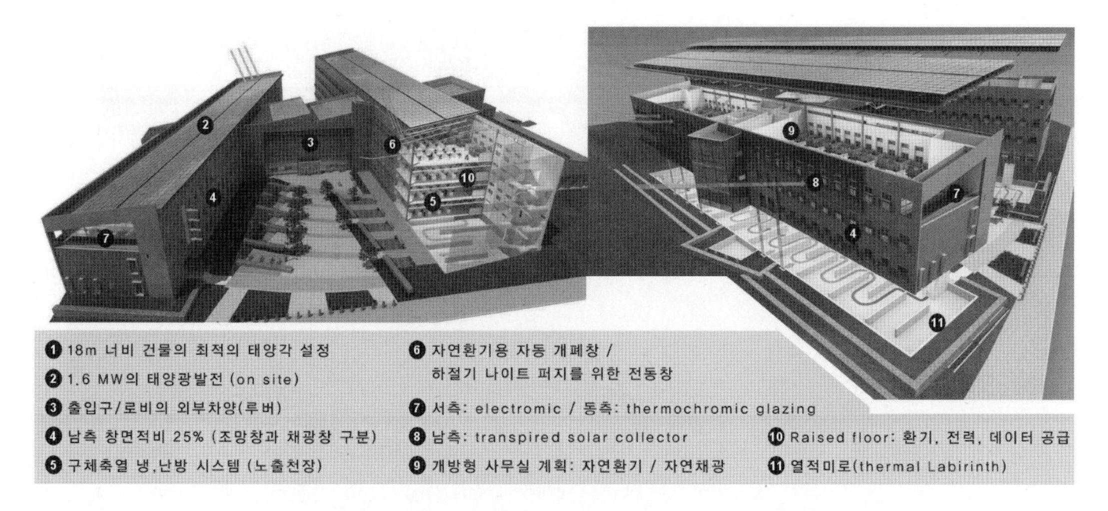

그림 12.11 NREL의 RSF 건물 적용시스템 개념(주요 적용기술 및 적용위치)

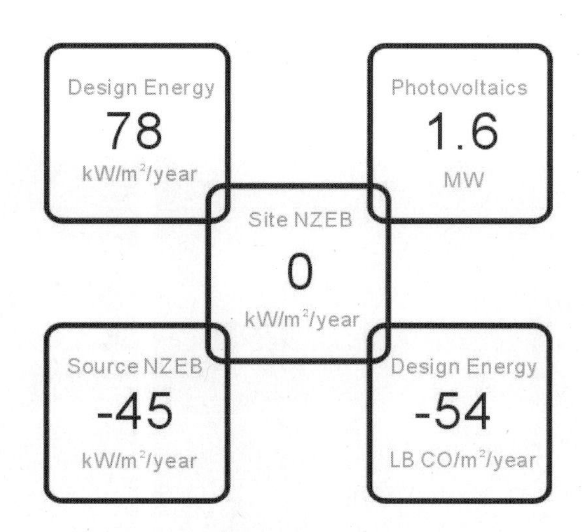

그림 12.12 RSF 건물의 목표 에너지 지표

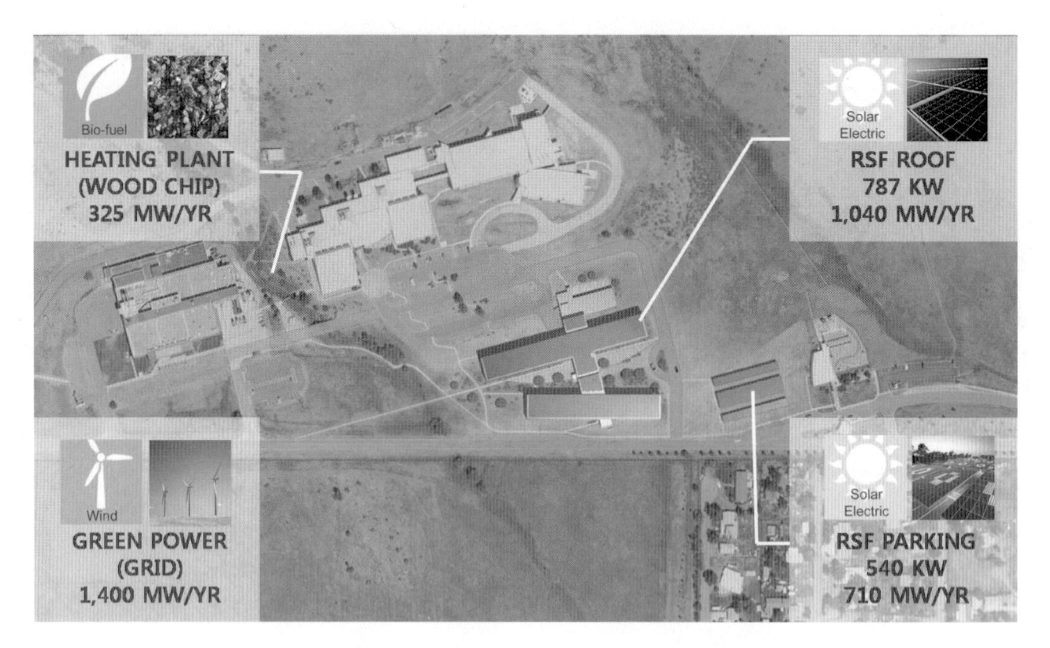

그림 12.13 NREL 캠퍼스의 에너지 공급 개요(신재생에너지)

그림 12.14 RSF 건물의 PV(좌), 파워플랜트의 우드칩 보일러(우)

■ 에너지 공급

NREL 캠퍼스 전체의 에너지 공급은 그림 12.13과 같다. 전력은 사이트 내에서는 각 건물에 설치된 PV를 통해서 발전하고 인근 풍력발전에서 생산된 전력을 공급받는다. 열 공급은 중앙 파워플랜트의 우드칩 보일러 등을 가동하여 소요처에 공급한다. 우드칩은 인근 콜로라도 로키 산 인근의 죽은 나무로부터 그 원료를 조달한다.

■ 창호 및 차양계획

창은 기본적으로 조망 및 환기를 위한 부분과 자연채광을 위한 부분으로 기능을 분리하고 있다. 창호 상부에 자연채광을 극대화하기 위해 반사루버를 설치하였고 이에 따라 현휘glare도 효과적으로 제어가 가능하다. 차양 및 광선반 기능을 할 수 있는 알루미늄플레이트 패널을 남측창에 설치하였으며, 복층으로 된 대형공간인 로비에는 루버형태의 외부차양을 설치하여 효과적인 일사제어를 하고 있다. 그림 12.15처럼 실내외 일영, 조명 시뮬레이션을 통하여 건물에 의해 간섭되지 않고 자연채광이 실내로 원활하게 유입되도록 충분히 검토하여 반영하였다. 기본적으로 환기를 위한 창호개폐는 재실자가 수동으로 조작하도록 하였으며 야간의 나이트 퍼지를 위해서 일부 창만 전동으로 조작이 가능하도록 하였다. 창 면적비는 남측(23% WWR), 북측(26% WWR)으로 북측이 약간 큰데 이는 자연환기를 원활하게 하기 위해 초기부터 검토 후 계획에 반영한 것이다. 유리는 기본적으로 3중 유리를 적용하여 단열성능을 높였고, 특히 서측과 동측은 태양고도가 낮아 외부차양만으로는 일사차단 및 제어가 어렵기 때문에 전기 또는 열적인 반응에 의해서 유리자체의 차폐계수가 변하는 electrochromic glazing(서)과 thermochromic glazing(동)을 설치하였다.

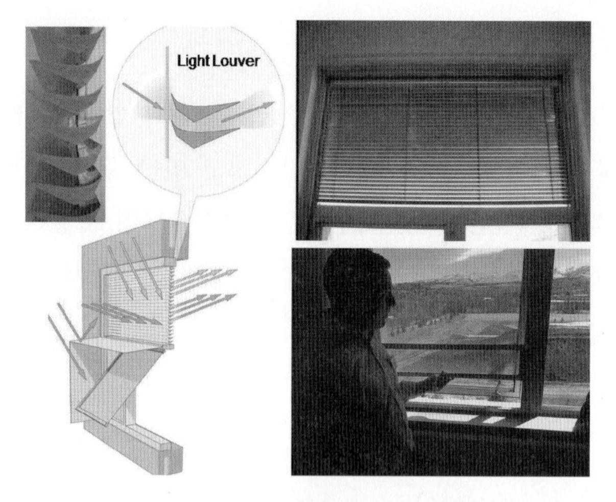

그림 12.15 창호계획: 자연환기 및 채광을 극대화

그림 12.16 남측 창 모습(좌), 출입구/로비 외부차양(우)

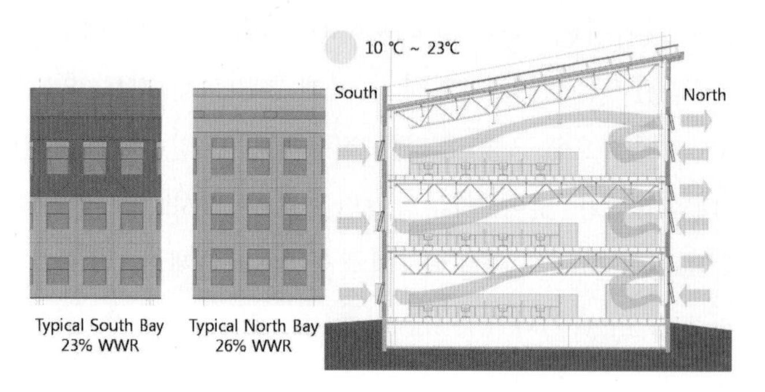

그림 12.17 남/북측 창 면적비 및 창을 통한 자연환기의 개념도

그림 12.18 서측창의 electrochromic glazing 적용효과

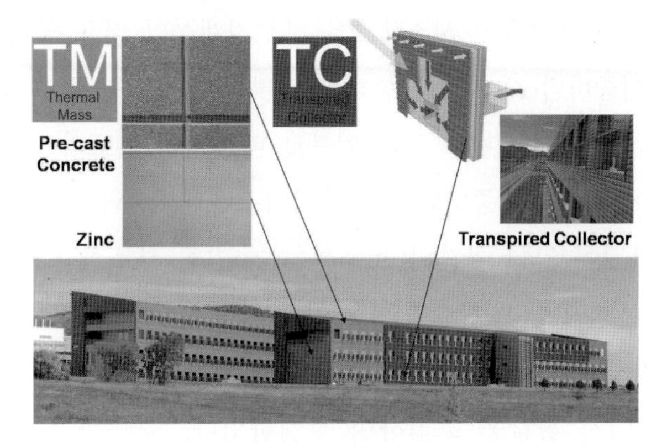

그림 12.19 RSF 건물의 에너지와 환경을 위한 외피구성

■ 건물외피계획

RSF 건물의 외피는 건물의 전체적인 에너지 균형을 유지하기 위해서 다양한 시도를 하였다. 적용된 외피는 열용량인 큰 축열체로서 열적완충공간의 역할을 한다. 여기에는 단열재와 일체화된 프리캐스트 콘크리트 외피모듈을 적용하여, 현장 시공공정을 줄임으로써 공사 중 발생하는 여러 환경적인 문제도 줄일 수 있었다. 그리고 일부분에 아연도 강판을 사용하였는데 이는 외부의 페인트 작업 등의 가공작업이 필요 없어 환경부하를 줄였다. 이 건물에서 가장 특별한 기술 중 하나는 transpired solar collector이다. 이는 일사에 의해서 건물외피가 가열되면 그 사이의 공간에서 예열된 공기가 열적미로를 통과하여 환기를 위한 외기를 공급하는 역할을 한다.

■ 설비 및 조명시스템 계획

앞에서도 기술되었지만 RSF 건물의 모든 시스템은 유기적으로 연결되어 있어 그 효과를 극대화할 수 있도록 하였다. 냉·난방 시스템은 구조체인 슬래브에 배관을 매립하여 구체축열을 이용한 복사 냉·난방 시스템을 적용하였다. 신선 외기공급을 위한 환기시스템은 DOAS (dedicated outdoor air system)로 냉·난방 시스템과는 독립적으로 운전이 가능하여 에너지 손실을 최소화하도록 계획되었다. 환기시스템은 바닥급기 시스템으로 하부기계실의 전용 공조기에서 공급하고 사무공간의 이중바닥raised floor을 통해서 바닥에서 급기를 한다. 공급된 공기는 복사실과 화장실 등의 배기팬을 통해 외부로 배출되어 별도의 리턴 덕트는 구성하지 않았다. 300 mm의 이중바닥에는 환기시스템 및 전력, 데이터 공급을 위한 케이블이 모듈화되어 있어 공간의 효율성을 높였다. 사무공간은 개방된 공간으로 계획하여 기본적으로 자연채광과 자연환기가 원활하게 되도록 계획되었다. 조명시스템은 작업공간에 근접하여 배치하였으며 고효율 LED 조명기구를 적용하여 조도와 에너지 절감을 고려하여 설계하였다.

그림 12.20 천장복사 냉·난방 시스템

그림 12.21 바닥급기시스템 및 이중바닥 구성

그림 12.22 RSF 건물 지하 1층의 기계실 내부

■ 플러그 부하 저감 및 그린 IT 구현

ZEB을 구현하는 데 있어서 건물을 운영하는 곳에 투입되는 에너지는 앞에서 언급한 시스템을 제어하면서 목표에 도달하도록 그 사용량을 절감할 수 있다. 그러나 개인(재실자)이 사용하는 플러그 부하plug load는 제어하기가 쉽지는 않다. 특히 개인용 컴퓨터에 의한 에너지 사용량이 많은데, 사용하지 않을 때의 대기 전력 사용량이 크다. 따라서 NREL은 개인용 컴퓨터를 모두 제거하고 RSF 건물 2층에 있는 데이터센터에서 클라우드 컴퓨팅cloud computing을 구축하였다. 그림 12.23과 같이 사무공간에는 PC 본체가 없으며 이로 인해 플러그 부하의 저감이 가능하였다.

현대의 데이터센터는 서버의 발열을 제거하기 위해 막대한 냉방에너지가 소요된다. 그러나 RSF 건물 내에 있는 데이터센터는 콜로라도의 차갑고 건조한 외기조건을 직접 서버냉각에 활용하여 에너지를 획기적으로 줄였다. 이러한 그린 IT를 구현하는 공조방식은 그림 12.24와 같으며 외기를 도입하는 거대한 환기타워는 건물 외부 중정에 설치되어 있다.

■ 에너지 모니터링

RSF 건물 로비에는 건물에서 사용하는 에너지를 항목별로 보여주는 모니터가 있다. 에너지 모니터링 시스템은 실시간 에너지 사용량과 동시에 생산하는 에너지 발전량을 측정하여 건물의 에너지 사용현황을 상세하게 보여준다. 연간 누적사용량을 통해 ZEB을 검증하고 있다.

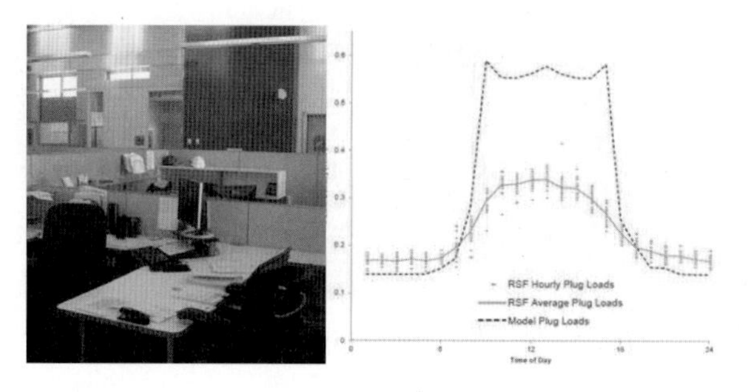

그림 12.23 사무실의 개인작업 공간 및 플러그 부하 저감 그래프

그림 12.24 데이터센터의 서버냉각 방식 및 외기도입 환기타워

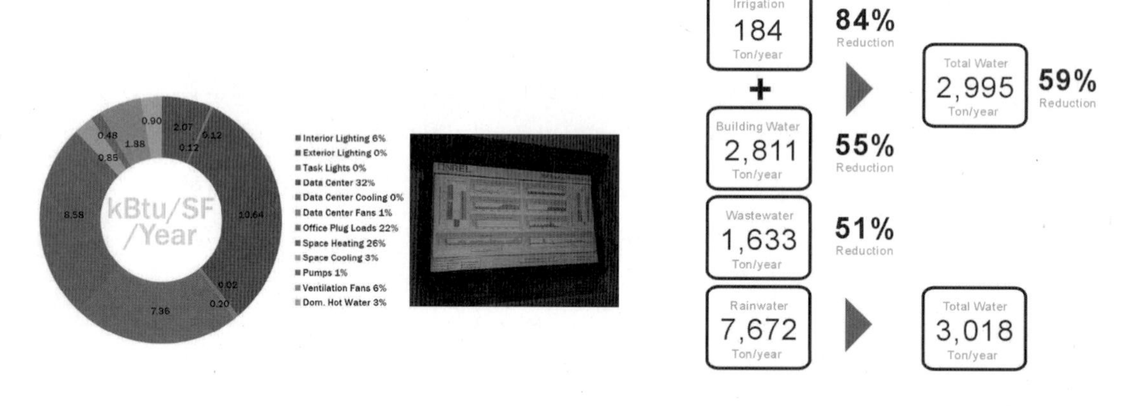

그림 12.25 에너지 모니터링 시스템

그림 12.26 RSF 건물의 물 사용 지표

12.7.4 Water Balance

RSF 건물에 적용된 수자원 시스템은 단지 내에서 발생하는 물을 고려하고, 다양한 방안으로 물 사용량을 줄임으로써 물의 소비와 공급의 균형을 유지한다. 콜로라도 지역의 물 관련 법규 때문에 우수 이용 및 물의 재사용 방법이 허용되지 않았다. 따라서 각종 수자원 저감 전략을 적용하였다. 이 결과, 건물 및 조경에 사용되는 연간 총 물 사용량은 약 3,000톤으로 설계되었는데 이는 건물 지붕에서 모을 수 있는 연간 총 우수량보다도 적은 양이다. 다음은 건물에 적용된 물 사용 전략이다.

- 토착종 및 적응력이 강한 잔디 및 관목에 의한 조경
- 수생 비오톱과 단지 내 수로 구성
- 투수성 도로포장
- 지붕의 우수배관을 단지 내 조경에 연결
- 듀얼 대변기
- 물 안쓰는 소변기
- 절수형 수전
- 절수형 샤워기 등

12.7.5 Materials Balance

RSF 건물 진입로에서 가장 먼저 눈에 띄는 것은 대지와 건물 주변에서 수집한 돌을 철망 안에 담은 담벼락gabion wall이다. 건물의 기초 및 터파기 공사 시 상당히 큰 크기의 바위들이 대량으로 발굴되었는데 트럭 등으로 외부로 반출하는 대신, 사이트 내에서 전량 소화를 하고 건물옹벽과 부지 내의 낮은 경계벽을 만드는 데 사용하였다.

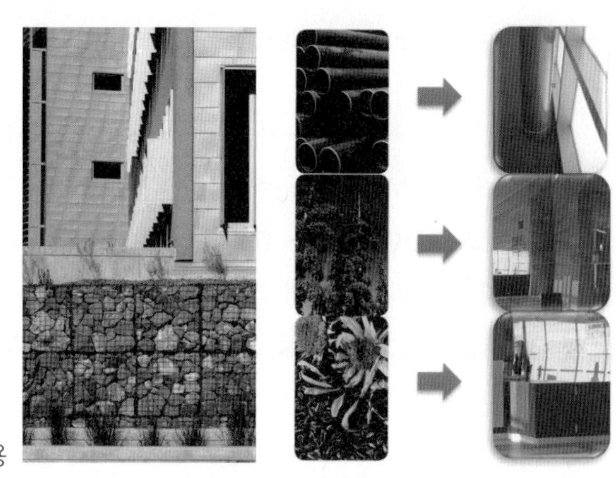

그림 12.27 RSF 건물의 재활용/재사용 자재 적용

콜로라도 지역 전역에 퍼져있는 소나무 해충으로 죽은 나무를 분쇄하여 만든 목재가 RSF 건물 내부의 복층으로 구성된 로비 벽의 재료로 사용되었다. 로비의 안내 데스크는 내구성이 좋고 재생이 빠른 재료인 해바라기 씨앗 껍질로 만들어졌다. 건물의 구조 기둥은 가스 배관을 재활용하여 만들었다. 추가적으로 혁신적인 재료를 사용하고 엄격하게 새로운 원료 사용을 제한함으로써 매립지로 가는 상당 부분의 건설 폐기물을 줄였다. RSF 건물의 주요 자재 사용은 다음과 같다.

- 인증된 목재: 59%
- 폐기물 전환: 75%
- 재생 재료: 34%
- 지역생산 재료: 13% 등

12.7.6 LEED 인증 및 RSF II 건물 시공현장

RSF 건물은 미국 친환경 인증인 LEED의 최고 수준인 Platinum 등급을 받았다. 각 항목별로 균등한 배점을 받은 이상적인 건물이라 할 수 있다.

표 12.4 NREL의 RSF 건물 LEED 등급 점수

항 목	획득점수
Sustainable site	12
Water Efficiency	4
Energy and Atmosphere	17
Materials & Resources	7
Indoor Environmental Quality	14
Innovation & Design	5
Total	59
LEED-NC rating out of	69

표 12.4는 LEED-NC의 등급 점수이다. 그림 12.28과 그림 12.29는 RSF 건물의 증축개념인 RSF II 건물의 공사모습이다.

그림 12.28 RSF II 건물 모습 및 공사현장

그림 12.29 RSF II 건물의 주요 공종별 시공모습

12.7.7 경제성

NREL RSF 건물의 ZEB 설계 개념과 적용된 시스템을 상세하게 제시하였다. 이러한 ZEB를 건설하는 데 비용이 얼마나 증가하겠는가? 그림 12.30에서 볼 수 있듯이 일반 건축물과 큰 차이가 나지 않는다. 이는 통합설계에 의한 공사비 저감이 가능하기 때문이다. 즉 건물에서 요구되는 부하 및 에너지를 줄이기

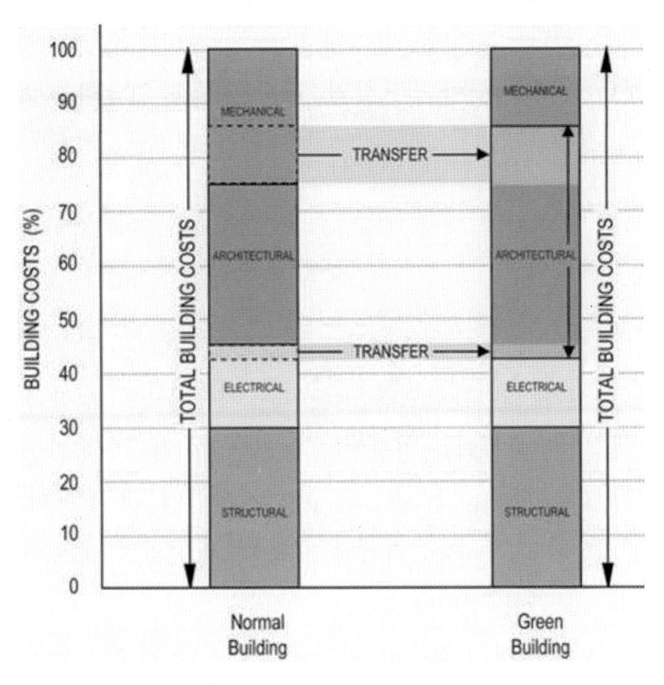

그림 12.30 RSF 건물과 일반건물의 공사비 비교

위해 건축공사비는 다소 증가하게 되지만 에너지 요구량이 줄어든 만큼 시스템의 용량이 감소하여 기계, 전기설비 공사비가 감소하는 것이다. 따라서 전체적으로 큰 공사비 증가 없이 ZEB 구현이 가능하며 부가적으로 건물의 수명연장과 생애주기비용이 감소하는 효과를 얻을 수 있다.

탄소배출로 인한 지구온난화가 인류생존의 문제로 인식되면서 선진국들은 온실가스 감축의무 부과와 동시에 감축목표를 설정하고 있다. 특히 건축 분야를 온실가스 감축여력이 가장 큰 분야로 인식하면서 강력한 에너지 저감 목표를 수립하고 추진하고 있는 상황이다. 국내의 경우도 제로에너지 건축물 의무화를 진행하고 있다. 특히, NREL의 RSF 건물은 계획부터 시공 그리고 현재 운영에 이르기까지 치밀한 계획으로 제로에너지건물을 구축해 가고 있다.

우리나라도 정부연구기관과 건설사를 중심으로 오랜 기간 제로에너지 건축물을 준비해오고 있다. 그러나 NREL의 RSF 건물과 같은 제로에너지 건물을 구축하려면 보다 많은 노력이 필요하며, 향후 서로간 기술력을 공유하여 발전적이고 선의의 경쟁관계에서 제로에너지 건축물 해법을 찾아야 할 것이다.

12.8 결론

녹색성장은 온실가스와 환경오염을 줄이는 지속가능한 성장이며, 녹색기술과 청정에너지로 신성장동력을 창출하는 패러다임이다. '지속가능발전'은 경제발전, 사회통합, 환경보호를 동시에 추구하는 개념인 데 비하여 '녹색성장'은 지속가능발전 개념과 유사하나, 여기에 지속가능발전의 한계로 지적되는 추상성과 광범위성을 보완한 것이다.

녹색건축은 사람들에게 건강하고 쾌적하며 안전한 거주와 활동공간, 사업공간을 제공함과 아울러 에너지의 고효율적인 이용을 실현하고 환경에 가장 작은 한도의 영향을 미치는 건축물을 말한다. 즉 에너지 이용 효율 및 신재생에너지의 사용비율이 높고 온실가스 배출을 최소화하는 건축물을 의미한다.

'저탄소 녹색성장 기본법'에 따른 녹색건축물의 조성에 필요한 사항을 정하고, 건축물 온실가스 배출량 감축과 녹색건축물의 확대를 통하여 저탄소 녹색성장 실현 및 국민의 복리향상에 기여함을 목적으로 '녹색건축물 조성지원법(시행 2013.3.23.)'이 마련되었다.

제로에너지건물(zero energy building, ZEB)은 건물에서 zero net energy 소비가 이루어지고, zero carbon 배출이 이루어지는 건물을 말한다. 즉, 기름, 가스, 석탄, 전기 등 기존의 화석연료를 전혀 사용하지 않고, 순수하게 건물 주변의 자연에너지만을 이용해 냉난방 조명 및 기타 건물에 필요한 모든 에너지원을 충당하는 기술을 사용하는 건물이다. 또한, 최근 중요하게 부각되는 건물에너지 관리 측면을 고려하여 효율적인 공기조화장치HVAC 및 조명기술을 사용하여 건물 전체의 에너지 사용량을 절감하면서 태양 및 바람과 같은 신재생에너지 생산기술energy producing technologies을 조합하여 해당 건물에서 에너지를 확보할 수 있는 에너지 체계를 갖춘 건물을 말한다.

건물에너지의 소비량을 절감하기 위해 가장 효과적인 방안은 설계단계 시 제로에너지건물에 대한 고려가 수행되도록 하는 것이다. 통합설계에 의한 공사비 저감이 가능하므로 건물에서 요구되는 부하 및 에너지를 줄이기 위해 건축공사비는 다소 증가하게 되지만 에너지 요구량이 줄어든 만큼 시스템의 용량이 감소하여 기계, 전기설비 공사비는 감소한다. 따라서 전체적으로 큰 공사비 증가 없이 제로에너지건물 구현이 가능하며 부가적으로 건물의 수명연장과 생애주기비용이 감소하는 효과를 얻을 수 있다.

돌아보기

- 우리나라 전체 에너지 소비량의 1/4를 건물에서 차지하고 있는 만큼 건물에서 에너지 절감을 이룩하기 위한 기술이 더욱 중요해지고 있음을 인식한다.
- 사람에게 건강하고 쾌적하며 안전한 거주와 활동공간, 사업공간을 제공함과 동시에 에너지의 고효율적인 이용을 실현하고 환경에 가장 작은 한도의 영향을 미치는 건물, 즉 에너지 이용 효율 및 신재생에너지의 사용비율이 높고 온실가스 배출을 최소화하는 건물이 녹색건축임을 이해한다.
- 제로에너지건물은 건물에서 zero net energy 소비가 이루어지고, zero carbon 배출이 이루어지는 건물로 기름, 가스, 석탄, 전기 등 기존의 화석연료를 전혀 사용하지 않고, 순수하게 건물 주변의 자연에너지만을 이용해 냉난방 조명 및 기타 건물에 필요한 모든 에너지원을 충당하는 기술을 사용하는 건물임을 인식한다.
- 제로에너지건물을 달성하기 위한 효과적 수행기술을 이해하고 구축사례를 통해 제로에너지건물이 실제 이룩될 수 있는 건물임을 인식한다.
- 건물에너지의 소비량을 절감하기 위한 가장 효과적인 방안은 설계단계부터 체계적이고 합리적인 접근방법에 근거해 모든 요소기술의 상관관계를 종합적으로 검토 · 반영하여 각각의 요소기술이 유기적으로 연계 작동할 수 있게 하는 통합설계 기법을 시도하고 있음을 인식한다.
- 건물에서 에너지 사용량을 절감하는 세 가지 기회가 있는데, 첫 번째 기회는 냉난방 및 온수난방 부하를 절감하는 것이고, 두 번째 기회는 높은 효율의 조명기구를 설치하는 것이며, 세 번째 기회는 매일 일상적으로 에너지 사용을 인식하고 불필요 시 소등하는 것임을 인식한다.
- 제로에너지건물 구축사례안 NREL의 RSF 건물은 건물에서 요구되는 부하 및 에너지를 줄이기 위해 건축 공사비가 다소 증가하였으나 에너지 요구량이 줄어든 만큼 시스템의 용량이 감소하여 기계, 전기설비 공사비가 감소하여 전체적으로 큰 공사비의 증가없이 ZEB 구현이 가능함을 인식한다.

학습문제

1. 세계환경개발위원회의 브룬트란드 보고서(1987)에서 제시한 지속가능한 개발의 개념을 설명하라.
2. '저탄소 녹색성장 기본법'에 따라 녹색건축물의 조성에 필요한 사항을 정하고, 건축물 온실가스 배출량 감축과 녹색건축물의 확대를 통하여 저탄소 녹색성장 실현 및 국민의 복리향상에 기여함을 목적으로 제시된 법의 명칭은 무엇인가?
3. 제로에너지건물에 대한 정의를 설명하라.
4. 건물에너지의 소비량을 절감하기 위해 수행되는 통합설계 개념에 대해 설명하라.
5. 건물재실자로 하여금 수요관리프로그램을 통해 보다 많은 에너지를 절감하도록 장려하는 도구와 행동은 무엇인가?

찾아보기

A
adaptability 362
Aduino 243
allele 93
Amazondash 294
Arduino 266
augmented reality 241

B
big data 228
bioprospecting 30
Biotechnology 104
BOD 173

C
CAPTCHA 222
cell wall 21
CFC 155
chromosome 86
cloud compuing 225
COD 173
copyleft 257

D
Debian 258
Decent Homes 333
deterioration hypothesis 377
DNA 지문 분석 81
DNA 83
drone 272
Dropbox 227

E
edge computing 240
Energy Efficiency Committee 332
environmental architecture 411
ETS 164

F
Fab Lab 277
fitness 52
fixed action pattern 49

FormalLab 277
FOSS 260

G
gasohol 144
gene expression 86
gene 86
genetic code 90
genome 84
GNU 257
Green Technology 402

H
heredity 48
hybrid 250

I
IaaS 249
iBeacon 242
informatics 241
integrated design 411
IoE 234
IoT 체중계 300
IoT 231, 234, 248
IR 151
IT 플랫폼 219

K
kin selection 52

L
Linus Torvalds 257

M
M2M 234
mutation 98

N
Nest Labs 293
nucleic acid 82
nucleotide 83

O
OSHW 272

P
PaaS 249
particulate matter 188
paternity uncertainty 62
performance based 421
Picademy 246
polygamy 70
private 250
public 250
PVP 199

R
Raspberry Pi 266
Raspbian 245
reciprocal altruism 52

RedHat 258
Richard Stallman 257
RNA 83

S
SaaS 249
SAP 324
seesaw hypothesis 368
self-incompatibility 31
sensor 236
service application 237
sexual dimorphism 73
sexual monomorphism 72
sketch 266
sustainable development 401

T
transcription 88
translation 89

U
UBT 345
Ubuntu 258
UV 151

V
vacuole 21
virtual reality 241
Visible 151
VOC 157

W
Warm Front 333

Z
zero energy building 412

ㄱ
가상 현실 241
가상화 227
가수분해 200
가습기 살균제 183
가시광선 151
건물조정 357
고정행동 양식 49
공개 217
공공도서관 298
공유 217
광대역망 247
광합성 20
광화학 스모그 156
구글 220
구글맵 263
기계 학습 251
기계 학습 312
기술 융합 287

ㄴ

나이키플러스 306
내연기관 124
네스트랩 299
넷두이노 269
노키아 225
노후화 가설 377
녹색건축물 조성지원법 409
녹색기술 402
녹색성장 402
뉴클레오티드 83

ㄷ

다이옥신 184
다접 70
단백질 208
대류권 151
대립유전자 93
대체에너지 134
데비안 258
데이터 마이닝 251
데이터 보안 304
독성 폐기물 177
돌연변이 98
드론 272
디스플레이 기술 239
디지털 정보량 230

ㄹ

라즈베리파이 243
라즈베리파이 266
라즈비안 245
라즈비안 268
레드햇 258
리누즈 토발즈 257
리눅스 243
리눅스 257
리처드 스톨만 257
링크드인 221

ㅁ

마이크로 컨트롤러 266
마이크로 컴퓨터 266
만물 인터넷 234
메탄 169
모바일 컴퓨팅 기술 239
모바일 팹랩 277
미세먼지 188

ㅂ

바이오디젤 143
바이오프린터 274
번역 89
부계불명 62
비글본 블랙 245
비글본 블랙 269
비누화 반응 200

비용체계 421
빅 데이터 228, 250

ㅅ
사물 인터넷 231, 234, 248
사물 인터넷 287, 289
사물 지능 통신 302
사물 통신 234
사물 통신 290
사물인터넷 233, 236
사용허가권 262
산성비 159
상호이타성 52
상호작용 288
생명공학 104
생물탐사 30
생화학적 산소 요구량 173
서비스 어플리케이션 237
석유 정제 126
석유가스 133
석탄 131
선천적 행동 47
선텐 로션 199
성적단형 72
성적이형 73
성층권 151
세제 202
세포벽 21
센서 236, 240
소셜 미디어 217
수증기 168
스마트 가로등 295
스마트 동상 296
스마트 비콘 시스템 237
스마트 상호 작용 301
스마트 작용 294
스마트 조명 306
스마트 주차 미터기 296
스마트 체중계 310
스마트 포크 308
스마트 폰 216
스마트 홈 293
스마트 화분 308
스마트홈 237
스모그 156
스케치 266
스티브 잡스 215
3D 프린터 273
시비톤 198
시스템 데이터 231
실내 공기 오염물 163

ㅇ
아두이노 243
아두이노 266
아마존 닷컴 220
아마존 대시 294
아이폰 222

아질산나트륨 190
안드로이드 폰 223
알리바바 220
알코올휘발유 144
액츄에이터 240
액포 21
앱 인벤터 2 264
에너지 보존 법칙 118
에너지 절약 123
에멀젼 195
에오신 196
엣지 컴퓨팅 240
연결 217
염색체 86
염화플루오르화탄소 155
오존층 151
오픈 라이선스 246
오픈 소스 246
오픈소스 라이센스 262
오픈소스 소프트웨어 247
오픈소스 소프트웨어 258
오픈소스 하드웨어 커뮤니티 275
오픈소스 하드웨어 243, 246
오픈소스 하드웨어 266, 272
오픈소스 243
온도조절기 311
온실기체 169
온실효과 165, 167
우분투 258
원자력에너지 134
월드 와이드 웹 219
웨어러블 장치 239
웹 2.0 221
위치 기반 서비스 242
유닉스 257
유비쿼터스 231
유성생식 48
유전 48
유전암호표 90
유전자 검사 113
유전자 발현 86
유전자 86
유전체 84
유지관리 시소가설 368
융합 217
음성 인식 242
이산화탄소 167
2차 대사산물 26
이타적 행동 51
이황화결합 192
인공지능 312, 313
인식 기술 242
인식 235
인지과학 312
인포매틱스 241
임베디드 컴퓨팅 235
입자상 물질 PM 161
잉게보르크 298

ㅈ
자가불화합성 31
자바스크립트 246
자연 언어 처리 251
자연보호 148
자연수 170
자외선 151
자유 소프트웨어 258
재생에너지 136
저작권 262
저작권법 247
적외선 151
적응도 52
적응성 362
적정주거 333
전사 88
제라니올 198
제로에너지건물 412
조력발전 139
중금속 186
증강 현실 241
증대온실효과 167
지구 온난화 165
지문인식 242
지방 205
지속가능한 개발 401
지열발전 140
집단지성 221

ㅊ
참여 217
창의공작소 277
청정에너지 132
초연결사회 234, 238, 241
초연결사회 290

ㅋ
카니발라이제이션 305
카피레프트 257
캐빈 애시톤 290
캡차 222
클라우드 서비스 248
클라우드 스토리지 227
클라우드 컴퓨팅 225, 248

ㅌ
타가수분 32
탄수화물 204
태블릿 PC 215
태양에너지 120
태양전지 138
터치 기술 232
통섭 217
통신 네트워크 239
통합설계 411
트위터 222
팀 버너스 리 219

ㅍ

패턴 인식 251
팹랩 277
퍼블릭 250
페로몬 74
페이스북 222
포름알데히드 163
포말랩 277
폴리비닐닐피롤리돈 199
풍력발전 142
프라이빗 250
프리웨어 261
피지컬 컴퓨팅 245
피쳐폰 224
피카데미 246

ㅎ

하이브리드 250
학습 56
해커스페이스 275, 276
해커톤 279
핵분열 134, 135
핵산 82
핵융합 118, 134, 135
혈연선택 52
형질전환 109
화석연료 122
5G LTE 232
화학적 산소 요구량 173
환경건축 411
환경오염 149
환경적 담배연기 164
환경호르몬 184
휘발성 유기화합물 157
휴먼 데이터 231